孔則吾 著

追尋出版の未來

台灣版代序
隔山隔水依然隔斷出版

　　台灣出版社曾經是大陸出版界走向世界，與世界出版接軌的跳板和橋樑，也是大陸出版人版權交易的啟蒙導師。十幾年前，台灣出版的品質、管理以及與世界出版業的聯繫都為大陸所望塵莫及，台北書展的規模曾經遠遠超過北京國際圖書博覽會。在相當長的一段時間裡，大陸所謂的輸出版權實際上就是與台灣合作的繁體版租型[1]。那個時候，大陸從歐美引進的版權大部分靠台灣轉口，買的是台灣的「二手房」。台灣先從歐美引進版權，大陸再從台灣購買簡體字版權。比如浙江少兒出版社的《冒險小虎隊》就是十年前從台灣繁體字版引進的，現在已經印了2000多萬冊，成為少兒圖書的行銷神話。這套德語原版的少兒探險圖書當初在台灣銷售平平，浙江少兒出版社從台灣購買簡體字版權時，起印量也就5000冊。轉眼十幾年過去了，大陸出版似乎已經羽翼豐滿、長大成人，可以不用拐杖「走出去了」。十多年間大陸出版不但品種一再翻倍，成為全球出書品種最多的國家，圖書的裝幀設計、印刷品質也大大提高，大部分翻譯圖書也可以直接從海外引進，不用再透過台灣，反而是台灣很多譯本用的是大陸的翻譯版權。近幾年來，由於全球金融危機的影響，台灣出版業出現了連續的下滑。只有2300萬人口的台灣出版業在正處於青春期的大陸出版人眼裡，似乎變得可有可無，兩岸的出版交流的蜜月期已過。版權沒有什麼好買的了，台版圖書出口大陸還有較大的價格差距，很難進入大陸零售市場。台灣同業過去從大陸買版權都經過出版社，現在大多直接找大陸作者簽約，甚至在大陸策劃組稿，再把版權賣給大陸出版社。

---

[1] 租型是指出版單位從其他出版單位租入型版，印刷發行出版物，並支付原出版單位一定比例的授權金額。

但是，筆者公差去了台灣幾天，所見所聞，卻頗有意外之處。二十年來，雖然台灣和大陸出版界頻繁的來往，眼下又是「三通」大開，但大陸出版界對台灣出版業的了解還是不多，在資本層面的合作更是少見。不誇張地說，從接軌國際出版這個角度看兩岸書業，大陸至多只能打50分，和台灣同行還有一半的距離。

當代台灣出版業對中華文化價值體現在哪裡？主要體現在管理水準和創新意識。在完整的市場經濟體系和激烈的同業競爭環境下產生的完整產業流程以及充滿創意的精緻性，造就了台灣出版業高品質圖書，從某種意義上來說，台灣出版對大陸出版的依賴要遠小於台灣經濟對大陸的依賴。這裡，我們可以通過誠品書店2009年退出簡體字版圖書市場這一案子來分析台灣出版的品種、品質和自給程度。

「誠品」源自古希臘文eslite，意指精英。誠品書店是台灣最大的零售連鎖書店，共有三十五家綜合書店、二家兒童書店、二家文具館及四家音樂館，另外還有網路書店。每年舉辦約500場演講與展覽，開業二十一年來成為台灣文化的地標，是吸引香港及全球華人遊客的景點。誠品的旗艦店信義店與101只有幾步之遙，幾乎就是台北的鑽石地段。信義店面積總共是50000平方公尺，其中書店15000平方公尺，陳列圖書約30萬種，其餘為百貨服裝、餐飲酒吧等多元化經營。上海世紀出版集團的老總陳昕在2007年訪問台灣時，把具有歐洲圖書館風味的誠品書店稱之為他目前在全世界看到的最大、最漂亮的書店。那麼，誠品退出簡體字版圖書市場說明了什麼問題呢？台灣最大的零售書店退出簡體字版圖書市場，是否可以說明台灣大眾圖書市場幾乎所有門類的圖書都可以不依賴大陸，大陸圖書在台灣可有可無。

其實，在十幾年前，台灣就已經是一個中文圖書自給自足、體內循環的市場。台灣開放大陸簡體字圖書進入市場是在2003年，之前當局以「避免文化衝擊、保護本地業者」為由，對大陸圖書做了嚴格的限制。雖然規定條例中只限於大學使用的學術圖書，並排除了台灣已經從大陸引進版權的圖書，但實際操作上並沒有受這些條例的限制。根據台灣媒體披露的一項不完全統計，2003年有條件開放大陸圖書在台銷售前，台灣的簡體字專賣店至少已有十五家，營業額在2至3億新台幣。這些年雖然不斷地增加，但到了2010年，進入台灣市場的大陸圖書也不過5億新台幣，折合人民幣1億多，占全台灣圖

書銷售額500億新台幣的1%。大陸簡體字圖書的讀者主要是學術界人士、專業領域知識精英、高校研究生以及公務員等。台北秋水堂書店創辦人王永說，台灣讀者喜愛的大陸書籍包括社會科學類、中國古代文化研究、經濟全球化，以及大陸翻譯的一些海外經典作品等。所以，大陸圖書在台灣市場是小眾的專業書，而不是大眾書的暢銷書。也許因為台灣人口實在太少，學術書印量實在太少。在版權交易方面，2008年大陸共引進台灣版權6100種，占當年版權引進總數的38.29%，而台灣引進大陸圖書僅600種。這個十比一的反差，足以說明大眾圖書市場大陸對台灣的高度依賴。馬英九曾說，台灣每年的出版品項有5萬種，大陸約15萬種，約是台灣的3倍，但大陸的人口卻是台灣的57倍，可見台灣的出版力強盛。他對台灣出版實力及大陸市場開放表示樂觀。台灣出版社的數量是大陸的近10倍，這是眾所周知的，每年出書約5萬種，2008年有四千六百六十七家出版機構申請ISBN數量達到44684個。

當然，2003年前中國大陸的現代出版業還處於發展初階，而台灣則已經進入小康。到了近幾年，大陸的出版水準迅速提升，出書品種位居世界第一。除圖書之外，兩岸商品年貿易額已近1300億美元，台灣是大陸第七大交易夥伴、第九大出口市場和第五大進口來源地，大陸則是台灣最大交易夥伴和貿易順差來源地。截至2009年底，大陸批准台資項目累計逾7.75萬個，累計吸收台灣直接投資近500億美元，超過八成五的台灣大型企業，包括前十大企業均已到大陸投資。但是現在，台灣人還是可以不用看大陸的圖書，大陸更沒有一家台灣圖書的專賣店，那我們又如何來評價同根同源同文、近在咫尺的大陸出版，以及兩岸出版的交流與合作呢？

台灣目前有七千多家出版社，年出4種以上圖書的一千家，2300萬人口的台灣年出書約4.4萬種，這是什麼概念呢？按這個比例算，大陸13億人口一年得出268萬種圖書，當然我們不能作這麼簡單推算。4.4萬種圖書的品質和有效性又如何呢？我們也可以看看誠品。誠品信義店的賣場陳列的圖書基本上都是單本，少數是兩本，而30萬種圖書沒有一本大陸簡體字版本，這至少說明了兩個問題：一是台灣圖書出版的書水分（灌水成分）很少，效率很高，出一本就是一本，再版可供圖書的空間很大。二是台灣出的書可以滿足台灣自身的需求，自給自足沒有太大的問題，至少在大眾圖書的消費市場。在誠品的30萬種圖書中，有30%的外文原版書。相對於大陸版圖書，外文書才是

台灣科技文化發展所不可或缺的。誠品的外文書不像大陸的新華書店或外文書店，專門闢出一塊地方來陳列，而是和中文圖書一齊歸入各個分類區域，和中文圖書融為一體。

　　台灣經營大陸簡體字版圖書主要有聯經的上海書店、問津堂（博客來網路書店的供應商）、台閩天龍書店等。總的來說，上海書店和問津堂的大陸圖書主要集中在學術性較強、讀者市場狹小的文史哲類，定價一般是人民幣定價乘以6，台閩天龍書店則走低價位路線，會員價按人民幣定價的4倍計算。目前新台幣與人民幣的比值約為1：4.6。誠品經營簡體字版圖書曾經也有很大的規模，曾在其三樓設有600平方公尺的簡體館。當然，誠品退出簡體字版圖書市場還有經營層面的問題，如當時大陸圖書的內容和印刷品質仍然與台灣有一定距離，價格賣不高，位處台北黃金地段高檔商場的誠品，在經營上肯定效益不佳，得不償失。我們不是責怪誠品對大陸圖書的偏見，倒是大陸書業應該對此作更多的反思。台灣市場對大陸圖書為什麼可有可無？台灣出版對大陸是不是也無足輕重？

　　關於誠品30萬種的上架圖書只是書店提供的數字，也許有人會提出質疑。作為讀者，也不可能一本一本地去書架上清點。確認書店的上架品種的真實性一直是一個難題，工商部門也沒有對書店號稱的陳列品進行認證的責任和義務。不要說書店品種的認證，就是期刊印量之類與廣告經營有直接關係的數據，至今也沒有進入行政或法律的層面全面推行。特別是像西單圖書大廈、上海書城等著名的書店，同業們都會對他們宣布的上架品種打個問號。書店的品種就像中國的GDP、出版集團的銷售和資產一樣說不太清楚。但大致判斷書店的品種還是有一個比較方便的方法，那就是拿某個小專業分類作比較，愈小愈專愈容易說明問題。比如戲劇分類，在台灣誠品信義店，戲劇類圖書共有近20個書架，細分書架有：布袋戲、聲樂與歌劇、歌仔戲、中國戲劇（3架）、台灣劇場、莎士比亞與西方戲劇（2架），還有200多種的西方戲劇外文版圖書，這樣的陳列規模連大陸最大的北京西單圖書大廈都有所不如。筆者曾經涉獵一段戲劇研究工作，就品種來說，大陸的戲劇圖書和台灣的各有千秋，完全重複的不多，而且台灣的戲劇研究圖書系統性比大陸強，其中僅一套台灣自編的戲劇學術論叢就有50個品種。

　　陳昕說誠品是世界上最大最豪華的書店，真的不錯。以誠品為代表的台

灣大型書店都屬於這種「高級精緻化」的專業服務書店，書店的陳列設計「深具美感與創新，有國際級的水準」，店內的裝修和布置非常有文化和品位，閱讀環境典雅宜人，像是置身於國家級博物館。七十多台數位電視散布店內，供購書和閱讀者用的椅子是該店的一大特色，不同顏色和造型的椅子多達100餘種，據說有些椅子是設計師親赴巴黎跳蚤市場挑選回來的。但這樣高級精緻並處於黃金地段的豪華書店靠什麼來維持呢？靠多元經營。誠品書店整體百貨商場的經營模式是其主要的獲利來源，這種綜合體的經營模式大陸才剛剛意識到。台灣書店的精細化管理水準不但是大陸書店的楷模，也是大陸書業，特別是國有書店的憂患。已經有一些台灣的書店要到大陸來參與零售圖書市場的競爭，比如誠品就有這個計畫，媒體早在幾年前就披露了誠品要在蘇州和杭州建立綜合體的消息。不要以為大陸的新華書店依仗黃金地段的地租優勢以及教材教輔的壟斷經營，就可以高枕無憂，市場會愈來愈開放，制度會愈來愈公平，而且，管理和經營帶來的競爭力不可估量。誠品自1989年建店才開到第二十一個年頭，就從零開始做到台灣最大，最近還聽說杭州有一家民營公司半年內開出了六七十家超市分銷書店。新華書店的壟斷地位和壟斷優勢並非固若金湯。

台灣出版業是務實的。比如誠品雖然是台灣最大的書店，但幾乎沒有門面，只有內膽，在樓的外面根本看不出裡面有一家超級書店，這說明文化產業本身就是一個內秀的行業，不必過於張揚。韓國最大的書店教保文庫裡面很大，像人民大會堂，但門面很小，像一個地鐵入口。台灣出版業也並不如大陸出版業那麼張揚，隔三差五地有人出來放一顆衛星，內聯外合，日日創新。與大陸出版一哄而上進股市不同，台灣的七千多家出版社只有時報出版是上市公司。客觀上說，除城邦、時報、聯經等少數幾家，台灣出版社的規模都比較小，但另一方面也啟示大陸出版業，傳統書業如果要堅持文化的本位，是否適合上市，需要上市，仍然是一個問題。全世界範圍內，傳統出版業上市的也比較少。出版是一個更需要代代薪火相傳、專心致志，耐得住清苦、經得住物欲誘惑的行業。

台灣的出版社和書店有同樣突出的精細化特徵。台灣圖書市場競爭的激烈，使圖書的選題策劃非常的科學嚴格，由此帶來了市場定位的精準和與世界接軌的品質。台灣有一家共和國出版集團是一個非常有意思的出版體，

也是一個非常另類的出版集團，它甚至有點像如今時尚的格子鋪。用他們自己的話說，它的「資本和股權關係非常複雜多元」。下掛的數家出版社都是獨立法人，都是自己做老闆，集團提供有償的財務、行銷、設計、印刷等服務，用大陸的話說就是「工作室掛靠」。這次在台灣就見到了一位剛剛從大陸移居到台灣的出版人，他2009年在這個集團下開設了一家出版社。這位朋友曾在大陸一家非常有名的出版集團做過中層，但他說起台灣圖書策劃編輯行銷的精細化流程仍然感慨萬分，認為與大陸的粗放經營完全不同。台灣出版社的每一本書都有複雜和詳細的策劃行銷方案，並不斷地與書店溝通，得到認同，才能開印。他的出版社成立不到一年，出了七、八本書，都在市場上有很好的業績。有趣的是，他那天剛剛送給筆者一本他出版的書，第二天早上七點到誠品敦化南路上的二十四小時通宵店參觀，發現店裡僅有的兩三個讀者，就有兩個在讀他做的這一本書。

雖然只是一衣帶水，可是六十多年的間隔，至今大陸民眾要去台灣仍然需要團進團出，有複雜審批的程序，不管是你認識到還是沒有認識到，台灣與大陸出版的交流和互相了解仍然太少。台灣的書業真的還是大陸出版的一面很好的鏡子，希望大陸的出版人都能夠每年用這面鏡子照一下自己。必須再次重複的是，台灣出版的很多經驗的確是大陸沒有的。

再回到誠品。不說誠品的品位，只談它的二十四小時通宵店。誠品位於敦化南路的5000多平方公尺通宵店不但大陸沒有，全世界都找不出第二家。這是一家5000平方公尺的豪華書店，不是7-ELEVEN幾十平方公尺的便利商店。在大陸，通宵的餐館倒是日益興旺，北京的通宵餐館僅東直門內大街就有五十多家，西直門、新街口、美術館東街等處都不少於三十家，但沒有一家通宵的書店。誠品敦南店晚上十二點左右是客流高峰，有無數的白領雲集。除了敦南店通宵營業，還有不少誠品的分店也將營業時間延長到零點，甚至凌晨二點。筆者去敦南店是早上七點，問了一位讀者說是正在準備高中考試的男學生，昨天晚上來的，看了一整夜的書，而另一位讀者應該也是一個通宵的讀者，趴在桌子上睡著了。還有一位二十多歲學生模樣的漂亮小姐是公司的白領，席地而坐，腳下已經堆了七八本書，她說一早來這裡看書，還要趕去公司上班。我想，二十四小時店後半夜肯定不會有太多的生意，但台灣的出版人就有這麼一種精神，而這種精神與台灣民眾的勤奮與努力相吻

合，很好地表達了台灣出版文化精神。台灣讀者和台灣書業的這種精神支持著台灣書業在2300萬人口的小市場創造了一個令世界都為之驚奇的出版業績，也因為如此，許多圖書往往台灣印5000冊，大陸印3000冊。

由於物權法的不同，台灣的舊城改造，城市基礎設施建設遠不如大陸許多沿海省會城市，十多年前筆者到過台灣，十多年後，在台北的舊城區，街道依舊，門窗還多了一些斑駁鏽跡。但是到了台灣，給大陸旅客最深刻的印象是文明禮貌。下了飛機，到了台灣，我們覺得是從大陸的沿海省市到了中西部省區，但一聽到台灣人說話，彬彬有禮，就像是到了歐美。有很多新華書店想去學習台灣書業的精細化管理，那首先要學的就是如何跟顧客說話。有人建言，目前兩岸出版交流首先要做的事情，不是過去的引進版權，而是引進人才。大陸要向台灣引進管理人才，要鼓勵台灣出版人到大陸出版社打工。但是，引進台灣的人才會有很多問題，最好的辦法就是買下一兩家台灣的出版社。因為引進一個人才到大陸的出版社，可能根本就沒有操作環境，馬上會被淹沒或者同化，只有整體團隊引進，甚至兼併收購實體，才能完整學到台灣的管理經驗和行銷機制。台灣的朋友們一再建議大陸和台灣的出版合作要多進行一些資本層面的合作，而大陸有關部門要在政策層面對兩岸出版的資本合作開綠燈，台灣方面也是一樣。

現在台灣出版界一談到大陸就說，大陸出版集團化了，改制了，不但有錢，競爭力也提高了，台灣出版業生存發展會更加困難了，危機感很重。近年來，兩岸的書價也日益接近，大陸這幾年書價上漲很快，目前兩岸的書價差距已經從原本8至10倍縮小到1.5至2倍之間。而且大陸的物價還在快速上漲，圖書的定價也還有很大的向上空間，不用多久，兩岸的書價和印刷品質都會完全接軌。再加上政策的逐步開放，兩岸市場無縫對接的那一天不會很久，這無論是對大陸書業，還是對台灣書業都是挑戰，同時也是機會。隨著兩岸書價的接近，以台灣出版業的機制和活力，如果能夠對台灣開放出版，對大陸國有書業的威脅不亞於民營書商。聽說浙江一家大學圖書館一年進口台版書就達人民幣100多萬元。台灣圖書進大陸的潛力很大，台灣出版界要為此多創造條件，比如圖書排版可以儘量改改豎橫，再來考慮繁簡統一的問題，先橫後簡，逐步過渡。其實現在台灣的科技類圖書已經全部用橫排，生活、文學等領域也有很多橫排的圖書，雜誌也是一樣。筆者覺得圖書格式

和文字的相通比通航通郵更重要，即所謂的書同文，車同軌。現在兩岸重複出書，資源浪費，特別是簡體字版圖書一定要改成繁體版重印，許多圖書不能自由流通，是對民族文化資源的一個極大的浪費。兩岸一年進行版權交易的圖書達6000多種，這6000多種圖書都得重排重印一遍，而不能進行現貨交易，勞命傷財。相比版稅，圖書的實物交易要多3至5倍的收益。現實兩岸三通，歷史在前進，兩岸交流和合作的環境變化也很快，兩岸都要對此有足夠的信心。二十年前，大陸圖書在台灣最高可以賣到500倍的價格，現在按人民幣原價甚至更低都能買到。兩岸直航後，從上海、杭州到台北的飛行時間就一個小時，非常的方便。在省與省之間用400個座位的波音747客機作為交通工具，現在也許只有杭州到台北有此先例，而且仍然一票難求。隨著三通的到來，台灣和大陸出版界的交流與合作會迎來又一個春天。

說到書價，曾任台灣城邦出版集團董事長的蘇拾平說：「大陸現在的圖書定價結構不合理，印製費用普遍占到書價的22%，而歐美的圖書印製成本只占其書價的8%至10%。圖書是智慧財產權的產物，定價中應該更多地體現智慧財產權的價值而不是印製成本。」他的意思是，大陸圖書的定價還是不夠高，定價所包含的多是直接的物質成本，如印刷成本、運輸成本、書店的經營成本，而智慧財產權的成本比例太小，這也是大陸圖書內容競爭力與台灣的差距所在。不但是內容，連封面和整體設計知識含量也相差較多。大陸出版社大多不重視設計的「含金量」，封面設計上花錢太少。在台灣，筆者看過聯經上海書店的大陸圖書，再到不遠處的誠品書店看台灣圖書，在裝幀設計上的差距一目了然。低位定價，也限制了圖書行銷降價的空間。不過，對於大陸，要提高書價，首先要提高的是買書人的購買力，讓看書的人買得起書，國家要多多增加圖書館的購書經費，讓圖書館也買得起更多的圖書。當然最重要的是要調整國民收入的分配體制，放水於民。

在台灣還看到兩個現象與大陸不同。一是台灣幾乎看不到自行車，包括電動自行車，滿大街跑的都是摩托車。台灣朋友給的答案是：速度與效率。摩托車比汽車速度更快，更加靈活，而且節約成本，方便停車，這也象徵著台灣出版業的特點。在台灣每一本書都要和書店做幾次行銷策劃的來回，中小出版社就一兩個人，許多程序都要靠社會化服務，沒有迅速靈活而廉價的交通工具如何可行。另一個現象是在台灣幾乎沒有報刊亭，所有的雜誌要嘛

在書店賣，要嘛在便利商店賣，台灣的便利商店幾乎都有不小的雜誌架。這種完全與歐美接軌的雜誌銷售管道，為什麼在大陸行不通。大陸的國有發行業為什麼一直進不了雜誌發行的圈子，獨立於國際慣例之外，把雜誌這塊蛋糕拱手相讓，是體制問題，還是觀念問題？是不可能還是不願意？在誠品書店，我們看到的雜誌銷售區就有一百多個平方，完全是一個店中的書店，陳列的中外雜誌達5000種，而據有關統計，大陸的市場刊物合起來才1000多種。在國外，期刊的市場規模要超過圖書，在大陸大約是圖書的一半。

　　台灣出版，我們似乎日日相見、卻又如此陌生；我們近在咫尺，卻又遠在天邊。隔山隔水，何時才能隔不斷兩岸出版？於是，又想起了北宋詩人李之儀的《卜算子》：「我住長江頭，君住長江尾。日日思君不見君，共飲長江水。」

孔則吾

2013年4月

目　錄

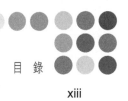

※本書內容中除特別註明者之外，其餘計價單位「元」均指人民幣。

Part

1

體制轉型的難題

拯救商務印書館

> 重建商務是多少中國出版人的世紀夢想，如今這個夢想隨著中國出
> 版集團的建立似乎又一次變得遙遠。商務對於中國出版業，不僅僅
> 是遙遠的輝煌，還是現實的楷模。

　　商務是商務印書館在出版圈內高度認可並慣用的簡稱，就如中華書局和
三聯書店簡稱中華和三聯。曾幾何時，商務是中國出版的象徵，是亞洲出版
的霸主，是中國出版和中國文化的驕傲。商務歷經百年的滄桑，半個多世紀
以來，多少中國出版人振興商務印書館的情結依然如舊，而如今，商務好像
真的老了。經歷了王同億的無理取鬧，又碰上外研社[1]「巧取豪奪」，商務似
乎一次又一次感到力不從心。

商務危在旦夕

　　這幾年出版界發生的一些事情，總讓人覺得把簡單的事情複雜化了。一
本普通《現代漢語詞典》的命名居然弄到全國人大做提案。據說類似以規範
命名的漢語詞典已經出了六十多本，包括1997年12月出版的、實際上選取
《現代漢語規範詞典》字頭編寫的《現代漢語規範字典》。而事到如今，才
想起原來這字典上用規範冠名使不得。於是專家做評論，廣告面對面，媒體
全方位，一時間，甚至在報業剛剛放出的新星——《新京報》上，也整版整
版的是外研社《現代漢語規範詞典》和商務印書館《現代漢語詞典》的「兩
漢」之爭。

　　「兩漢」之爭起於「規範」。《現代漢語詞典》對「規範」的釋義是：

---

[1] 外研社是外語教學與研究出版社的簡稱，歸屬於中國最大的外語專業院校：北京外
國語大學。就像「商務」一樣，書業內都非常習慣外研社這個簡稱。

約定俗成或明文規定的標準。什麼是規定標準，就是國家標準；什麼是約定俗成，那便是學術認同。

語言規範是國家大事，是法律法規。國家的語言規範，秦皇漢武之時就已有之。秦始皇為書同文、車同軌，焚書坑儒。語言規範並不是出版社的事，也不是社科院的事，而是國務院、國家語委、國家教委的事情。你出的詞典不規範，是要吃官司的，所以，語言規範的頒布是非常謹慎的。建國以來，國家頒布的現代漢語規範加起來才十幾項，包括第一批異體字整理表、漢語拼音方案、簡化字總表、部分計量單位名稱統一用字、現代漢語通用字表、信息交換用漢字編碼字符集基本集、普通話異讀詞審音表、漢語拼音正詞法、各省市自治區漢語拼音縮寫、民族名稱羅馬字母拼寫法和代碼、標點符號用法、漢字統一部首，以及2003年發布的第一批異形詞整理表。所有在中華人民共和國領土內出版的字典，注音立目、字體字形等凡是有以上國家規範明文規定的，就必須遵守國家規範。

當然，連憲法都要經常修訂，語言要發展，規範也自有不盡人意的地方。比如，第一批簡化字方案就犯了一個天大的錯誤，「一簡」合併了五十組繁體字，使如今繁簡字不能一一對應，如後來的「後」、皇后的「后」，本來就不是一個字。這給電腦的繁簡自動轉換製造了無法逾越的障礙，成為新中國五十年語言工作最大的敗筆，堪稱千古遺恨。

但是，法規一旦建立，就必須不折不扣地執行。所有詞典，只要違反國家語言法規，均視為不合格產品，就應該查禁收繳，沒有任何討論的餘地。而除了法規之外，剩下的便是學術問題，如釋義、選詞、體例等，我們把這個稱為語言的次規範。次規範便是學術是否認同和讀者買不買帳的問題。

語言的次規範會比政府規範肩負更大的責任，而且語言是發展的，政府規範總是滯後於語言實際。第一批異體字表公布後，國家在五十年後才頒布第一批異形詞表。在這個漫長空間，就由語言的次規範出來維持語言秩序，《現代漢語詞典》多年來就充當了這個角色。牛津、劍橋、哈珀柯林斯、拉魯斯、韋伯、藍燈等品牌詞典也是如此，一個國家最權威的詞典釋義常常作為訴訟案件的法律依據。所以，學術意義上的語言規範不是看你的廣告，而是看對於市場和讀者的信譽，看你語料庫的規模和品質，看你編寫詞典的歲月積累，這種積累往往是幾十年上百年的。另外，大型語言詞典的權威性還

體現在國家在制定政府規範時，採納了你多少學術研究成果。所以，如果字典有規範和不規範可以討論，那就是指學術意義的規範，而學術意義的規範在沒有被國家法規吸納之前，永遠是公說公有理，婆說婆有理，爭到天昏地暗，乾坤倒轉，也無濟於事。國家的法規由全國人民代表大會來定，學術規範由市場來定。你的詞典能一年、兩年、十年、二十年地印下去，你就是規範。

所以，國家規範不可違，廣大讀者不可欺。一本字典能不能冠名「規範」，或者認為誰是規範，誰是不規範，實在用不著這樣興師動眾地打筆墨官司。「兩漢」之爭，醉翁之意並不在規範，而在圖書的碼洋和銷售額之間，而且這個碼洋不是一般的碼洋，是每年幾個億甚至十幾億的碼洋。剝開這一層罩在碼洋上的「規範」包裝，在語言工具書的出版領域，兩軍對峙，旗鼓相當，除了彼此沒有對手，兩大巨頭赫然在目，那就是外研社和商務印書館。

外研社是中國出版的黑馬，目前每年以兩三億的速度擴張，到2003年已經突破10億大關，比1999年翻了5倍。商務是中國出版的元老，1999年商務是3億碼洋，比外研社還多1億。到2002年，外研社總碼洋上看6億，而商務也不過4.4億。開卷[2]（OpenBook）2003年零售圖書綜合排名前一百名中，商務共有13種漢、英詞典上榜，估計總碼洋約3.6億。外研社有6種英、漢詞典上榜，總碼洋約6400萬。在外研社的6400萬碼洋中，僅《現代漢語詞典》（漢英雙語版）就占了將近一半，99元的定價，2003年的銷量約30萬冊。在前一百名的排行中，該詞典高居第八，而外研社銷得最好的一本英語工具書《漢英詞典》也僅排名第四十六位。在《現代漢語規範詞典》問世前一年中，外研社已經從商務分得了一杯碼洋不小的羹吃。

同樣根據開卷的資料，在2003年外語類圖書總體份額中，外研社以24.2%遙遙領先，商務則以7.5%跟在後面。但商務在英語工具書市場份額上仍然占有優勢，在2003年的全國市場份額中，商務的英語工具書碼洋達1.3億，這不能不使外研社心理極不平衡。所以，無論是英語詞典還是漢語詞典，商務都是外研社的老虎屁股，外研社憑藉自己的年輕力壯，忍不住要去

---

[2] 研究中文圖書零售的市調公司，詳見http://www.openbook.com.cn。

摸一摸這個老虎屁股。對商務來說，語言工具書占了商務全部4.4億碼洋中的3.6億，幾乎是他們唯一的經濟支柱，其中《現代漢語詞典》一書就占了1億多。而外研社剛剛出版的《現代漢語規範詞典》僅一月就發了20萬冊，一年下來，怎麼也有半億碼洋，從《現代漢語詞典雙語版》到《現代漢語規範詞典》，說不定明年又會弄出一個《現代漢語規範大詞典》之類的。外研社在一年進步3億的台階上，朝著漢語工具書的戰略轉移正方興未艾。從《現代漢語規範詞典》隆重登場開始，商務人感到：狼真的來了。

門檻為王

傳說朱元璋改朝換代，確定了「高築牆，廣積糧，緩稱王」的基本國策。高築牆，就是墊高行業進入的門檻，最大限度地減少競爭對手。《現代漢語詞典》出版二十多年來，跟風仿製者如雨後春筍，原因何在？原因就是門檻太低。古代皇帝如何高築牆、廣積糧我們不是很清楚，但怎樣把現代辭書出版的門檻墊高，卻不複雜。

首先是**作者的門檻**。商務的漢語詞典之所以能做成全國的龍頭老大，是因為他們當初編詞典幾乎囊括了全國這方面的一流專家。那是一個黨叫幹啥就幹啥的年代，專家學者也不例外。但這樣的時代已經過去，《現代漢語詞典》的專家畢竟都不是商務的簽約作者。在各種利益的驅使下，改改體例，動動格式，換換例句，又是一部新詞典。《現代漢語詞典》二十年來已經賺得鉢滿盆溢，但不知分給作者們多少版稅。高版稅是出版社避免作者流失的最有效的辦法。詞典和小說不同。小說很難改頭換面，一魚二吃；而詞典只要例句沒有全部一樣，釋義相同相似就很難認定侵權。而且，《現代漢語詞典》再權威，人家是在你的基礎上新編，起點就比你高，如果編寫的人又是《現代漢語詞典》的同行或是當事人，品質相近在所難免，技高一籌也在情理之中。比如，湖南出版社的《新編漢語詞典》最早向商務「分田分地」，這本詞典1988年出版，到1992年已經是二版四次印刷，印數21萬。《新編漢語詞典》在很大程度上模仿了《現代漢語詞典》，編寫的班底也是語言所的，呂叔湘（1904-1998）先生還為之作序，肯定了很多與《現代漢語詞典》的區別，比如減少百科詞條，簡化虛詞釋義，增加現代漢語中常見的古代詞

語，總體上簡化釋義等。得到呂老的肯定，當然也會得到讀者認同，而且定價也要比《現代漢語詞典》便宜四分之一。1988年之前，中國的出版社基本上不採用版稅制，印量稿酬一般少得可憐，所以，《新編漢語詞典》的作者很難說不是利益驅動。由於一本書的收益分配不公導致作者倒戈的例子，在中國出版界舉不勝舉。

據說，2003年外研社已經和中國社科院語言所「私訂終身」，外研社以鉅資買斷該所幾年內的詞典科研成果。我們不知道這條消息真實性如何，如果屬實，有一點是可以肯定的，那就是外研社一定為此開出了天價。這讓人想起一句俗話：「捨不了孩子，套不了狼。」墊高作者的門檻，除了誠信和品牌，更重要的還是經濟實力。

行銷是一個更大的門檻。據說外研社做《現代漢語規範詞典》投了上千萬資金，至少一半以上是用在宣傳推廣上的。《現代漢語詞典》多少年來是皇帝女兒不愁嫁，這幾年商務在《現代漢語詞典》廣告上的投入一直很少，所以給許多同類詞典留下了市場空間。讀者畢竟不是專家，三人還會成虎，何況相似產品。在品質差距不是很多的情況下，有多少廣告就有多少銷量，這是市場經濟的現實。市場行銷一擲千金，是百年老店商務所最缺乏的精神和氣魄。外研社從開發新大學英語教材，接手包裝新概念英語，再到炒作《現代漢語規範詞典》，每一項投入都以千萬元計，他們的培訓基地建設更有上億的投資規模。

修訂也是門檻。詞典的生命在於不斷地修訂。《現代漢語詞典》1978年初版到現在近三十年只修訂了兩次，這在歐美簡直是天方夜譚。對《現代漢語詞典》的批評在時代性方面最為集中，主要在釋義和收詞兩個方面。像「小姐」（坐檯）、「資訊」（資訊和資料）等在這幾年如雷貫耳的新詞，《現代漢語詞典》2002修訂本居然沒有收入。經查僅新浪網上檢索「資訊」有關的消息和網頁，就達300多萬條。資訊不是一個很新的名詞，另有「諮信」、「諮訊」、「資信」多種寫法，到底用哪個，正需要查字典。而「小姐」被引申為一種不太好聽的意義，成為新時期一種非常複雜的語言現象，足夠開一次專題研討會。連小學生都能找到《現代漢語詞典》把熊掌解釋為美味佳餚的違法行為，這說明《現代漢語詞典》在歌舞昇平、五嶽獨尊的這幾十年裡，確實少了一點臥薪嚐膽、未雨綢繆的創業精神。有人說《現代漢

語詞典》的差錯和可商榷之處達幾千處，說這話的是現代一位已故的作者。其實幾千處對於一個300萬字規模，十年、二十年修訂一次的詞典，也並不算多，問題就出在你二十年不修訂，再漂亮的姑娘，二十年不洗澡，誰能受得了呢？海外的中型語文詞典一般都是一年一修，如藍燈書屋的詞典，新版出來後，前一年出版的就以特價處理，這也有利於防止盜版。修訂投入的人力物力，以及舊版庫存的處理，都需要龐大的印量作為基礎，這就是實力，就是對中小出版社設置的門檻。

資源的門檻建設更是沒有受到國內出版社的重視。如果作者是詞典出版的流動資金，那麼詞典的資料庫資源就是固定資產。編詞典是十年甚至百年大計，除了作者，語料庫、詞庫、圖片庫是詞典編撰最重要的基本建設。大型語料庫、詞庫、圖片庫的投資門檻很高，只有資本實力雄厚的出版社才有能力。在資訊化時代，辭書編寫愈來愈依靠電腦資料庫，作者的主觀作用逐漸變小。作者容易流動，但資料庫多是獨家所有。英國的DK出版公司有200萬張圖片庫，日本小學館的百科圖書都是本社自己做的。據有關資料介紹，英語詞典的全球四大語料庫分別在英國的朗文、牛津，美國的藍燈和德國的科拉克四家出版社，那麼全球現代漢語詞典最大的語料庫一定會在中國的商務印書館嗎？

最後必須關注的是**辭書的血統**，即家族門檻。你出身名門望族，你是大家閨秀，你還是皇親國戚，你有貴族血統，你就有信譽，有地位。辭書的貴族背景是什麼？那就是在眾多的詞典中，你有一部或兩部詞典讓人望而卻步，讓人高山仰止。比如拉魯斯詞典家族，有被稱為世界百科全書之父的30卷《拉魯斯大百科全書》。小學館的《日本國語大辭典》收詞條總數60萬，全13卷，200萬例句。《牛津英語詞典》也是13冊，總頁數達16353頁，414825詞條，例句200萬條，引文5000多種，從1859年開始計畫到1928年出齊。這就是詞典的貴族門第、詞典的門檻。當然，這個門檻不僅僅是冊數規模，更在於它的學術權威，百年滄桑、歲月磨礪的品牌。

《現代漢語詞典》只是一部中型的漢語詞典，本來進入的門檻就不高，少則幾十萬，多則幾百萬投入就可以拿下。多年來，《辭海》有盜印的，但跟風模仿聞所未聞，《中國大百科全書》也是一樣，因為投資的門檻很高。《漢語大詞典》是1975年開始由華東六省一市一千多名專家參加，中央政府

出錢組織編寫出版的大型辭書，共12卷22冊，收詞數7萬條，5000萬字，這是政府項目，是政府門檻，就像《中國大百科全書》。如果商務二十年前就開始編一部10卷本的《現代漢語大詞典》，再建一個上百萬詞條、上千萬例句的語料庫，那外研社今天對待《現代漢語詞典》說話的嗓門也一定會相對小一些。來得容易，去得也快，乃至理名言。「現漢」與「標漢」之爭，應該說還是商務構築的現漢門檻不夠高，有人說，商務只有一部《現代漢語詞典》。或者說，《現代漢語詞典》沒有《現代漢語大詞典》，就好像九品芝麻官沒有皇親國戚的貴族血統。血統也是一個門檻。

既然有門，就有門檻。任何行業，任何專業都有門檻。俗話還說：「沒有這個金剛鑽，就別攬那個瓷器活。」假如說商務編字典是金剛鑽，那編教輔就是銀樣蠟槍頭。商務這幾年也不是不想在中小學教科書產業重創輝煌，也成立了有關編輯室，但據說步履非常地艱難。人民文學出版社也是一樣，人民文學出版社曾經是中國文學出版的霸主，但現在引進不如譯林出版社，原創不如作家出版社，教育部規定的中學生必讀經典文學作品叢書和《哈利波特》倒成了人民文學出版社的標誌，可是少兒圖書出版的門檻還穩穩地立在浙江少年兒童出版社。沒有了「中學生必讀」和《哈利波特》，人民文學出版社在少兒類圖書市場的份額可能會從曾經輝煌的頂點落到二、三十名之後。

誰在「坑害」商務

自從「一二八」事變，日本人炸毀商務印書館總管理處、總廠及編譯所、東方圖書館等核心機構，商務便一蹶不振。1954年遷往北京，劃小專業分工，使商務和世界一流出版社的距離愈來愈遠。不過這二十年來，儘管有數不清的盜版，有王同億先生主編《語言大典》、《新現代漢語詞典》、《現代漢語大詞典》、《新世紀現代漢語詞典》等一系列大型辭書抄襲案，也都沒有動搖過《現代漢語詞典》的根基。

但出版市場經濟的時代來了，而外研社畢竟不是王同億，更不是偷雞摸狗的不法書商，《現代漢語規範詞典》也不是《現代漢語辭海》。《現代漢語規範詞典》一開始動手就得到呂叔湘先生的認可和支援，可以說，《現代

漢語規範詞典》是站在《現代漢語詞典》的肩膀上出世的。即使我們認為外研社在宣傳規範詞典的時候有某些不妥之處，商務能夠指控的，也不會是核心技術問題。儘管我們都是那麼地關愛商務，但我們還是要說，撇開歷史，這些年來，傷害商務的，往往是商務自己。

有一點不但商務要清楚，所有中國的出版社也要清楚。只要是市場經濟，就不能過多地指望政府有所作為。許多人在呼籲實行辭書的准入制，這又是一種計劃經濟體制留下的幼稚想法。先不說政府有沒有精力和財力來管這事，在實際操作上也確實有很多具體問題，語言工具書要准入，那科技工具書呢？難道學術著作不需要品質？也需要准入制嗎？大詞典要准入，那小詞典或手冊呢？再退一步說，即使真的實行了辭書出版的准入制，外研社也不可能被排除在准入名單之外。所以，准入不准入，對強社大社之間的競爭來說，實在沒有多大意義。

20世紀30年代的商務是亞洲第一大出版社，可與大英帝國的牛津、朗文平起平坐。如果沒有後來種種的不幸降臨，商務現在的銷售額至少應在50億元而不是現在的5億。商務北遷是有點水土不服，但最傷筋動骨的是專業分工的大調整。20世紀50年代全國大學院系大調整，直接造成了中國至今沒有一家世界級的大學，對商務的專業切分，使中國失去了一家世界著名的大出版公司。商務是以教材出版起家的，遷至北京後還曾與中國高等教育出版社合在一起，但分工後的商務只能出詞典和學術著作。沒有了教材，對商務意味著釜底抽薪。當初商務輝煌的時候，教材的份額占全國大部分，最少時也有23%，大大超過現在人民教育出版社和高等教育出版社之和。有了50億元的碼洋，外研社發一版廣告，商務可以發十版廣告。外研社給作者10%的版稅，商務可以給12%。目前，全國的出版大腕像商務那樣沒有一本課本而做到四五億的，絕無僅有。

根據新聞出版總署2002年的統計，人民教育出版社6.9億碼洋中，課本3.3億；高等教育出版社15億碼洋，課本3.1億；北京大學出版社2.8億碼洋，課本1.2億；外研社6億碼洋，課本2.3億；中國地圖出版社4.5億碼洋，課本3.3億；人民衛生出版社5.8億碼洋，課本4億，這些課本數字中還不包括大量的教輔讀物。當前的中小學教材新課標運動開始從一個極端走向另一個極端，一綱多本，多得讓人招架不住，造成人力、物力的分散和浪費，甚至滋長了教育

腐敗。但這種現象肯定不會長久，天下大勢合久必分，分久必合。中小學課本的春秋戰國時期不會太長，競爭本來應該有淘汰，有整合。在台灣，康軒文教事業一家就占了全省中小學教科書60%的份額。由於教材編寫和實驗培訓必須投巨額的資金和回報期的漫長，許多只做一兩門課程的小出版社已經覺得不堪重負，很可能會激流勇退。中國的教材正在走著冰箱、彩電工業十年分散、十年聚合的老路。只是人家已經走過了十年，我們才剛剛起步。產業的集中度不夠，正是產業的原始性和小本經營的典型特徵。教材是這樣，辭書也是一樣。

計劃經濟不但使商務的市場份額大大縮水，而且在核定的專業範圍內，比如漢語工具書，國家也是東一塊、西一塊地搞五湖四海。《辭海》給了上海，《漢語大詞典》和《中國大百科全書》也專門成立了出版社。如今從中央到地方，黨委和政府都在推動集團建設，造大船，把蛋糕做大。早知今日，七八十年代國家辭書規劃把《辭海》、《漢語大詞典》和《中國大百科全書》全部分給了商務，不就是一條大船了嗎？看來計劃經濟也有很多缺乏計劃性的地方。

計劃出版體制給商務帶來的麻煩還不僅止於此。《現代漢語詞典》是一個很沒有個性的書名，太容易被仿。如後來各地陸續出現的《新現代漢語詞典》、《英漢對照現代漢語詞典》、《新編現代漢語詞典》、《倒序現代漢語詞典》、《常用現代漢語詞典》等等。在商務印書館《現代漢語詞典》誕生的年代，人們做夢也沒有想到社會主義計劃經濟後面是有中國特色的社會主義市場經濟。當時重要漢語工具書的規劃都由國務院決定，周恩來總理親自過問。中等規模的現代漢語詞典確定兩種：一是《現代漢語詞典》，二是《新華詞典》，前者偏重於基本詞彙和語法規範，後者側重於成語和百科詞彙，都在商務出版，所以根本不用擔心重名和仿冒。如果當時現漢不叫現漢，就叫《王雲五漢語詞典》或《商務漢語詞典》，就像《牛津英語詞典》、《朗曼英語詞典》，那今天跟風模仿也會不容易一些，外研社當然也不會把現在的《現代漢語規範詞典》叫做《王雲五規範現代漢語詞典》，讀者也就不會輕易上當受騙了。在國外，自然也不會有《規範牛津英語詞典》。

市場空白沒有解藥。王同億先生儘管有他的不好，但他的字典有人買，

這叫聊勝於無。王同億的詞典至少在選題思路上更貼近實際需要。比如他的《英漢對照新華字典》，就開創了一個新的辭書模式，現在外研社也步其後塵。先不說品質，他編的《現代漢語辭海》，收詞20多萬條，是《現代漢語詞典》的4倍，而且是英漢雙解，至少在形式上填補了空白。所以，從某種意義上說，那麼多的盜版，那麼多的仿造，還有王同億的字典，最後要追究的，應該是商務的責任。因為你沒有，所以人家有了；因為你造貨不及時，折扣定價高，人家就來填補市場空白。《現代漢語詞典》的折扣太硬，甚至還採取供貨上的饑餓療法，這都是值得商榷的辦法。中國的出版要考慮到中國國情，讀者買力有限，有時候實用比準確更有需求。所以，「購物到燕莎」[3]變成了「京城四大傻」之一。你的字典水準不高，但沒有明顯差錯，價格又很低，一般老百姓是不會太計較的。不說內容，外研社的《規範現代漢語詞典》至少在裝幀、用紙、印刷、裝訂等方面明顯地使《現代漢語詞典》相形見絀。商務的許多圖書，特別是精裝本的圖書，印刷裝訂品質甚至還未達到舊商務的水準。這是筆者將六十年前舊商務的圖書和新商務的比較後得出的結論。到目前為止，中國市場上仍然沒有一部權威的現代漢語大詞典，如果這算是空白，不知商務還要把這個空白保持到何年何月。王同億以後，市場上又出現了至少三部收詞在10萬至20萬條的現代漢語大詞典，其中光明日報出版社的《現代漢語大詞典》還配了5000幅彩圖。配圖是國外語言詞典的常見做法，但商務的詞典好像不太有這種習慣。

期待鳳凰涅槃

我們要拯救商務，並不是說商務到了非要拯救的地步。商務至少現在還是中國出版的第一陣營，商務還是辭典工具書的霸王。我們要拯救商務，是要拯救中國出版人心中那個作為世紀期盼的商務。如果有人問有多少理由要拯救商務，那我要在一萬條理由之後再加上一條，那就是品牌。商務印書館是中國出版人心目中永生的鳳凰。

---

[3] 燕莎是北京一處國際化的商圈「燕莎友誼商城」，到燕莎去購物代表追求高檔優質的生活。

何況狼真的來了，儘管還不是外國的狼。如果商務危在旦夕，就危在它產業結構異常的單薄，僅外研社就有可能在未來的一兩年中奪走它的半壁江山。商務的漢語詞典面臨著資源控制問題，學術著作市場長期貧血，社辦雜誌一本也沒有，漫畫和中上學課本更是沾不到邊，除了書，商務只有那幢在王府井大街並不太大的小樓。沒有別的任何產業，甚至還不如香港商務那樣有幾十間書店可以賣書，有世界水準和規模龐大的印刷產業。商務也許真的危在旦夕。

大凡看過電視的，都會知道大紅鷹高高飛起的香菸廣告。二十年前，大紅鷹只是寧波菸廠一個面對農村市場的牌子，每包三分錢。大紅鷹當然不能和商務印書館同日而語，可是大紅鷹尚能東山再起，商務為什麼不能？

2002年中國出版集團成立，把原新聞出版總署直屬的商務印書館、中華書局、人民文學出版社等十幾家出版社收納其中。中國出版集團成立後，必須面對集團管理和傳統品牌建設可能產生的矛盾和衝突。既能發揮集團規模效應，又能保持和發展商務百年品牌，要從體制上進行認真研究，總結和借鑑國外出版集團併購聯合中保護傳統品牌的經驗，給商務更多的特殊發展空間，比如可以試行商務子集團的發展模式。

中國人習慣一窩蜂。你叫集團，我也叫集團，不集團似乎不能顯示規模和級別。以前的商務不叫集團，小學館、講談社也不是集團，藍燈書屋聽起來跟髮廊差不多。我們也許不能讓今天的商務去兼併中華、三聯，但完全可以撮合一些有特色的中小型出版社加盟商務，使商務更多一些自己的個性和獨立。比如可以把若干地方出版社成建制地遷到北京，或者成為商務的地方分社，人財物原地劃轉。更有甚者，讓我們大膽設想合併商務和高等教育出版社、人民教育出版社，難度很大，但一定可以刻入中國出版的歷史。多少年來，我們總是覺得中國出版缺少一些什麼，後來悟出來了，中國出版沒有一面旗子，就像中國航空工業沒有波音、空客，汽車工業沒有賓士和寶馬，資訊產業沒有蘋果和微軟。

重建商務是多少中國出版人的世紀夢想，如今這個夢想隨著中國出版集團的建立似乎又一次變得遙遠。希望中國出版集團內部給商務網開一面，或者在商務搞一個徹底的產業化改革試點，在融資、兼併、書號、刊號、人財物權、選題範圍等方面給予最大限度的放開，在管理上真正和國際接軌，徹

底貫徹現代企業制度。新商務不是躺在優惠和扶持政策下孵化出來的,而是在市場上滾出來的。當然,實施這些改革的權力也並不全在中國出版集團。

到目前為止,歷數中國五百多家出版社,至少在以下十大方面,還沒有一家能夠超越舊商務的水準。這不能不是商務印書館誕生百年後中國現代出版人的莫大遺憾:

第一,**在全國大中小學教科書占有主要份額**,又在工具書、文學圖書、古籍等出版方面領先同行形成具有規模的綜合性出版社,中國還沒有一家超過舊商務。

第二,**舊商務出版的大規模叢書套書至今沒有出版社可以望其項背**。其中《帝國叢書》、《說部叢書》、《大學叢書》、《世界叢書》、《百科小叢書》、《漢譯世界名著》、《萬有文庫》等都是規模浩大,由王雲五主編的《萬有文庫》共2000多種,4300餘冊,《叢書集成》4100種,約2萬卷,4000冊。

第三,**舊商務先後創辦過數十種雜誌**,其中包括當時最有影響力的《東方雜誌》和《小說月報》。目前國內由一家出版社辦的雜誌,最多不超過10種。

第四,**舊商務彙集的全國人才之多,層次之高,更是目前中國出版社望塵莫及**。蔣維喬、杜亞泉、葉聖陶、胡愈之、茅盾、鄭振鐸、竺可楨、任鴻雋、朱經農、陶孟和、何炳松、周建人、王伯祥、顧均正等都在該館工作過。許多著名作家的處女作是在商務出版的,如魯迅的第一篇短篇小說《懷舊》、老舍的最初作品《老張的哲學》、《趙子曰》和冰心的第一部小說集及詩集等。近代大多數學者的重要學術著作均透過商務的推介為世人所知,如馬建忠、王國維、陳寅恪、金岳霖和馮友蘭等。

第五,**舊商務附屬的印刷企業是當時國內印刷業的龍頭**。民國時期,中國幾乎所有的先進印刷設備和技術都由商務印書館率先引進,然後才被印刷界逐漸推廣,商務在中國印刷史上創下了許多個第一。目前,國內一流的大型書刊印刷企業大多數和出版社沒有直接關係,很多還不是境內資本。

第六,**作為一家出版社涉足基礎教育和文化普及事業之深,目前中國出版社不及舊商務的十分之一**。舊商務先後開設了小學師範講習班、尚公小學、商業補習學校、藝徒學校、師範講習社、養真幼稚園、函授學社、東文

學社、國語師範學校、勵志夜校等，尤其是設立了當時中國最大的圖書館。商務印書館於1909年設立圖書館，名為涵芬樓，1926年改組為東方圖書館，對外開放。至1931年收藏中外圖書達四五十萬冊，其中擁有大量珍貴的古籍善本書和地方誌，被認為是中國圖書的圓明園。

第七，**舊商務涉足影視產業**，設立活動影戲部（後改組為國光影片公司），拍攝影片數十部，目前全國出版社更是無一可比。

第八，**舊商務建立獨立的全國圖書發行網路和其他分支機構**，先後在北京、香港設立分廠，在國內各省市及香港、新加坡等處設立分支館，前後共八十餘處。到1932年前後，上海總館職工人數已達4500人。

第九，**舊商務投資製造業**，特別是教育儀器、設備、博物標本等產業有相當的規模，後來的上海華東機器廠就是舊商務的機構。東邊日出西邊雨，產業結構的一元化，仍然是當前中國出版業的一個問題。

第十，**商務印書館成立於1897年**，這一百多年的歷史，是中國後來任何一家出版社永遠也不可能超越和複製的，就像蔡倫的麻紙、畢昇的活字和古騰堡的印刷機。中國當代出版業建社的歷史將永遠定格在1897年之後。

商務對於中國出版業，不僅僅是遙遠的輝煌，還是現實的楷模。中國出版產業化改革，首先要做的，是好好地回顧歷史，好好地學習舊商務，然後才能走向世界。不僅要學習舊商務的經驗，超舊商務的業績，更要學習舊商務的民族文化精神。

在2005年的全國兩會（指全國人民代表大會和中國人民政治協商會議）上，我們期待江藍生委員再提交一個提案，名稱是：拯救商務。提案上寫著：為了千萬中國新舊知識分子的世紀心願，為了20世紀幾億中國人讀過商務圖書，為了製造中國貝塔斯曼和培生出版集團，為了「一二八」事變後被日本人炸毀的東方圖書館，為了中國第一冊小學課本，為了《小說月報》，為了中國出版一個世紀獨一無二的圖騰，讓全國人大做出一個世紀的表決：重建商務。

也許有人會問：廉頗老矣，尚能飯否？其實商務並沒有很老。開卷統計的2003年全國圖書零售市場占有率排名中，商務以2.22%的全國零售市場占有率，僅次於機械工業出版社列第二。在全國零售圖書市場100種暢銷書以碼洋為序的綜合排行中，商務印書館占有1、3、5、9、14、15、16、23、24、

39、55、68、98共13個席位。只是商務付出的太多,商務這個中國現代文化的標誌,也許就要慢慢地消失。二十年前,鄧小平在廣東的一個小縣城輕輕劃了一個圈,不但圈出了一個國際性大都市深圳,也圈出了中國改革開放的春天。2004年,我們能不能也在中國出版產業再圈出一塊特區,讓商務新生,讓鳳凰涅槃。

（2004年5月）

版權保護的進行時態

知識產權保護不力確實與社會發展的初級階段有關，經濟社會發展
了，知識產權的保護自然會從進行時態進入到完成時態。

　　中國出版進入了知識經濟的時代，也有說是資訊時代，無論是知識經濟
或是資訊時代，都是內容價值的提升和傳播手段的革新。知識經濟有別於物
質經濟的最主要標誌是，兩者的複製手段不同。知識經濟是無形的，複製成
本如果不算知識產權（智慧財產權）的費用，與銷售成本的比例相差懸殊，
在網路時代，連剛剛誕生的光碟媒介也不用了，複製成本幾乎是零。即使是
對於平面媒體和光碟媒介，在內容價值日益提升的當代，印刷複製也只占
生產成本很小的比例。比如紙質圖書的印刷成本一般只占定價的15%，光碟
以現在普通DVD 4G的容量，可以容納5000兆字節，相當於25億個漢字。因
此，盜版行為就和知識經濟榮辱與共，風雨同舟。從《中華人民共和國著作
權法》1991年6月1日起施行，1992年7月1日第七屆全國人民代表大會決定加
入《世界版權公約》（*Universal Copyright Convention*）算起，進入轉型時期
的中國出版，無論是政府法制建設，還是國民版權意識，都說明著作權保護
剛剛起步，版權保護正處於進行時態。

竊書算不算偷

　　以法制國還是以德治國，理論的層面都頗有爭議。中國自古有竊書不算
偷的說法，雖難登大雅之堂，卻在傳統和感情上深入人心，這也是從文化傳
統上造成中國版權保護意識薄弱的重要原因。因此，中國的著作權保護肯定
不能僅僅停留在道德感化、宣傳教育的層面。以德治國必須建立在以法制國
的基礎上，公民的版權意識建立仍然要靠法制的建立和健全。在當下的中國

大陸，讓法律程序更多地介入著作權保護工作，並以此來提高全國人民著作權意識，乃事半功倍。而法制的不健全，在很大程度上也是由於民眾和官員版權意識的普遍淡薄，地方保護和盜版書有益無害論是當前反盜版工作的主要障礙。在傳統的竊書不算偷的觀念誤導下，很多人認為盜版書主要損害了出版社的利益，而出版社則被認為是壟斷經營，盜版是劫富濟貧，甚至是造福於民。有人認為，一些盜版行為使一些貧困山區很快富了起來，由於盜版書便宜，使沒有錢的人買得起書，本來只能印1萬冊的，一有盜版至少能印上5萬冊，客觀上擴大了文化的傳播。至於圖書的利潤留給壟斷經營的出版社還是盜版商，在老百姓看來都是一樣，很多人甚至認為出版社賣書號，報刊社搞行政攤派比民間盜版行為更加可惡。這樣，許多盜版案件的嚴重性也因此在對盜版相對寬容的社會環境下得到了掩蓋。法律由於沒有民憤基礎，量刑尺度相對寬鬆；犯罪成本過低，則引誘更多人鋌而走險。

1999年3月15日，《中國少年兒童百科全書》盜版案在北京市第一中級人民法院依法公開審理，被告戴光浩被判有期徒刑七年，罰人民幣15萬元。戴光浩因擅自印製浙江教育出版社《中國少年兒童百科全書》15500套，非法經營額230餘萬元。這是大陸刑法規定對侵犯著作權罪的最高量刑尺度，230萬元的案件只罰了15萬元，對於那些已經累積雄厚資本的盜版大戶基本沒有什麼致命傷害。1998年1月13日，中央電視台「焦點訪談」節目播出名為《書香七載俏依然》的專題節目，用12分鐘時間介紹《中國少年兒童百科全書》暢銷多年的情況。節目播出後七天內，該書就銷售十多萬套，當年銷售近70萬套，單品種銷售額突破1億元，被譽為「虎年第一暢銷書」，並引發了整個中國的「少兒百科」圖書熱。焦點訪談節目播出後第二天，由於出版社庫存有限，一時印不出來，全國各地的書商開著卡車，拎著現金要求5萬、10萬套地進貨，這個時候，如果誰能盜印5萬、10萬套，就是上千萬碼洋，上百萬利潤。其實對那些有錢的老闆來說，你罰他10萬、20萬，第二天照樣歌舞昇平、花天酒地，倒不如讓他坐一年幾個月的牢，這樣可能更有威懾力，即使拘留幾週也要比罰款強。匈牙利詩人裴多芬說過：「生命誠可貴，愛情價更高，若為自由故，兩者皆可拋。」

盜版盜印從很大的層面造成了**圖書粗製濫造**，品質下滑。由於盜版和仿製圖書的定價較低，讀者往往只看重便宜而不在乎品質和錯誤，這也是圖書

市場能夠容忍盜版圖書的原因之一。而從法制層面上，國家對圖書品質管制的相對寬容，也給盜版圖書營造了生存空間。1999年3月4日，金華讀者汪新章起訴紅旗出版社《中華五千年》（古代卷）圖書品質索賠案，在金華市婺城區人民法院民事法庭開庭，首開國內因圖書品質而提出訴訟請求之先例。該書共883頁，70萬字，錯誤972處，錯誤率萬分之十三點八，國家規定錯誤率超過萬分之一就是不合格圖書，但最後訴訟案值只有600元。600元的罰金對一個出版社連毛毛細雨都不是。這是知識的貶值，更是文化的恥辱。

反盜版只管源頭，不管管道，也很成問題。當前知識產權保護工作明顯存在著一個誤區：盜版者有罪，賣盜版書無罪。而在英國，賣盜版書的書店會被處以10倍的書價罰款，即使是意外過失也不例外。國內其他行業似乎與書業也不太一樣，比如賣藥的，偉哥很好賣，但一旦進了假藥，出了人命，是要坐牢的，所以，不是每家藥局都敢做偉哥的生意。如果我們的法律對書店賣盜版書有足夠嚴厲的處罰條款，在不能確認上游進貨管道的版權安全性之前，書商自然也不會去冒這個風險。管道截斷了，盜版也就止住了。

也許，知識產權保護不力確實與社會發展的初級階段有關，經濟社會發展了，知識產權的保護自然會從進行時態進入到完成時態。別看美國人現在高喊保護知識產權，19世紀的美國瘋狂盜印英國圖書比目前中國的非法書商有過之而無不及。1891年國際著作權法通過之前，美國的出版社一直在大量地盜版英國和歐洲作者的作品。一本英國的暢銷書清樣一出來，就會被偷出來運到美國，然後排版工人連夜排版印刷，新書幾乎可以和英國同時上架。那時，英國文學作品的盜版在美國遍地都是。據說美國最早的盜版商，還是鼎鼎大名的班傑明富蘭克林（Benjamin Franklin, 1706-1790）。他在費城有一家印刷廠，經常用來印刷英國書，做成便宜版本低價倒賣，美國各地印刷商紛紛效仿。英國人建立版權保護法之後，美國人對是否要加入國際版權聯盟之類的組織爭論不休，但是由於遭到美國圖書、報紙、雜誌出版商的堅決反對，國會沒有對此立法。美國人的理由是，文學的發展不應該受到法律、商業手段的限制，況且國家還不發達，應該讓貧窮的老百姓以較低的價格獲得知識或者娛樂，長遠來看會提高作者的知名度和長期收入。

秀才當兵，木蘭從軍

　　進入2000年來，出版社反盜版日益成為一個熱門的新話題，從科利華《學習的革命》地毯式轟炸全國圖書市場，到余秋雨散文集三易書名有內幕，還有王朔新作《看上去很美》的反盜版祕聞，等等。拿余秋雨的話說：「反盜版，我們都成了地下工作者。」單線聯繫，飛機護送，瞞天過海，聲東擊西，多層防偽，林林總總，好像又回到了那個烽火連天的戰爭歲月：區小隊、飛虎隊、威虎山、地道戰、麻雀戰、人自為戰，村自為戰。

　　音像出版更是盜版的重災區。據報導中國唱片成都公司投鉅資製作的《唐古拉風》磁帶和CD上市一週即被盜出至少14個版本。2000年3月20日《中國新聞出版報》以「1：14的憤怒」為題發表記者專訪。中國唱片成都公司的老總憤怒之餘一臉無奈，記者總結還是不痛不癢、朗朗上口幾句套話：「加強音像行業自律，杜絕買賣版號現象，加大對複製單位的管理，嚴厲打擊盜版盜印活動，是音像出版業目前亟待解決的重要問題。」

　　在瘋狂的盜版者面前，版權保護法像一張蒼白的臉。與土地管理、工商、稅收、質檢等部門不同，各級新聞出版管理部門的機構、級別、編制，特別是省以下的管理機構一片空白。面對盜版與反盜版力量的懸殊，各級新聞出版管理部門受人力、物力、財力、權力的限制，實在是力不從心。所以，出版社只好秀才當兵，木蘭從軍。為此，商務印書館專門成立了反盜版處，外研社建立了版權保護辦公室。河南文藝出版社出版二月河的書，書名、封面保密，排版只允許社長一人進出，還請了武警把門。

　　面對愈演愈烈的盜版活動，即使全國每家出版社都成立一個版權保護機構，做編輯的，做發行的，秀才當兵，木蘭從軍，一不懂偵探破案，二沒有警車警棍，實在是勉為其難。

　　俗話說，和尚敲木魚，農夫種田地，各行其責。反盜版是政府的事情，出版社只管納稅。好比小偷歸派出所抓，居民的責任最多是外出關門，即使抓到了小偷，也不能隨意毆打。老鼠過街，人人喊打，喊打是老百姓的事，而現今政府卻往往「君子動口不動手」。於是，民間的保安門窗愈做愈多，出版社的版權部也愈來愈強。

　　對國家的法制建設進程我們只能期望和等待，過多的怨天尤人也無濟於

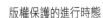

事。其實盜版書的盛行除了政府監管缺席，還與圖書銷售網路的落後和殘缺有關。比如主渠道鋪貨不到位，盜版書便有市場空間。中國出版業不但沒有全國性的連鎖和中盤，連省一級的中盤和連鎖都很少，這不但使中國大陸的圖書印量往往少於小小的台灣，更造成了市場的大面積空白，這是行業應該自我反省的地方，用醫學術語來說就是自身免疫力不足。

同時，出版社民防自救也不是沒有效果。日前有消息說，江蘇教育出版社《東史郎日記》印行11萬冊無盜版，成為1999年市場上唯一發行10萬冊而無盜版的暢銷書。祕訣有兩條：一是**低定價**，盜版無利可圖；二是**採取多種「高科技」防偽措施**。薄利多銷是盜版「重災區」光碟業防盜最深刻的經驗，在價格上使正版向盜版靠近。市場比市長管用，反盜版也不例外。低定價和高科技確實能在很大程度上防止盜版，比如，浙江教育出版社的《中國少年兒童百科全書》初版定價100元，四大本16開精裝，160印張，當時出版利潤只有8元，在相當一段時間內使盜版者無利可圖。但圖書低定價策略對一些小社卻是大問題。定價和印量成反比。浙江少年兒童出版社的圖書通常是2萬冊起印，而很多小社同樣的書只能印到2、3000冊。同樣一本書，有的出版社可以先不管訂閱數量，估計一下市場就開足印量，大量鋪貨。沒有實力的出版社卻只能高定價，低印量，市場到處空白，給盜版者可乘之機。同樣的，印刷、裝幀、用紙、防偽等技術防盜手段的高成本投入都要分攤到每本書上，也不是所有出版社都能夠承受的。

也說猴子掰玉米

傳統的「猴子掰玉米」故事，說的是一隻猴子去掰玉米，掰了玉米夾在腋下，再去掰玉米的時候，就把之前掰的玉米丟了，如此往復半天，手上還是一根玉米。這個故事喻人做事顧前不顧後，做無用功。但是，也有人為此翻案，說猴子丟玉米是因為與時俱進，舊的不去，新的不來，有所不為，才能有所為。由此想到最近《中國大百科全書》光碟版的低價銷售。《中國大百科全書》新版之際推陳出新，給辭書防盜一個很好的啟示。辭書盜版是中國版權保護的重災區，尤其像《現代漢語詞典》、《新華字典》等經典辭書。據說《現代漢語詞典》盜版達上百種。防辭書盜版的祕訣是什麼？就是

不斷地修訂再版，讓盜者盜不勝盜。

《中國大百科全書》自1978年出版到1993年全部出齊，至今逾二十幾年，全套74卷，定價6000元。由於價格等原因，多年來合計才銷售幾萬套，沒有很好地進入大眾市場。與海外著名大百科全書幾百萬套的銷售業績相比，甚至讓人產生了中國有沒有大百科全書的疑問。2000年10月全國書市期間，中國大百科全書出版社以50元的定價推出一套四張的《中國大百科全書》光碟版，比1999年24張光碟版便宜了2930元。投入市場僅一個多月就銷售20萬套，碼洋1000萬元，引起了小小的轟動。

儘管50元低價光碟版的推出主要是為了防盜，但顯而易見，新版《中國大百科全書》即將推出，舊版《中國大百科全書》已成明日黃花，這筆錢不賺白不賺。而且，低價光碟鋪天蓋地而來，可以有效地喚醒沉睡的圖書庫存，也擴大了新版《中國大百科全書》的影響，使一些用了電子版的讀者再回過頭來購買紙本，為新版《中國大百科全書》的推出做了一個很好的宣傳。消費心理有很大的慣性，並有先入為主的觀念。一樣東西，沒有也就沒有，用習慣了就不能再沒有。一種工具書用過了以後，就比較熟悉，用習慣了，有了感情，願意不斷更新，一直用下去。市場上許多小包裝試用贈品就是這種行銷策略。所以，《中國大百科全書》低價光碟版的推出是一箭雙雕：既賺了大錢，又做了廣告。

新版圖書加強防盜措施，迅速推出，然後在較短的時間內迅速修訂。修訂版在保持原書主要特點的同時，每次都能在封面和版型等方面利用科技手段做一些必要的變化，一方面符合讀者求新求變的心理，同時也給盜版者製造麻煩。非獨圖書如此，其他產品也是一樣，都有被複製仿冒的問題。加速更新換代，也是主要措施。而且，一種商品流行的高峰，也是平均利潤的低谷。所以，創新永遠是出版的主旋律。

相對於業外，圖書更新換代節奏實在太慢。工具書和學術著作十幾年不修訂司空見慣，不但內容不更新，裝幀設計也懶得更改，這正是盜版者最希望的。我們經常看到國外許多教材和經典學術著作在封面顯著位置標上版次，有的甚至十幾二十幾版。最近多聞《大學英語》被大量盜印，豈不知《大學英語》也是十幾年沒有修訂，內容不動，封面不動，不但使競爭對手外研社等有機可乘，橫刀奪愛，盜版盜印者也紛至沓來。商務的《現代漢

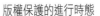
語詞典》和《新華詞典》若不及時修訂，也將淪為盜版重災區。《現代漢語詞典》前幾年修訂後，不知什麼時候再次修訂，或許還要再用上十年、二十年。《新華詞典》自1983年以來近二十年才有了修訂本。這次舊詞刪了2000條，新詞收了1萬條。社會在發展，生活在改變。你有九個優點，一個缺點，你不改，我把你的九個優點都學了，還改了你的一個缺點，優勢就馬上到我這裡。很多圖書的仿製侵權就是這麼發生的。

國外工具書一般一年修訂一次。新書出來，價格定得較高，變成舊版後就大幅度削價。如藍燈書屋的《大學英語詞典》，每年修訂一次，新版定價在25美元左右，新版出來後，舊版馬上跌到10美元之內。新版出來後，舊版本10美元的價格可能接近直接成本，盜版便沒有多少利潤空間。目前，國內外文書店賣的原版英語詞典多是幾年前的舊版本，所以價格相對便宜，但對於中國讀者，這樣的舊版本也比國內版本新得多。我們的《現代漢語詞典》、《新英漢詞典》甚至《辭海》等名牌工具書能否也一兩年修訂一次，這不但是反盜版的需要，更是讀者使用的需求。畢竟我們已經生活在網路時代，網上資訊一天要更新十幾次，新人新事新概念新資料新名詞層出不窮，一年產生的各種新詞上千條。在電腦和資料庫時代，圖書，特別是辭書的修訂和手工業時代相比已經變得非常的方便。經常改版，不斷求新的讀者給出版社創造的新購買力也非常可觀。這就叫拉動消費。即使內容不改，至少要勤換包裝，就像女孩子每天換衣服，為的就是給人新的感覺，給自己新的精神。換一套裝幀、換一個封面救活一本書的例子比比皆是。

（2001年）

職業的麻木和體制的僵化

> 現在，不管是中國書業，還是外國書業，都在研究這種特殊環境下
> 圖書零售市場的營利模式。

印度洋大地震發生於2004年12月26日上午八時。至當天晚七時，新浪網已經發布有關消息56條。其中晚間6點5分的消息報導有2200人死亡（據美聯社），晚間6點56分僅印度宣布的死亡人數就超過1000人，而《中國日報》網站晚間7點5分的消息說受災各國至少有6300人因此遇難。可是，中央電視台晚間7點新聞聯播居然把6300條人命排在了第25分鐘後的國際新聞裡，短短的幾句話中，還把死亡人數報成500人。如此的情況實在不應該發生在中國唯一的一家國家級電視台身上。也許正因為只有一家國家電視台，也才會有如此的職業麻木。

其實，即使在目前國有經濟為主體的社會主義市場經濟條件下，國營事業單位之間競爭和互補在許多行業也很常見。國有企業之間在同一平台的適度競爭也是中國式的社會主義，比如聯通、網通和移動，國航、東航和南航。在出版業，部屬出版社有一百多家，基本上已經取消了行政上的專業分工。國家一直限制省級電視台參加全國電視市場的競爭，這對國家電視產業和新聞事業發展未必十分有利。一旦新聞出版產業對外放開，中央電視台孤家寡人能扛得住嗎？

在許多國家，為了保證法律的公正，政府公立電視台會受到各種限制。法國目前最大的六家無線電視台，有三家是國營的，但法律規定國營電視台節目為政府服務的內容也不能超過20%，否則國家最高視聽委員會就要對政府處以罰款。當然，國內外的政治制度不同，但是國外對公有電視台的這種限制，也從某種程度上幫助了公有電視台提高經營管理水準，爭取了更多的觀眾收視率。我們總是說，電視要把鏡頭留給群眾，少播一般性的領導場面，電視台也想這麼做，但實際上難度很大。沒有競爭、沒有限制的行業永

遠不會是先進生產力的代表。

批評中央電視台並不是要管中央電視台的閒事。從中央電視台對這次大災難的報導，我們想到了書業。中央電視台業績輝煌，每年還有90億廣告。我們可以把中央台的廣告收入比做出版業的教材利潤。在壟斷的體制下，中央電視台出現許多職業性的麻木，把世紀性的災難新聞放在新聞聯播的最後輕描淡寫帶過；同樣，出版社和新華書店，則可以躺在教材的溫床上，不愁吃穿，黃金地段，一面書架可以同時放上幾十本一樣的圖書而熟視無睹。同樣的職業麻木，源於同樣的體制僵化。教材的利潤補貼和反哺了很多學術著作的出版，但同樣助長了出版產業的保守和落後。

和圖書相比，廣播電視在很長的時間內都不可能對民資、更不會對外資開放，可是書業不一樣。2005年零售業全面開放，2006年總發行開放。然而，在這一兩年中，有許多文章說外國人對投資中國圖書銷售市場並不感興趣，於是，業內在一陣緊張之後，又有些放下心來：狼不會馬上來的。2005年是書業首先在發行領域向外資開放的第一年，2005年會對中國書業的格局帶來什麼重大變化？中國書業由於長期壟斷所造成的僵化落後體制會隨著市場的開放而發生本質的變化嗎？外資是否真的對中國零售書業不感興趣？

確實，自從開放零售業申請後，沒有接到很多外商投資申請，可是這並不能說明外商對中國的發行市場沒有興趣。目前外商之所以對進入中國發行市場謹小慎微，是因為中國書業有一個特殊的情況：隱性的行業壟斷。教材占了大部分新華書店80%以上的利潤，零售不是新華書店的主要效益來源，而新華書店固定資產五十年的累積，幾乎所有的營業場所都是自有資產，基本不用或很少提取折舊還貸。再加上這些年房地產瘋漲，地租成本優勢凸顯，國有書業憑這些天時地利，首先把勢力單薄的民營書業攔在門外，也確實嚇跑了一些膽小的境外資本。很多新華書店經營門市，真正的意義只是為了一個形象視窗。國家需要形象和視窗，而教材的利潤是這種形象和視窗的交換條件。

在文化體制改革的政策中，國有改制企業又將享有五年退稅等特別的優惠條件，許多民營書業對此忿忿不平。於是，中國書業在開放的名義下，實際上是一個非常不公平的競爭環境。正如段橋先生在《出版廣角》上說的：「我們可以用大於國外2至3倍面積的賣場經營相當於國外三分之一到一半的

圖書品種，這是因為新華書店的賣場多數沒有場地成本。」這就是不正當競爭。何平先生去年在《出版廣角》上祭奠百榮書店，一五一十把這本帳算得清清楚楚：「現在國有書業的大賣場沒有幾個不是實際虧本的。西單圖書大廈[1]相當於書業界的中央電視台，但一年的銷售額，如果要付出這一地段面積3700萬的年租金，幾乎就是慘澹經營。」按此演算法，上海書城也是業不抵租。任何賣場，經營利潤低於同地段物業租金，就沒有理由生存下去，但中國的書業不是。

各省成立出版集團後，為了做強做大、走向全國、強化壟斷性經營，都想方設法在外地做大賣場，這種大賣場的政績功利性和投資風險相當明顯。國營書業的這種政府行為和壟斷性經營，實際上在嚴重惡化書業的正常投資環境，給民營書業和外資進入大賣場和連鎖經營造成了障礙。

不過，像貝塔斯曼（Bertelsmann AG，即博德曼）那樣不惜血本進入中國市場的境外資本還真的不少。貝塔斯曼收購21世紀錦繡、亞馬遜收購卓越都發生在過去的一年中。貝塔斯曼上海書友會文德華總經理明確表示，他們對中國的發行、出版、印刷都有興趣。「我能虧上三五年，你們的教材不是正在競標嗎？書店不是正在改制嗎？中國書業的市場總有一天會變得有序和符合遊戲規則。」很多老外踏進中國國門那一刻都曾這樣想過。現在，不管是中國書業，還是外國書業，都在研究這種特殊環境下圖書零售市場的營利模式。

有人拖出百榮書店倒閉的案例，有人發表了王府井商圈內的書店戴著鐐銬跳舞之類的文章，都來說明中國圖書市場的飽和。其實，這裡有一個很大的誤區，百榮書店之死並不能說明中國書業的飽和，百榮書店失敗逃不出兩條：一是新華書店的不正當競爭。如果百榮也像新華書店一樣不用交房租，它怎麼會倒閉？二是管理不善或選址不當。沒有很好的管理應該是主要原因。百榮雖然是民營書業，但這並不說明它就代表了中國書業的先進管理水準，民營書商也有可能傳染到新華書店管理粗糙的毛病，或者說它根本沒有書業資訊化管理技術。

總體來說，民營書業在體制上比國有書業靈活，效率也更高一些。但

---

[1] 西單圖書大廈即北京圖書大廈，位於北京市西城區西單路口北側，是北京規模最大、書種最豐富的國有書店。

是，在整個行業、特別是領風氣的大書店都比較落後的國家裡，民營書業經營規模遠不如省級新華書店集團，總體經營管理也不可能高出水平線太多。落後是什麼，落後就是市場空間。國營書店的管理落後和效益低下，正是中國圖書零售業未來的市場空間。也以北京圖書大廈為例，如果營業面積由現在的16000平方公尺減少到8000平方公尺，仍然保持原來的書種，那即使目前一分錢也沒有賺，減少面積以後，就有1850萬元的淨利。用8000平方公尺的面積可以放多少書呢？德國最大的胡根杜貝爾（Hugendubel）連鎖書店法蘭克福分店，3500平方的面積陳列圖書13萬種，紐約的邦諾書店（Barnes & Nobles）5500平方公尺陳列圖書25萬種，而北京圖書大廈16000平方公尺的營業面積號稱品種20萬。也許，外資進入中國零售市場的可行性報告就是這麼做的。

外資進入中國書業的理由還有很多很多。國內書業的市場空白還表現在許多經營領域，中國才剛剛起步，這些空白都正在成為境外書業資本進入的動機。比如大規模的圖書俱樂部，目前只有貝塔斯曼一家在做；在德國，有規模的圖書俱樂部並不是貝塔斯曼一家，除了綜合性圖書俱樂部，還有許多專業性書友會。網路購書、期刊中盤、全國圖書連鎖、全國圖書中盤、直銷網路、超市配供、書業的各種服務和中介，這些幾乎都是國內書業的空白。在中盤方面，德國的考赫耐夫批發公司（Koch & Neff），備貨品種36萬，一千二百家下游客戶，訂單透過網路每天一報，大書店一天兩三報，90分鐘配貨時間，次日早晨一定送達。德國只有35萬平方公里，中國有960萬平方公里，要做到次日清晨到貨，必須在全國設立5個以上的儲運配送中心，但這樣的全國性中盤到目前連影子也沒有。日本東販壟斷了日本書刊銷售量的近一半份額（不包括教科書），每天發貨500萬冊書刊，年銷售折合60多億美元，擁有二萬家供貨書店、一萬家便利商店、三千家出版社的業務網路。中國製造高速鐵路，必須請德國人、法國人、日本人來，因為人家已經有了技術。所以，未來全國性圖書雜誌中盤由中國人來做還是外國人來做，還不一定。中國書業改革了二十年，中國需要幾個全國性的雜誌和圖書中盤，業內大多數人對這個關係到中國出版命運的基本建設措施乏力，幾乎到了熟視無睹的地步。這還不能說是中國出版的體制僵化和職業麻木嗎？

讓外資對中國書業市場充滿信心的還有一個重要的因素，那就是**國有發**

行集團目前改革的誤區。這兩年地方新華書店無不圈地搞集團，無意中使中國書業市場化向過去倒退了十幾年。而且，地方新華書店作為地方的精神文明視窗，地方政府和黨委還會加強其屬地管理，即使以後政策允許，當地黨委政府也不會把發行集團的控股權放出去。上海市新華集團被房產公司買去49%的股份，已經算是走了一大步，但最後還是國有控股。具有光榮革命傳統的新華書店賣給私人老闆，很多官員都會有心理和情感障礙。在這種情況下，本來省市發行集團最具實力培育和競爭全國性圖書中盤和全國連鎖，現在由於新的封閉使這一目標而變得更加遙遠，這正好給外資書業進入中國提供了時間上的條件。

中國圖書市場到底有沒有飽和？零售市場有沒有潛力？有人說，十年前中國平均每人購書是7冊，現在只有5冊，還包括教科書。而在其他生活領域，包括電腦、電器和通訊，甚至是吃喝玩樂，中國正不斷地走向高消費，甚至引領世界風尚，中國目前是世界奢侈品最大的消費市場。文化被物欲和金錢所淹沒，但這種情況會待續很久嗎？崇尚文化和讀書的老外相信這是中國社會和經濟轉型時期被扭曲的特殊現象，所以，他們對中國圖書市場的復興充滿信心，認為中國圖書市場遠遠沒有飽和。以圖書館的圖書消費為例。中國平均每46萬人才有一家公共圖書館，全國人均擁有公共圖書館藏書僅為0.27冊。全國公共圖書館持證讀者數582萬，僅占全國總人口的0.47%，而美國是66%，英國是58%。美國每1.3萬人擁有一家公共圖書館，英國、德國、奧地利、瑞士的數字分別是10000、6000、4000、3000。是中國人窮沒有錢嗎？中國家用電器、電腦和電話等生活用品，甚至小汽車的持有量卻已經走向世界前列。

即使中國書業已經如有些人說的進入了市場飽和的微利時代，但「微利是圖」的外商就是懂得靠管理和規模出效益。超市的利潤率要比書業低得多，競爭比書店還要激烈，近年來併購關門的狀況屢見不鮮，但也擋不住外資不斷湧入。國外名牌超市幾乎都已經進入中國，家樂福、沃爾瑪分別占據了中國超市排名第二和第六名。2004年，中國零售業正式向國外全面開放。零售百貨業還將引來新一輪的火拼，並迅速從大中城市向二線城市拓展。僅據兩年前的統計，8000平方公尺的外資超市就占全國超市的30%，近兩年開設的外資超市更是大幅度上升，境外資本在幾年內很可能上升到國內大超市

大賣場零售份額的50%以上。微利的百貨零售業如此，圖書零售業難道就固若金湯了嗎？國外零售業的巨頭們能夠在中國市場長驅直入，除了資本和規模擴張能力外，服務仍然是一個關鍵因素。

中國商場的商品價格可以說是世界上最便宜的，品種也不少，但某些硬體，特別是人性化服務仍然落後。比如商場的「三室」就是一面鏡子。國外一些著名的百貨公司，最豪華的地方首推顧客休息室。試衣室也不像我們那樣小而簡陋，不僅四面有鏡子，還有地毯、桌椅。洗手間的配置也相當考究。「三室」的條件好了，顧客就會在商場多停留。有關調查顯示，只要顧客在商場多停留半小時，就會為商場增加20%的銷售量，書店也是一樣。紐約的邦諾書店一層是地板，二層是地毯，許多孩子和一些大人都席地而坐。當然，地毯很乾淨。還有就是許多沙發和軟椅放在書店的各個角落。在德國的大書店裡，每層都設有雅致的閱讀島[2]和咖啡吧。到目前為止，還沒有發現我們的書店有沙發的，找一個地方坐坐是中國書店最困難的事情。書店之大，就是放不下一張凳子。由於圖書是固定價格制，不可能經常打折，所以，品種和服務將是書店競爭的主要手段。我們不能肯定2005年有多少外資的大賣場會在中國開張，但有一點是肯定的，如果有外資的大賣場開出，他們的主要競爭手段肯定是服務。精細化管理模式能夠讓民營和外資在中國零售市場立足嗎？

（2005年2月）

---

[2] 書店中專門供閱讀的區域，往往有咖啡吧和沙發等。

與虎謀皮

> 解決書價問題，不是讀者和出版社的事，而是出版社和出版社、書
> 店和書店的事。而印量偏低是書價偏高的主要原因，有很多是體制
> 方面的原因。

2005年的新春也許有兩件事可以載入史冊：一是兩岸多點相互通航；二是火車票異常地難買。任職旅行社的朋友說，什麼都可以幫，就是別提買火車票。網路報導農民工（有農民戶口身分的工人）一天一夜排隊買不到火車票像狗咬人那樣已經不是什麼新聞了。據新浪網2月1日有關京滬穗三地春運的一份問卷調查顯示，55%的人有買不到票的經驗，18%的人曾買過黃牛票，20%的人曾經徹夜排隊買票。改革開放二十年以來的經濟發展，人民富裕，那個連上監獄探視都要排隊的年代已經一去不復返了。中國遍地都是買方市場，哪個公司不是求爹爹、告奶奶地向消費者的錢包獻殷勤，而鐵道部門居然不顧全民意，堅持春運漲價，還說市場經濟，求大於供，漲價天經地義。於是，網路要求聽證呼聲再次沸然。

民航禁折，鐵路漲價，最近網上又在討論電話機包月費是否應該取消。一則消息的標題是：「人大代表建議取消電話月租費，運營商稱不可能」。好大的口氣！好像只有中國古代那個叫做「朕」的人才可以這樣對人說話。什麼降價不可能，不收月租費不可能？以前電信部門也說過，取消電話初裝費不可能。過去手機3萬元一部，彩電1萬元一台，有誰相信會降到1000多元？市場經濟是什麼？市場經濟就是做那些在計劃經濟年代想都不敢想的事情。

過了新年，全國人大和政協兩會又要召開了，鐵路和電信肯定是提案的焦點，可是不要忘記，關於書業「兩高一難」（書價高、利潤高、學術著作出版難）也一直是人大政協的熱門議題。書價貴、出書難也許還不像過年買

不到火車票讓人如熱鍋上的螞蟻,也不比盛夏三伏天[1]會熱出人命,況且這個年頭,不讀書照樣升官發財的大有人在。於是乎,出版業一片繁榮興旺、歌舞昇平漸漸淡化了人大代表年復一年對出版業的呼聲。

但是,火車票難買,最多回不了家過年;而老百姓買不起書,眾多學術成果不能轉化成生產力,卻事關國家和民族生死存亡,由此推論,新聞出版總署署長的責任遠大於鐵道部長。最近中國出版界的老前輩,上海人民出版社老社長巢峰總結中國出版形勢對二十多年來平均印量、庫存、人均購書、退貨率怪現象的四個「看不懂」引發關注,二十年品種增加12倍,銷售冊數增長1倍,人均購書還不如二十年前,出版業總量增長遠遠落後於全國GDP平均增長幅度。中國的出版人不知有多少會因著巢峰的四個「看不懂」度過2005年沉重的春節。

書業的封閉和保護造成書價居高不下,書價居高不下又導致書籍的印量萎縮。多少讀者反映書價高,出版社就說我的成本有多高,虧本圖書有多少,如此推斷書價已經沒有降價的空間,和鐵路、電信的口氣大同小異。鐵路說,春運漲價是為了削峰填谷,控制流量,並非發民工財;電信說,不收固話的月租(每月基本費),用什麼來維護設備線路的日常運轉。可是老百姓不是審計局長,可以去鐵路局、電信局審計查帳,查哪筆成本的開支是合理的,哪筆錢的開支不是必須的,哪些員工是必須聘用的。你的員工月薪5萬元,你虧了;如果月薪5000元,你就賺了,這還不說那些公費吃喝、公費用車、公費出國等成本開支。電信沒有月租費,照樣給你在話費上漲價。春運不漲價,服務就打折扣,這就叫與虎謀皮。和老虎討論要取老虎的皮是很可笑的,誰來要老虎的皮呢,只有市場。航空前幾年也搞了很多聽證,後來居然能買到兩折的票了,不是因為聽證,而是同一航線有幾家公司在飛。節前網上就有消息,春運前重慶一些機票價格不升反降,飛北京低至三折。所以,中國的聽證會基本上屬於做秀。只要這個行業沒有競爭,就沒有活力,成本就不可能下降,管理水準就不可能提高,降價的空間也可想而知。價格和購買力成反比,價格下降一成,銷售可能就會增長兩成,反之亦然。非洲大多數國家的國民月收入只有幾十美元,但一本書的價格也是幾十美元,所

---

[1] 三伏天出現在二十四節氣小暑與大暑之間,是一年中氣溫最高也最潮溼的時間。

以老百姓基本不買書。

中國的書價是高還是低？書價的高低要和工資收入相比。中國職工一般月薪1500元，平裝書一般20元一本，一個月工資可以買75本書。美國職工一般收入4000美元，平裝書一般8美元一本，一個月工資可以買500本書。這個數據在西方發達國家都差不多。眼下中國很多地區居民的收入並不高，一本20元的書對於他們來說已足夠奢侈。而且，中國的分配體制仍有腦體倒掛[2]的問題，知識分子收入仍然偏低，大部分有錢階級則很少買書。

老百姓和出版社討論書價，也近乎與虎謀皮。解決書價問題，不是讀者和出版社的事，而是出版社和出版社、書店和書店的事。不是人與虎謀皮，而是虎要與虎謀皮。中國書業的市場化才剛剛開始，市場開放程度和移動通訊差不多。聯通和移動兩家明爭暗鬥，並不時地抱成一團對付消費者，所以手機話費一直居高不下。中國五百多家出版社，多少都有些家底有些靠山。即使沒有教材，還有部委的系統出版資源，還有地方出版物。特別是地方出版社，光地方出版物和教輔就夠吃飯的了。中國一個省市幾千萬上億人口，在西方就是超級大國，如果一個法國只有十家出版社，這十家出版社就像是掉進米缸裡的老鼠，再怎麼爛都可以過好日子，為什麼要來血拼書價？壟斷行業的基本特點就是效率很低，成本很高，這書就賣不動。圖書印量超過5000本，直接製作成本就低於五分之一，印量上去了，書價就會大幅度下降。台灣人均收入差不多是大陸的10倍，但書價僅是大陸的3倍，2000多萬人口，許多書印量比13億人口的大陸還多。中國書業的這種現狀，巢峰看不懂，海外同業更看不懂，在台灣可以印1萬本的書，怎麼在大陸只能印5000本了？印量偏低是我們書價偏高的主要原因，圖書印量偏低的原因很多，但有很多是體制方面的原因。

首先是**行業封閉，競爭有限，導致產品品質相對低下**，以品種數量補充品質的不足是市場經濟初級階段的主要特徵。近五年來，出版業的規模擴張多在品種的低水準上重複。從1999年到2003年，全國圖書（租型除外，包括教輔和不租型教材）的平均印量從38000冊跌到26000冊，而圖書平均定價卻從7.48元上漲到8.42元，全國圖書總印量從73億冊下降到66億冊。圖書內容品

---

[2] 相同的工作時間，腦力勞動者的報酬卻低於勞力勞動者的現象。

質的平庸化、同質化造成購買力的分散和購買動機的減弱，圖書平均印量隨之萎縮。一本圖書暢銷了，便立即有幾十本跟風，這品種能不多、印量能不少嗎？

其次是**流通問題**。由於國家長期嚴格控制圖書批銷的環節，造成全國性中盤的空缺，每個出版社都有自辦的發行機構，成為最典型的中國特色出版模式。中盤發育滯後不但影響對全國市場的覆蓋能力，增加了出版社的發行成本，更造成了很多市場空白，給盜版者過多的機會。中盤是中國書業的命脈，許多日本大書店，比如丸善等，全部都向中盤商進貨，但是到目前為止，發展全國性中盤的各種阻力反而與日俱增。中國出版患有嚴重的主動脈梗塞病。

雖然目前業內對興建書業大賣場有不同的看法，但我們面對的事實是：國有書店經營管理落後，民營大中型書店數量不足，零售市場整體環境並不理想，這也是制約圖書印量的重要原因。官方統計的中國書店的總數有7萬多家，但除了一些大城市的新華書店，大多數都是小本經營不成規模。而且，同樣面積的書店，中國的書店品種都要比國外少。位於日本東京的丸善公司丸之內書店僅5800平方公尺，就陳列了30多萬種圖書。國外零售書店的許多先進經營理念我們也還學得很少。比如導購員制[3]、有償閱讀區、免費禮品書包裝、一定數量購書的免費送貨上門等等。日本的大書店一天要向中盤商進貨三次，每次進貨必須在2小時內上架。日本紀伊國屋提供給讀者的日文和英文圖書目錄達450萬種，擁有20萬註冊客戶。我們不能把一些經營不善的大書城倒閉等同於大賣場的過剩。

公共圖書館嚴重不足一直沒有讓中國出版人把它認真地當作一回事。公共圖書館是圖書基本印量的最好保證。國外圖書有俱樂部版本，定價一般比書店版低20%。我們能不能搞圖書館版，搞個公共圖書館俱樂部，如果有5萬個圖書館會員，保證每本書都訂1冊以上，這本書的成本就有望下降50%以上。中國目前公共圖書館46萬人擁有1家，西方國家是3000到6000人擁有一家。如果我們做到1萬人一家，那中國就會有公共圖書館13萬家，這還不包括差不多相同數量的學校圖書館。出版業要持之以恆地呼籲大規模建設公共圖

---

[3] shopping guide，是現場提供服務，好促成消費者購買，如賣場的試吃人員、房屋仲介人員等都是。

書館，並為此做一點必要的投入，回報一定會非常的豐厚。

　　教育是出版的衣食父母，國家教育經費不足，學校圖書館就缺錢買書。國外大學圖書館的資金占學校年度預算的5到6%，由於總體教育經費的不足，我國大學均遠未達到這個比例。20世紀90年代初國家就要求財政性教育經費支出占國民生產總值的比例到了世紀末要達到4%，但這一目標從來沒有達到過。1996年還一度跌到2.44%，2003年才到3.41%，低於世界各國平均水準（5.1%）。

　　也許有人會擔心2005年的兩會再拿課本定價開刀，但這一點好像可能性不大。中國出版業的天主要靠課本撐著，但目前群眾對書價的不滿主要還在一般圖書。這幾年課本的印張價格水準一直保持在1元之內，1999年到2003年，全國課本印張價格從0.9元漲到0.93元，平均每冊定價由4.5元上升到6元，由於彩色課本的大量增加，這樣的上升幅度屬於基本合理。目前新課標教材競爭愈來愈激烈，研發和推廣費用也大幅度增加，相當一部分新教材一兩年內沒有錢賺。所以，對課本的定價反而應適當放寬。課本一律以印張定價，完全不考慮開發推廣成本，不按質論價，是極不科學的做法。對定價合理成本要放鬆，對品質審查要嚴格把關。目前，一些教材粗製濫造，低水準重複，與目前簡單的評審和國家一刀切的定價辦法有一定關係，始作俑者不是出版社。不過，教材品種過多、低水準重複的現象不會持續很久，教材重新整合、重新洗牌的趨勢已經出現。貧困地區的學校要透過加強政府採購力度的辦法解決購書經費，不能再為了幾元錢搞變相的教育歧視，把課本分黑白、彩色兩種版本，為了適應貧困地區的學生，在內容、印刷、裝幀上人為降低標準。如果說學校應該是一個地方最好的建築，那麼，課本也應該是書店裡最漂亮的圖書。有人統計，美國一個小學生一年教材的費用為200多美元，而中國學生不到10美元。我們國家再窮，也不能窮了孩子，何況現在中國人實際消費水準在許多方面已經超過國外。

　　教材在編、印、發、供各個環節產生的稅收，應該取之於民，用之於民，悉數返回用於補貼教材開發，或用於服務教育的學術圖書出版。以前商務印書館靠課本賺錢，又用這些錢出版學術著作，編字典工具書，轉個彎又服務教育。國家不要把出版社在課本上的盈利都說成是賺孩子的錢。出版社用教材賺的錢補貼一般圖書，圖書品質提高了，書價下降了，這也叫取之於

民,用之於民。

平心而論,這幾年出版社編輯的年薪與以前相比,已經下降不少,對一流人才的吸引力已經不大,出版人才正逐步流失。大學出版社本來應該利用大學的學術資源專注於學術專著和大學教材的出版,現在很多大學出版社被大學作為賺錢的工具,每年上交上千萬元的利潤,迫使大學出版社日益專注於大眾圖書市場,本末倒置,不務正業,甚至熱衷於多元經營。

總而言之,解決書價和學術著作出版問題,一方面要靠國家文化政策的扶持,但主要還是靠市場化的進程。社會資本的合理投入,是做大做強出版的前提。圖書價格下降需要一批具規模的大社來拉動,學術圖書的繁榮也需要以大社強社為主力。在汽車和家電行業,能夠帶頭挑起價格戰的,都是一批實力很強的大公司。本來,目前中國出版業有限競爭的格局,有利於出版中產階層的培育,可以用較小的成本和較快的速度完成一個出版社資本的原始積累,逐步進入世界出版列強,比如現在的外研社、高等教育出版社。但是在一個不完全開放的出版環境中,即使是外研社、高教社,進一步的擴張也會碰到愈來愈嚴重的行政壁壘,到一定程度就再也做不大了,這決定了中國現階段不可能出現像貝塔斯曼、培生這樣的超級跨國出版集團。行政性的集團要向規範性集團過渡,也是任重而道遠。資本流通的隔斷,導致人才流通的隔斷和管理機制的隔斷,也決定了中國出版不可能產生最先進的生產力,書價也不會有本質的下降,所以,中國出版終於也難免會被聽證。中國出版為什麼會被聽證?因為老外說,教科書物流我只要3%。書商說,只要出版放開,書價保證下來三分之一。甚至商務也說,藍燈、培生、小學館能做到的,我為什麼不能做到?最最重要的還是13億讀者說:我們為什麼買不起書?所以,中國出版的老虎是舊的體制和與此體制有關的利益群體,而其中最主要的還是體制。**與虎謀皮,就是與體制謀皮。**

（2005年3月）

包頭空難敲醒中國出版

出版市場處於半計畫半市場化狀態，因此我們還是不厭其煩地問我
們自己：中國出版具備了大規模集團化條件了嗎？

中國東方航空雲南公司客機2004年11月21日在包頭機場起飛過程中，由
於飛機起飛前沒有進行機翼除霜（冰），剛剛離地後失速墜毀。東航和雲南
航空十二名相關人員受黨紀、政紀處分。

包頭空難本來和中國出版風馬牛不相及，也不是說有出版同行在這次事
故中罹難。到目前為止，包頭空難的黑盒子內容還沒有公布，但反思包頭空
難的文章卻愈來愈多地指向民航大規模集團化的後遺症，以及行政撮合國有
獨資集團經常出現的兩大主要問題：磨合期往往很長，磨合期的管理空白太
多。更有人直言不諱：2002年前後相差二十二天的「4‧15」空難和「5‧7」
空難就發生在民航啟動航空公司重組改革後的一個月，這並不是巧合。

中國民航成立三大集團公司以後，在相當長的一段時間內，集團的子公
司仍然是獨立法人。比如東方航空和雲南航空，目前只是代碼共用，部分航
線和機組統一調配，東方航空根本無法在短期內徹底消化雲南航空。人事、
分配、培訓、維護、供應等實行完全的東航化標準還有很大的距離。一方
面，集團總公司一時消化不良，或鞭長莫及，難以承擔各大子公司所有的經
營和福利責任，其中難免還有不少地方和中央為了利益許可權不停扯皮的
事情；另一方面，被兼併的子公司其責任心和積極性必然受到可以理解的挫
傷，對總公司的管理依賴度大大增加。同時，航空客貨業務急劇膨脹，航線
跨度不斷拉長。所有這些都給航空安全留下了種種隱患。如果這次包頭空難
真的有某些突發性或不測性，但在此前後的一段時間內，民航還隔三差五地
發現事故症候，包括不久前兩個小孩子爬上飛機的起落架等等，就不能說都
是偶然的巧合了。不幸的是，民航大兼併所帶來的這種艱苦的、充滿風險的
磨合過程還得延續相當長的一段時間，從理論上說，隱患隨時都可能演變成

事故。

　　本文無意藉包頭空難對中國出版業目前的集團化和改制指桑罵槐。本來，空難發生了，大家都是往事不堪回首，可是，中國民航的大整合和中國出版的集團化偏偏有太多的相似之處。中國各行各業集團化建設的特點多為行政撮合、長官意志，這本是國企體制改革沒有辦法的辦法，但在所有行政撮合的集團裡，還有一個行業壟斷程度的問題。在市場開放度很低的行業搞集團化，搞改制，民航和出版是兩個比較典型的案例。既要行業封閉壟斷，又要搞集團化，搞管理體制的改革，到底會有多少成果？其管理水準能否與國際慣例和市場經濟接軌，以及會不會帶來意想不到的負面影響，比如安全事故等等，都是中國民航和中國出版必須共同思考的問題，這也是我們把民航和出版這兩個風馬牛不相及的行業牽在一起的原因。

　　民航興建了南北中三大集團，中國出版的集團化本來也要打破行政劃分，打個東西南北中的如意算盤，但最終還是每個省市一個集團，就像三十年前一個省一個省店新華書店、一個人民出版社、一個新華印刷廠一模一樣。所有新聞出版署直屬出版單位也照例按照原先的行政歸屬組建了中國出版集團。有人說，長沙會議開了二十五年，出版市場經濟搞了二十多年，中國出版現在又進入了一個更加地方化、更加封閉的格局。中國的行政條塊分割根深蒂固，折騰了半天，山還是原來的山頭，水也是原來的水系。可謂辛辛苦苦二十年，一夜回到改革前。

　　那麼這集團整合來整合去，怎麼就不能按經濟規律辦事，與國際慣例接軌呢？其實很簡單，出版是意識型態，而且是重要的意識型態，必須要有主管部門，主辦主管必須分明。地方官員守一方土地，負一方責任，出了問題要有人負責。出版社原來由政府管，成立了集團之後，都改由黨委宣傳部直接管。這個權誰都不敢放。意識型態，一出問題就是大問題，是國家安全問題，責任比天還大，這是中國的國情。屬地管理的必要性和跨地域的集團化、產業化、市場化趨勢在不斷地碰撞打架，打破條塊分割和行政保護還有待時日。民航的市場化進程遠勝過出版，至少，民航已經搞了三大集團，也有民營獨資的航空公司，幾乎所有的國外航空公司都在飛中國航線。民航在資源整合方面已經走出了實質性的一大步，但出版業連現有省界都沒有打破，國家部委出版社之間也仍然是壁壘森嚴，在這種體制下，資源和資本不

能自由組合，出版市場處於半計畫半市場化狀態，因此我們還是不厭其煩地問我們自己：中國出版具備了大規模集團化條件了嗎？

集團化應該是市場經濟高度發展的產物，中國出版市場化、產業化程度之低，可以去看看各種報表的資料。中國出版經營規模最大的幾家出版社也只有十幾億人民幣的碼洋，而且其中大部分還是計畫內或由計畫延續下來的教材。經營規模不一定能說明一切，但往往是市場化和產業化水準的重要指標。在自然生態中，只有蛇和鱷魚等極少數的史前動物才能吞下比自己體積還大的食物，可是現代出版絕對不是這種史前動物。**一個出版單位只有達到一定規模，並有資本、管理、市場等各方面足夠的優勢，才有可能兼併體積比它小的出版單位，並逐步發展成集團。**在目前中國的出版集團建設中，最不當回事的就是核心層，也就是對集團母體規模和控制能力的設計和考量，沒有強大的核心層，熱衷於強強聯合、媒妁之言，聽從父母之命，肯定是三個和尚沒水喝。

如今民航出事了，並且還在不斷地出事，出版是否固若金湯？也很湊巧，2004年全國幾次出版事故都出在全國最大的幾個出版集團，其中包括震驚書業的三聯事件。三聯書店新領導改變三聯的出版精神，買賣書號、濫用刊號、大量出版教輔等，「使三聯七十餘年之基業，有墮隳之虞，宇內一片譁然」，四十位民營書店老總集體上書，引發了中國文化界三聯保衛戰。三聯事件的發生也剛好在中國出版集團成立的這幾年中。三聯事件再發展下去，難道不就是中國書業的一次空難嗎？

其實，中國出版的集團化進程才剛剛起步。從中國出版集團、上海世紀出版集團到各省的出版集團，基本上沒有脫離過去出版總社和新聞出版局的管理模式。出版集團對下屬出版社在分配、經營、品牌上的整合遠遠沒有到位。這種拖泥帶水的格局正是事故多發、頻發的高危險階段，就像東方航空與雲南航空目前的磨合期。由於體制的問題，中國行政性的集團組建不可能有市場經濟條件下企業兼併的快刀斬亂麻：財產該賣的賣，員工該辭的辭，機構該撤的撤，吃進一家出版社，可能只留下幾個有用的人和可以重建新樓的地皮。每個出版社都有一個級別更高的主管部門，不看僧面還得看看佛面。

我們不是反對出版集團化，但集團化就要有集團化的做法。集團內部管

理制度需要高度統一：分配、規劃、銷售都是一樣。即使是虧本的單位，只要集團整體發展需要，它的員工和領導的工資，也必須和賺錢的單位差不多。每個單位都需要門衛，你不能說既然門衛不賺錢就不要了吧。既然大家都是集團的成員，就不能餓死的餓死，撐死的撐死。

最近，國家領導人又在強調把握出版改革方向，保證改革的健康發展。可是，在目前集團化和出版改制中我們不能不注意到這麼一種情況：一方面，出版單位的主管部門由新聞出版總署或新聞出版局變為出版集團，在管理指導思想上，經濟效益的槓桿肯定要加強，社會效益和導向把握難免會有一定程度的削弱。因為集團要做大做強，有直接的經濟指標，有國有資產增值保值的任務，屁股指揮腦袋的事情常常不可避免。另一方面，目前集團在多層次法人和葡萄型結構下，幾乎都還在重複原先局的管理模式，集團行為甚少，集團所屬各單位的品牌定位和自律水準仍處在不同的水平線上。所以，在這樣一個時期，出版行業急功近利的短期行為往往抬頭，特別是集團內部一些經濟效益差的、管理水準低的出版社，便很可能成為出版事故的高危群體，一旦出現事故，出事的單位吃不了，就得由集團兜著走，對集團總體品牌帶來的影響不可低估。包頭空難是雲南航空的事情，但中國大多數人不可能弄清楚雲南航空和東航的各種複雜關係，東航的票看來能不買就不買了。包頭空難正是東航集團化以來吃下的第一顆苦果，可是誰來為東航的苦果買單？

（2005年4月）

轉型中的出版集團

> 民營資本和外資進入出版雖然還相對很少，但相對很少的業外資本
> 進入畢竟也會給國有企業帶來活力。

2005年，是中國出版業改制和集團建設力度最大、突破最多的一年。2005年，全國已經組建了廳局級以上的出版集團18個，地方人民出版社的去向也基本明朗，大部分都必須轉制改企。中國出版業在艱難地轉型，儘管轉型的條件比較艱苦，過程比較漫長，但是轉型肯定是個方向。國家的經濟在發展，體制在改革，觀念在更新，終有一天，出版體制的改革會水到渠成。但是，一個非常重要的問題是，文化的繁榮和民眾的需求一定要視為首要前提。轉型不能轉出空檔：一隻腳邁出了事業單位的後門，一隻腳踏不進市場經濟的前門。但事實上，前不著村、後不著店已經成為中國出版轉型期一個特殊的現象。騎牆本來是左右觀望的兩面派，但用來形容時下中國出版的改制狀態，就有了左也不是、右也不是的兩難選擇。

做實和做虛的兩難

在入世的背景下，中國出版2000年開始造大船，建集團，五年過去，大船造了許多，可是海外的狼並沒有來，連集團之間「窩裡鬥」也極為難得。出版市場基本維持原有格局，中央和地方出版各自守土有責，相安無事。集團的建設大多處於起步階段，牌子很大，動作很小。集團要做大做實，實踐證明很難，諸多政策體制障礙讓許多集團老總無所適從。

無論哪一種集團模式，桔子型或葡萄型，資本或行政控制型，參與控制或平台控制型，反正集團有存在的必要是無疑的，而且要做下屬出版社單位想做而沒法做到的事情：資源整合、新產業拓展、資本運作、藉機上市等，

但新建的出版集團這幾年似乎只有上海世紀出版集團有一點大的動作，做了一些集團下屬出版單位不能做的事情。根據上海世紀出版集團總裁陳昕的說法，世紀出版集團正在整合現有內容資源和人力資源，實行內容創新戰略，完成在大眾、教育、專業三大出版領域中的布局，占據相應的地位。目前已成立高等教育出版分公司、外語教育出版分公司，醞釀建立衛生出版等分公司，還將啟動三大研發編纂基地和六大資料庫的建設，實行流程改造戰略，並透過資本運作建設國外出版基地，獲取國際出版資源。儘管集團的發行中心和秋雨物流中心還不能和一些大省的發行集團相比，但畢竟已經傾集團之力白手起家，還可以在上海這塊不大的地皮上和上海新華集團爭奪一些發行碼洋。

如果出版也是門檻為王，那麼集團就算是門檻大師，做虛和做實就看哪個集團的門檻做得更多更高。比如《現代漢語詞典》和《規範現代漢語詞典》之爭，實際上就是門檻之爭。陳昕做六大資料庫，就是築世紀的門檻。編語文詞典，經驗和學術當然重要，但更重要的是資料庫。詞條的取捨、出處的考證、義項的確立，都要語料資料庫提供依據。誰的資料庫最大最全，誰的詞典就門檻最高，萬無一失。比如股市常見的「跌停（板）」，在近幾年的語料庫中應該是高頻率出現的詞，但這個詞《現代漢語詞典》新版收了，《現代漢語規範詞典》卻沒有收。如果有語料庫，將新增詞條工作進入電腦程式，這種基本的錯誤就不會產生。再比如「代工」，在IT界也是高頻率出現的詞，到電腦賣場買電腦不能不知道「代工」，這個詞好多年前就頻繁地出現在網路上，網頁檢索達4300多頁，我們的詞典為什麼不收？還是因為沒語料庫。建置一個大型語料庫的成本往往數以千萬元計，非中小出版社力所能及，世紀出版集團做語料庫就是做了集團所應該做的事情。圖片庫也是一樣，世界已經進入了「讀圖時代」，圖書的插圖愈來愈多，甚至到了無圖不成書的境界，在集團層面建立一個圖片庫，將集團下屬所有出版社的圖片集中起來，並購買一些比較有共通性的圖片，說不定還可以進行商業化運營。

國有企業的癥結是權責不統一。不要說大多數集團的老總不願意承擔太大的經營投資風險，就是願意，上級也未必准許。國有企業經不起失敗，國有集團更經不起失敗，集團的投資失誤往往不是一般的失誤。考核機制上的

短期指標是中國出版集團做強做大的最大難題，民營企業可以多年豐欠相抵，虧一兩年無妨，只要最後賺錢，國有企業就不一樣。這就是《紅樓夢》中常常說道的：「大有大的難處。」

封閉和突圍的博奕

天下大勢分久必合，合久必分。錢鍾書還說過，在圍城裡的人要走出去，圍城外的人要走進來。集團建設，說到底，還是走進來和走出去、圈地和被圈地、封閉和突圍的博奕。夕陽無限好，只是近黃昏。自蔡倫用麻布造紙，畢昇發明活字印刷，古騰堡製造現代印刷機，紙質出版物經過近兩千年的輝煌已經成為邊緣產業，圖書則成了紙介出版物的邊緣。邊緣的現實決定了傳統概念圖書出版的市場總量不可能再有大的擴張，出版集團要做強做大，必須從別的集團爭奪地盤和市場。江蘇大了，安徽可能就小了。可是目前的格局是，新聞出版總署直屬的出版社直接組成了中國出版集團，原省市新聞出版局直屬出版社都轉身歸屬各省市出版集團，而散落於各處的部委、大學和城市出版社雖然暫時沒有成立出版集團，但大學出版社與上級主管部門的行政聯繫更加牢不可破，很難想像可以將大學出版社兼併到某個出版集團。當所有的地方出版集團成立後，中國的出版資源優化組合會變得更加困難。所以說，集團一邊在建設，一邊在異化。

2005年11月26日，世紀出版集團與上海盛大資產有限公司、上海精文投資公司、上海聯和投資有限公司、東方網股份有限公司、浙江出版聯合集團等國有投資主體，共同發起建立了上海世紀出版股份有限公司，世紀出版集團控股70%。除了四家其他國資29%的股份，來自出版業內的投資只有浙江出版聯合集團象徵性的1%，這1%也是透過行政撮合而非你情我願。上海世紀尚且如此，更何況其他集團。這說明在全國範圍內出版業的資源重組是何等艱難。

2005年3月24日，四川省新華發行集團改制完成。由四川新華集團、四川出版集團、四川日報報業集團、遼寧出版集團、四川少年兒童出版社以及一家民營公司共同出資組建的四川新華文軒連鎖股份有限公司正式成立，其中四川新華控股60%。資源重組，基本上還是在四川、在省出版系統體內循

環，內部的實際資本結構和責任權利也許誰也說不清楚。還有，雖然我們不知道世紀和四川兩個試點集團的業外國資股份有多少經過行政撮合，但是，在不能控股的前提下，**民營資本進入不了出版業卻是事實**。民營資本在不控股的前提下進入國企一般會鎖定兩個領域：一是建立了現代化企業制度或比較規範的股份制企業，二是壟斷經營、旱澇保收的企業，而出版業目前正處於以上兩種情況的中間：一半壟斷，一半市場，並且正在加快走向市場，壟斷資源愈來愈少。教材的招標對國有出版業如同釜底抽薪，這一點許多民營資本都看到了。鐵飯碗開始打破，既沒有壟斷利益，又有諸多體制弊端，投資的長遠收益如何保證？當初有意收購上海新華49%股份的還有兩家民營資本，其中上海最大的民營企業海星集團最後沒出手，主要顧慮還是因為49%。貝塔斯曼印刷合資項目五年不能落戶上海，宋城集團無緣浙江新華，主要障礙也是49%。這幾年香港的TOM集團和內地許多發行集團接觸過，因為不能控股，最終也不了了之。像綠地那樣的房地產巨頭，往往有很大的門面裝點需求，許多民資進入文化領域往往就是為了塗脂抹粉以圖上市，但需要塗脂抹粉的民營資本畢竟不是多數。

2005年5月24日，遼寧出版集團與貝塔斯曼合資組建的遼寧貝塔斯曼圖書發行有限公司在北京宣告成立，被認為是遼寧省文化體制改革取得重大突破的標誌。這也是我國加入WTO後，第一家由國有資本與外資共同組建的圖書批發公司。公司的股權構架是，遼寧出版集團占51%，貝塔斯曼直接集團占49%。公司註冊資本3000萬元，3000萬元能做什麼？公司的詮釋是：與傳統批發公司不同，該合資公司不是單純追求圖書品種數量上的規模，而是全力追求單品種的實際銷售數量，它致力於針對不同產品量身訂做市場推廣的「一攬子」計畫。很明顯，貝塔斯曼投資這家公司，主要目的是為書友會做物流和批發，與遼寧出版集團或發行集團的造大船根本不是同一回事。

福利和產業的衝突

企業和事業單位的基本區別，就是企業要在遵紀守法的前提下，以增值保值、提高經濟效益為主要經營目標，而事業單位則是福利和公益型的。兩個效益經常是面和心不和，一損俱損很多，一榮俱榮不易。簡單地說，企業

以年度為考核時段,當年見效;事業則天長地久,通常不計週期、不講回報。民營資本也有做事業的,他們的事業更可以代代相傳,往往也並不急功近利。《清史》要修幾十年,工作人員每年的績效又該如何掛鉤?

事業和產業的性質衝突,在目前的體制下愈來愈成為一個問題。近年來許多出版集團成立以後,體制上基本是宣傳部管人,新聞出版局管事,財政廳或國資委管錢。這三駕馬車能走到一起去嗎?文化傳承會不會削弱,政治導向會不會偏離,著實令人忐忑不安。增值保值的硬任務,使許多集團規劃更多的業外擴張和多元經營計畫。新掛牌的安徽出版集團就強調要在做強主業的前提下,實現「十一五」期間(2006到2010年)幾何級的增長,突破的出口是多元經營,包括房地產、綜合物流、對外經貿、資本投資、會展促銷、電子商務等等。

文化是產業還是事業?是企業的名利還是社會的福利?他山之石,可以攻玉。不妨看看這兩年醫改的教訓。12月5日,一篇叫做〈天價住院費看醫改走向〉的文章一針見血。文章說,在國有資本占絕對主要份額、一個行業沒有充分競爭的情況下,片面提倡產業化,帶來的就是壟斷經營性的腐敗以及產業整體水準的落後。在衛生系統,2003年全國公立醫院總數為96%,民間所辦的醫院僅僅占4%,天價住院費的問題歸根究底還是醫療單位所有制結構過於單一。又有報導說,從2006年開始,藥品也要學習圖書,藥盒上標明定價(出廠價),這其實是一種「頭痛醫腳、肚饑睡覺」的辦法。教育的腐敗也有社會辦學力量薄弱,公立學校和私立學校不成比例的因素。總的來說,衛生、教育、文化、出版都是國有資本占90%以上的行業,結構相似,帶來了問題的相似。國務院2005年頒布的《非公有制資本進入文化產業的若干決定》,再次強調了出版導向和文化積累,應該引起足夠的重視。教育、衛生、出版、文化都有一個共通的問題,那就是**社會福利性很強**。在國外,教育、衛生的國有化程度很高,而出版和文化則基本上市場化,這與他們的政治體制和意識型態有關。我國的政治體制與國外不同,這就決定了我們的意識型態的主體目前不可能私有化、市場化,根據這一前提,應該很容易推斷出版的事業性不會被如此迅速的淡化。

醫改得失基本有了定論,醫保和IT、汽車業不一樣,它首先是福利的、事業的,然後才是產業的,畢竟人命關天。然而我們還有比性命更為關天的

東西，那就是文化和精神。魯迅早年棄醫從文，就是為了拯救比生命更重要的東西：人的精神和靈魂。

在片面提倡產業化、企業化的前提下，醫院黑心狠心收費，也與國家對公共衛生、對醫療事業投入不足有直接關係。政府明確表示以藥養醫的政策，就如出版以書養書一樣，編輯對教輔和包銷書就非常熱衷，假書和一折書也紛紛問世。醫院利潤最大化坑害了病人，出版利潤最大化也會損害文化精神。

埋怨和等待的誤區

如果說集團建設還有必要和不必要之爭，那麼政企分離是一個法治社會的基本概念。很多人不以為然，是因為在意識型態首置、出版業不對民營資本開放的情況下，政企分開並不是一個最迫切的社會需求。政府和集團基本管著同樣的這麼幾家地方的出版社，國有資產由政府來管和由政府任命集團來管，應該沒有什麼區別。但政企分開的這一步總是要走的，而且，不管怎麼說，改制和集團建設多少給了出版業某些改革和發展空間。再退一步說，即使認為組建集團是換湯不換藥，和從前一模一樣，那一樣就一樣，你就接著做和以前一樣的事情。世紀出版集團改制了，做了很多事情，這些事情在沒有改制也沒有集團化的外研社五年、十年前就已經在做了，現在當然更在做。浙江新華書店集團一直沒有像遼寧、四川那樣搞股份制，但它的發展也並不遜色，不但做好了全國最強的省內連鎖，還延伸到省外，發展了十幾家大型書城。各地國有書店之間不能兼併，但民營可以參股。樹大便可招鳳，和浙江省新華書店談合作的外省民營企業一批接著一批。浙江省店的物流是全國一流的，資料和平台建設是全國一流的，目前物流備貨已經達到20多萬種，足以支撐全國最大的超級賣場，備貨在幾年內還可以做到40萬種。

有人說過，在新舊交替、政策模糊、或者說是在半市場半計畫的轉型時期，中國出版屬於英雄創世紀。亂世出英雄，轉型是機會。在這個時期，一個企業發展得怎麼樣，往往就看企業的第一把手。國有企業你說它死，它確實不活；但你說它活，有的時候它又比民營企業辦事更加方便。單一體制的國有企業老總往往比股份制企業的老總權力還大，決策程序還要簡單。一手

遮天，有時也有它的好處，就看他用什麼手遮天。而且，書業國企畢竟還受到相對的保護，競爭環境要比汽車和家電業溫和得多了。同時，改革之門還在開啟，從長遠來看，改革肯定會給中國出版帶來新生。民營資本和外資進入出版雖然還相對很少，但相對很少的業外資本進入畢竟也會給國有企業帶來活力。上海新華發行集團在2005年年初以50萬元年薪在全國招聘總裁讓人耳目一新，一位曾在海爾集團任職的年輕經理人李權從各地應聘者中脫穎而出，就任上海新華發行集團常務副總裁。不再由組織調派，而是向全國高薪招聘總裁，這在全國新華書店系統還是首次。安徽出版集團由省商務廳副廳長位上調來的王亞非總裁說，商務的背景給了他超前的經營理念以及競爭意識，他認為新聞出版業的市場觀念較其他行業落後了十到十五年。所以，我們與其怨天尤人，或臨淵羨魚，不如奮發圖強，回頭織網。千里之行，始於足下。

（2006年1月）

問責新聞出版

雜誌有責任，報紙有責任，電視有責任，圖書呢？

三聚氰氨颳起問責風暴

話說最近某出版社組團赴英國訪問，在蘇格蘭一個偏遠小鎮喝咖啡，老外店主居然也慎重宣布：「這裡的牛奶絕對沒有三聚氰氨！」三鹿奶粉城門失火，已經殃及巨多的池魚。中國食品出口、海外中餐館的生意面臨前所未有的影響，中國人的誠信再度承受世界性危機。因毒奶粉事件導致的經濟損失已接近天文數字，僅伊利和蒙牛兩家就達到了上百億，三鹿集團12億淨資產還不夠支付這次損失。有人估計，全國總損失可能高達上千億元。由此，問責風暴再次席捲全國。

問責在當今中國社會日益成為熱詞。問責所到之處，問題官員紛紛落馬。儘管大多數社會性的悲劇並非某個人所為，部門、行業甚至政府和社會都要對那些不幸承擔責任；體制或者說是法制的缺陷，往往是大多數悲劇的根源，但總得有人來承擔一下瀆職的罪名，以平息民憤、安撫無辜。毒奶粉事件中，黨政官員、質檢部門、行政執法成為問責主體，新聞出版似乎可以置身事外，發發消息，敲敲邊鼓。

然而，毒奶粉事件中媒體的功過是非線民有不同說法。《東方早報》的記者簡光州在2008年9月11日第一個披露了事件的真相，為中國的新聞工作者爭得了職業榮譽，也被外媒稱為中國的「九一一」。事後，簡光州向記者坦承當時的生死抉擇：「做這篇可能會讓企業面臨滅頂之災的報導時，我有過很多的顧慮和掙扎。我擔心如果因為自己一篇可能錯誤的小小的報導，給這家優秀的企業帶來不必要的麻煩和造成巨大的損失，不但要坐上被告席，甚

至會被扣上被外資品牌利用打擊民族品牌的罪名。但我一想到孩子們寶貴的生命，還是決意揭露出來，否則我會良心不安。」在那個未眠的徹夜，簡光州也許想到了毛澤東的〈為人民服務〉：「人固有一死，或重於泰山，或輕於鴻毛。為人民利益而死，就比泰山還重。」

但是，簡光州勇敢獻身的光環，並不能抹去媒體對很多重大事件輿論監督責任缺席的陰影，包括這次毒奶粉事件。早在2004年4月，三鹿奶粉裡就已經發現有三聚氰氨，這是河北省副省長楊崇勇說的。2007年年底已經有群眾上訴政府部門和新聞單位，網上也已經有眾多討論的帖子出現，但一直到2008年9月11日《東方早報》記者在報導中首次點明三鹿公司，真相才得以大白天下。在這漫長的四年時間裡，我們的媒體幹什麼去了。2008年6月，三鹿就知道問題奶粉的嚴重性，可9月11日公司負責人在面對記者明確的責問時卻仍然信誓旦旦，根本不把媒體放在眼裡。由此足見新聞之弱勢、媒體之窩囊。而且，8月三鹿毒奶粉事件被曝光，時隔半個月媒體才轉而想到其他乳製品也可能存在同樣的問題，如此這般又過了半個月，方有報導追究巧克力和牛奶糖等乳製品，並由三鹿想到其他品牌，由奶粉想到鮮奶和乳製品，再由國內市場想到國際市場，諸多新聞出版工作者是否應該在簡光州之後第一時間去追蹤這些常識性的問題。還有，到底每人每天攝入多少三聚氰氨才會對身體產生危害？三聚氰氨對身體的危害的病理和癒後，三聚氰氨的國際和國內標準，這些毒奶粉事件相關的核心問題好像也引不起媒體們太大的興趣，很少有這方面的深度追蹤報導。

《東方早報》是上海的媒體，三鹿總部位於河北。2008年初三鹿事件就被反映到當地政府，為何到8月才由上海媒體來揭露，眼皮子底下，熟門熟路的地方媒體幹什麼去了？這其實就是新聞出版屬地管理面臨的兩難：**媒體既有監督社會、甚至監督政府的責任，又是黨的喉舌，受當地政府的任命和指揮**。官員守土有責，就好比農民承包自留地[1]，出了事是要問責的，所以屁股往往指揮腦袋，以地方利益為重，置國家利益於不顧，媒體一般也就只能跟著烏紗帽走。媒體的屬地管理是必須而且有效的，但是，媒體的屬地管理同時也給輿論監督帶來不便，家醜很難外揚。比如，2003年徐志摩在浙江海

---

[1] 自留地是農村集體經濟中分配給農民使用的少量土地，栽種作物的歸農民所有，補充生活和收入。

寧硤古鎮西河街17號的四進祖居被拆除時，省城的一家日報就此事做了一個頭版向社會呼籲保護，但報紙還是在將要付印的午夜突然換版，拆了一半的徐志摩祖居於是無可挽救。問責新聞出版，問責新聞出版工作者的良心和責任，但新聞出版也往往是有苦難言。毒牛奶，大頭娃娃奶粉事件，多寶魚、蘇丹紅，一直到毒雞蛋、蛆橘子，許多事件人命關天，當然會有阻力，而且這種阻力不但來自作惡者，往往還會來自需要維護政績和形象的政府，政府官員需要媒體幫助宣傳政績，但往往更顧忌媒體的介入。所謂要幫忙，不要添亂，通常是政府管理媒體的原則，但幫誰的忙，添什麼亂，卻大有講究。

媒體缺席和社會亂象

　　新聞工作者被稱為無冕之王，但他們卻經常經歷著生死的考驗，與其說是無冕王，倒不如說是角鬥士。有一位西方媒體界名人說過，如果你的報導不夠吸引人，那是你離炮火還是太遠。《新概念英語》第三冊有一篇課文很多人耳熟能詳，說的是有家雜誌的老總派一名記者採寫一篇非洲一個新成立國家總統府的文章，不久，記者發回的稿件中首先寫道：「數百級台階通向高牆環繞的總統府大門。」老總看到稿件，立馬發電報給記者，要他核實一下台階的確切數字和圍牆的高度。誰知一貫聽話的記者這次卻杳無音信。雜誌即將付印，數字卻遲遲未傳來，老總心急如焚，再三致電，甚至以炒魷魚相威脅，記者卻像吃了豹子膽，始終沒有回音。最後，雜誌只好按記者初稿付印。一週後，記者的電報終於來了。原來當他在數通向15公尺高總統府圍牆的1084級台階時，他被捕了，而且被送進了監獄。當然，這個例子還不足以證明記者的職業風險。據《新華社》報導，國際記者保護協會2007年6月公布一份調查顯示，過去十年間，全球記者及新聞機構工作人員殉難總數超過1000人。

　　但不管怎麼說，我們的新聞工作者似乎也還稍微缺少了一些為事業的獻身精神，而新聞出版管理部門也對某些新聞報導稍微缺少了一些寬容和鼓勵。媒體的安全事關社會的安全，輿論導向出了問題，社會就會大亂；但是，反過來說，媒體的缺席同樣也會損害社會與民眾的根本利益。體制的完善、法制的重建需要相當長的時間和過程，但是，我們是不是可以在政策

允許的前提下，嘗試著先營造出一個相對寬容的環境讓媒體來彌補一下管理
體制的某些缺陷。世界上普遍認為，法制、媒體和宗教歷來是三大社會安全
保障體制，但三者都不是我們的強項。如果我們的輿論監督能夠稍稍加強一
些，或許會對某些政府官員帶來一些麻煩，但如果能夠因此預防黑煤窯事
件、制止毒奶粉事件，這些麻煩的代價就非常值得。據報導，全國有各種媒
體的記者100萬人，其中四分之一有政府頒發的記者證。這是一支有文化、有
覺悟、高素質的隊伍，可以為政府、為人民幫很多忙、做很多事，發揮政府
行政和法律監管所不能達到的作用。

媒體在重大事件上的虛假報導或者報導缺席，是當前政府和社會誠信危
機的主要原因之一。由於長期以來媒體管理的慣性，重大事件總是掩著捂
著，一旦有重大事件披露，公眾也往往就有思維慣性：肯定是捂不住了，很
嚴重了，不得了了。於是，事件反而不可控制地擴大。現在，中國媒體的開
放度已今非昔比，但聽慣了「狼來了」故事的中國民眾，仍然習慣把媒體看
作是撒謊的孩子。毒奶粉事件也好，毒雞蛋情況也好，特別是廣元的橘子事
件，對中國食品市場的影響，有大半是出於無端恐慌。城門失火，殃及池
魚，寧可錯怪一千，也不放過一個，於是不管政府和媒體如何解釋，人們總
是寧可信其有、不可信其無。這種在很大程度上由媒體造成的誠信危機給中
國的形象、中國產品出口帶來了巨大損失。從這一角度來說，以中國的誠信
危機問責新聞出版一點不冤。

獻身精神主要應該是來自於心靈，但是往往也來自於利益。現代社會，
生存和競爭構成了媒體的生命力。而競爭來自何處？競爭首先是要有足夠的
競爭主體，足夠到每一個競爭主體都面臨著生死存亡的壓力。中國的報刊足
夠多了嗎？媒體與和尚不一樣。三個和尚沒水喝，但媒體多了，總有一家會
出來說話。這些年來所發生的這許多事件，讓人感到能為百姓說話的媒體還
真是不夠，比如中國消費者協會就缺少喉舌。據說，最近中國消費者協會在
和某雜誌協商聯合辦刊的事情，因為協會每年進行很多質量調查，而一些很
好的調查報告和調查數據沒有地方發表。網路出現後，大眾傳播出現了群龍
無首的狀態，就像天地初開，一片混沌。儘管部落格和帖子鋪天蓋地，可老
百姓最後認可的，還是主流媒體、傳統媒體、黨報黨刊。比如毒奶粉事件，
就是《東方早報》和《新華社》提出了說法。如果主流媒體失語，傳統報刊

沒有說法，天下難免大亂。當然，在很多時候，我們還不能光說新聞從業人員的良心和職業精神，記者為什麼會成為公眾事件中的角鬥士？重賞之下，必有勇夫！那個數非洲總統府台階的記者先生，他的敬業應該更多地來自於他的職業危機感，也許在那個時候已經有許多對手在盯著他的位置，而他的上司也已經以炒魷魚相威脅。按照進化論的觀點，任何行為的動力都來自競爭，也許中國新聞出版業的競爭還遠遠沒有達到應有的程度。

一本書和一部法律

雜誌有責任，報紙有責任，電視有責任，圖書呢？圖書出版也責任重大。一般老百姓認為，書是蓋棺論定、最有權威、能夠傳世的東西。從公眾食品安全的角度來審視一下圖書出版的問題，我們不難發現，這也是出版界貫徹科學發展觀面臨的一個重要而不太被關注的課題。

近年來，從洪昭光開始，有關養生保健的暢銷書開始走上排行榜。跟風「健康快車」[2]的圖書氾濫成災，但是，科學、系統地反映食品安全的專業圖書卻很少。毒奶粉事件曝光後，國人幾乎無人再敢喝牛奶，中國奶業面臨崩潰，僱傭奶媽成為時尚。有關三聚氰氨問題的科學答案媒體沒有向公眾做個交代，或許就是因為到目前為止還沒有一本系統、科學地分析研究三聚氰氨和食品安全的專著可以依據。真不知此事究竟該問責科學家，還是該問責出版社。其實不問也罷，在三聚氰氨事件發生之前，這種關於三聚氰氨的專業食品安全標準的學術著作能夠印到500本可能就不錯了，但出版社一個書號的管理成本就要2萬元，500本的印量能出嗎？多少人多少年在呼籲書號管理對學術著作網開一面，不要把髒水和孩子一起潑出去。但是說歸說，做歸做，十多年下來，大家已經習慣了這種言行不一的社會現象。單獨放開學術著作的書號管理確實是有甄別和監管難度的問題，但現在已經21世紀了，咱們國家奧運會也辦了，太空也行走了，全世界都在肯定中國政府管理的有效性，難道連這麼一個小小的管理問題都解決不了嗎？

圖書出版對公眾安全的影響力往往被人忽視，一本書換來一部食品法

---

² 健康快車是一個洪紹光編寫的保健圖書系列。

律，救萬千蒼生的事情也不是沒有。美國有兩本書就像一部法律一樣影響過國家的食品安全。一部是辛克萊的小說《叢林》，一部是我們都知道的《寂靜的春天》。

關於美國食品安全的報導往往會和一百零二年前三個人和一段香腸聯繫在一起，是這三個人換來了今天美國的食品安全。一名扒糞作家辛克萊（Upton Sinclair）1906年發表的一部紀實性小說《叢林》（*The Jungle*）揭開了肉類食品加工廠的黑幕。這位作家所寫達哈姆家族的聯合畜產品加工廠位於芝加哥派克鎮，這位作家在這家肉類加工廠待了一個星期，他描述的場景讓美國人噁心了一百多年。在那裡，從歐洲退回來的火腿，長了白色黴菌，切碎後填入香腸；倉庫裡存放過久已經變味的牛油，重新融化，添加硼砂、甘油去味後返回顧客餐桌；在香腸車間，為了制伏成群結隊的老鼠，到處擺放著有毒麵包做誘餌，毒死的老鼠和生肉被一起鏟進絞肉機，工人用一個水槽的水來搓洗油汙的雙手，之後再用水槽裡的水來配置調料加到香腸裡去；人們早已習慣在生肉上走來走去，甚至直接在上面吐痰，而有的工人是結核病人。

《叢林》很快被翻譯成17種文字暢銷世界，而美國出口歐洲的肉類一下子減少了一半。時任美國總統的希歐多爾羅斯福（Theodore Roosevelt）收到了全國各地寄來的成堆《叢林》。許多報導都提到，羅斯福邊吃早餐，邊看《叢林》，然後大叫一聲把手裡的香腸扔了出去。後來的調查證實了《叢林》所描繪的情景並非虛構。借助《叢林》出版後的興論壓力，羅斯福和美國農業部化學物質局局長維萊制定的《純淨食品和藥品法》歷史性法案終於在1906年6月得以通過。同時產生了一直到現在的美國食品和藥品管理局，這個現在位於馬里蘭州的機構總部有9300名雇員，其中包括900名化學家和300名生物學家。每年監控價值1萬億美元的產品。

還有一本改寫美國食品安全史的書是1962年的《寂靜的春天》（*Silent Spring*），在中國也曾經非常暢銷。作者美國海洋生物學家蕾切爾卡遜（Rachel Carson）是一位瘦弱、身患癌症的女學者。但這本日後被譽為現代環境保護主義基石的書一出版就引起了極大的爭議，卡遜遭受了空前的詆毀和攻擊，《寂靜的春天》出版兩年之後，她心力交瘁，與世長辭。20世紀50年代後期美國處於經濟高速發展的時期，環境保護的理念在當時還屬於驚人

之語，這本書的出版直接觸及了化工巨頭的利益，同樣引起了當時的總統約翰甘迺迪（John F. Kennedy）的重視，直接後果是1970年美國國會通過的《國家環境政策法案》，成立了美國環境保護署。這本書也引發了全世界環境保護事業，各種環境保護組織紛紛成立，從而促使聯合國於1972年6月12日在斯德哥爾摩召開了人類環境大會，並由各國簽署了《人類環境宣言》。

我們不知道美國出版界在出版《叢林》和《寂靜的春天》的過程中發揮了什麼作用，或者是否同樣承受了巨大的壓力，但一本書對社會進行改變了如此驚人的作用，在當代中國出版業似乎尚無先例。近年來，我們一直在討論傳統出版的邊緣化問題。其實，在某種意義上，傳統新聞出版業的邊緣化體現在面對毒牛奶、毒大米之類的事件時事不關己，高高掛起。作為一個行業、一個產業，傳統新聞出版幾乎所有戰線都落伍了。以入口網站和部落格為代表的新媒體的突出表現，以引進版權為主流的時尚刊物、以數位出版為標誌的未來出版趨勢，以民營公司為主體的音像出版，幾乎都已經不關傳統出版的事了。所以，我們要討論的似乎已經不是傳統新聞出版的失責，也不是令人觸目驚心的「封口費」事件，而是它的「失位」甚至出局。什麼叫「失位」，就是「沒你坐的位置」了。在尚有行政保護的版塊，傳統出版還有一些領地，比如教材，比如書號、刊號，比如報紙，比如新華書店的黃金地段和免費地產。但是，現在連這些「最後的晚餐」在新技術面前也正在被一一突破，甚至是嚴格的行政法規也正在面臨嚴峻的挑戰。報刊的專營之於網路媒體和部落格，網路書店之於傳統書店，最後的突破差不多就是捅破一張紙而已。圖書出版的許多新星，比如長江文藝出版社，比如廣西師範大學出版社，眾所周知，他們的運作模式已經不同於傳統出版。我們對傳統新聞出版說的一句話還是：一萬年太久，只爭朝夕！什麼是只爭朝夕，那就是說早上的事情，晚上就必須完成。所以，新聞出版業學習實踐科學發展觀，首先要進行的是行業危機教育。

（2009年1月）

誰來規則圖書公平交易

> 那一年800網站不斷地買斷某作家的書以對折做優惠促銷，於是引起
> 作家社及余秋雨、賈平凹等人的強烈不滿，威脅該網站以降價傾銷
> 的罪名訴諸於法律。

2010年1月8日，醞釀多年的《圖書公平交易規則》由中國出版工作者協會、中國書刊發行業協會和中國新華書店協會正式發布。其中規定新書第一年不得打折零售，但在網上書店或會員制銷售等特殊情況下可以優惠促銷，折扣也不能低於85%。《圖書公平交易規則》發布後，業內人士著實小吃一驚，但仔細一看，發現離現實太遠，不但缺少可操作性，而且連合法性都有問題。

國家發展和改革委員會也已明確表態，《圖書公平交易規則》從法的角度看是有問題的，因為法規只有人大或政府才能發布。如果是行業自律，那也得有個民主集中的程序，獲得三分之二以上通過。中國的很多行業協會既不像協會，也不像政府。它沒有政府的執行力，也沒有協會的號召力。而無論是中國出版工作者協會、中國書刊發行業協會和中國新華書店協會，都是新聞出版總署下面的協會，基本上就是同一家，是國有書業的協會。而現在需要「規範」折扣的書店，特別是網路書店，基本上都不是國有書業。民營書業大多只能參加國家工商聯旗下的全國書業商會。就算《圖書公平交易規則》被全國的所有書店認可，實施過程中也有太多變通的辦法，很難實施監督。對付「禁折令」，可以買新書送舊書、捆綁銷售或者滿多少就送購書券等等，會員銷售和普通零售、節日促銷和日常銷售也很難界定。對違反《圖書公平交易規則》的行為如何制裁？規定只是說進行「勸誡」、「通報批評」並「建議相關行政主管部門進行處罰」。那麼，行政主管部門處罰的依據又是什麼呢？總不能說民間的規則讓政府來執行。面對《圖書公平交易規則》的「被規則」、「被誠信」，於是我們想起了那位勇敢而又有騎士精神

的唐吉訶德先生。

針對網路書店的禁折令早在2000年就已有過。那一年800網站不斷地買斷某作家的書以對折做優惠促銷，於是引起作家社及余秋雨、賈平凹等人的強烈不滿，威脅該網站以降價傾銷的罪名訴諸於法律。於是，800網站停止半價銷售《千年一嘆》、《懷念狼》、《口紅》等暢銷書。但當時由此發端的網路書店禁折令，也因缺少法律依據和可操作性不了了之。

或許十年後的這道禁折令也會這麼不了了之。現在的許多事情總是雷聲大，雨點小，或者是光打雷，不下雨， 也不唯書業如此。比如對電動車的限速令。書業一折書的禁令也下過多次， 但一折書至今還堂而皇之到處販售。如果規定或者規則太不著邊際，那就叫「折騰」，時下政界就有一句名言，叫做「不折騰」。總是折騰一下也不要緊，今行而不能禁止，最多成為人們茶餘飯後的談笑，但老是讓人看笑話，對於掛著中國頭銜的行業協會，實在是不太合適。

也許摸著石頭過河是中國特色的社會主義精神，但如今摸著石頭過河，朝令夕改的事情也太多了一點。再比如中央部委出版社改制脫鉤，當初曾經軍令如山倒，沒有人敢不相信改制不脫鉤。可是說不脫鉤就不脫鉤。其實不脫鉤也不無道理，不脫鉤可能更符合中國國情與現有政治文化體制。文化體制改革線路圖正確，時間表太快，任務書則有失教條。

當然，也不能說《圖書公平交易規則》一無是處，至少動機是好的。動機是什麼，明眼人一看便知，就是衝著網路書店來的，或者說就是衝著當當和卓越網來的。據報導，當當購書網2009年做到20多億，卓越也有10幾億，新書單本定制數量都已經5000到上萬。關於當當、卓越，大多數人說仍然不盈利，至少是主業不盈利。有報導說：目前圖書只占卓越銷網售額的一半左右，卓越給自己的定位是做綜合性電子商務網站，百貨業務占據當當網總收入的40%左右。當當網成立十年來，據說至少有八次在相關的訪談中宣布當月或當季實現盈利，但至今尚未盈利。當當和卓越燒錢十年，不正當行業競爭明顯，給中國圖書市場生態造成的影響和破壞應該引起業內重視。

在世界範圍內，網路書店和數位出版對實體書店的衝擊令人擔憂。傳統書店畢竟還是傳統書業的主渠道，支撐著國家文化和科學的發展和繁榮。在新舊書業尚未完成它們的交替與更新之時， 國家必須全力保護傳統書業，

否則青黃不接非常危險。面對目前當當和卓越長期依靠境外資本在國內燒錢圈地，有關部門不能熟視無睹，這不僅僅是行業的不正當競爭，甚至還涉及到保護民族文化企業的國際問題。德國的新書按規定一年內不許打折，多年來這項制度一直嚴格地實施，我國政府應當學學人家的法律與規則是如何制定和實施的。什麼事情該協會做，什麼事情得政府辦，要搞搞清楚。任何行業，燒錢燒了十年還在燒，如果不是燒荒，那就是縱火，行業規範和國家法規就有必要對其進行審視。政府應該認真地從法的層面考慮行業規範問題，而不是馬馬虎虎搞個《圖書公平交易規則》虛晃一槍。整個出版行業應該團結起來，眾志成城。出版社以書店為衣食父母，應該更多著眼於全國成千上萬家傳統書店，犧牲一些與網路書店的眼前利益，抵制網路書店的惡意折扣、惡意競爭。一本書在網路書店5000或1萬的訂數，對出版社看似誘人，實際未必不是飲鴆止渴。

（2010年4月）

Part

2

圖書市場的迷途

中國圖書市場隨筆

當前中國出版業面臨的一個難題是：既要從各行各業老總的口袋裡
掏錢，吸引廣告，吸引投資，又要小心文化被銅臭侵害，品牌被市
場強暴，傳統被世俗顛覆。

中國出版沒有上帝

上帝是什麼，上帝是至高無上的，人間的芸芸眾生無不竭盡全力為上帝
服務。上帝在想什麼，需要什麼，我們就要滿足什麼。即使上帝錯怪了你，
也不能動口，更不能動手。

在皇帝女兒不愁嫁的年代，出版社和編輯是上帝，而讀者和作者是芸芸
眾生。可如今讀者、書店和部分作者變成了上帝。在經歷許許多多的改革以
後，我們終於看到了機械工業出版社把800免費電話[1]印在書上。

出版社將自己的電話號碼附在書上早已算不上新鮮事了，然而，恐怕還
沒有一家出版社像機械工業出版社那樣將800免費電話以「讀者熱線」的形式
刊登在圖書的封底。機械工業出版社的讀者熱線天天都有專人接聽。有的讀
者詢問新書消息，有的讀者反映書中的錯誤，有的是投稿電話，也有很多是
技術諮詢。

機械工業出版社算是趕潮流，已經開通了800免費電話，但許多出版社的
「上帝觀念」還非常淡薄。在版權頁上印電話號碼應該是舉手之勞，有萬利
而無一害，大多數出版社卻並不很願意這麼做。圖書封底標明定價的問題至
少也呼籲了十幾年，還是有很多圖書在封底上找不到定價。如今已不是整夜
排隊的書荒年代，全國年出書品種都已經12萬多了，同類圖書比比皆是。到

---

[1] 就像台灣的0800免付費電話一樣。

了書店看書，很多讀者首先是看書名，其次是定價，然後再看內容。如果讀者一時找不到一本書的定價，隨手把它扔在一邊是常常發生的事情。

在書封面上印電話號碼到底有什麼用？這個問題太簡單。如果你在書中還做了本社其他圖書的廣告，讀者打來電話的可能性就會更大。而如果這個讀者在外地，800免費電話對不捨得打或沒有條件打長途電話的讀者來說，作用就更加顯而易見。

開通一個800電話並不算一件大不了的事，但卻反映了**一家出版社對讀者、對市場的態度**，這不僅僅是一個電話的問題，而是觀念問題。俗話說，一滴水能夠反映整個太陽。一個人從小看到大，一家出版社也不例外。全國第一個開通800電話的是機械工業出版社而不是別的出版社，這絕不是一個偶然的巧合。我們可以推斷，機械工業出版社今後在各個方面都會有類似800這樣的創意。以讀者為上帝的機械工業出版社一定會在中國圖書市場上獲得更多的份額。

出版社的上帝觀念還可以從**圖書索引**上看出來。歐美的社科類學術圖書必須附有索引，幾乎無一例外，沒有索引的學術類圖書很難進入圖書館的訂單。索引是一本書的學術含量，也是出版商為讀者服務，方便讀者的重要內容。同時，也是在最大限度地利用本書的資訊資源。做索引往往需要專門請專家，花一筆不少的錢，不但是實際的生意所需，也是現代出版業服務意識的體現。非虛構類圖書的副標題在國外也是習以為常，主標題一般比較抽象而有文學性，是為了吸引眼球，對讀者有瞬間衝擊力，而副標題則是對主標題的具體注釋。但國內的非虛構類圖書至今很少習慣用副標題。這也說明了出版與市場和讀者的距離，也說明了中國出版業市場化程度的低級。

說到廣告，廣告是什麼，廣告就是企業給作為上帝的讀者所提供的資訊服務。廣告意識，也就是企業的上帝意識。

最近有報導說，一些光碟製作公司正考慮在光碟中加入廣告，這可能會使正版光碟價格繼續下調。據正在策劃此舉的北京鴻運人廣告公司吳立新先生介紹，所謂廣告滲入光碟，就是以音像製品為載體，進行廣告傳播。由於在片中加入的廣告只有2分鐘左右，因此不會影響觀眾正常收看節目。同時，由於廣告的加入，可以降低光碟的製作費用，從而降低批發和零售的價格，使得正版光碟的零售價格能在15元至20元之間，這將是非常有吸引力的價

位。

廣告是現代市場經濟的標誌。在視廣告為生命的時代，出版業仍然與廣告若即若離。而早在20世紀20、30年代，商務印書館出版的每一本書上就已經有幾頁圖書廣告了。在書上打書的廣告，這個問題好像在五年或十年前就有人提醒，有人呼籲，但至今收效甚微。不要說在書上打廣告，中國的書和西方的書還有一個明顯的區別，就是外國的書在封底上總是滿滿地印著媒體和名家的評語，而且這是一本市場書的必需，而我們的書往往是一片整潔，雅是雅了，但市場沒有了。水至清則無魚。廣告充斥電視螢幕、報紙版面，固然讓人討厭，但廣告愈是成堆的地方，市場經濟就愈發達。報社、電台、電視台的各項改革為什麼總是比出版業更早走在市場的前面，也許就是因為他們成天跟廣告打交道的緣故，承包與廣告打交道，也就是與市場打交道。對於報紙和電視，廣告是他們的生命，但對於出版業卻只是皮毛。這正常嗎？

在圖書上做業外廣告也是國際慣例，如每年的美國洛杉磯樂器博覽會、德國法蘭克福樂器博覽會，都會吸引不少音樂出版社參展，出版社在這些博覽會上尋找與樂器商的廣告合作機會。據說人民音樂出版社在圖書上每年為國內外樂器商做廣告年收入近50萬元。這在台灣也已不是新鮮事。在旅遊、養生、醫藥、理財等門類圖書上，台灣出版社在圖書上做廣告的方式多種多樣。出版社有許多暢銷書，幾十萬、上百萬、上千萬的都有，發行量和影響力遠遠超過一般的報紙。而且許多圖書，如工具書還會代代相傳，文學書會廣泛傳閱，廣告的投入產出不言而喻。

市場的弱智和行銷的麻木

《學習的革命》（*The Learning Revolution*）是美國一本非常普通的教育類圖書，在美國也只印了1萬多冊。而在中國，這本書卻被炒得熱火朝天，發行了500萬冊，炒作本書的科利華公司還預言要發到1000萬冊。但總的來看，對《學習的革命》炒作案，說荒唐的多，喝彩的少，唯一可以確認的是「炒」的本身，即所謂「炒的革命」。據說科利華公司藉《學習的革命》炒股賺了7億。

　　而且，科利華豈止強暴了出版業，更是愚弄了讀者，而讀者卻不一定把這個帳算在科利華頭上，因為很多讀者並不懂得這些炒作內幕，不知道出書和炒作實際上都是科利華投資的。他們只知道書是出版社出的，是出版社騙了他們，讀者的帳最後還是要算在中國所有的出版社身上。所以，出版《學習的革命》的上海三聯書店並不是唯一的替罪羔羊。天下的百姓都戳著出版社的脊梁骨罵：「看！出版社是怎麼在騙老百姓錢的。」於是，中國的出版社一夜之間都成了「撒謊的孩子」。

　　曾經而且目前仍然德高望重的三聯書店與科利華合作《學習的革命》，幾百萬元的利潤輕而易舉地進帳，卻將真相隱去。這樣一本在美國發了一兩萬冊，普普通通的學習指導書，怎麼在中國一夜之間就變成了教育經典？科利華的老總不是出版家，也不是教育家，錯愛了《學習的革命》，讓全國的讀者也跟著受騙上當，這當然還情有可原；炒作這一「革命」的科利華老總自己也說，他們真的太不懂出版，要不怎麼也要把這本書好好地讓作者做些加工修改，使之更符合中國的國情，這樣也不至於引起舉國上下怨聲載道。但作為中國一流的出版社，是絕不能說這樣的話的，所以，這場關於《學習的革命》的風波，最不能讓讀者原諒的，還不是科利華。科利華是私營企業，他做生意要賺錢，這沒有錯，從法律上說，他們沒把握導向的責任。但中國的出版社不是純粹的企業，是國家專營的事業單位，國家把出版的特權交給你，把免費的書號發給你，同時，也把國家文化建設和知識導向的責任交給了你，你怎能見利忘義呢？

　　然而話又說回來，儘管科利華公司由於炒作《學習的革命》用於上市，以恣意強暴出版文化而臭名昭著，但有史以來，中國出版行銷的最大手筆，卻仍非科利華莫屬。也許是因為觀念的陳舊，或者是根本上就是資金實力，中國出版向來小家子氣十足，罕見有驚人的大手筆。比如架設網站，大把大把地燒錢的，都是業外和境外資本。過著小日子，一張一張數錢的傳統出版人好像還從來沒有體驗過像炒作《學習的革命》這樣充滿刺激和冒險的經歷。好不容易有幾十萬冊免費贈書的壯舉，如醫學科學出版社贈送《大眾用藥手冊》，中青社贈送《中國大學報考指南》，也還是「小蜜傍大款」，花的是人家的錢。最近，擁有上千億資產的中國電信決定向全國派送1000萬張光碟，讓人們體驗網路生活，號稱是「中國家庭上網總動員」。1000萬並不

是一個小數字，以每張光碟製作和發送成本5元計，就是5000萬的本錢，再省也不會少於3000萬元。但中國電信的帳算得很清楚，1000萬張光碟發下去後，至少可以吸引100萬人上網，以每個用戶每年入網消費近1000元，一年就是10億。美國就是用這種方式，讓使用者迅速從30萬增加到400萬元。

儘管中國改革開放歷經二十個春秋，國民經濟的總體實力已位居世界前列，但中國圖書市場還處於一個弱智和幼稚的時代，傳統出版與家電、電腦等新興市場已有很深的代溝。也許有很多人並不同意這種弱智觀，但科利華炒作《學習的革命》構成的事實就是中國圖書市場弱智最有力的注腳。即使還不至弱智，也至少是幼稚。

當然，炒作市場不能一概以惡意而論，惡意的炒作是一種欺騙或強暴，善意的炒作則是對市場的引導和培育。引導消費，是中國出版對弱智市場的急迫任務。

中國圖書市場的弱智現狀產生於中國的國情：我國讀者總體文化水準偏低；成熟市場的主體——高知識階層購買力尚未發育，知識分子的收入仍然偏低；長期以來，中國文化嚴重缺乏獨立思維，輿論一律，往往造成讀者閱讀傾向一窩蜂，於是出版社也紮堆地跟風。弱智的市場也像燃點很低的汽油，一有碰撞就會引起劇烈的爆炸。所以市場的弱智也同樣給炒作和培育市場創造了有利的條件。

中國出版業長期以來不習慣圖書宣傳行銷，圖書廣告投入占總碼洋的比例大體只有國外的五分之一到十分之一。15%的廣告費是國外圖書定價構成的常態。幾年前，浙江教育出版社在中央電視台一個600萬元的形象廣告曾經引起中國書業界的轟動，這也充分說明了為書做廣告，特別是做大廣告，對中國書業實在是稀罕之物。另外，在中國圖書廣告多數登在業內的媒體上，在電視和日報等大眾媒體上很少拋頭露面，這和國外的情況截然不同。所以，有人說，中國出版社的廣告一是做給同行看的，二是做給書店看的，第三才輪到讀者。這也是造成中國圖書市場弱智的重要原因——出版家們都把上帝當成了阿斗。也許他們認為，民可使由之，不可使知之。究其歷史根源，是長期以來的計劃經濟造成圖書的賣方市場，賣方市場就是我有什麼，你就買什麼。

其實，我們不僅說中國圖書市場不成熟，國民整體消費觀念也不是很成

熟。一會兒熱龜鱉丸，一會兒熱洋參丸，現在又是蓋中蓋鈣片和腦白金保健品。旅遊熱了，一個「五一長假」就消費了180多億。這就是說，出版業不僅面對不成熟的圖書市場，也面對著某些不成熟的大眾消費市場。只要市場觀念跟上，在宣傳和炒作市場上投入更多的資金，肯定會得到意想不到的豐厚回報。市場不成熟，本身就是最大的商機。

如果圖書也免費贈閱

英國首份免費報紙《倫敦大都會報》於1999年6月問世。倫敦地鐵部門已經同意該報在它的267個地鐵站向讀者免費發行。作為回報，地鐵部門每年將獲得大約150萬英鎊的回報，這僅僅相當於這家報紙預計獲得廣告收入的11.5%。

同年的一段時間，香港報紙暴發減價戰，報紙的火拼一再警示出版業，廣告業對媒體的衝擊會愈演愈烈。廣告業頻頻介入大眾傳媒，必將從電視、報紙逐步向圖書蔓延，終有一日，雜誌和暢銷書也會放在地鐵站供人免費索取。

當然，讀者免費索取的圖書不會是豪華的精裝本，數量也不會取之不盡，或者可能只是某暢銷書的部分章節，即使是一本完整的書，那可能會夾雜著三分之一甚至一半的廣告。不過，一旦家電、電信等支柱產業以廣告角度切入圖書，把圖書作為廣告平台，對出版格局的影響就不好說了。科利華炒作《學習的革命》也許只是一個小小的但足夠生動的例子。也許某一家大公司真的會花鉅資買斷某個大作家某部名作的版權，印行幾十萬甚至上百萬冊，隨產品贈送。比如，買五瓶「海飛絲」洗髮水贈一冊《看上去很美》就是一個不錯的創意。多買幾瓶洗髮水放在家裡，一下子用不了，一下子也壞不了。

《學習的革命》是美國一本普通的教育圖書，但由於急著上市的科利華公司介入，印行了500萬冊，一時成為行銷神話，而業內很多人認為這是上市公司強暴了書業。《學習的革命》帶來的鬧劇已漸漸冷卻，但第二次「學習的革命」可能要不了多久還會出現。不講圖書內容和品質，僅僅從行銷角度看，《學習的革命》是非常成功的。曾經有人這樣說：如果能讓某一家公司

出資贈送100萬冊《東史郎日記》，不但全國轟動，世界同業也會小吃一驚，全國所有的重要媒體應該都不會漏掉如此頭條的新聞。100萬冊書，直接成本也就500萬元左右，做得起500萬元廣告的中國企業不在少數。

在市場經濟和資訊時代，媒體受到廣泛的重視，不僅僅因為它是一個產業，更在於它是媒體。外界不僅要向這個目前回報率極高的產業進行投資，更要利用媒體來擴大自己的影響，所以，就有了上文說到的免費贈報和已經爛熟於耳的科利華與《學習的革命》炒作案。無論是電視、報刊、圖書、影視、網路都將會有更多免費的午餐提供給讀者，然而得益的，卻往往並不是媒體本身。

俗話說，人無遠慮，必有近憂。當我們一直在為中國出版如何應對進入WTO苦思冥想的時候，有多少人在為來自身邊的各行各業大舉進入而憂心忡忡？新聞出版業目前仍然是高度壟斷行業，國家實行的是審批制而不是登記制，業外資本，特別是民營資本和境外資本被嚴格地阻擋在業外。可業外資本終有一天會進入新聞出版業。當只有4億銷售額的商務印書館被紅塔集團甚至被山西的煤老闆控股的時候，我們能保證商務還能堅持一百多年來的文化傳統嗎？當前中國出版業面臨的一個難題是：既要從各行各業老總的口袋裡掏錢，吸引廣告，吸引投資，又要小心文化被銅臭侵害，品牌被市場強暴，傳統被世俗顛覆，甚至是引狼入室，最後連自己的飯碗也給端了。蘑菇很鮮，但有毒的也很多。

面對朝陽產業的中國出版

中國21世紀的朝陽產業是什麼？**資訊、旅遊和教育當之無愧**。目前，國家整體經濟形勢，包括圖書出版業也處於等待內需拉動的狀態，唯獨資訊、旅遊和教育產業朝氣蓬勃，日新月異。近年來，資訊產業一直在主導著中國產業化的潮流，教育和旅遊則是異軍突起的新星產業。

《中國圖書商報》認為，7月分以來全國圖書市場之所以大幅反彈，教育體制改革是拉動圖書市場的主導因素。1999年幾乎成了中國的教育年。1月13日，國務院批轉了教育部關於《面向二十一世紀振興行動計畫》。6月13日，中共中央、國務院發布了《關於推動教育改革，全面推進素質教育的

決定》。6月15日，全國教育工作會議在北京召開。進入8月分以來，國有大專院校的大規模擴招和民辦大學如雨後春筍，使1999年全國高考招生人數至少比1998年增長20%以上。在教育產業的刺激下，圖書市場也如沐浴春風雨露。據統計，1999年全國銷售量最大的200種圖書中，80%以上是教育類圖書。中華書局推出的首批《中華字典》和第二批印刷的120萬冊已被訂購一空，甚至有了「《中華字典》挑戰《新華字典》」這樣擺在《中華讀書報》頭條的新聞。

教育就是讀書，讀書就要出書。教育和出版產業的相依為命，發達國家也不例外。教科書和教育類圖書占整個圖書市場的比例，在任何一個國家都是相當高的。英國的培生集團（Pearson）把美國最大的賽門舒斯特（Simon & Schuster）出版社教育產業內容併入自己的麾下後，索性把集團的名字也改成了培生教育出版集團，以強調教育為本的發展戰略。在目前的全國出版格局中，決定各省市銷售和利潤排序的其實並不是一般圖書的規模，而是**人口的多少**，因為人口的多少決定教材和教輔的印量。上海和北京是全國出版業最發達的地區，但上海和北京的圖書銷售總額卻不能與很多人口大省相比。上海世紀出版集團是我國目前圖書出版主業最有實力和品牌的出版集團，但僅僅6億的銷售額卻還不如許多省的一個教育出版社。教材是出版社的命根子，是出版業的經濟基礎。也因為如此，外研社才會投入上千萬元去開拓新的大學英語教材。未來中小學教材實行一綱多本，公平競爭，誰能拿到教材教輔，誰就能生存發展。與國外相比，中國的初等教育缺少的是素質教育，高等教育則面臨大規模高速度擴張，中國教育產業的這兩大發展工程同樣也是相當一段時間內中國出版業的基本增長點。

與國外相比，我國高等教育是一塊未開墾的處女地，高校教材是未來幾年教育圖書出版的熱點。最近，教育部發出了《關於推薦中國語言文學類專業主要課程教材的通知》，向全國各高校推薦了27種教材，有幸列入這個目錄就意味著每年十幾萬以上的印量。教育部在制訂這批目錄的時候充分體現了公平的原則，以品質為第一標準，列入推薦的27種教材絕大多數在90年代編寫或做過重大修訂，其中50%以上是1997年以後編寫或修訂的，在大專院校中長期使用的游國恩和劉大杰主編的《中國文學史》等，都沒有列入這次推薦目錄。在這27種教材中，除北京和上海以外，其他地方出版社也占了7

種。這個比例說明什麼，說明出版和資訊產業不同，出版是需要年分，需要累積的，不可能有很多暴發戶。

資訊技術作為中國新興產業的領頭羊，給圖書市場注入了興奮劑。資訊產業對出版的影響主要在三個方面：一是資訊技術類圖書年年上升，電腦圖書占市場的份額愈來愈大；二是資訊技術產業本身對出版業編輯和印刷新技術的影響和支援；三是數位出版和網路傳播對傳統出版的衝擊，目前已經對傳統報業形成了很大的衝擊。如果僅僅從網上看，我們所有關於新聞出版的行政限制已名不副實，公民在網上發表作品的自由度已經迫近全部。數位出版和網路會否取代傳統的平面出版，許多人對此不抱樂觀的態度，但據《文匯報》近期報導，微軟公司聲稱已經開發出一種新的閱讀軟體，使電腦螢幕上文字的清晰度接近紙張，並預言在不到十五年的時間內，全世界一半以上的書籍將以電子版的形式走向市場。1999年大英百科全書出版公司就已經宣布不再出紙質版。

旅遊作為新興產業剛剛被出版界認識。國外旅遊產業的產值一般為出版業的3到5倍，1998年中國圖書銷售300多億元，而旅遊收入為3430億元，卻有10倍之差。這說明中國文化的耕讀傳家正在被蛻化為吃喝玩樂。1998年新年全國人民一窩蜂地去東南亞旅遊，一擲萬金，但如果是上萬元一套的圖書，恐怕很少有人扶老攜幼而來。我們相信，旅遊業會多方位帶動圖書出版，尤其是對於旅遊指導類圖書、地圖，以及相關的生活類、保健類、休閒類圖書的出版。近年來，國內旅遊類圖書迅速增長，但是與國外相比品種還是太少，品質也不盡如人意，資料陳舊，實用性差，裝幀設計落後。現在，外國人來中國多半帶自己國家出的導遊書，就像當年日本人來中國旅遊自帶醬油一樣，這不僅僅是因為國內出版的外文旅遊書太少，而主要是國內旅遊書不適合外國遊客閱讀。當國民旅遊消費和教育消費蒸蒸日上、如火如荼之時，出版業是否能夠攜手並進，一起投入朝陽產業的懷抱呢？

出版零庫存能否夢想成真

最近，有知名人士對目前圖書庫存上升的一片誠惶誠恐說大可不必，指稱零庫存不僅不應只是商業追求，而且可能是中國出版的災難。但按需印刷

（print on demand，簡稱POD）和電子出版卻真的會讓另一種零庫存付諸現實。

目前電子閱讀最大的問題還是螢幕清晰度和攜帶的方便性。但在1999年的法蘭克福書展上，來了一位不速之客——大名鼎鼎的微軟，它向書業人士隆重推出了見面禮：微軟閱讀器（Microsoft Reader）。微軟閱讀器的核心是高解析度的液晶顯示器。9月分進行的調查中，有96%的人願意使用這種新型的顯示器。微軟所描繪的電子圖書的未來是：2003年電子圖書閱讀器重1鎊左右，價格99美元；2005年電子圖書在某些品種上銷量將超過紙張圖書；2010年，電子圖書閱讀器重半鎊，可容納上百萬個品種；2012年，電子和紙質圖書的競爭白熱化，紙漿工業的廣告是：真的樹，真的書，真的人。用紙印的書會像現在的全棉的、全毛的、真皮的製品一樣珍貴；2018年，主要的報紙出版最後的紙質本，從此一心一意做電子發行；2019年，紙質印刷品作為禮物非常流行，因為它們顯示了圖書藝術和高傳真照片；2020年，90%的圖書品種將同時採用電子和紙本並行的發行方式。

為了使電子閱讀器有更多的資源，微軟公司已經和世界上著名的出版商企鵝書店、貝塔斯曼、時代華納、哈珀柯林斯等合作，將這些公司的圖書轉為電子書版本。貝塔斯曼公司在過去三年投資1650萬美元開展電子圖書服務。美國的賽門舒斯特出版公司也將開始提供網路下載，讀者可以透過網路閱讀或下載史蒂芬金的恐怖小說，他們不僅解決了防止盜拷問題，還可以設定閱讀期限。還有很多業者開始利用亞馬遜公司的網站提供免費電子圖書。在國內，也已經出現了提供下載服務的電子版圖書購書模式。

數位出版將大大減少出版成本，使出版業真正做到無庫存經營。有人算過，一般圖書用於版稅的費用是6%到10%，用於編輯組稿的費用是5%到10%，用於印刷裝訂的費用是25%到45%，其他的都是用於發行和備貨的費用。電子版圖書製作成本只有前兩項，大約是10%到20%，而且版稅可以賣一本付一本。

在美國，利用網路提供按需印刷的技術已開始投入市場。專用的即時印刷社，樣書掃描和格式化的成本只需162美元，一本書完成到裝訂前的所有工序只要30秒鐘，印刷成本稍高於傳統批量印刷。由於即時印刷減少了批發、運輸和庫存等環節，所以，體現在零售價格上與傳統印刷差距更小。舉一個

不適當的例子，在國內，即便用雷射印表機列印電子版圖書，僅計算列印紙和硒鼓的成本，做一本200頁的圖書成本也只要15元左右。當然，按需印刷對圖片要求比較高的畫冊尚有不足，至少純文字書的印裝已經可以與傳統印刷媲美。

絕版書再生最近成為出版業最誘人的青蘋果。1999年9月，一個以日販為主體，連同小學館、學習研究社等幾家出版社合建的絕版圖書預訂公司正式啟動。該公司採用IBM公司生產的高速即時印刷系統，使一冊或數冊絕版圖書的預訂成為可能，這意味著全日本每年4萬種絕版書從此不再絕版，也意味著在世界範圍內建立一個千萬種在版圖書[1]資料庫不再是幻想。隨著高科技的發展一日千里，硬體成本不斷下降，即時印刷的價格性能比還會有較大的提高，零庫存之夢也正悄悄地成為現實。

小人書會東山再起嗎

最近，圖書市場上令人注意地又出現了一些64開本的連環畫，也就是我們曾經稱為「小人書」的東西。

十幾年前，以浙江人民美術出版社《世界文學名著連環畫》為代表的32開本連環畫的崛起，奇跡般地結束了流行於中國長達半個多世紀的小人書歷史。小人書從此升級換代，變成了大人書，從地攤走向了書齋，成為高雅的藝術藏品。小人書不但從此愈做愈大，還出現了套裝、盒裝、豪華本、線裝本等。

然而，曾幾何時，中國的32開連環畫熱潮悄然降溫，起而代之的日本卡通書近年來幾乎占據了少兒讀物的半壁江山。從黨和國家領導人到學校的老師及家長無不憂心忡忡。啟動中國動畫的工程早在五年前就在很高的層次被提了出來，但幾年下來，市場上日本卡通書愈禁愈多，中國的小人書仍然不見蹤影。

偶爾看到中央電視台趙忠祥在6月5日世界環保日的節目中說，二十年

---

[1] 在版圖書多數指有庫存的圖書，也指雖然暫時缺貨，但有版權在手，隨時可以重印。與絕版書是相對的觀念。

前，他第一次到日本去，看到人家的餐館裡在用一種又清潔又衛生的免洗筷，當時他想，我們的國家也有這種筷子多好呀。但是二十年後，面對免洗筷大量浪費森林資源，他又說：我們的餐館都不用這種筷子有多好。和免洗筷一樣，免洗餐盒、桌布、尿布和塑膠袋也同時受到綠色環保主義者的聲討。當很多人還在為這些現代化的進步而高興的時候，來自自然的報復卻已經敲響了警鐘。

也就是在人們反思免洗筷的同時，在圖書市場，也悄悄重新出現了64開本的小人書，猶如免洗筷氾濫後餐具對自然的回歸。於是，我們不禁產生疑問：新生的事物是不是都代表著規律和方向？如果是，那便是改革，如果不是，就僅僅是誤區。

所謂小人書，顧名思義，是給小孩看，而不是供大人藏書的。小人書就是要開本小，頁碼少，價格便宜。小孩的錢少，手小，書包的容量不大。而且，傳統小人書的形式真的已經沒有生命力了嗎？難道中國小孩都喜歡日本卡通書的形式和內容嗎？從某種意義上說，很可能是小人書退出市場而無意中給日本卡通書的大舉進入創造了條件。中國出版在某個歷史時期就是這樣簡單地走進了一個誤區。

與日本的卡通書不同，中國傳統連環畫有兩個特點，一是文字較多，有利於培養閱讀習慣，故事性強。或者說，中國的傳統連環畫是插圖本的小說故事，可以幫助孩子進入閱讀時代，是文字閱讀的橋梁書；二是畫面比較寫實，有利於培養健康的藝術美感。從這一點上來說，中國的傳統小人書更加接近歐洲漫畫書的寫實風格。日本卡通書過分誇張的漫畫形象一直受到文化界的非議。其實，小孩子喜歡日本卡通，一方面是感到這種誇張的動畫形象頗有新鮮感覺，二是覺得那些內容很新穎。但是與其說內容新穎，倒不如說內容不夠健康。新聞出版總署限制日本卡通書進入，很大程度上不是因為它的形式，而是因為它的內容。目前充斥市場、非正規管道進入的日本卡通書，很多都帶有色情和暴力的情節。

圖文並茂是少兒讀物的主要特點，小人書在中國存在了這麼多年，現在成為國家棟梁的一代又一代的大人都是讀著小人書長大的。街邊的小書攤成了這幾代人美好的童年回憶，也是中國傳統文化的印記。只是在新的時代，中國的傳統連環畫也要在形式和內容上推陳出新。在64開連環畫重新出現的

時候，我們是不是需要反思一下二十年來中國連環畫發展所走過的歷程，思考一下在歐美繪本圖書和日本卡通的強大影響下，中國傳統連環畫的未來呢？

由食文化所想到的

多少年前，當肯德基、麥當勞開始風行之時，花仙子、變形金剛也成為孩子們最喜歡的卡通形象。1997年，中共中央宣傳部二樓多功能廳召開的《中華少年奇才》首發暨中國動畫工程啟動座談會，好比開始了中國動畫的「八年抗戰」。時隔不到五年，北京一家權威日報終於出現了令國人揚眉吐氣的標題：「數年努力終有成果，國產卡通奪回小觀眾」。報導說：根據不久前中央電視台對北京、上海、廣州等10個城市的3至17歲小觀眾進行的「全國動畫片觀眾調查」顯示，中國孩子最喜歡的動畫片中，《西遊記》以32.6%的占有率名列第一，《寶蓮燈》、《大頭兒子小頭爸爸》、《小糊塗神》、《貓和老鼠》、《名偵探柯南》、《灌籃高手》、《美少女戰士》、《足球小子》和《叮噹貓》分列二至九名。其中前四名清一色是中國卡通。

筆者在將信將疑之中，撥了幾個電話出去詢問幾個有小孩的家庭，也算是抽樣調查。但孩子們異口同聲地說：外國的卡通更好看，中國的卡通傻乎乎的。有些偏激，但童心無忌。也詢問了孩子的家長、編輯、作家。家長說，書店裡，特別是小書攤上，不知是正版還是非法的，洋卡通仍然排得密密麻麻，國產卡通難覓蹤影。編輯說，中國卡通基本上出一本虧一本，動畫形象和情節設計與洋卡通差得遠了。作家說，中國動畫強調傳統文化教育意義的痕跡很難在短時間內消除，概念化、主題化仍然明顯，與中小學生的現實生活和思想情感距離很大。書店經理也說：中國動畫製作和宣傳的大投入、大手筆仍然沒法與海外同日而語，出版與影視媒體互動更為欠缺。綜上所述，我們不得不對中央電視台觀眾調查的代表性和權威性產生了一點懷疑。據有關媒體透露，在電視市場，國產卡通只占了10%的份額。

在諸多影響中國動畫工程進度的原因中，不貼近生活大概是最致命的。中國動畫的主角幾乎都是少年英雄：勤勞勇敢，聰明懂事，完美無缺。《寶蓮燈》也好，《葫蘆娃》、《黑貓警長》也好，無一例外。有人說，日本和

港台的動畫太貼近生活，以致有一些太真實，有不適合少年兒童的東西混跡其間；而中國的動畫太純淨，純淨得沒有一點雜質，讓孩子覺得離自己生活太遠，距離太遠的東西自然就不可能引起孩子的興趣。其實正面的說教不見得有正面的效果，而塑造一個有血有肉，有缺點錯誤，又天真可愛的生活形象，更容易得到小讀者的共鳴。比如日本動畫片《蠟筆小新》中的一個情節：下午，小新從幼稚園回家吃點心，他家的一隻名叫小白的小狗眼睜睜地看著小新吃蛋糕，可小新就是不分一點給小白吃。吃完後，他還拿出一根大蔥給小白，學著媽媽的口氣說：「小白，吃蔥，可不許挑食啊！」像這樣的「壞」而真實的孩子能在中國卡通中出現嗎？但孩子看了也許就會想：小新真壞，我可不學他。教育不等於說教，教育有很多方法，教育所提供的不僅僅是正面榜樣。

但是，我們畢竟不能把中國動畫一時的缺陷看成最終歸宿。中國孩子喜歡吃肯德基，並不能說明中國餐飲文化的失敗。我們有理由相信中國動畫的最後勝出。中國孩子畢竟生活在中國，他們肯定更喜歡發生在自己身邊、熟悉的人和事。食文化和動畫文化其實是一回事。洋卡通就如同洋速食，品質很好，味道也不錯，但吃一頓兩頓可以，經年累月一日三餐都是香辣雞翅加馬鈴薯泥顯然不行。不僅是動畫，電影、戲劇、小說都沒有例外，自己的東西做不好，才會有外來的趁虛而入。我們相信中國文化對中國孩子的吸引力，就如同相信中國餐飲對全世界的征服。一個民族的主體文化必然會滲透到一切藝術領域。中國動畫與洋卡通的角逐，猶如洋速食和中國速食之爭，歸根結底都是內容和品質的好壞，而不是本土和外來的區別。

近年來，影視圈對中國動畫工程超乎尋常的投入，似乎讓人們感到中國動畫的希望。1999年，單是中央電視台「動畫城」欄目就首播了17部369集、共4000多分鐘國產動畫，平均每天有一集新的國產動畫片。6月16日，上海美術電影製片廠與上海三家電視台達成共同投資協定，建立了國產動畫片實現產供銷一條龍的現代經營模式框架，協定總投資將超過2500萬元，其中包括《我為歌狂》、《小將狄青》、《小和尚》、《白鴿島》，《魔鬼芯片》、《怪城奇遇記》、《鐘點父子》、《沒有和尚不高興》、《風塵小遊俠》，以及100集的《封神榜傳奇》。預計上海美影的動畫產量有望突破5000小時大關，並將每年遞增1000分鐘。中國動畫平面媒體──動畫刊物和動畫圖書，

在這樣的業績面前不能不感到慚愧,別忘了抓住媒體互動的大好時機。我們必須看到我國目前卡通的發展與世界還有極大的差距。在日本,卡通在國家支柱產業中占第六位,年營業額在90億美元,每年國內的票房55%來自卡通。日本講談社年銷售1500億日元,其中漫畫就占了330億元。日本全國人均卡通片8分鐘,我國只有0.0012秒。我國國產卡通從業者僅8000人,不及韓國的三分之一。但差距就是潛力。也許,經過五到十年的時間,中國卡通會趕上世界水準,同時也給出版業帶來新的經濟增長點。

（1999～2002年）

不是新桃換舊符

爆竹一聲，舊桃除去，新符出世，素質教育的春天來了，出版界的
冬天還會遠嗎？

「爆竹聲中一歲除，春風送暖入屠蘇；千門萬戶瞳瞳日，總把新桃換舊
符。」這是宋代詩人王安石著名的詩句。桃符是古人過年在大門的左右懸掛
的繪有神像的桃木板，也就是原始的春聯，這種習俗延用了一千多年。到了
五代，這種桃木板的春聯才開始寫聯語而不再畫神像，這也就是現代的春
聯。春聯得年年換，「總把新桃換舊符」也就是除舊布新的意思。王安石是
詩人，更是政治家、改革家。

靠山吃山，靠水吃水。眾所周知，龐大的教輔讀物幾乎就是中國出版業
的衣食父母。當世紀之交，新千年來臨之際，教育界強力減負（減輕學生學
習負擔），提倡素質教育。靠應試教育養活的出版人無不認為，爆竹一聲，
舊桃除去，新符出世，素質教育的春天來了，出版界的冬天還會遠嗎？但
是，冬去春來，山河依然翠綠，鮮花依然盛開，教育界和出版界從減負的驚
恐下緩過氣來，終於發現沒有大難臨頭。

中國社會的特點是官本位。上面一聲號令，各級教育行政部門理所當然
地與中央保持一致，1999年以來，全國上下口誅筆伐，全民皆兵，持續地為
學生減負。但家長們說，減負了，我的孩子考不上重點中學，進不了大學怎
麼辦？於是，教輔讀物零售市場和有償家教成為「旺鋪」（熱門的店鋪）。
各種減負的措施還在不斷頒布，但卻讓人感到是明顯的迎合。許多制度上的
問題不解決，政府的教育預算沒有大的突破，素質教育就不可能真正實行。
比如不許進行分數排序，但考試就得有分，有分就不可能保密，考試的目的
就是讓學生知道學習成績；不許分班，明擺著不承認差距，也不符合因材施
教的原則。其實分班與設立重點高中、普通高中，劃分重點與非重點大學是
同一個道理。為了減負，杭州市宣布將有數以百計的學生可以直送職校、重

點高中，部分學生可免試讀高中，但杯水車薪不說，選擇保送的依據還不是平時的考試成績？不許教師從事家教更是無法律依據，科技人員剛剛允許兼職，甚至在職辦公司，為什麼教師不許業餘時間從事第二職業？大量的補習班煞車後，上海有70%的小學生請了家教。據說有關方面正準備採取強硬措施，但想不出什麼特效辦法。其實倒楣的還是學生家長的錢包，單請家教當然要比參加補習班付出更多的鈔票。最令人擔心的則是教輔市場大門一關，旁門左道敞開，枝叉雜葉叢生，假冒偽劣產品魚目混珠，受害的還是家長和學生。

按下葫蘆浮起瓢，虎頭蛇尾，雷聲大雨點小，甚至好心辦成壞事，往往就是這樣搞出來的。像減負這樣的大事，牽動全國人民的心，該不該提交各級人民代表大會通過一下再發布？其實要說減負，問題在下面，根子在上面。領導生病，卻使勁給百姓吃藥。中國的中小學生不堪重負，主要是死背太多無用的東西；背了很多無用的東西幹什麼呢？為了應付考試，尤其是應付高考（普通高等學校招生考試，類似大學入學考試）；為什麼要高考呢？因為大學太少，好大學更少，僧多粥少，於是千軍萬馬過獨木橋。我國的大學絕大部分是國有的，名牌大學更是無一例外，要維持教育公正，只能進行全國性的高考，只要目前這種形式的大學全國統考仍然作為大專院校入學的唯一途徑，千軍萬馬只能過獨木橋，教育的新桃就永遠換不了舊符。

西方發達國家的大學入學率都近50%，美國等近90%，而中國目前只有5.9%。根據國際通行的說法，適齡學生進入大學的飽和度是40%左右。在這個前提下，大學寬進嚴出才有可能。中國實行基本國策後，孩子都是單根獨苗，哪個父母不望子成龍？杭州市最近一項專項調查顯示，有24%的父母希望子女讀研究所，希望上大學本科和專科的分別是51.2%和20%。所以，只要沒有足夠數量的大學，應試教育的「紅旗」便不可能倒下。因此，在中國40%的大學入學率看來都不夠。而且，即使未來大學的入學率達到了40%，名牌大學資源仍然稀缺，那未來高考仍然會為名牌大學千軍萬馬過獨木橋。

十年樹木，百年樹人。名牌大學甚至還不是全部用金錢堆出來的。大學不是生產線，只要有錢一年兩年就能上馬投產形成生產規模。微軟可以以一間車庫在十幾年成為世界第一大的企業，但在全世界百強大學排行榜上，幾乎都是百年老店。所以，對教育的投入不是一年兩年的事情，名牌大學不可

能如雨後春筍。今天教育的投入可能會在一百年後收益，就像我們現在還在讀兩千年前的《論語》、《左傳》，兩百年前的《紅樓夢》一樣。這就是文化和經濟的區別，況且現在要提高教育經費比重仍然存在著體制的障礙。現在中國的大事都是由一屆黨委和政府來決定的，而不是由人大票決。應屆黨委政府和人大的區別是，政府是一屆一屆換的，本屆黨委和政府通常只考慮本屆政府的業績。這就是通常我們所說的「生產是今天，科技是明天，教育是後天」。所以政府一般對後天的事情不感興趣；而人大通常是人民選舉的，人民往往會考慮更多子孫後代的事情，比如教育和環境的問題，目前體制對人大政協還沒有GDP和財政收入的考核指標。

因此，中國教育的關鍵問題還不是減負，而且要在相當一段時間裡勒緊褲腰帶投資教育，真正重視教育，尊重知識，尊重人才。中國的通訊、家電、旅遊、旅館等消費行業的發展已經居世界前列，但基礎教育，特別是高等教育卻仍然嚴重滯後。高等教育的落後表現在總體入學率的低下和名牌大學在全世界排名的落後上。教育的落後，是一個民族最大的悲劇。與其臨淵羨魚，不如回頭織網。救孩子於課業負擔的水深火熱之中，首先要做的就是大幅度增加教育投入。

素質教育一靠教材，二靠教師。與歐美相比，中小學教師普遍學歷過低，即使是解放前，東南沿海很多城鎮都有海外留學的教師在中學教書。中小學教師學歷偏低，也是因為現有教師的薪水遠遠不能吸引國內外一流人才，而解決中小學教師的經濟待遇問題尚未提交議事日程。

「一窩蜂」是我們的弱點。要說減負，就一刀一刀機械性地砍；說反對應試教育，就認為考試乃萬惡之源。什麼事都要講兩分法，該減的要減，該增的還是要增，該不考的不考，該考的還是要考。而且，我們的國家還很窮，這一代學子還肩負著振興民族和國家的重任，還需要有臥薪嚐膽的精神。沒有負擔就不叫學生，庭院裡養不了千里馬，只有經歷挫折，承擔壓力，才能增長才幹。關鍵是你增加學習負擔的是有用的知識，還是為了應付考試無效的死記硬背。

心理學家認為，兒童時期機械和暫時記憶能力較強，充分利用這一優勢多記憶一些經典知識，一生有益。如果十年或二十年前我們的中小學就給學生多一些學習外語的壓力，那現在的大學生、研究生就不用把外語作為本科

和碩士的第一主課了。心理學上的緊迫效應都是由考試產生的符合心理學原理的學習方法。減負令後，上海市計畫小學一二年級只識字，不練字，提前閱讀，九年完成語文基礎課程。同時，將英語開課提前到小學一年級，高中畢業達到英語四級水準，基本上通過讀、寫、說、聽四大關。減負不能光做減法，還要做加法，否則，學生負擔是輕了，知識也少了。一位家長說，上山下鄉的教訓值得記取。開始皆大歡喜，將來後悔莫及，隨便減負是對學生不負責任的做法。

另外，同樣是因為政府捨不得在孩子身上花錢，減負以後，可以提供給學生進行素質教育的設施和場地嚴重不足。有位家長反映，開始素質教育了，給孩子買了一個足球。但孩子出門後一會兒就回來了，說是找不到地方踢球。倒是非法遊戲機室生意火紅了起來。假日出遊是西方家庭對孩子進行素質教育的重要途徑，但我們的人均可消費收入畢竟還很有限，家家戶戶沒有小汽車也是一件麻煩的事情。所以趁著這些條件暫時還不具備之前，讓孩子多讀點書，多背點詩，也不失為一個好辦法。

好在出版界已經從這場驚嚇中清醒過來。綜合分析減負令以來所遇到的一系列問題，只要大學還要嚴格考試，只要教師水準品質上沒有提升，教輔市場就還會興旺發達。對出版界來說，減負令帶來的機遇會大於挑戰。愈來愈熱的教輔旺銷就是一個好兆頭。同時，如果減負可以實現，學生就有更多的時間來閱讀，肯定會成倍地增加出版社一般圖書的碼洋收入。上海有關部門提出，從小學到初中，學生的閱讀量要達到2000萬字，比以前至少增加5倍以上。杭州市教委調查，減負以後，學生的總體閱讀量至少要增加3倍。教輔和市場的總體膨脹以及教育類圖書市場的重新布局，是減負令給出版界最客觀的說法。

（2000年7月）

論書香不敵菸毒

中國的出版業什麼時候變得比菸草業更重要，更強大，還是要看它
什麼時候真正走向市場。

「菸是有毒的，不能放進一絲一毫；水是寶貴的，必須讓它流回原
處。」凡是有些年紀的人都記得電影《地道戰》（1965）中這段經典的旁白。
和鬼子的毒菸相比，一支菸所含的毒素當然是微乎其微，但是一年365天，全
國幾億菸民所產生的菸毒會毀掉一代人的健康，消耗數千億的社會財富。

但是，菸草業的稅利卻長期作為國家的經濟支柱。和出版業相比，菸
草業不能不說政績極其「輝煌」。1998年全國菸草工業產值3000億元，稅
利1000億元，自1987年以來連續位居各行業之首，還不包括600億以上的仿
冒菸市場。中國財政收入有9%來自菸草，也就是說中國有將近十分之一的
財政收入靠毒害吾國吾民而來。歐美也有龐大的菸草工業，但歐美的菸草
大部分用於外銷，如占世界菸草業50%市場（除中國市場）的世界兩大菸草
巨頭菲力浦莫里斯公司（Philip Morris）和英美菸草公司（British American
Tobacco），外銷比例分別是76%和99%，連日本菸草公司的外銷也超過
50%，而中國菸草產量占全球的34%，捲菸產量占全球的30%，年產3000多萬
箱捲菸外銷僅占1.36%。

最近某報「實話實說」欄目下有一篇文章，小標題是：「昨日走親戚，
今日幹什麼？」大標題是：「讀書，旅遊，聚會，健身」。讀書榮幸地排在
旅遊的前面。同時，該報又有一篇報導，說1998年全國旅遊總收入達3430億
元。我國最大的國有零售書店北京圖書大廈自1998年5月開業以來，圖書銷售
已超過1億元，售出500多萬冊，每日客流量2萬至3萬人次，週休二日、節假
日時更多，經常達8萬至9萬人次。1998年平均日銷售額30萬元，最高日銷售
額為55萬元；1999年至今，平均日銷售38萬元，最高銷售額為72萬元。由此
看出在經濟產品銷售不太景氣的今天，作為精神產品的圖書卻依然熱銷。

　　1999年5月27日《光明日報》還有一則消息，說國家統計部門年初提供的資料表明，我國圖書熱銷勢頭逐年遞增，居民用於圖書的消費首次超過菸草消費，看後頗讓人歡欣鼓舞，繼而一想覺得可笑。記得1998年全國圖書的總定價才436億，銷售收入也就在300多億。在3000多億的旅遊市場和3000多億的菸草市場面前，300億的圖書市場微乎其微。且不說旅遊，這幾年菸草行業體制改革不斷增加力道，街頭菸鋪鱗次櫛比，徹夜燈火通明，「菸草事業」蒸蒸日上，說出版消費超過菸草，真是睜著眼睛說瞎話。

　　菸是有毒的，於人類有百害而於國家有一利──巨額稅收，但巨大的財稅收入和吸菸造成的經濟損失遠遠超過菸草業的經濟收入。有人指出，目前我國菸草的稅收實際上是「愚人的金庫」，吸菸造成的健康和經濟損失與菸草稅利之比大約為2：1。書是富有營養的，於人類有百利而僅有一害──造紙業對環境的破壞和汙染，讀書的好處自然不用多說。旅遊當然也是好事，但玩物往往喪志。所以，相比之下人們應該對讀書情有獨鍾。舊日裡人們業餘時間忙於串門走戶，聊天扯淡擺龍門陣──因為電影很少，書也很少，又沒有電視；而時間很多，很富裕。在那個時代，如果說到親友家裡去要事先打電話預約，那是奇談怪論。如今閒置時間少了，業餘活動多了，但把讀書擺在旅遊前面，說全國人民都去讀書，甚至出版收入超過菸草，卻著實讓出版人受寵若驚。富裕起來的中國人究竟把多少時間和金錢放在圖書消費上呢？

　　1998年的新年全國有成千上萬的人去東南亞過年，一擲萬金，但如果是成千上萬元一套的書恐怕很少有人扶老攜幼而來。旅遊當然是新興產業，旅遊也是很好的傳統文化和愛國主義教育。但是，中國畢竟還是一個發展中國家，人均指標在世界排名非常落後，需要勵精圖治，臥薪嚐膽。十年寒窗，教育和讀書應該成為國家宣導和財政支出的大頭，教育和讀書的消費也要成為家庭開支的重要方面，全國人民都去讀書長知識，教育事業迅速發展了，出版的春天自然就來了，超過菸草也就不是問題。

　　然而，改革開放從1978年到1998年二十年過去了，我國人均購書仍然在6冊這個門檻上徘徊。1998全國普通高校（大專院校）錄取新生108.4萬人，當年「毛入學率」[1]為5.4%，1988到1998年，高校的在校學生只從746萬增加

---

[1] 毛入學率是不分年齡段，直接計算在校學生數和當地學齡人口數的比例。

到938萬，十年中增加了192萬人，平均年增率只有2.3%。根據聯合國資料統計，目前我國18到22歲的適齡青年上大學的比例為4%，而人均GDP不到中國一半的印度適齡青年上大學的比例為8%，人均GDP和中國不相上下的菲律賓，這個數字是20%，人均GDP略高於中國的泰國，這個數字超過30%。1998年，全國教育經費為2949.06億元，一個國家的教育事業還比不上菸草行業，是可笑，還是可悲？現在多少家長拿著大把大把的鈔票想用在教育消費上，甚至願意傾家蕩產，只要有機會讓自己的孩子上大學，上好的中小學。教育同樣可以拉動內需，拉動一系列為教育服務的產業，出版、文教用品、建築建材、甚至校服和營養速食都是很大的產業。中國的出版仍然是溫飽型出版，出版的主要經濟支柱是教材和教輔，所以，出版和教育的發展息息相關，一榮俱榮，一損俱損。讀書消費、教育消費往往和一個國家的GDP不成正比，有錢了不一定去買書，有錢不一定能上學。與日俱增的菸草消費和國民日益突出的物質消費傾向，和國家的教育文化體制有直接關係。

　　中國出版業滯後於國民經濟的發展，主要還是體制封閉。中國圖書的銷售額僅僅比一個世界最大的出版集團多了一點，這是我們這幾年為證明中國出版的落後所反覆引用的例子。中國的電腦、家電、汽車等很多產品已經能夠大步地走向世界，春蘭集團、海爾集團的海外機構幾乎已遍布全球，中國出版做夢都在造大船，打造百億出版集團，可紅塔集團一家1996年的稅利已經達到193億元，進入中國企業前十名。而1996年全國出版總定價才346.13億元，出版社利潤總額17.82億元，印刷企業利潤總額4282萬元，圖書發行企業利潤總額8.09億元，印刷物資企業利潤6611萬元。1999年，「紅塔山」以423億元的品牌價值第五次位居中國品牌之冠。2000年，紅塔集團總資產792億元，固定資產172億元，登記的員工22600人，在經營菸草的主業下，開拓多元產業，涉及建材、機械電子、汽車製造、大型水力、火力發電、公路交通、木材加工、製藥、造紙、印刷、金融保險、房地產、足球俱樂部、賓館、進出口貿易等廣泛的領域，儼如一幅中國未來出版集團建設的藍圖。中國的出版業什麼時候變得比菸草業更重要，更強大，還是要看它什麼時候真正走向市場，什麼時候國家把出版業作為資訊產業的一部分，像抓硬國力一樣抓文化軟國力，否則書香將永遠不敵菸草。

（1999年3月）

全國圖書訂貨會啟示

特別是在國際書展上，多宣傳有影響的專業出版社，會比較有利於
品牌建設和版權交易。

書展分類法研究

圖書分類有中圖法（國家圖書館分類法）、科圖法（中國科學院圖書館
分類法）、人大法（中國人民大學圖書館分類法）等多種，書展訂貨會也有
自己的分類法。一級分類叫做全國書市、北京訂貨會和北京國際圖書博覽
會；二級分類是專業的全國圖書訂貨會，如全國科技類圖書訂貨會、全國少
兒圖書訂貨會；三級分類則是大區域性的，如華東少兒圖書訂貨會。就少兒
圖書來說，出版社首選的並不是北京圖書訂貨會，而是一年一度的全國少兒
圖書訂貨會，在這個訂貨會上，得到的碼洋可能比北京圖書訂貨會的要多幾
倍。屬於一級分類的北京圖書訂貨會和全國書市，規模一年比一年大，埋怨
也一年比一年多，市場化運作的呼聲也一年比一年強烈。一屆過去了，總要
問下屆還辦嗎？

北京圖書訂貨會內部則還有兩種分類：一是綜合分類，以版別展出；二
是專業分類，以專業設館。全國美術出版社聯合發行集團（美聯體）是專業
館中最火的一個。一般出版社如果在綜合館訂一個展台，在專業館則往往訂
兩個展台。綜合館的展示功能愈來愈強，專業館的訂貨功能愈來愈大，美聯
體、古籍出版社聯合體（古聯體）、少兒出版聯合體（少聯體）都出現了。
出版社兩頭設攤，兩頭都不能放棄，為此增加了不少人力物力。

專業館為何火紅？很簡單，集團化、連鎖化後，進貨人員分工愈來愈
細，甚至全省新華書店的貨源都由省店的批銷中心控制，一年十幾億，甚至
幾十億的進貨，業務員分工必須專業。管美術類圖書的進貨，當然希望全國

美術類圖書的樣品全部在一個地方。連鎖發展到最後，30個省市，幾百億的進貨，可能只要開個幾百人的省級店訂貨員大會就能搞定。而召開省級店訂貨員大會也可能並不是為了訂貨，而是研究工作和交流經驗。因為省級店批銷中心的樣書一般都是主發[1]，根本不用一年一度地看樣訂貨。所以，現在召開的這些全國圖書訂貨會、書市，省級店根本沒有興趣，最感興趣的可能還是出版社。出版社要研究競爭對象，交流也好，偷拳（探取對方商業機密或經營方法）也好，宣傳也好，反正訂貨會成了出版社的業務交流年會、新書宣傳大會。由於參加訂貨會的書店人員愈來愈少，所以，大多數出版社的訂單怎麼分也分不完，前幾年出版社在北京臨時加印訂單的好事再也不會出現了。

一到書展，大家便開始講究集團的規模效應。大凡出版集團肯定要集在一起，統一裝修，統一布展，統一宣傳，甚至住在一起，吃在一起。從大的來說，當然是好事，特別是地方出版集團，下屬出版社本來就小，單槍匹馬肯定勢不敵眾。但是分而治之也有不妥。地方出版社中也有不少全國專業出版社的領頭羊。比如浙江攝影出版社，一直是全國攝影類圖書的前兩名，浙江少兒出版社連續多年列全國少兒圖書市場的首位，在書展上，應該有一個相對獨立的裝修和門面，這樣更有利於品牌的樹立。由於中國出版集團的建設剛剛起步，在很大程度上還處於翻牌階段，集團的經營行為較少，集團的出版品牌還相當模糊。在這個時候，特別是在國際書展上，多宣傳有影響的專業出版社，會比較有利於品牌建設和版權交易。因此，近年來，北京國際圖書博覽會也開始設立專業館，如動漫和少兒館。

開本的革命靜悄悄

中國出版與世界不接軌的情況很多，機制、管理等等不一而盡，但有一個不接軌的東西一直沒有引起人們足夠的重視，那就是開本。其實也不然，中國的開本革命在幾年前就悄悄地開始了，而參加開本革命最早的是許多時尚經管圖書。如今有點品味的新書如果還是傳統的32開，那就實在土得太掉

---

[1] 出版社不用書店訂單，根據自己對市場的判斷直接發貨，出版社承擔退貨責任。

渣了。開本一改，再加上書名意外地另類，在書架上也就有了很高的回頭率。布衣草鞋換成了西裝革履，感覺確實大不一樣。如《房龍地理》十年前是一本很小的32開，用的是52克的凸版紙，如今一下子變成國際流行的大開本，加上彩色插圖，書名改成《人類的家園》，眨眼間，醜小鴨變成了白天鵝，順理成章地成了暢銷書。《哈利波特》的成功，沿用國際通行的開本也是一個很重要的策劃。這次訂貨會上，舉目望去，凡是暢銷書，幾乎都是國際流行的大開本。

但中國開本的革命其實並不是現在的事，解放前商務等出版社的書開本基本上就是沿用國際慣例，不知解放後怎麼就不一樣了，想必是因為窮。所以，儘量做小開本，用五號（10.5pt）和小五號字（9pt），其實小開本對於閱讀特別不科學、不保健。閱讀32開圖書和居住擁擠的一居室（有廚房的套房）沒有什麼兩樣，現在房子大了，四室兩廳成為20世紀的居住標準，國際通用開本自然而然也就成為讀者和出版社的時尚選擇。

口袋本也很小，但口袋本是為了便於攜帶。但大部分圖書是放在書桌上看的，開本小了，書攤開來，總得用手壓著，或者用一塊鎮紙，很不方便。而且，開本愈小，單位面積的文字容積率也愈小，反而不經濟。隨著讀者購買力的提高以及不同讀者在經濟收入上的逐步拉開差距，採用國際開本的高檔圖書會有更大的市場，並最終實現中國圖書開本與國際接軌。價格高了，反而有市場，這是目前圖書市場的一個重要規律，叫做「高端潛力」（利潤高、價格高、產品質量高）。當然，印刷廠、紙廠也要在生產和設備上加速與國際接軌。前幾年，許多人主張改革中小學課本的開本，以利閱讀，讓小學生可以和外國小朋友一樣，把書平平地攤開在書桌上，但據說是我國現有印刷設備和紙張規格的限制，沒有改革的條件，當然，其中也有經濟能力的原因。所以，從某種意義上說，當前開本革命最要緊的是小學課本。

與開本革命同時進行的還有字型大小革命。中國馬路愈來愈寬，房子愈來愈大，圖書的字型大小卻仍然以五號甚至小五號為主流。港台的書基本以小四號（12pt）為主，很少用五號，更不用說小五號。當年岳麓書社的中國古典作品叢書暢銷全國，靠的主要是價格，而價格優勢來自哪裡，來自小五號字，來自小得不能再小的行距。價格是下來了，銷量也上去了，可眼鏡店的業務也許因此增長不少。不知大家有沒有發現，中國有兩個最多，眼鏡店

世界最多，小學生戴眼鏡世界最多。有專家提出：為了青少年一代的健康成長，出版法規有必要設定青少年讀物分級法定字型大小。圖書的字型大小不僅關係到孩子，更有老年人的切身利益。尊老愛幼是中國的傳統美德，做出版的也不能例外。

文庫不是倉庫

　　在全國訂貨會上宣傳最多的恐怕就是各集團隆重推出的各種文庫和叢書。有了集團，就要有自己的品牌。做文庫當然是從時間上延續積累品牌的好辦法，如舊商務的《萬有文庫》，日本的《小學館文庫》。於是，中國出版集團也做了《中國文庫》，世紀出版集團有了《世紀文庫》，在訂貨會、書市上隆重推出。但中國文庫和世紀文庫出來後，品種也不少，好像並沒有給人很深的印象。仔細一想，才明白過來，原來看了這個文庫，就像進了一家書店，五花八門什麼都有。從書店出來，店名是記住了，但店裡有哪些書，卻模模糊糊。現代社會是資訊爆炸的時代，中國年出書十幾萬種，世界年出書一百萬種，全世界僅英文版可供圖書就多達三百多萬種。文庫沒有用一種理念和創意串起來，就不會給讀者留下深刻的印象。儘管你收的都是名著，都是好書，但我們走進任何一家書店裡，書架上也都是名著，也都是好書，但書店不叫文庫。即使是中國出版集團、世紀出版集團這樣在中國有影響的出版集團，也不可能把中國的好書都囊括一家。這與半個世紀前的商務《萬有文庫》不同，那時沒有多少書，而《萬有文庫》基本上是為中小學做一個圖書館，所以什麼都可以收。

　　《萬有文庫》最大的特點是「萬有」，是多、是全，是普及，本子小，價格便宜，這就是《萬有文庫》的理念。《萬有文庫》自1928年開始出版，共1721種、4000冊。王雲五在《萬有文庫第一二集印行緣起》中說：「《萬有文庫》之目的，一方在以整個的普通圖書館用書貢獻於社會；一方則採用最經濟與適用之排印方法，更按《中外圖書統一分類法》刊類號於書背，每種複附書名片。除解決圖書供給之問題外，將使購書費節省十之七八，管理困難，亦因而減少。」當時美國《紐約時報》稱讚為「為苦難的中國提供書本，而不是子彈」。如果《世紀文庫》和《中國文庫》也能出到1萬種，那

當然也是一種創意。後來上海出版的《五角叢書》也有點《萬有文庫》的味道，深受歡迎，但好景不長，《五角叢書》的成本很快超過了5角，超過了1塊。設計《五角叢書》的編輯居然沒有想到物價每年都會上漲，而且會很快地上漲，犯了一個極其簡單又天大的錯誤。法國的《大學生百科知識文庫》也出版了2000多種，它的定位是為大學生提供最新的百科知識，配合大學課外閱讀，每本三五萬字，但都是名家的作品。英國的《企鵝經典文庫》至今已設立七十年，以入選標準極嚴而在英語文學圈影響巨大，到2005年，才有中國的第一部作品《圍城》入選。

日本的文庫本很有影響，可能也是學習了商務印書館《萬有文庫》的理念。日本的文庫本主要特點是開本小，定價低，適合攜帶，開本基本上是64開。出版社通常先出普通版，再出文庫本，就像歐美出版社先出精裝書，再出平裝書。小學館、講談社等大出版社都有幾千種文庫本，目前日本的小說和漫畫基本上沿用了文庫本的格式。因此，日本的文庫本理念和功能非常明確。韓國學者李御寧的名著《日本人的縮小意識：豆物狂的傳奇》認為文庫本代表了島國日本文化對「縮小」的追求。日本的文庫本以1927年岩波書店推出的名著普及本為肇始，當時主要是為了對抗市場上豪華昂貴的經典巨著，推動文化傳播。後來，便於攜帶、價格便宜的文庫本成了日本圖書出版業的重要力量。日本的文庫每年出版7000多種，發行約4億冊，平均字價約600日圓，折合人民幣40多元，價格是大開本圖書的約四分之一。收在岩波文庫的《西遊記》被分成了10冊。

歐陽脩曾經說過，適於讀書的時空有馬上、枕上、廁上，在這些場所閱讀，當然不能是精裝豪華的大書。在地鐵和高鐵時代，袖珍的文庫本功能將會繼續放大。所以，開本的革命也不僅僅是指開本的放大。

資訊時代的文庫不僅僅是知識的積累，更主要的是設計人生，引導思潮，所以成功的文庫最好以原創和新書為主，突出一個主題，有一個明顯的特徵。資訊時代的特徵是資訊爆炸，專業細分，所以，把什麼都放在一起，沒有主題和特徵的文庫肯定不會引起市場的關注，文庫也就只能成為倉庫。把已經出版過的圖書重新包裝，加一個叢書名，更好像把一個倉庫的書搬到另外一個倉庫。《中國文庫》中曾提到，中國讀者不能不讀《中國文庫》。可中國讀者要讀的書太多，要讀老舍的、郭沫若的，這沒有錯，那茅盾的、

郁達夫的、徐志摩的讀不讀？讀了中國翻譯史、中國錢幣史，那中國航海史、中國陶瓷史讀不讀？叢書有點像一條項鍊，有時候帶子比珠子更有價值。

在幾年前的一次北京訂貨會上，商務印書館也為自己的《商務印書館文庫》做過廣告，「分享世界歷史光榮，建樹中國未來文化，總結百年中國學術成果，比肩漢譯世界學術名著」。我想，這部文庫的目標和特徵好像比目前的《中國文庫》更具體一些。不知《商務印書館文庫》現在還出不出？從品牌的角度看，《中國文庫》顯然不如《商務印書館文庫》。中國出版集團儘管級別高過商務印書館，是商務印書館的上級，但我不能保證十年、二十年後它還是中國出版集團，可是百年老店商務印書館肯定會在中國長期地存在下去。

（2004年2月）

診斷大賣場的「浮腫病」

中國的圖書品種還會不斷增加，但品種的有效供給仍然會不足。

　　人在營養極度不良的時候，往往有兩種不同的症狀，要嘛骨瘦如柴，這比較常見；要嘛渾身虛腫，比如劣質奶粉造成的嬰兒大頭病。

　　中國的大書店很多，上萬平方公尺的比比皆是，兩萬平方的也不稀罕。比起紐約曼哈頓的邦諾、東京的紀伊國屋，中國大型書店賣場之寬敞、裝修之豪華，往往有過之而無不及。就像國人言及賓館飯店，總不無自豪地說，外國的四星也就我們三星罷了。按此推理，美國的邦諾絕對不能和我們的西單圖書大廈、上海書城相比，或許比杭州的博庫書城也差那麼一截。

　　不知從什麼時候開始，中國人愈來愈喜歡排場，看重表面的豪華而不管質地和內涵。傢俱是貼三合板和木皮的，房子是貼瓷磚、貼石片的，時下已經很難看到全部用實木做成的傢俱和一塊塊巨石壘成的像上海外灘那樣的高樓大廈。讀者進賣場看什麼？不是看書架，也不是看燈具，而是看書，看書的品種。無論你走到中國哪一家國營大書店，滿眼可見的是書的複本。少則兩三本，多則幾十本。在國外，只有非常暢銷的書，才有資格在那裡排成一行，或擺成一堆，這是莫大的榮譽。要知道在曼哈頓，在銀座，一套兩房的普通公寓就要賣一兩百萬美金。一本書雖然只有方寸，但方寸之地占有的房租，也不難由此推算。國外書店面積和品種的通常比例一般是1000平方公尺5至8萬種，也就是說，國外稱作超級書店的賣場一般面積都在3000平方公尺左右，而上架圖書卻少則十幾萬種，多則二十萬種。那書怎麼放，當然多是豎著放，書架上幾乎沒有複本。

　　筆者曾在美國邦諾書店待過半個小時，只見不斷地有添貨的小推車穿梭於書架之間。美國的工錢這麼貴，卻有那麼多人來做添貨的事情，中國工資這麼便宜，倒好像沒有書店的經理願意出這份工錢。也許，問題還在中國的房價便宜，所以，倉庫和賣場可以合二為一，而且，書架上的複本往往還不

是暢銷的。正因為不是暢銷的，一共才訂了幾本，乾脆一次性上架得了，省事。

其實，中國的房價也不便宜，大城市黃金地段的房價年年看漲。那書店為什麼還要把賣場當倉庫呢？因為這些房子不需要房租。中國新華書店在中心地段的營業用房，不是年過半百的老家當，就是不需還貸或很少需要還貸的政府投資房。近年來，新華書店也需要自己投資造房了，但政府在土地、資金上仍然有很多優惠和支持。為什麼呢？因為新華書店是一個城市精神文明建設的視窗，政府非常需要這樣的視窗。而地方新華書店的主要收入在教材發行。教材是政府給的，壟斷經營，所以，零售雖然不賺錢，但新華書店必須把零售賣場的門面給撐起來，而且要撐得大大的，要非常漂亮，以此顯示實力，否則政府憑什麼把教材讓你印，讓你發呢？於是，這些年全國新華書店從沿海到內地，從首都到邊疆，追隨著城市化建設的浪潮，開始了大規模的賣場大升級。書店出一點，政府給一點，貸款再加一點，大部分賣場都翻新改造或置地擴建。作為重要的精神文明建設視窗，政府在劃撥土地時，一般都特別照顧，不但給，往往還會多給一點，甚至會多出很多，多出來的便可以用於出租，成為新華書店的又一個主要經濟支柱，由此而形成了大部分新華書店教材、零售圖書、文具和電子產品三足鼎立的利潤格，很多城市的新華書店還有自己的豪華星級賓館和餐廳。愈來愈多帶有行政授意和政績工程的跨地區大型網點建設在各地開工，書店大型網點建設恰如一夜春風來，千樹萬樹梨花開。但是仔細算算現有中心地段的新華書店賣場，經營圖書零售的利潤幾乎很少高於同地段的租金收入，窗口效益往往大於經濟效益。

但書店也不是不能辦在中心地段。王府井新華書店退出王府井已經引起了軒然大波，書店和大學都退出市中心，會引起都市文化荒漠化。書店應該留在城市的黃金和鑽石地段，國外的書店是這樣，台灣和香港的書店也是這樣。怎麼留呢？那就是讓1000平方公尺內放滿10萬、8萬種書。減少單位面積租金成本，圖書就會在黃金地段有立足之地，所以，管理必須精細化。現在有了電腦，有了POS機，有了電腦，哪一本書賣掉了，在哪個架子上，一清二楚，賣掉一本就添上一本。進行這種操作的職工月薪可能都不上千元，中國一般勞動力資源在十年內仍然具有很大的優勢。

　　其實建設大賣場也不是壞事。書店大，品種多，對讀者當然有益。問題的關鍵是書店往往抓住20%的暢銷書，而忽視80%的常銷品種，所以賣場雖大，但品種不多。80%的利潤也許不如20%，但是，沒有80%的基礎，沒有人願意到你的店來，20%也就不復存在。所以，品種是書店的命根子，建設大賣場，面積和品種要郎才女貌，門當戶對。

　　滿架的複本圖書造成了書業大型賣場的虛腫，可是這種虛腫仍繼續複製，給人一種錯覺，好像中國圖書市場的頹萎是因為書店太少，賣場太小，書店多了，賣場大了，圖書品種和銷售就會水漲船高。其實圖書零售在國外也是微利行業，美國邦諾和百萬書店這樣的大連鎖店，其平均利潤也就3%、5%。中國的大書店，如果認真算算地租成本，平均利潤肯定連3%、5%都不到，很多是虧本經營，靠賣場出租和教材利潤支撐。正在前仆後繼建造的大型圖書賣場是否知道，2004年北京已經有一個大型的「知道書店」倒了下去。

　　造成人體虛腫的往往是營養不良或有某種疾病，最後還是要歸結於人的生存環境。書店虛腫，病根不在書店，而在出版，在上游。1萬平方公尺的書店理論上可以陳列50萬種以上圖書，可是中國有沒有50萬的可供品種。中國五百多家出版社，目前上訂單目錄的可供圖書，扣除教輔和不能上市的包銷書，也就是20、30萬種左右，而這20、30萬種書常年在書店有效供應的只有一半。走進書店，看著滿架滿屋的圖書，眼花繚亂，其實細分到每個專業，就會發現書架上你所需要的圖書並不是很多。而且以細分市場的觀念來看中國的圖書品種，不是我們這個行業的職業習慣。總是說多了，太多了，庫存積壓，書不好賣，於是出版社不敢選題，官方則習慣於宏觀調控，限制書號分配和新建出版社。其實中國圖書品種不是多了，而是少了；如果說多了，那也是平庸的書多了，重複的品種多了。中國書業不但賣場虛腫，品種也存在嚴重的虛腫，這種虛腫還將進行下去，中國的圖書品種還會不斷增加，但品種的有效供給仍然會不足。而在國外，中小出版社是拾遺補缺、保證圖書供應品種、繁榮圖書細分市場的一支重要力量，而中國的中小出版社，特別是小型出版社在中國出版業幾近空白。出版業本來在國外就是門檻低、品種多、個性化特別突出的行業。上游出版環節的生態缺失，是造成下游賣場可供品種不足的重要原因。

　　經濟學家一再提醒，沒有飽和的市場，只有過時的商品。洪紹光出來之前，老年保健類圖書也是面臨市場飽和。沒有《哈利波特》和《冒險小虎隊》的時候，中國的少兒文學讀物正處於低潮。中國書業大賣場所面臨的兩大難題是，現有品種低水準重複，灌水狀況很多；細分市場的總體品種不足，特別是專業類圖書品種的嚴重不足，使市場留下很多空白。面對圖書市場的疲軟，出版社說書店銷售不力，沒有給所有的圖書提供足夠的銷售機會；書店說好書不多，讀者要買的書太少。不管公說得有理還是婆說得有理，有一點是肯定的，那就是，中國書業有效供應品種和國外的差距應該在2到3倍。也就是說，我們用大於國外2到3倍面積的賣場在經營只有國外三分之一到一半的圖書品種，這就是中國圖書大賣場所謂的虛腫病。

　　但是，醫治大型賣場虛腫病，除了書店和出版社的老總，應該吃藥的人還有很多。檢討書業的整體生存環境，中國圖書市場的總體購買力不足，也不能不引起我們的足夠重視。國家經濟總量和人均GDP、國民收入的二次分配、知識分子占人口比例、高級專業人員的收入，都形成了圖書市場發育和繁榮的瓶頸。圖書市場的擴張和居民可支配收入的增長必須保持同步，否則賣場愈大，虛腫愈甚。我們不能指望這一現狀能夠在短時間內有質的改變，所以，過多地製造書業賣場的航空母艦，必然帶來經營風險。

　　教育體制改革的進程也直接影響圖書市場的發育。只要應試教育繼續存在，研究性學習和研究性社會便是一句空話，沒有研究性學習和研究性社會的基礎，中國書業專業類板塊便不可能發育良好。如果圖書市場是一個金字塔，那麼金字塔構成依次是：教育類圖書在最下面，專業類圖書在中間，最輝煌的暢銷書只是金字塔的一個尖頂。從品種結構分析，專業類圖書是橄欖的中間，大眾圖書和教育圖書只是兩頭。即使是教育類圖書，看似遍地英雄，其實市場空間仍然很大。以教材為例，中國小學生一學期的課本支出只有三四美元，而美國則是兩三百美元。品種少，教學輔助品少，印製簡陋，因為要限制課本定價，許多地區的中小學生還在用黑白兩色的課本。美國的中學美術課本厚達300多頁，高級銅版紙精裝全彩印刷，比我們專業畫冊還漂亮。不但是美術課本，所有學科的課本都是這樣。當中國人看著比美國人大的彩電，住著比美國人豪華的公寓，吃著全世界最優秀的美食，我們還要想到，供小孩子用的課本和課外讀物與國外的差距還非常大。

　　達爾文物種進化論的核心是競爭，是優勝劣汰。也許，書業大賣場的進化必然要經過一場虛腫、一場你死我活的拼殺，這也許是中國書業未來十年的發展主旋律。醫治大賣場虛腫病的最終辦法，便是生和死的輪迴。走過去的是英雄，倒下去的也是英雄。但最後生存下來的，肯定是強者。我們期待著強者的勝出。

（2005年9月）

克隆時代的中國刊物

對期刊社來說，讀者是上帝，但還有更重要的上帝：廣告客戶。雜誌的發行量是刊社拉到廣告的前提。

克隆自己不如克隆人家

《體線》不叫《健美》，因為它要有別於一般的健美雜誌。它和美國著名塑身減肥雜誌「*Fitness*」版權合作，引進國際最流行的塑身減肥方法。《體線》也講一般的健美概念，但它把主要的篇幅用於培育年輕女性的身體曲線上。在某日進京航班上，一位小姐在整個航程兩小時中，像看小說一樣一直聚精會神地閱讀這本她所喜愛的《體線》。不管《體線》在今後的市場上成功與否，僅《體線》這樣一個創新的刊名，就吸引了眾多白領女性的眼球。近十年，市場上的刊物一下子多了起來，雜誌從黑白文字世界一下步入彩色視覺時代，但同類刊物細分市場的仍然很少，借用圖書分類的術語，是一二級分類的居多，三四級分類的居少，時尚、家居、汽車、健康、旅遊、地理等大多如此。期刊從計畫走向市場，目前尚處於模仿和克隆的時代，競爭還處在二維平面。很多人認為鍋裡的一定比碗裡的多，雜誌內容愈廣，讀者自然愈眾，卻不知一人一碗強過十人一鍋；況且鍋裡的東西靠不住，放進碗裡的才可以放心。大眾有龐大的特點，但龐大有太多的競爭；小眾雖寡，但有穩定的服務對象，在某個特定領域中，也許還可以獲得某種壟斷利潤。據調查，在美國每100名雜誌讀者所得到的廣告，一般大眾雜誌是10至20美元，中產階層取向的雜誌是30至40美元，B-B雜誌是60至80美元，管理者取向的雜誌是100至200美元。由於廣告供應不足，發行達三百萬份的美國《生活週刊》也只能宣布停刊。

在國外，女性雜誌年齡段可以細分到3到5歲，有的甚至只管一兩年。有

專為17歲少女編的刊物就叫*Seventeen*，為職業單身母親編的*Working Single Mother*。暢銷日本的日本某出版公司女性雜誌JJ、PP、CLOSSY、VERY、STORY系列，分別注重大學生、年輕白領到30和40歲職業女性等多個層次，針對性非常強。日本的電視雜誌不但有覆蓋全日本的20多個地區版本的綜合性電視節目指南，還有專門介紹電視電影的雜誌*Tvtapo*，面對三四十歲男性和二三十歲女性的個性電視雜誌，近年還出現了多種數位電視雜誌。再以汽車雜誌為例，我國汽車雜誌經過短短幾年的發展已多達40多種，但基本上都是綜合性汽車雜誌，同質化非常嚴重，而國外汽車雜誌市場早已細分，出現了《越野車》、《跑車》、《老爺車》、《汽車檢測》、《汽車零部件》、《汽車修理》等多種細分汽車雜誌。

邊緣性也是雜誌細分市場的一個趨勢。比如健康與美食，是健康與美食的結合，從醫學和科學的角度來講美容與烹調；文學與時尚結合，是把純文學的刊物辦成彩色版，加上許多精美照片；自助旅遊則是把汽車、地理和一般的旅遊內容融為一體。市場細分後，汽車雜誌可能會出現專門講修車的，家居雜誌可能會出現專門給女人介紹居室布置的，大眾健康類的雜誌可能會依據醫藥學科，細分為育兒、心血管保健、胃病、視力等。國外自己動手做的雜誌很風行，國內也介紹了很多，但現在還沒有這樣的雜誌問世。文化的複合和生物雜交一樣，可望在三五年甚至更長的時間內保持物種優勢。

其實複製也不一定是壞事。魯迅說過要「拿來主義」，「拿來主義」也就是複製。海外期刊的細分市場已經走過了幾十年，我們仔細梳理一下，在三、五年內找準國內細分市場空白，複製一批海外特色期刊其實非常容易，這要比自己學自己，一窩蜂地跟風模仿強得多。中國人口眾多，經濟發展迅速，城鄉差別逐步縮小，即使有再細分市場的雜誌，只要針對大眾消費，編輯行銷得當，細分專業的雜誌也可能會有很大的印量。

雜誌與電視、報紙不同，它是目標市場取向的媒體，而電視和報紙是大眾傳播。大眾媒體只用於促銷，雜誌由於其無與倫比的精美圖片和有針對性的讀者群體，成為企業建設和推廣品牌的首選。其實在國外，也不是所有雜誌都是百萬大刊，發行三五萬份甚至幾千份的雜誌也很多。很多出版社擁有幾十、上百種細分市場的特色雜誌，以量取勝，占領某一特定領域的制高點，積少成多，形成規模，以豐富的品種滿足廣大讀者日益增長的閱讀需

求。期刊圖書化，圖書期刊化，是未來出版業的發展趨勢。中國的期刊也正
走上圖書多品種、少印量的發展軌道。

憑什麼相信你，我的期刊

　　法律輕口供而重證據。百萬大刊，全國百佳，審定雜誌發行量的依據是
什麼？目前，恐怕只能憑期刊社的誠信。據說《讀者》2003年發行量達670
萬，被世界期刊聯盟評為世界第三大刊，但至今沒有第三方認證。　拿許多
業內人士的話說，時下市場刊物發行量多有號稱之嫌，反正吹牛不犯法。不
過，電視的收視率卻還有點科學依據。據說在電視機出廠前就按一定比例安
裝收視監控裝置，電視機一打開，收視數據就會回饋到數據中心。

　　對期刊社來說，讀者是上帝，但還有更重要的上帝：廣告客戶。雜誌的
發行量是刊社拉到廣告的前提。在國外，沒有發行量認證，就別和廣告商談
廣告。可是由誰來確認期刊的發行量呢？這就是國外已經實行多年的期刊發
行量審計制度。目前，比較著名的兩個國際性的出版物流量認證機構是ABC
和BPA。

　　ABC即Audit Bureau of Circulations，中文譯作「發行量審計局」。1963
年，國際發行量稽核局聯合會（IFABC）誕生，標誌著這一審計制度已經
得到世界範圍的認可。另一個機構叫BPA，即Business of Performing Audit，
「國際媒體認證公司」，成立於1931年，1998年改為現名，也是國際公認的
媒體發行認證機構。BPA不但負責檢測出版物發行量，還涉及互聯網等其他
物流、資訊流業務。據了解，目前國內已有一些比較國際化的刊物正在接
受BPA的發行量認證。這兩個機構都是非營利單位，均誕生於美國，後來在
全世界都得到廣泛認可。BPA在全球20多個國家有2600多個會員。不但在歐
美、日本等市場經濟發達地區，在南美、香港等地也有分支機構。經過認證
機構認證的刊物，可以在封面公開打上期發量作為廣告宣傳。

　　好在中國有關管理部門已經把這一期刊事業的基本建設提上了議事日
程，還有不少國外的期刊認證機構也希望來華承擔這一重任，有人也在鼓勵
北京開卷圖書市場研究所擴展期刊發行認證業務。但是，建設中國期刊認證
制度並非易事，社會誠信不足、政府監管不力以及報攤零售數據追蹤的難

度，都是不小的障礙。印刷廠由於與承印商有直接的利益關係，一般不能成為有效數據的來源，況且印出來的也並不等於賣出去的。在目前新聞出版總署的官方年度統計中，期刊只有發行量，沒有銷售額。期刊認證的是實際銷售，而不是印量。

書刊何時一路同行

權威人士認為，中國期刊市場還存在著巨大的空白，估計在未來五至十年中，還將有數倍的增長。目前我國雜誌總發行量近30億冊，人均不到3冊，發達國家人均8冊以上。雜誌與書的比例，中國目前約1：2，國外則倒過來，是1.3：1。近二十年來，中國圖書品種增加了三四倍，但總印量和人均購書基本保持不動；而雜誌從1981年到2000年，不但品種增加了3倍，總印量也增長了2倍。特別是中高檔時尚類雜誌才剛剛發育，在廣大農村地區還是空白，市場潛力很大。據統計，時尚類雜誌僅在京、滬、穗三大城市2.5%人口中就占了40%的銷售量。

近年來，電視、廣播、報紙、雜誌等4種傳統媒體雜誌廣告增幅一枝獨秀，一度曾達到50%以上。但2001年我國期刊廣告36億元，只占全部媒體廣告的3%，而同期美國占12%，英國占17%，日本占9%。中國出版業未來新的經濟增長點在哪裡？在雜誌。雜誌的經濟增長點在哪裡？在廣告。廣告業是朝陽產業，2002年，全國廣告營業額達903億元。 2002年，日本的期刊銷售收入和廣告收入為6：4，美國約5：5，而我國只有約3：1。日本有一本房地產雜誌2000多頁全彩，五六斤重，定價卻只有200日圓，相當於人民幣12元。國外許多隨雜誌奉送的商品超過雜誌的價值。愈來愈多的廣告收入將會使中國期刊價格有較大幅度的下降，並伴隨期發量的同步上升。與發達國家相比，國內的期刊價格，特別是彩印刊的價格仍然偏高。法國150頁左右的彩色期刊售價約20法郎，與中國相近。

然而近年來出版業打造社辦期刊的呼聲日益高漲，但書店不經營期刊的現象卻我心依舊，新華書店絕大部分不經營雜誌零售，郵局和民營發行商仍然是期刊銷售主要管道。國外零售刊與訂售刊比一般是1：1，目前我國郵發雜誌仍然占有70%以上份額。在期刊零售市場上最活躍的是民營機構，而不

是國營書店。

由於傳統書業放棄發行期刊，造成我國期刊流通集約化水準低下，零售比重不高。書業中盤物流處於小規模、手工化的原始狀態，也制約了期刊物流配送的發展。在日本，圖書物流也同時是期刊發行的主要管道，全國70%的雜誌由日本書業的兩大巨頭——日販和東販發行。東販、日販有強大的雜誌自動化發送和退貨處理系統，兩家公司發行雜誌的總量都超過圖書。東販每天發送圖書200萬冊、雜誌500萬冊，發行範圍包括二萬多家書店和一萬多家便利店。2002年5月，中國將要部分兌現出版入關承諾，圖書和期刊零售發行就要對外開放，其中期刊是最容易被突破的環節。目前如火如荼的書業物流和連鎖建設，有沒有給期刊留下一席之地？中國期刊發行能否追趕日本？中國書刊能否一路同行？

外面的世界很精彩

中國大陸報紙自辦發行的歷史不到十年，期刊零售業的大發展則不到五年。尚未從郵發大鍋飯「斷奶」的中國期刊，面對市場仍然可見一張蒼白的臉：**市場意識和行銷手段單調，行銷成本偏低，市場競爭心理承受能力不足。**

國外雜誌的行銷手段精彩紛呈。在美國，很多專業協會會員可以免費訂閱專業雜誌，義務是必須向出版商協會提供有關資訊，填寫規定的表格。一名醫生一年可收到多達65本的免費雜誌。為了僅僅3.5%的訂購回收率，一本新創雜誌的徵訂宣傳手冊可以發送到100萬份以上。建設讀者資料庫在國內期刊幾乎空白，這在國外同行看來不可思議。中國的郵局一般不提供訂戶資料，即使提供，也只有位址和地區等極少的資訊，沒有性別、年齡、職業、學歷、專業、電話、電子郵箱甚至收入等必需資訊。期刊是目標定位非常準確的媒體，而準確的定位必須有龐大讀者資料庫的支援。有了讀者資料庫就等於有了發行的保證。但是，建設大型的讀者資料庫需要巨大的成本。國外獲取讀者資料成為一種職業，獲得讀者資料的辦法應有盡有。如以免費雜誌廣告交換某行業某公司的客戶資料；與電台電視台合作辦節目，舉辦有獎競賽和抽獎活動；經常參加行業展覽等，甚至專門僱人收集名片，或在某商場放一個大箱子，告訴行人說把名片放入箱子，就可能得到和某名人共進晚餐

的機會。

　　國內期刊缺少挫折和失敗的心理承受能力，這是計劃經濟最大的後遺症。圖書有個「二八定律」，十本書有兩本賺錢即可。雜誌也是一樣，不是辦一本就賺錢、賺大錢。在美國，新刊第一年續訂率僅20%，到第五年才可能達到80%。新創刊的雜誌到第五年，一般只有不到20%能夠生存下來。從進化論的角度看，競爭和淘汰就是期刊創新和活力的來源。現在同類刊物愈來愈多，讀者對期刊的選擇性愈來愈大。讀者的胃口愈來愈難以伺候，這是市場開放和競爭的必然結果。由於產業壟斷和行政保護，中國期刊市場的競爭遠不算激烈。2002年，全國雖有175個新創刊、235個刊物更名，但對於有9000多種刊物、13億人口的大國來說，新陳代謝的速度還是太慢，基本上已經接近動物的冬眠期。由於政府部門對新刊創建的嚴格控制，刊號資源緊缺，將導致中國期刊進一步「老齡化」，對期刊市場化的負面效應極為明顯，特別是制約了名刊大刊的優勢擴張和期刊集團化、集約化經營。目前我國9000多種刊物中，科技類4500種，總印量4億冊，社科學術類2500種，總印量6億冊，真正市場類刊物僅1600種，發行9億冊。近年來，大量的非市場化期刊加速向市場刊轉化，但這種轉化在刊號資源緊缺和代價高昂的條件下，步履顯得異常艱難。而且，非市場化專業刊向市場刊轉型，大部分是兩個令人傷心的原因：一是專業刊經營困難，辦不下去，不得不關停併轉（關閉、停辦、合併、轉產），相當於為生存所逼，賣兒鬻女；二是專業刊效益不好，想藉機改市場刊，發財致富賺大錢。專業期刊大量向市場刊轉型，對推動中國市場刊的發展當然是一個大好時機，但同時也意味著大眾娛樂和消費雜誌發展是以損害科學和文化研究為代價，或者叫做挖東牆補西牆，甚至就是挖肉補瘡。

　　但是，隨著期刊市場變相地向國內外各行業開放，期刊市場的競爭將愈來愈白熱化，行銷成本也愈來愈大。近幾年一些新興雜誌的投入都近千萬。如廣州的三九文化僅為《新周刊》建立遍及二十餘省市的發行網路，總投資不下2000萬元。近年來，有許多新辦或改辦雜誌，僅拿著幾十萬元的資金進入市場，出了一兩期就彈盡糧絕，草草收場。國際上流傳著一個投資傳媒的法則：沒有10億美金不要辦電視，沒有1億美金不要辦報紙，沒有千萬美金甭想辦雜誌。到了中國，這個數字當然要換成人民幣，但也是巨額的數字。今後雜誌的競爭往往就是資本的競爭。

過刊是一齣大戲

　　過刊即過期的雜誌，但並不是廢舊雜誌。在日本，過刊是一個重大概念。因為日本雜誌的退貨率較高，2000年為26.5%，2001年為23.2%。高退貨率最大限度地滿足了市場營運需求，保證了零售市場的充足供應，但也極大地增加了期刊的經營成本。因此，用現代物流處理過刊，培育過刊市場是推動中國期刊市場化發展的一個重要課題。對於書業，快速自動的退貨處理系統也是一個處女地，對期刊更是一個嶄新的課題。貝塔斯曼上海書友會可以做到對150萬會員先寄樣書後付錢，是因為他們有一套非常成熟的退貨系統。即使是一本書，也要用一個成本9毛錢的紙盒子裝起來郵寄。所以，當一本書退回來的時候，基本上還是新的，不會有什麼汙損。國外的圖書退貨處理系統多用切邊和換封面等辦法，使大部分汙損圖書煥然一新，重新利用。這些辦法都值得國內過刊處理借鑑。

　　與許多發達國家國情不同，中國的總體文化水準不高，消費水準較低，生活節奏也慢，時尚和風氣流通的速度不是很快，所以，許多「過刊」其實並不過時，可以繼續銷售，文學類、生活類、保健類雜誌更是如此。其實，近年來對知識更新描述有一些誤區，說知識大爆炸，三、五年就更新一次，這主要指新科技領域，人文和應用學科、知識普及性期刊涉及的內容基本上一、二十年都差不多。比如國內的《文明》是一本地理文化類刊物，其風格仿美國《國家地理》，品質很不錯，定價20元。最近，筆者在舊刊市場上買到的一本僅3元。其中的內容三五年、甚至十年後再用也無問題。許多刊物現在都把封面上的出版年月或期號弄得很小，而讀者往往也並不在乎，這也從某個角度說明了一些期刊時效性的實際情況。近年來舊書市場非常火紅，在杭州，賣折價書的5元書店達幾十家，生意比新書店還好。如果辦一些過刊店，生意也肯定會一樣興隆。我國目前的過刊除了做一些合訂本外，大部分送到紙廠化漿。如果有比較成熟的過刊市場，可以減輕雜誌備貨的後顧之憂，期發量有可能大幅上升。中國有9000多種刊物，但發行在25萬以上的僅140種，百萬大刊更少。近年來，隨著期刊品種的大量增加，期刊單刊發行量總體出現下降趨勢，這與缺乏過刊處理機制有直接的關係。

（2002年12月）

感謝市長——
論國家讀書節和出版的國家行為

> 溫家寶總理在今年的《政府工作報告》中強調，必須把文化建設擺
> 到更加重要的位置，大力發展社會主義先進文化，弘揚以愛國主義
> 精神為核心的民族精神，並提出要抓緊制定文化體制改革總方案和
> 文化發展綱要，積極推動文化體制改革和機制創新，促進文化事業
> 和文化產業共同發展。許多委員和代表表示，今年的《政府工作報
> 告》談到文化建設的篇幅之多，分量之重，力度之大，是少有的。
>
> ——摘自《光明日報》2004年兩會特刊

國家讀書節：不看廣告看療效

　　記得有位著名的演員說過，什麼東西多了，就成了「臭大糞」，節日也
是。時下中國的市長們最熱衷的，恐怕就是搞這個節那個日了，於是，黃
酒、楊梅、皮革、粽子等等都有了自己的節日，還有詩歌節、休漁放生節、
醫生節、襯衫文化節、親吻節、露營節、愛眼節等都在網上有據可查。

　　辦節還有一種說法，叫做「文化搭台，經濟唱戲」。唱戲的本來應該是
文化人，現在文化人卻變成了燈光、舞美和搭台的工人，做起別人嫁衣裳
來，不過終於有人在2004年的全國兩會上提出要搞一個國家讀書節。這位來
自蘇州市的朱永新副市長在2003年的全國兩會上已經提過同樣議案，但國務
院法制辦以國家原則上不設置新的節日為由答覆不予考慮。朱市長說，之所
以再次呼籲，是因為閱讀問題已經成為中華民族面臨的最嚴重的問題之一。
他說，全世界平均每年每人讀書最多的是猶太人，為64本，其次是前蘇聯
人，為55本，美國現在正在展開平均每年每人讀書50本的計畫。中國義務教
育新課標規定九年期間學生課外讀物閱讀量要達到400萬字，才相當於每年15

本，但這只是學生，不是市民。朱市長還援引了美、英、日、德、俄等都有國家閱讀節的例子，聯合國也規定每年的4月23日為世界讀書日。

我們衷心祝願朱市長的提案能夠得到人大的重視和通過，國務院法制辦不再以國家原則上不設置新的節日等類似藉口不予通過。因為不管怎麼說，設立國家讀書節對出版業總是一件好事。鼓勵全國人民讀書，加強精神文明建設，這樣的提案人大怎麼能輕易否決呢？而且我們還想，出版界那麼多署長、局長和社長參加兩會，為什麼提讀書節的偏偏是一個與出版沒有多大關係的市長呢？看來這個國家讀書節好像真有些問題。記得趙本山說過，「不看廣告，要看療效，沒有療效，便是狗皮膏藥」。讀書節也好，閱讀節也好，我們最後要看的是對拉動圖書市場百分點的實際作用。現在，從上到下最流行的一句話叫做求真務實。圖書市場需求的推動，國民閱讀習慣的培養，都深深地涉及到歷史和體制問題。冰凍三尺，非一日之寒。搞讀書節無非就是啟動圖書市場，但啟動圖書市場首先必須面對三個問題：**一是有書可賣，二是有錢買書，三是買書有人**。有書可賣是供求滿足率問題，有錢買書是購買力問題，而買書有人，則是有多少有錢人想買書的問題。必須認識到，這三個問題都是問題，而且都是相當嚴重的問題。這三個問題長期困擾中國圖書市場的發育，搞一個國家讀書節會有特別神奇的療效，一味藥治百病嗎？

圖書有效供給：品種官司沒完沒了

是否有書可賣是檢討出版業的有效供給問題。在圖書市場表現日益萎靡不振的情況下，給人的感覺就是書太多了，書太濫了，於是調整結構、壓縮品種成了出版業的主旋律，圖書的有效供給問題便這樣被輕易地忽略。其實，即使是買方市場也同樣存在圖書品種的有效供給不足問題。品種是多了，還是少了，這些年爭來爭去，就像一場打不完的官司。

改革開放二十多年來，出版繁榮的抓手可謂不少，可是二十年前，我國人均購書是6冊，二十年後居然還不到6冊。2002年，全國出版一般圖書32億冊，課本35億冊，合計67億冊，以13億人口計算，人均5.1冊。除去課本，一般圖書人均2.5冊。

　　人均購書徘徊不前，當然有新媒體分流等客觀因素，但也有圖書品種有效供應不足的原因。一方面是低水準重複，另一方面是好書新書不多，缺乏市場激素，許多優質的學術圖書由於初版印量不足而不能問世。按照國際慣例，在版品種和當年新書的比例一般為8：1，最大書店的常年陳列品種應為當年新書的4倍。2002年，美國和德國的在版品種都是100萬，法國為60萬，日本也差不多。我國沒有在版圖書的統計口徑，也沒有像美國的鮑克公司（R. R. Bowker）、英國的尼爾森公司（AC Nielsen）之類的機構來做在版書目，所以誰也說不清在版圖書的品種。據說鮑克公司的全世界英語圖書資訊達1000萬種。但我們可以從國內一些大圖書發行公司局部的監控數據來進行推測。浙江省新華書店集團全省二百四十四家連鎖店，2003年全年流通圖書29.6萬種，北京開卷圖書市場研究所全國零售市場監測系統2003年動銷品種為56.9萬種，開卷公司監控範圍為全國零售市場14%左右的份額。從理論上說，這些監控數據都會大於出版社實際可供品種數，因為數據中會包含相當數量的舊書，在書店還有少量備貨，但出版社已經不再重印備貨，還有一些重複書名、版本、版次的重複統計。所以我們推測全國2003年可供在版書目應是40萬種左右。而我國年出新書10萬種，按國際慣例在版品種應該在80萬種左右，距國際慣例還差40萬種。

　　再看新書品種。2002年我國出版新書10萬種，除去政府文件、小冊子和重複出書，實際有效品種在8萬種左右，為美國的一半。這個資料可以透過分類品種對比得到印證。美國2002年出版新書15萬種，其中文學類（僅指虛構作品，不包括近5000種的傳記）新書17000種，我國為8600種；少兒類新書10000種，我國為4120種。英國2002年新出圖書為125000種，新書與人口的比例為1：470，而我國新書與人口的比例1：13000。所以，即使不考慮人口因素，我國的新書品種也不是多了，而是少了。根據聯合國教科文組織的定義，內文少於49頁的非雜誌性印刷出版物不能計算作圖書。這是國際慣例，而我國卻可以長期置之不理。

　　造成圖書在版品種不足的另一個重要原因還有平均印量的不足。2002年，我國平均圖書印量（含課本）是4000冊，5000萬人口的法國為8000冊。圖書印量少，說明書店常年上架品種和被購買的機會也相應減少，影響圖書的有效供給。

　　十幾萬種圖書對於一般讀者已經足夠眼花繚亂，但對於專業用途，十幾萬種圖書分到上百個專業和上千個研究方向，則只有幾百、幾十種而已。俗話說，外行看熱鬧，內行看門道。看一個書店的品種有多少，內行的辦法就是看專業圖書，分類愈細，鑑定愈準。我們的圖書品種有點像初春的草地，遠看起來碧綠一片，濃密得像地毯一樣，但走近一看，卻稀稀落落。一個國家的圖書市場繁榮與否，不是盯住一本兩本《哈利波特》每月上榜，或者看《我把青春獻給誰》之類如何火爆，而主要看在版圖書總量。中國出版與世界出版的最大差距在哪兒？就在可供圖書。圖書市場要建立閱讀和諮詢兩個概念。消費類圖書，特別是暢銷的文藝類圖書，是用來閱讀的，或者是用來休閒和娛樂的，而大量專業類圖書是用於諮詢和研究的。閱讀類圖書一般會通讀，就像我們讀《哈利波特》，讀《誰搬走了我的乳酪》；而諮詢類圖書通常是參考備查的。從購買力來說，閱讀類圖書買1本，諮詢類圖書往往要買10本。閱讀類圖書是錦上添花，往往可有可無，而且電視和網路正在加快替代傳統大眾紙本圖書；諮詢類圖書是柴米油鹽，工作必需，而且電視等新的大眾媒體較難替代，所以，諮詢類圖書市場潛力會愈來愈大，而諮詢類圖書的特徵就是品種浩繁。

　　這些年政府一再強調壓縮品種，調整結構，優化選題，對品種的增加指責有加，但品種還是在不斷增加，比如，開卷監控的動銷品種就從2001年的45萬種上升到2003年的56萬種，這也從事實上說明了市場對圖書品種多樣化的需求。

　　如果我們註定在社會發展的初級階段不能保證每本圖書的精耕細作，每出一本都是精品，那只能靠更多的品種來維持對知識和文化的資訊需求，就像大熊貓，一天吃100多公斤基本上都是纖維的箭竹來保證必需的營養。按照目前的出版水準，要滿足基本市場的需求，每年新書出版量應在20萬種左右，而且這20萬種新書大部分應該是專業類圖書。所以，目前政府控制書號，實際制約的是為國民經濟直接創造效益的專業圖書出版，影響的是生產和吃飯，並不是休閒和娛樂的需求。因為印量巨大的暢銷書、娛樂休閒書絕不會缺少書號。

　　書店常年陳列品種和在版圖書品種會有一個差距。許多大書店號稱的十幾萬、二十萬上架圖書品種，往往指的是一年內流轉的品種。1本書在書店只

賣出過1冊，幾乎等於沒有賣，但也算1種。美國、德國和日本最大的零售書店品種約40萬種，如紐約的邦諾書店和東京的紀伊國屋書店。我國最大的書店——西單圖書大廈號稱有20萬種，一般省會城市的大書店在15萬種左右。按照當年新書與陳列品種的比例，西單圖書大廈的常年上架品種應在40萬種左右，而全國可供圖書總量也就是40萬種左右。可供圖書建設已經迫在眉睫。因此，既要調整結構、優化選題，更要品種多樣、細分市場。國家當務之急還不是搞一個熱熱鬧鬧的讀書節，而是要趕緊抓一下在版圖書工程。這也是一個國家科技文化積累傳承的重要工作，是一代人對另一代人的責任和義務。

當然，圖書的有效供給不能說沒有書店的事。2004年以來，媒體不斷地為北京西單圖書大廈日銷售300多萬元的記錄喝彩，但在一片喝彩聲中，有多少人在為北京的讀者感到悲哀。北京那麼大，1400萬人口，交通那麼堵，從東南西北到西單買一趟書容易嗎？杭州160萬人口，市區面積在省會城市倒數幾位，但面積近萬平方公尺、品種超過十幾萬的大型圖書零售網點就達三處。

全國範圍內大型零售網點的缺乏有兩個原因：**一是在觀念和政策層面上對民營書業存在歧視，影響民營書店資本積累和產業發展；二是圖書零售業利潤相對微薄，在黃金地段建設大型書店風險很大。**由於品種的巨量性，購買圖書不像其他商品有明確的指向，上架品種和購物環境對圖書的隨機消費影響極大，購物環境一般的中小書店生存和競爭力較差。因此，國家應該採取有力措施，加強對城市大型零售書店建設的扶持。在民營經濟比重不斷增加的形勢下，國有書業仍然主控著圖書大型零售賣場，這本身就說明這個產業結構的落後。德國是一個非常崇尚文化的國家，人口不足1億，在版圖書卻達100萬種，平均每萬人就擁有一個大型書店，這在全世界都是非常獨特的。缺少大型書店，仍然是當前中國書業的一個明顯的問題，就像大城市大醫院名牌大學資源緊缺一樣，西單圖書大廈這樣的大書店能否再多一些呢？

上帝的貧困化：中國圖書市場沒有大款

讀者是上帝，但書業的上帝囊中羞澀。中國曾經有過做導彈的不如賣茶

葉蛋的說法，大家對「腦體倒掛」仍然習慣成自然。現在大專院校和科研機構的知識分子收入仍然很低，國民收入的二次分配存在著很大不合理性。圖書的主要消費群體是大學本科學歷以上的知識分子，但知識分子的相對貧困化仍然是中國社會分配的一個難題。在中國大學裡，博士畢業一年拿二三萬年薪的也非常普遍。北京大學2003年的人事體制改革聲勢浩大，但七折八扣，到後來基本上不了了之，動誰的乳酪都不容易。

據說全國職工收入最高的是電信和醫藥設備兩大行業，所以，全國人民都在盯著移動和聯通話費降價。我想中國移動一個普通職工的年薪都會超過北大許多教授。但中國有錢的大多不是購書的群體。《魯迅全集》中有兩卷是日記，在兩大本日記中，我們幾乎每天都可以看到書帳，魯迅買書感覺根本不考慮錢的問題。那時候像魯迅這樣的教授，每月的工資加上稿費有300多銀元，按當時物價可買3萬斤稻米，3萬斤稻米現在怎麼也值3萬多元。每月有了3萬多元，買幾本書當然就是小菜一碟。有錢的人不買書，買書的人沒有錢，一本書在台灣印3000，在大陸也印3000就見怪不怪了。只要中國的知識分子還囊中羞澀，國家搞十個讀書節也是徒有虛名。增加一般圖書，特別是專業圖書的市場份額，有三件事不能不做：一是有效地提高知識分子的收入，二是提高專業圖書的定價，三是增加公立圖書館的購書經費，提高公立和學校圖書館館藏標準。在美國，專業圖書定價是一般市場書的幾倍。美國大學用書平均價格50美元，商業用書28美元，大眾市場平裝書7.3美元。而中國到目前為止基本上還是按印張定價，同樣頁碼的各類圖書，差價最多不超過1倍。當然，我們現在也沒有規定專業圖書不能定高價，但提高專業圖書的定價，首先要提高專業人員的工資收入並給圖書館增撥購書經費。提高知識分子的收入，也許是和我們討論要不要設立國家讀書節是，最有關係的一個問題。讀者是我們的上帝，但中國的上帝特別是專業圖書領域的讀者大多囊中羞澀。

教育出版：素質教育的天是明朗的天

教育消費永遠是圖書市場的主體，和讀書節最有關係的當然是讀書人。可是中國的學校實在不是讀書和研究的地方，而是背書和考試的戰場。

一套教材加一套教輔，中考、高考、考研、考博就基本搞定，還要買書幹什麼？只要有高考這個指揮棒，素質教育還是水中月、鏡中花。為了維護教育的公平，全國性的統考必須進行。統考，而且以統考為唯一錄取標準，就不得不實施應試教育。中國什麼時候能夠出現高校入學的多重標準呢？也許是在民辦教育發展到一定規模以後。當一個學校把自己的品牌看得比什麼都重，入學和畢業的標準就會變得絕對的公正。大學寬進嚴出，素質教育就有了可能。

本科和研究生教育嚴進寬出，是國有教育體制的弊端。看不看書都能畢業，購書消費自然會向娛樂消費轉移。外國連小學中學都進行研究式教育，中小學生的作業就像我們的碩士論文，必須進行大量的課外閱讀。2001年，英國全日制學生平均年圖書消費114鎊，114英鎊在英國可以買二十多本書。

中國有四大發明，但世界近百年的創造發明，從免洗杯到汽車火車電腦，很難找到中國專利，這和中國從八股延續下來的僵化教育體制有關。教育體制的僵化，也直接導致了圖書市場的萎縮。國外學校是把整個圖書館交給學生，而中國還在規定什麼必讀書目，搞必讀書目不就是擺明為了應試嗎？所以，就有專家提出搞必讀書目的法理錯誤。中國的學校總是政府要求學什麼，老師要求幹什麼。當什麼時候輪到學生告訴老師什麼的時候，教育圖書市場的春天就來了。到那個時候，國家讀書節才會真正是讀書人的節日。

國家行為：中國出版不言斷奶

無獨有偶，在這次兩會上，全國政協委員、中國出版集團管委會副主任聶震寧也就國家進一步加大對出版業的支持提出了三點建議：一是優惠政策不要變，二是出版基金要建立，三是版權輸出要激勵。這些建議都涉及文化的國家行為。文化的國家行為在國外是一項重要的政策，文化消費不能和經濟發展同步是一個規律，需要國家的引導和支援。如果經濟可以是企業行為，那文化必須有一點國家行為。

二十年來，中國出版業的發展有一個很大的誤區：國家在經營管理上把出版社作為企業，利潤指標、工資獎金、增值保值，和一般的工商企業沒

什麼兩樣，而且，隨著改制的深入發展，經濟槓桿愈來愈重；在內容管理上，還是純粹的事業標準，意識型態的重要陣地，堅持社會效益第一。一方面撒手不管，一方面什麼都管，出版社面臨國家不愛管、市場管不了的尷尬處境，中國出版業就是在這樣一個誤區內艱難地生存發展著。從目前的形勢看，在五年或十年內，大量的民間和境外資本仍然很難進入出版領域，所以，出版業這幾年對文化國家行為的呼聲日益高漲。

文革前，國家還出版了許多外文版圖書送到國外到處免費分發，並扶持了很多境外的中文書店，如巴黎和倫敦的兩家鳳凰書店，我們送出去的書甚至幾年十幾年都可以不結帳。現在這兩家書店的經營者都老了，還在苦苦地支撐著門面，我們卻已經走向市場經濟，與他們「井水不犯河水」。法國、德國、西班牙等非英語國家，政府用於本國圖書推廣的基金每年好幾億。我國這幾年也給國內出版社參加國際書展一些裝修費用補助，但總數也就是一二百萬人民幣。翻開歷史，從鄭和七次下西洋，到玄奘西天取經，還有哥倫布、麥哲倫尋找新大陸，都是國家為加強對外交流而支出巨資。晉代高僧法顯首次實現人類來回橫跨太平洋，發現美洲，也是皇帝出的錢。如今海爾、聯想等數不清的中國企業都在海外收購企業，國家在經濟建設方面一擲千金，幾十億、幾百億甚至上千億已經司空見慣，在這些巨額投資的背後，充滿著國家銀行和各級財政的風險支持，為什麼不能花一些小錢到國外收購幾家洋人的出版社和書店呢？要改變版權輸出嚴重的反差，要讓中國文化進入西方主流社會，最好的辦法是在國外開辦自己的出版社。

既然不許業外和境外資本進入出版，那就說明中國出版還是國家的，是國家行為。國家行為有很多內容，除了管理和限制，更重要的責任和功能恐怕就是掏錢。美國是市場經濟國家，沒有多少自己的文化積澱，兩百年能有什麼文化呢？所以，美國在20世紀80年代撤銷了文化部，由商務部來管理文化產業。但人家文化是開放的，把全世界的文化作為自己的文化，資本都可以隨進隨出，文化機構可以隨意買賣，最大的出版社是德國人、英國人的。把文化產業全部交給市場當然不一定適合中國國情，但畢竟也是一種文化發展的成功模式。出版不是支柱產業，世界上幾個大的出版公司都是由行業外財團控股。所以，業外資本對出版業的發展非常重要。中信出版社是中國出版的一匹黑馬，但這匹黑馬的主人是中信集團。美國人控制世界影視市場就

是大投入大產出，好萊塢拍片動不動就幾億美金。中國的影片長期進不了世界市場，除了創作和題材，主要還是缺錢。中國的文化企業包括新聞出版企業都是國家的，國營企業最弱的就是管理，讓民營企業掏錢投資入股，又不許人家參與管理，這樣行嗎？

我們不知道朱市長提案中關於國家讀書節的具體方案，如果國家每年肯為這個讀書節撥款幾個億用來購書贈書，那也是一個說法。如果什麼也沒有，只是發個文件，作個號召，那又有什麼意思呢？不過，我們還是要感謝朱市長，感謝朱委員。在這個全國人民都在向錢看的時候，總算還有人下決心要把國家讀書節進行到底。

（2004年6月）

打造中國書奧

> 中國書業三大書會，一個訂貨，一個銷售，一個談版權。從參展圖
> 書到展台布置，大同小異，完全可以合而為一，前兩天談版權，後
> 兩天訂貨，再三天銷售。

　　2004年北京國際圖書博覽會閉幕了。這一年，中國的出版人從1月的北京
訂貨會到5月的桂林全國書市，再轉戰北京參加9月的北京國際圖書博覽會。
在炎熱的8月中，中國人還經歷了二十幾個不眠的奧運之夜。儘管媒體事後披
露中國平均每一塊金牌耗費成本達幾千萬元，但不管怎麼樣，在多少舉國歡
呼、多少熱淚盈眶之後，一個大國的民族自尊心由此得到了極大的滿足。精
神的力量是無價的，可是國家對精神產品的支援是那麼微薄。中國人翹首以
待2008，而出版業的三大書會卻仍在沒完沒了地內耗。我們並不奢望中國能
夠取代法蘭克福成為世界書業的奧林匹克，但是，中國出版界多年來一直盼
望著有一個真正的大型國際書展，有一個可以稱為全國讀書人節日的全國性
書會。三駕馬車何時能夠殊途同歸，共創輝煌？到2008年，中國也會有一個
奧運般的書會嗎？

三大書會是過街老鼠？

　　首先是全國書市，然後是北京圖書訂貨會，然後還有北京國際圖書博覽
會，被稱為中國書業的三駕馬車。中國書業這些年一直在批評和埋怨三大書
會，三大書會在內容和功能上的重疊，人力財力上的浪費，成為中國出版的
一大怪疾。

　　從2004年開始，北京國際圖書博覽會終於也與國際接軌，改為每年一
屆。從5月到9月，再到來年1月，中國有多少新書值得這麼天南地北一年三
次折騰？時間、精力、展覽和人力成本，都不堪承受。比如每年一屆的全國

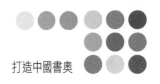
書市，全國輪流主辦，究竟全國有多少人前往參展呢？據全國書市網提供的資訊，1992年成都書市，接待全國各地代表12萬人；2000年南京書市，有10萬名外地讀者前往參觀；2002年福州書市，正式代表6000人，此外還有基層新華書店、民營書商、高校圖書館、海內外出版界人士約10萬人。據記者的調查，辦全國書市，深圳賺了7億，南京賺了8億，福州賺了10億。2004年桂林書市的則賺得更多，飯店平時100多元的標準房間賣到400元甚至更貴，而且是政府公開發文漲價，並和酒店分成，估計也賺足了10億。訂貨碼洋也是年年看漲，桂林書市的訂貨按官方的統計是10億碼洋，但此10億和彼10億完全是兩碼事。付出去的是真金白銀，拿回來的是「訂貨碼洋」。訂貨碼洋除去無法發貨或馬上會變成退貨的，更多的是虛報灌水的數字。自報家門，綜合平衡，年年遞增，全國書市訂貨額統計數字的來龍去脈誰都很清楚。聽說再下屆全國書市要辦到新疆，僅差旅觀光費用一項就得翻2倍，那訂貨碼洋還不得升到20億？如果三大書會的重複舉辦在某種程度上助長了公費旅遊，那一屆勝似一屆的數字泡沫對以誠信為本的做書人來說，更是不能容忍。北京圖書訂貨會和全國書市的訂貨碼洋到底有多少「水分」，已經沒有人去計較了。北京國際圖書博覽會以版權交易和合作出版為成果，本屆統計數字高達8250項，但其中80%以上是意向，而不是合約。

奧運會大家搶著辦，大把大把地花錢，因為主辦國家和城市都有好處。三大書會的聚集效應，對主辦城市第三產業巨大的拉動力，哪個市的市長和宣傳部長不為此動心？新聞出版總署為什麼不可以效法申奧，也搞一搞申辦制？要讓申辦城市賺錢，但要讓他們把賺的錢再吐出來，取之於出版，用之於出版。組委會手裡抓著轉播權、冠名權等一大批專有權力，讓它變成錢至少可以補貼一下場館租金。1980年莫斯科奧運會奧組委所獲得的轉播收入僅1.01億美元；2000年雪梨奧運會時突破10億美元；2004年舉辦的雅典奧運會更創下14.82億美元的新高。全國書市雖然不能和奧運比，但對當地城市和讀者也算是百年一遇的文化大餐，對當地的消費拉動更不用說，提供這樣的大餐，怎麼也得給出版界有所回報。這樣不但能夠提高全國書展的辦會水準，提高申辦城市對書展的服務品質，還能在某種程度上提高書業在社會的影響力。

辦書展的一萬條理由

資訊社會精彩紛呈，網路來了，連鎖來了，超級書店愈來愈多，於是有人預言，展銷會、訂貨會、博覽會皆可休矣。可是，各種書展書會還是愈來愈多，而且愈辦愈大。北京圖書訂貨會從中央黨校的地攤擺到北京國際展覽中心，全國書市轉戰大江南北，博覽會由兩年一屆變成一年一屆。場館愈來愈豪華，展台愈來愈巍峨。這使我想起有一位北京的朋友說的：你有一萬條理由詛咒北京，但你也有一萬條理由留在北京。是的，北京的風沙，北京的堵車，北京的服務，北京人的光說不練，北京的什麼東西都貴，可是北京照樣繁榮，照樣人滿為患，照樣高樓大廈如雨後春筍。也許，有人說得對，存在的就是合理的，如果這屆書展有1萬個人跑來參加，那麼，我們就有1萬個理由辦書展。

無獨有偶，國外也是一樣。舉辦國際書展的熱情自20世紀80年代以後出現了世界性的高漲。除了法蘭克福書展辦了五十六屆，博洛尼亞兒童書展辦了四十屆，華沙書展辦了四十八屆，世界上更多的書展始於近一、二十年。東京書展起始於1991年，美國全國書展起始於1994年，莫斯科書展起始於1987年，巴賽隆納書展始於1982年。另外，韓國、馬來西亞、新加坡，包括台北和香港的書展，也都是這十年內的事情。資訊技術發展了，有了網路、傳真、手機，人與人見面的願望反而與日俱增。

資訊社會終結集市性的書展是一個誤區，很多人仍然把資訊時代的書展當作昔日單純交易的工具。殊不知，文字代替不了口語，電郵和傳真也替代不了約會面談。對著話筒或鍵盤一兩小時，並不是人類所喜歡的交流形式。人與人之間的交流除了商品資訊，還需要有更多面對面的了解。相互誠信度大大的提升往往也是從見面後開始。所以我們才說，書市和訂貨會的功能已經從訂貨轉到了交流和展示。那麼多人跑到法蘭克福，到北京，到桂林，就是為了互相見一面。這個時代圈子太大、節奏太快、變化太多，幾年不見，也許就行同陌路，甚至連名字都叫不出來了。世界上什麼最值錢，面孔最值錢。

現代書展正由集市變成舞台。做展台是浪費錢嗎？那是做廣告。不一定非得把書目登在報紙上才是廣告。大型書展現場形象廣告的效果是報刊所沒

法比的。近年來三大書展全國知名的出版公司和出版集團沒有一個不大做廣告的,展台也一年比一年做得漂亮。如果要問哪兒能看到一個出版社的總體形象,也許只有一個地方:書展,而不是出版社所在的那幢樓房。所以,書展的規模還遠不夠大。

除了展台愈做愈漂亮,還有便是各種活動愈來愈頻繁。本屆北京國際圖書博覽會光見報的大型活動就有32個。但是,中國的書展活動仍然太少。聽參加過莫斯科書展的同事說,莫斯科書展期間大小交流活動多達2000項,平均每天幾百場。2003年法國圖書沙龍期間,僅中國作家的演講就達48場,簽售幾十場。而且,我們的很多活動仍然不夠新意。比如桂林書市,除了徵文活動和少數民族圖書展以外,就是發布會、簽售,還有一些內容乏味的所謂論壇和分會場之類的做秀。

書展書市潛力遠遠沒有做足,出版社參展的觀念還有待扭轉。書展應當是讀書節,努力增加公眾的參與度。設想一下,一個城市在一週的時間內就有兩千多項文化活動,能不把這個城市燒開嗎?一個奧運可以讓全國人民度過二十多個不眠之夜,我們的全國書市也應該給全國讀者更多期待、驚喜和狂歡。中國是文明古國,有著幾千年連綿不斷的書香。可如今萬人空巷、出盡風頭的都是演藝圈和體育界的明星,書業難道沒有一點責任、一點內疚、一點妒忌嗎?哪一天,我們也可以把全國所有知名的作家、學者和與書有關的明星弄到書展上去,讓書會成為一個城市的文化舞台,而不僅僅是談判桌和生意場,這應該是我們的新書展觀。

讓讀者成為書展的上帝

都說讀者是上帝,可在出版社眼裡,書店才是上帝。特別是北京的圖書訂貨會和博覽會,基本上不把讀者放在眼裡,因為這兩個書展只訂貨賣版權,都不零售圖書。出版社以為把書店搞定了,訂貨拿到了,書就賣出去了。而在國外,出版社兩隻大大的眼睛更多是盯住讀者,行銷、宣傳、辦書展、打廣告,**第一要考慮的,是讀者**。所以,除了法蘭克福等個別幾個完全以版權交易為主的書展,世界上幾乎所有的國際書展都銷售圖書。他們的做法是,專業場和公眾場、業務洽談和零售在時間上分開。各國的大型書展一

般都會固定在首都等中心城市舉行，不像我們的全國書市，各省市團團轉、輪流辦。而外國的首都一般都是出版中心，集中了全國大部分出版機構，所以出版社就有可能直接參展並開展零售業務。由於新華書店上架品種和出版社可供品種之間存在著1倍以上的差距，所以，讀者可以在書展上買到在書店見不到的另一半圖書；其次是由於全國書市每年舉辦地點不同，出版社一般不在書展上銷售圖書，而是由當地新華書店負責，書店基本上就是把當地書店的備貨搬一些到書展上，再適當添一些新貨，總體品種不會超過當地的門市。所以，全國書市異地辦展對品種的影響較大。全國書市還將銷售館和訂貨館分開，銷售館品種不如訂貨館全，而且出版社參展人員一般不在銷售館，失去了與讀者面對面接觸的機會。2004年的北京國際圖書博覽會把銷售放在廣場上，一共有十五家單位參加，22個展台，合計銷售才16萬元，問題就出在展銷分離。北京是文化中心，圖書購買力最強，出版社花了那麼多錢，搭了那麼漂亮的展台，幾天就拆了，為什麼不能延長幾天銷售呢？電子工業出版社在桂林書市上就創下了120萬的銷售業績。身處「文化沙漠」的香港書展，入場觀眾達90多萬，占全港人口的六分之一，是北京國際圖書博覽會的5倍，會場人滿為患，夜場開到深夜兩點。香港書展就是以銷售為主，被公認是世界書業的奇跡。

很多出版社認為，如果不委託當地書店進貨而獨立去書展上設攤銷售，在經濟上肯定是得不償失，甚至連攤位費也賺不回來，異地備貨運輸也不方便。這確實是一個問題，但如果全國性的書展是一年一次而不是三次，對於很多有規模的大社應該不會有很大的負擔。而且，利用大型書展和讀者面對面的接觸，獲得第一手市場訊息，全面檢閱一下出版社的產品，也許這就是一個不二的機會。

反對在書會上進行銷售的人還有一說。書會參展圖書也就十幾萬種，一些大書城也有十幾萬種，而且每天開門，又不收門票，但書店和書展的「10幾萬種」至少有兩點不同：一是書展以版別陳列，讀者只有在書展才可能與出版社直接交流，出版社和出版社之間也可以全面了解對方的產品結構，取長補短；二是書店的十幾萬種圖書中，可能包含較多的重印書和常銷書，但在書展，新書品種肯定要比書店的多，特別是專業類圖書，一般的書店很難備齊品種。有一位編輯說，他以前也納悶，我們的書都給書店發貨了，但一

到書市書展,也不打折,為什麼還有那麼多人來買呢?後來有讀者告訴他,你們的書在書店裡根本看不到。他真的到北京那家最大的書店裡仔細地數了數,居然連四分之一品種也不到。書業的產銷脫節、中間環節斷裂的問題也許要比我們想像的嚴重得多。因此,這又使我們不得不對那些標榜十幾、二十萬品種的大賣場心存懷疑。

如果說書展書市零售只有蠅頭小利、得不償失,那麼,書展零售中的團購和館配卻可能是大金娃娃。這次桂林書市1867萬元零售中,單位團購占1321萬元。隨著許多大學的升格和國家對公共圖書館建設的逐步重視,團購在沉寂了十幾年後,又開始活躍起來。在桂林書市,有一個民營書商帶了一百多家圖書館的採購人員參加書市,訂單全部由該書商發貨,結果大獲成功。桂林書市零售圖書的前十位出版社中八位是大學出版社或科技專業出版社,其中包括機工、人大、化工、郵電、廣西師大、清華、北大等,這說明專業圖書在書市館配有很大的潛力。

在全國書市搞零售,大社可以自己備貨,自己銷售,小社可以找當地書店代理,有許多民營書店願意做,而且會非常賣力地推銷宣傳,並把書展上所有的資訊如實地回饋給出版社。 全國書市開始時都是出版社自己賣書,後來出版社嫌麻煩,就讓新華書店去應付,新華書店一下子面對五百多家出版社,不可能顧得周全,也因為全國書市的零售都是書店經銷,即使不經銷,退貨費用也得書店承擔,書店對備貨不得不非常謹慎,所以常常書市一開館,第一天就貨源告急。

三駕馬車怎樣合而為一

中國書業三大書會,一個訂貨,一個銷售,一個談版權,從參展圖書到展台布置,大同小異,完全可以合而為一,前兩天談版權,後兩天訂貨,再三天銷售。一次布展,不同階段人員和上架圖書只做適當調整,就可以「黑魚三吃」。然而,情況並非如此簡單。全國書市是展示成果的,主辦城市的市長和新聞出版局長也都積極;訂貨會是全國版協的,從訂貨的角度來看,要比全國書市更專業,經濟效益更大,也有存在的理由;博覽會是與洋人做生意,事關國家面子,有獨特的版權交易功能。因此,三大書會公說公有

理、婆說婆有理，都希望自己的最大最全最權威。

我們給一萬條理由辦書市，前提是三大展會應作必要的調整。調整可以分兩步走：第一步，先做三進二，推動北京圖書訂貨會和全國書市合併，博覽會繼續獨立舉辦；第二步，讓博覽會兼顧國際國內、訂貨銷售、版權交易三大功能，使三駕馬車合而為一，這個時間可以設定在2008年。

為促進全國書市的市場化操作，使之與北京訂貨會合併，建議將全國書市的日常工作移交全國出版工作者協會，並逐步實行公司化經營；成立全國書市委員會，由各省和中央部分出版社擔任委員，每年由競辦城市陳述申辦理由，由委員會投票表決；承辦單位也可以透過招標確定。台北書展就是由出版社承辦的，光復書局辦過，新學友書局也辦過，這樣才有競爭，有對比。書展的運作市場化了，但並不是說政府便無事可做。政府對全國書展書會要承擔三大責任：

一是關心。圖書是先進文化最大的載體，大型書展書會是國家文化傳播重要的平台，可是多少年來，只有1990年第三屆北京國際圖書博覽會中央政治局常委李瑞環出席過開幕式，之後出席開幕式領導的級別愈來愈低。而國外許多國家的最高領導人都是本國書展書會的常客，比如普京、席哈克等等。丹麥總統還為了一個安徒生，專程到全世界各地參加紀念活動宣傳啟動儀式，包括到中國。而且，人家的總統、首相到書展參觀，是與讀者和出版者平等交流，而我們的領導主要是去視察，還要安排晚間領導專場。

二是給錢。關心和重視首先要體現在財政的支持，特別是要對北京國際圖書博覽會進行有效資助。北京國際圖書博覽會的規模年年都在擴大，但是國內展位增加得多，國外展商增加得少，這與出版大國的稱號極不相稱。2004年，北京國際圖書博覽會984個展台，其中海外展台只有355個。近五年來，博覽會的會展面積一直在2萬平方公尺多一點徘徊，展台也從來沒有超過千個，一個重要原因就是政府扶持不夠。台北書展有3萬多平方公尺，巴黎圖書沙龍有5萬平方公尺，都有政府資金支持。聽說最近有個1000本書計畫，即用若干年時間，由國家補助1000本書翻譯成外文出版。且不說這個計畫最後能否落實，更重要的是我們做了多少年的海外宣傳，應該知道我們自己做的圖書送到海外，能否為海外讀者所接受。倒不如由國家出錢補貼北京國際圖書博覽會展位費，資助海外重點參展商參展，人家來了，對中國了解了，讓

人家自己選書,再給補貼,這樣的書才能真正進入人家的主流市場。

三是設獎。國家級的圖書獎應當放在全國性的書展上頒發,這是聚集人氣的重要方法。我們還應該搞一個國際性的圖書獎。現在諾貝爾獎很火,為什麼,因為獎金最多。其實瑞典才多大的國家,多少國民產值?一年6個諾貝爾獎,五六百萬美金卻搞得全世界圍著它轉。我們如果搞一個孔子圖書獎,諾貝爾獎90萬美元,我們獎50萬美元,就有很大的號召力了。日本講談社不過是一家民營出版社,還有野間圖書獎,也是國外評獎取向。我們的電影節、國際書展基本上沒有國際地位,版權交易上的巨大逆差,與我們在經濟和文化上「一手硬、一手軟」有直接的關係,花幾百萬美元搞一個國際性圖書獎,也許對擴大中華文化的國際影響有出奇的效果。

中國地大物博,人口眾多,但我們在很多地方仍然缺乏開放的大國胸襟,一見人家來,就說狼來了,心底裡總不太願意人家進來。北京國際圖書博覽會獎勵更多的境外出版社參展,不要怕人家來推銷圖書,大量的引進可能就是大量的輸出必經之路。有了貿易逆差,就不敢宣導引進圖書,不是做加法,而是做減法。就像木桶有了一個短邊,不是把這個短邊補上,而是把所有長邊都鋸短了,把木桶變成木盆。不要怕人家賺錢,韓國漫畫就是先為外國做加工的,並沒有對日本的漫畫發什麼禁令,現在韓國漫畫出口占世界三分之一份額。我國版權交易的逆差逐年增大,也許就是因為在文化政策上一味地保護或圍堵,而不是以退為進。

其實,中國的書會還存在著第四駕馬車,北京豐台的民營渠道訂貨會和每年全國書市的會前會,是一駕愈來愈大的馬車,若以房間數量計算展位,已經超過全國書市和北京訂貨會。2004年北京圖書訂貨會,民營書商走進國際展覽中心,這一歷史性的轉變也許會成為第四駕馬車和三大書會走到一起的開端。

但將民營渠道訂貨會納入三大書會的步伐不會很快。一是官方書會的展位費仍然偏高,二是國家對民營書業的態度尚不明朗。所以,「二渠道」訂貨會躲在廁所裡數錢的歷史還會繼續一段時間。但是,一旦民營書業真正從地下走到地面,對於三大書會,都是一個不可輕視的參展群體,2008打造中國書奧,三會合一,也許三分之一參展商就是昔日豐台訂貨會成千上萬的民營書商。

　　2008打造中國書奧，我們寄望於國家，但更寄望於市場。我們希望看到2008年，在北京五環上新建的國際展覽中心，出現一個展覽面積超過5萬平方公尺的大型國際書展，看到三大書會合而為一，成為億萬中國讀者最盛大的讀書節。長期的壟斷經營，使中國書業對全社會的影響太小。封閉的中國書業也許可以藉書奧走出苑囿，進一步融入外部世界，拉近與13億讀者的距離。打造中國書奧讓我們一起努力，或許這還是做大做強中國出版的一劑良方。

（2004年10月）

海選出版

> 中國出版從規模到品質，從數量到品種的轉變仍然在繼續著，我們
> 要繼續促進這種轉變的進行，而不能因噎廢食。我們不能因為無效
> 品種的存在而否定品種規模增長的必要性。

超女紅了，海選熱了。2006年的超女海選剛剛開始，由前文化部部長劉忠德三批超女破壞教育引起的風波，不亞於胡戈和陳凱歌導演之間關於惡搞片《一個饅頭引發的血案》的口誅筆伐。超女海選似乎與出版風馬牛不相及，其實卻包含了很多出版學原理，至少，我們可以透過超女海選看看圖書的品種和庫存。

2005年，全國出書品種突破20萬，圖書庫存也到歷史頂點，出版社從編輯到社長一片驚恐。政府管理這頭一直對品種的增長圍追堵截，調整優化結構，對書號進行限制，希望出版資源向大社、名社集中，但總是事與願違。中國出版從計劃走向市場，由印量向品種、規模到品質的轉型過程中，不可避免地進入了品種和庫存的膨脹期。但是，在這個魚龍混雜、泥沙俱下的初級階段，中國出版走進了一個誤區：那就是莫名其妙地抹煞物理品種和有效品種、物理庫存和有效庫存的區別，不分青紅皂白地追殺品種成為出版管理的主流話語。

2006年1月9日，北京召開了一個高層會議討論學術出版，華東師範大學出版社社長朱人傑一針見血：「學術出版的春天還遠，因為我們的教育人文精神缺失。」全社會人文精神缺失對出版轉型猶如釜底抽薪。商品經濟如滾滾紅塵，應試教育在扼殺閱讀，出版業在口誅筆伐品種和庫存的同時，卻又在呼喚學術出版的春天和人文精神的回歸，這就明明白白地宣示著品種和庫存的虛胖。大量時尚消遣、平庸跟風的圖書品種充斥，庫存迅速膨脹的表象掩蓋了傳統出版的萎縮和邊緣趨勢：那就是人均購書二十年來不斷減少和出版總體規模占國民經濟份額年年下降。從1978年到2005年，全國出版總印張

增加了3.65倍，而同期國民收入增加了50倍。在這樣的一種出版格局下，超女海選告訴我們，有必要用生態的立場來建立我們的初級階段品種觀。

即使一年出版的20多萬個品種都是好書，沒有一點水分，在銷售環節就會流失一半品種。圖書從出版社到讀者手中也是一個「海選」的過程。其實，「海選」不僅是一種社會現象，也是普遍的自然規律。為了適應惡劣的自然環境，螃蟹一次產卵的數量多達數十萬粒，能夠生存下來的卻只有極少數，但我們並不能認為夭折的生命是多餘的。生態學明確指出，上下級食物鏈的數量比為10至100倍，在自然生態中，90%，甚至99%的生物會無緣於食物鏈上一級的營養而自然消亡，但這些一生默默無聞的生靈同樣是自然生態的有機組成部分。猶如圖書二八定律，成千上萬的品種在書架上獨守幾百天的獨守，往往就是為了一兩個讀者猴年馬月的到來。但因為有了這些耐得住寂寞的品種，讀者才把你的書店作為一生購書的歸宿。更何況中國初級階段圖書嚴重同質化、平庸化。有人說，初級階段的中國讀者是食草動物。我們的書店看起來琳琅滿目、應有盡有，但真的要找幾本專業書，卻往往很困難。和食肉的獅子、老虎不同，食草的牛羊和食竹的熊貓必須每天消化幾十公斤的粗纖維以獲得必需的營養。

要增加圖書的有效品種，變中國讀者食草為食肉，最好的辦法是讓品種向優秀出版社集結。據說，美國前五家出版社就集中了80%的市場份額，但是，在目前的出版體制下，如此大規模的資本重組似乎缺少前提。中國出版從規模到品質，從數量到品種的轉變仍然在繼續著，我們要繼續促進這種轉變的進行，而不能因噎廢食。我們不能因為無效品種的存在而否定品種規模增長的必要性。存在的不一定合理，合理的要加大存在。圖書總印量的不足和庫存增加，除了圖書品質問題外，還有全社會的購買力問題，社會購買力又涉及到國家的文化政策、意識型態、國民分配、教育體制，還有知識分子待遇等等。所以，初級階段的中國出版應該對品種的增加給予更多的寬容。中國人崇尚聊勝於無。

品種何罪之有？邦諾100多萬個品種，亞馬遜200多萬個品種，沒有人責罵過它們。到了書店，我想要什麼書就有什麼書，這是每一個讀者的願望。書到買時方恨少，只有出版商才會嫌品種多。一種書一次印刷100萬冊，甚至1000萬冊，多快好省，那只能是《聖經》。在細分市場的時代，品種的增

加是絕對的。2005年，全球圖書出版品種達到了歷史性的高峰，中、美、英三國的年出書品種均已超過20萬種，但中文圖書的有效品種遠遠不及英文圖書。中國人口是美國和英國的好幾倍，但中文圖書沒有英文圖書那樣有境外出版資源的互補，港台繁體字版的圖書由於價格和文字的原因，目前還很少以現貨進入大陸，世界上出英文版圖書的國家遠遠多於出中文圖書的國家和地區，由此造就了亞馬遜英語網站200多萬種的可供書目。

圖書品種的多和少不能光看當年出了多少新書，而要看當年可供書目，也就是每年的新書會留下多少。長期以來，出版統計口徑（標準）只重視當年的出書而不重視可供品種，在導向上鼓勵了出版社的短期行為。美、英、日、德、法等西方大國在版圖書均在100萬種左右，牛津大學出版社的可供書目和大城市電話黃頁一樣的厚。

圖書市場對品種的需求要比想像的大得多，特別是專業類圖書。徐州博庫書城是浙江省新華書店集團在省外的第一家連鎖店，他們在沒有教材教輔的情況下，就是靠品種優勢實現盈利。在全場12萬種圖書品種中，科技和社科兩類圖書占了40%，當地人以前只能跑上海、北京才能買到的圖書，現在徐州也能買到了。2005年，浙江省新華書店集團利用連鎖的規模優勢，物流庫存品種已經從上年的15萬種增加到21.8萬種，其中社科類增加了86%，達到4.2萬種；科技類5.8萬種，增長64%。2005年前三季度，浙江省新華書店集團社科類圖書銷售增加了48%，科技類圖書增加了41.6%，遠遠高於文教、少兒、生活類圖書。據說，化工出版社海量出版學術圖書受到上級表揚並得到書號獎勵，他們出教材，三五千不多，兩三千不嫌，只要品質好，積少成多。出版社養尊處優慣了，現在要習慣於蠅頭小利。從這種意義上說，出版業平均利潤率的降低，對中國文化的積累未嘗不是一件好事。也許只有這樣，中國出版才能從貴族出版變成平民出版。

讓書號傾向優秀的出版社，這一美好願景已經存在多年，就是沒有一套可行的操作系統，怕亂、怕不好管理是主要原因。書出得多了，管理難度當然會大了，但是保證文化安全，加強輿論導向，還要捨得花管理成本。比如，2006年中央就給北京市新增了2000名的警力編制，案子多，犯罪多，我們不是關閉工廠、遣散工人，而是要增加管理成本，管理也是生產力。圖書品種如何從多到精、從濫到治，恐怕最後產生作用的還是市場機制，而不是

人為的控制。如果中國圖書市場存在著惡性膨脹，那這種膨脹為什麼會恰恰發生在實行書號管理的這些年中。**書號一旦包含某種價值後，按照市場資源配置的原則，它必然要流向短、平、快的通俗和大眾市場，去獲得更多的社會平均利潤，然後就造成了平庸和重複**。這也是一種願望和手段之間的異化現象。從某種意義上說，現在追殺品種，就是追殺學術和專業圖書。

書號的多與少也總是說不清道不白，但是最近幾年國內出版社踴躍影印四庫，卻讓我們推測古籍整理出版也許確實存在著書號不夠的問題，有限的書號用於九牛二虎卻蠅頭微利的古籍點校整理出版，顯然有點可惜。一部影印的四庫定價幾十萬元只要用一個書號，又不用花什麼編輯功夫，當然非常的合算。存世的「文淵」、「文津」、「文瀾」三閣四庫已先後影印，文淵閣本還有了台灣、上海和廈門三個印本和電子版，據說甘肅的文溯閣本也準備影印。如果有錢，把現存四庫都影印出版當然也利國利民，可是我們有錢，為什麼不把四庫徹底整理，點校重排呢？四庫共收書3503種，除了後代流傳廣泛的二十四史、諸子經文，剩下來的善本、孤本應該不到一半。比如二十四史、四庫以後已經有了商務的百納本、中華的點校本，近年來還有很多據此重排的印本。一二千種古籍的點校重排，對於年出書20萬種的大陸書業，雖非九牛一毛，也不是天文數字。而且，四庫全書在選目原則和內容刪改方面的缺陷眾所周知，如現存文瀾閣本比乾隆原本就多出1000多冊。文淵、文津兩閣差異更是巨大，集部1273種書，存有差異者788種；史部566種，存有差異的290種。目前市面上廣泛流傳的香港電子版文淵閣四庫，基本上也是原封不動的掃描，少有編輯整理，但價格只有印刷版的幾十分之一，再加上盜版肆虐，流傳之廣，可能數百倍於印刷版。可是流傳愈廣，誤人愈多。民國時期，主持商務的張元濟選刻《四部叢刊》所做的工作也遠遠超越現在一窩蜂地影印四庫。

據1995年出版的《中國古籍善本書目》統計，現存古籍善本中傳世孤本45000餘種，準孤本（僅存兩部）約4100種。這些善本圖書大部分在入藏前已飽經兵火水蟲之害，朝不保夕；且都深藏於書庫，祕不示人。我們在接連不斷地影印四庫之前，為什麼不先把這些書影印出來，以無愧於祖宗和國家呢？不過，要將這些孤本整理出版，除了經濟投入外，書號恐怕也是一個問題。所以，不知能否為古籍整理類圖書提供專用書號。我們不能說四庫選本

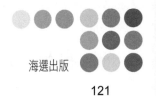

沒有全部重排出版是因為沒有書號，但是，如果能對古籍整理出版的書號網開一面，對古籍出版肯定是一個很有力的推動。

（2006年6月）

買書難的另類解讀

> 這是當代讀書人的福祉，也是當代讀書人的不幸。中國讀者要在這
> 浩如煙海又魚龍混雜的圖書市場上找到想要的圖書，難度愈來愈
> 大，成本愈來愈高。

食品安全和購書安全

眼下40歲上下的人一定對高考恢復後新華書店徹夜排隊買書的情景記憶
猶新，但我們說的買書難，不是指那個什麼都要排隊的年代。現在整天聽到
的是書業品種氾濫，庫存飛漲，編輯說書難賣，書店說賣書難，能想到的書
都出了，又何來買書難呢？其他行業似乎也是如此，中國進入買方市場已有
年頭，有錢還有什麼買不到呢？

多與少、難與易，實際上是一個複雜的哲學命題。我們常說，書到用時
方恨少，而現在聽得更多的是「書到用時就恨多」，特別是對於做學問的，
因為證無比證有更難。比如說某人某年某月說過某句話，那你只要找到那本
書，引證一下便可；但你要說某人某年某月沒有說過這句話，那你必須找到
所有和某人有關的書，少一本也不行。如果有關某人的書只出過一二本，那
就好找；如果有十幾本，上百本，那你就麻煩了。本來同一專業、同一類型
的圖書，有十幾本就很多了，可現在，由於品種和內容的灌水，同類圖書遠
遠多出我們的想像，有的書一暢銷，跟風的便呼啦啦一大片，不知道哪個是
真的，哪個是抄的，讓人挑花了眼，找不到北。什麼東西一旦多到氾濫，就
會比少還可怕，或者就等於沒有。中國的圖書品種在二十年內從1萬多種增加
到20幾萬種，同類的圖書多到幾百種都不足為怪。這是當代讀書人的福祉，
也是當代讀書人的不幸。中國讀者要在這浩如煙海又魚龍混雜的圖書市場上
找到想要的圖書，難度愈來愈大，成本愈來愈高。假冒書、盜版書、跟風
書、抄襲書、職稱書、包銷書、形象工程書、惡意炒作書，林林總總，不一

而足。和食品安全、藥品安全一樣，初級階段出版品種的虛腫病，使我們不得不提出一個購書安全，即買書難的另類命題。

新年伊始，我們對2005年影響全國的蘇丹紅事件[1]還記憶猶新，2006年1月17日國家質檢總局對137種辣椒製品的抽查中，又發現25.5%因涉紅而不合格。真不知是國人愈來愈挑剔，愈來愈嬌貴，還是商家愈來愈奸詐，愈來愈黑心。可比克薯片鋁超標、福壽螺吃出管圓線蟲病、瘦肉精致中毒、雞鴨蛋涉蘇丹紅……食品安全事件一波接著一波，真像春節晚會上范廚師感嘆的那樣：防不勝防哪！什麼都有毒，我們還能吃什麼？真要被活活餓死。

食品界有蘇丹紅，那出版業也曾有王同億。不但有王同億，還有類似的劉同億、張同億，製作了數不清的盜版書、劣質書、庸俗書、跟風書，2005年又弄出個偽書事件。這買圖書無異於買食品，一不小心也就被唬爛了，被毒害了。

前幾天看到一則報導，說新學年到了，很多家長要為孩子挑選辭書，可一到書店就頭疼。辭書品種五花八門，不知如何選擇。於是商務印書館在深圳辦了「博士姐姐教你查字典活動」，教讀者識別辭書真偽優劣的方法：首先要看辭典的編者，要分得清誰是王同億，誰是呂叔湘；還要看前言、凡例、封底說明、版權頁等，最好再去查一些詞條，看看釋義、例句和語法等資訊的組織計畫是否下了功夫；最後還要善於辨別優秀工具書和仿造盜版書，要發現哪些書是手工裝訂的，哪些書是掃描而成的。天哪！做一個中國讀者可真是夠累的。中國的讀者哪裡只是上帝，簡直是全能的上帝。

保證購書安全，排解讀者「買書難」，我們用什麼使讀者以最小的風險、最少的時間選擇到最需要的圖書？首先當然是政府的有效監管，然後是市場的自然淨化。政府強化管理一定要動真格，要完善法制，要充實隊伍；而市場淨化就是要用市場經濟的規律，適者生存，劣者出局，讓讀者決定出版社的發展命運，爭取經過十年、二十年的努力，培育一批中國出版品牌。在確定沒有冒牌的前提下，保證購書安全最簡單的辦法就是認牌子，認出版社的牌子，認書店的牌子。

當然，政府的行政監管也很重要。和西方出版業不同，中國的出版社都

---

[1] 蘇丹紅是禁止加入食物內的染料，2005年歐盟和中國陸續在食品中發現蘇丹紅。

是政府主管，就像一個大家庭，大家庭就是家長制，家長制就應該家規嚴格，棍棒下面出孝子。你的孩子你不管，別人家又管不了，那就容易出事情。可父母管教子女最大的問題是，手心手背都是肉，下不了重手。即使關了一家出版社，領導和員工也會妥善安置，有的也就是換一塊牌子，換一個領導。其實反盜維權有大半問題在內部，比如近年來國有出版社之間日益嚴重的惡意跟風。浙江教育出版社的《中國少年兒童百科全書》2005年銷售17萬套，而2006年在各種跟風版本的圍追堵截下，只發了3萬套。據統計近年全國四十四家出版社出版了少兒百科全書，有將近100個系列300多種，而直接冠以《中國少年兒童百科全書》之名而與浙教版體例相同的就有七八個版本。其中，2005年被訴諸公堂的北京某社的版本不僅與浙江教育出版社《中國少年兒童百科全書》同名，分卷名、裝幀設計、編排體例、定價雷同，而且書中還有大量內容的抄襲。

中國的倫理講人性本善，可外國人說人性本惡，所以外國人就比較主張以法治國。當愈來愈多的蘇丹紅事件發生後，有人便在網上發表了一篇文章：「如果食品安全也要用道德和良心來維持」，有人也寫了同樣的文章：「如果圖書出版品質也要用道德和良心來維持」。意思很明顯，光靠良心和道德不可能保證食品和圖書的品質安全。首先是法治，其次才是德治。如果法制不健全，市場機制不完善，良心和道德就是一句空話。

「品牌決定安全」仿「細節決定成敗」

政府的監管主要從行政上保證市場的秩序和純潔，而出版品牌的建設則有賴於市場的長期培育。物種的多樣性和圖書品種的繁榮，本來應該是社會文化的發展和進步，是大好的事情。品種愈多而選擇愈難，這只有一種情況，那就是「無效」品種很多。

我國圖書品牌建設的困難從內因上講，是機制不良；從外因上講，則是社會環境。從維護品牌的意義上說，國有出版往往表現在出書隨意性比較大，灌水的書多。無效品種多不是因為出版社多了，而恰恰是因為出版社少了；因為出版社少了，並且還被保護著，即使發不了財，也餓不死人；書號又是有價證券，需要時就可以賣掉一些換錢。當然，民營書業在還沒有獲得

合法出版身分的時候，通常會比國有書業更加唯利是圖，甚至根本不管出版品質，無視法律法規；但另一方面也會更加著眼長遠，精心培育品牌。在大的社會環境方面，中國書業還處在計劃和市場之間，不完全具備出版資源自由配置、市場競爭完善有序的條件，因此，與國外對比，中國出版集約化和出版品牌建設還處在初級階段。品牌建設與產業集約化進程有很大關係，至少現在讀者要光看牌子買書恐怕還是不行。比如對商務印書館的品牌讀者可以有足夠的信任，但商務一家能管住全國讀者多少需求呢？根據北京開卷圖書公司的資料，商務印書館2005年的零售市場份額是2.28%，居全國第二，但第一位中國機械工業出版社也只有2.61%，第三名外研社是2.08%，全國十強的市場份額加起來僅16.04%。出版集團作為品牌本來就頗有問題，即使按集團來統計全國圖書市場的份額，最大的是中國出版集團占7.85%，到第二名就只有3.07%，集團十強總體份額為25.4%。在國外，法國僅阿謝特（Hachette Livre）和威旺迪（Vivendi）兩家出版集團就占了市場份額的65%，後來拉加代爾集團（Lagardère Groupe）併購了這兩家出版集團變為一家。在英國，各類圖書領域80到90%的圖書為全國最大的幾家出版集團瓜分，其中2002年消費類圖書的66.33%份額為藍燈書屋、培生和哈珀柯林斯等十家出版社占有，學術理論著作的80%為里德愛思唯爾（Reed Elsevier）、培生、湯姆生、麥格羅希爾（McGraw-Hill）、約翰威立（John Wiley & Sons）、牛津、麥克米蘭（Macmillan Publishers）等十一家出版集團占有，90%的中小學課本為里德愛思唯爾等六家出版集團占有，90%的英語語言教材被培生、牛津、劍橋等四家出版社占有。英國的讀者再弱智也可以記得住這麼少數的幾家名牌出版社，購書的安全係數當然是非常大。

　　國內圖書品牌的細分市場情況稍微好些。2005年全國細分市場占有率最高的出版社分別是人文類的人民文學出版社（8.63%）、少兒類的浙江少兒出版社（7.02%）、經管類的機械工業出版社（6.19%）、外語類的外研社（24.68%）、電腦類的人民郵電出版社（17.81%）、生活類的地圖出版社（5.72%）和美術類的天津美術出版社（5.82%）。但是，以上的細分市場數據並不能完全說明市場的實際情況。我國出版市場還處於相對壟斷的局面，如果出版社的數量增加到幾萬家，或者把眾多民營書業的因素統計進去，那麼細分市場格局就會有大的變化。中國圖書品種在向大社集中的同時，也在

迅速向民營書業擴散。由於體制的問題，一般圖書，包括教育類圖書向大社名社的集中受到很多制約，比如行政隸屬和書號管理。這種局面將還會持續相當長的時間。同時，由於中國出版處於品牌擴張的初期，許多出版社還在大力擴大專業範圍，由此造成了品牌建設的不穩定性，給讀者選擇判斷帶來困難。比如中信出版社要出少兒書，兒童和經管不是風馬牛不相及嗎？外研社開拓漢語工具書的新領域，就弄出個《現代漢語規範詞典》風波。對一般讀者來說，鑑別出版社的品牌，了解出版專業分工，和辨別辭典的真偽一樣，是一件很困難的事情，所謂隔行如隔山。

解決「買書難」，加強書店品牌建設也很重要。新華書店曾經是一個響噹噹的品牌，但這個牌子目前在法律和體制層面上都有問題，已經不是一個純商業品牌，嚴格地說也不歸於哪個具體的企業。在整個書業中，流通的重要性並不亞於編輯製作環節。特別是批發環節，是圖書品質監管和內容刪選的重要關口。圖書和食品一樣，許多品質安全問題往往和批發環節不夠發達有關。多寶魚、蘇丹紅事件和我國農副產品農貿市場化有直接關係。國外一般農副產品都在超市銷售，而超市的連鎖和大型化可以有足夠的技術、資金和責任把握品質。這次蘇丹紅檢查，只有連鎖的大超市沒有被發現問題。圖書也是一樣，中盤的集約化是把好圖書進貨品質關的重要環節，而新華書店系統的中盤建設仍然受阻於地域分割，集團對集團的異化和衝突日益突出。這幾年圖書出版的集團化過程明顯快於發行業，這是因為一般圖書市場全國性壁壘還比較少，一本書要賣到全國哪個書店都行，但發行物流和連鎖的地域性就較強，每個省的新華書店一圈地，誰也碰不得誰。全國性連鎖建設目前浙江省店規模最大，在省外有十幾家大型連鎖店，但與國外規模遠不能相比。在中盤物流建設方面，幾個大省市之間的基礎建設剛剛開始。所有的物流規劃都是跨省的大區域性的，但都不知什麼時候能夠具備體制和地域開放條件。實際上，各省新華書店的控股權在相當長的一段時間內，還不可能開放給民營和境外書業，甚至是省市之間的參股都沒有先例，這就叫守土有責。

為「上帝」排憂解難

把平凡當作經典是當下中國書業的一大醜，「買書難」的另一個大問題

是暢銷書的迷魂陣，出版社經常有意無意地炒作市場，把平凡當作經典推薦給讀者。進入21世紀以來，中國讀者發現他們常常被暢銷書唬爛，而這些「炒貨」引起人們購買欲望的往往只是好奇。書業這幾年大紅大紫無益無害的暢銷書和電影《無極》有很多相似之處，很多人買暢銷書也只是好奇，這麼暢銷的書怎麼能不買一本看看呢？比如于丹的書本來默默無聞，後來聽說《論語心得》首版就超過如易中天的《品三國》，這還得了，不就20元一本嗎？上當受騙也就這一次了，買一本。俗話說，中國人多，每個人吐口唾沫就能淹死人。

　　《論語心得》打的也是經典通俗化的旗子。有人說，在《論語》研究圈內怎麼也輪不到于丹說話。當然，我們也沒有到學術期刊網考證一下于丹的學術業績。不過這也沒有什麼，百家講壇[2]定位本來就是通俗化的大眾傳播，基本觀眾定位在高中以下，作為北師大教授的于丹當然有資格踏上這個講台，講解心得而已。但是有一點是可以肯定的，電視是一門視覺藝術，它非常講究演講者的口才和形象。在中國，有說評書相聲的口才，又當大學教授，而且又是美女帥哥的學者可能就是萬中挑一了。電視媒體對學術、演技、品相和口才的兼顧是可以理解的，但出版就不同了，你只是一個平面媒體，李敖不是帥哥，但不影響他的書暢銷。當電視媒體的一部通俗講稿不知不覺成了出版神話，當成千上萬讀者把一本書當作經典在崇拜的時候，你實際上給他們的卻是一本平凡的作品，而肩負文化精神、學術追求和啟蒙責任的出版家們，卻為創造了這個出版神話而欣喜若狂，這使我們想起了同樣製造過銷售神話的《學習的革命》，甚至想起了王同億的辭書。其實，《學習的革命》和《論語心得》一樣，也不是壞書。《論語心得》有個別差錯，也是屬於可原諒之列，這都不是問題的關鍵。出版人應該看到，影視與圖書相比，是更加大眾的傳播媒體，你得在金錢和效益的誘惑面前保持讀書人的那麼一點品位和學術精神，你可以跟著影視去賺錢，但不能把它作為自己的終極目標。影視這幾年一味地追求收視率，低俗化、扁平化現象日益嚴重。電視螢光幕充斥戲說瞎編帝王將相，電影大片則前仆後繼獻媚於好萊塢，東施效顰又屢屢敗北。圖書出版跟著影視傍大款可能會討得「一杯半盞」，但最

---

[2] 百家講壇是中國中央電視台科學教育頻道（CCTV-10）著名的講座式節目，邀請許多百姓熟悉的學者主講文化、經濟、科學、歷史等等議題。

終會失去自己產業的獨立性和創造性。在于丹之前，還有許多將《論語》通俗化的解讀性圖書，卻沒有于丹這樣的福分。比如，這次借于丹之船出海的南懷瑾《論語別裁》、林語堂《孔子的智慧》，其水準都不遜色於《論語心得》，卻沒有運氣讓中國的出版家們慧眼識君，這難道不是中國書業和中國文化的一大醜嗎？

話又說回來，不管怎麼樣，商品的供求之間永遠會保持著矛盾和距離。縮小這個距離，廣告和中介有著重要的功能。在時下中國出版品牌的幼年時代，魚龍混雜，現代意義上的版本目錄學應該更加得到重視。要有更多的機構和個人來做這種版本目錄研究工作，加強媒體的書評，就像電視上每天有人做股評一樣，還有很多基金公司來替股民炒股。比如一本書暢銷了，這些職業的書評人就會出來說話，如果同類書多了，就會有人研究哪一個版本比較好，哪一個版本比較差。搜尋引擎是近幾年網路新寵，其營業額甚至超過了入口網站，搜尋引擎為消費者提供了大量的資訊，發揮了商品中介的最大作用，出版社要好好地利用這些現代化工具為讀者購書排憂解難。我們還想再不厭其煩地重複一句話，請出版社在每一本書上盡可能地多提供作者的背景、市場反應、專家意見、媒體評價，這對於解決我們說的「買書難」很重要，也是出版職業道德的重要表現。但光禿禿的封底、封二（封面的內頁）、封三（封底的內頁），一遍一遍地告訴我們，中國出版業還在計劃經濟的溫床上，不知道如何塑造品牌，把讀者當作上帝，也不知道封面空出來的地方都是金錢。

中國出版的品牌時代什麼時候會到來？那就是出版社每一本書的品質會關係到它的生存的時候。這個時候是什麼時候呢？也許就是當市場上有更多出版社，讀者對產品有更多的選擇，一本壞書就可以讓一家出版社倒閉的時候。因為選擇愈多，讀者對產品品質的寬容度就愈小。那麼，只要有萬分之一的機率買到品質不好的產品，我就寧可誤捨一萬、也不錯買一個。產品的替代性愈大，品牌的作用就愈大。當市場上有四五十萬種書，一種書有幾十、上百個品種的時候，讀者能做到的，就是認牌子。什麼是牌子，那就是我認這個牌子買東西，失誤率是萬分之一，甚至是十萬分之一。

（2006年11月）

論兩會之「不會」──
國家閱讀節再討論

中國人不讀書，不買書，並不是一個讀書節所能夠解決的。

一年一度的全國人民代表大會和全國政協會議又按時召開了。2010年的兩會說是有一個特別明顯的特點，就是講真話的人愈來愈多，但是，真話很多，能有著落的似乎不多，很多事情該怎麼樣可能還是怎麼樣，這就是本文題目所說的兩會之「不會」的意思。

對於書業，2010年的兩會最感人的，除了溫家寶總理關於讀書的一席談話，就是蘇州市副市長朱永新教授再次提案設立國家閱讀節。總理讓人民讀書，那是他的本職工作，可朱教授與出版非親非故，十幾年來孜孜不倦、鍥而不捨地為出版說話，甚至還像挖山不止的愚公，這種精神就令人感動。毛主席在〈為人民服務〉一文中表揚燒炭而死的張思德，說一個人做一件好事不難，難的是一輩子做好事。朱教授也算是一輩子為出版做好事的張思德了。記得2004年是朱教授第二次在全國兩會提議設立國家閱讀節。我們不知朱教授之後又有幾次閱讀節提案，但據報導，2009年的兩會後，新聞出版總署還真的就國家閱讀節會商過中宣部和文化部。2010年兩會，朱教授再次提議以孔子的生日作為國家閱讀節，並提出要把閱讀作為國家戰略，設立閱讀基金等。他甚至建議從國家到縣的主要領導每屆任內至少一次到校園與學生共讀。

4月23日是世界閱讀節，中國設立一個閱讀節當然也很好，但目前的問題還是閱讀節是否能夠解決國人不讀書、不買書的問題。中國的GDP已經躍居世界第二，中國政府已經變成了全世界最富有的政府，中國的物質文明在眾多領域已經超越世界先進水準，如手機、汽車、家電、高鐵等等，但人均購

書二十年仍然不到6冊。1985年全國圖書總印量是66.7億冊，到2008年為69.4億冊，而同期人口從9.6億增加到13.2億，大學生在校人數從170萬增加到2021萬，國家的GDP從9016萬億增加到300670萬億。柳斌杰署長2010年年初接受記者採訪時說，未來十年中國新聞出版業的發展目標是：2020年基本實現全國年人均消費圖書6冊。根據2008年全民閱讀調查報告，2008年我國成人人均年閱讀圖書4.72本，而朱教授說前蘇聯人每年平均讀書55本。什麼叫灰色幽默，查一下百度，其解釋是：「一種讓人發笑後有所思考的幽默，一般是以事物的陰暗面做為題材編寫的笑話。」公共圖書館是出版業的另一位衣食父母，美國最大的批發商之一貝克泰勒（Baker & Taylor），40%的銷售來自於圖書館。據報導，我國三千家公共圖書館有六百多家全年無一分購書經費。全國公共圖書館持證讀者數582萬，僅占全國總人口的0.47%，美國這一比例是68%，英國是58%。中國每46萬人口才擁有一家公共圖書館，而國外的數據是：美國每1.3萬人，英國和加拿大每1萬人左右，德國每6600人，奧地利每400人，瑞士每3000人。2008年全國圖書館人均購書經費0.794元，有1億人口的河南只有0.158元。全國公共圖書館人均藏書量是0.501冊，全部藏書量為5.5億冊，2008年全國圖書總印量是65億冊。美國公共圖書館協會主席薩理費德曼說：「在當代美國的社會網路中，可能沒有一個比公共圖書館更能體現美國生活方式和價值體系的機構了，每年大約有14億人次到圖書館訪問，比持VISA的人和到麥當勞的人數量都多。」

中國人不讀書，不買書，並不是一個讀書節所能夠解決的。也許是行業相隔，朱教授對出版產業甚至是文化產業存在的要害問題，對於中國人為什麼都不讀書，似乎都還不十分清楚。應試教育只要教材教輔；知識分子社會地位低，收入更低，無錢買書；公共圖書館經費和投資長期不足；出版業高度壟斷，行業的競爭力水準低下；圖書品種氾濫，品質灌水；新興媒體對傳統出版的加速替代等等，出版業的生存發展和全民閱讀需求培育有太多比設立讀書節更重要、更迫切需要面對和解決的問題，而且這些問題動不動就涉及到更高層面的體制問題。因為有了意識型態的特殊屬性，出版業總是過多地被規則、被適應，還不斷地被改革。全民閱讀長期被抑制，根子還在體制上，這是政府的責任而不是百姓的問題，社會沒有為民眾提供一個良好的讀書環境和讀書條件，就像房價，明明是政府以控制土地抬高房價從中漁利，

大肆推行土地財政，卻還大喊打壓房價，真是此地無銀三百兩。

我們很感激朱教授的提案。其實朱教授可以在建立國家閱讀基金、降低甚至取消書業的稅收、公共圖書館立法等政策層面方面作些深度提議，可能更有操作性和現實性，而不是讓書記和市長到學校和學生一起讀半天書。一個書記或市長到學校和學生一起坐著閱讀半天，那怎麼讀？讀書節畢竟不是植樹節，可以象徵性地做個POSE，發個頭條。而且眾所周知，眼下中國的政府官員全年職務消費3個3000億，卻是最不讀書的群體。

還有，全民閱讀其實也是不與時俱進的概念。媒體的新舊更替是大勢所趨，傳統的閱讀概念已經在起著革命性的變化。比如過去看《論語》要手捧寶書，現在只要看于丹的電視講經。一張壓縮版的DVD-9可以裝進二十多小時的電視節目，成本只有幾塊錢。對於一般老百姓，看一部小說和看一部電影所得到的知識和情感體驗，很難說哪個多，哪個少，哪好，哪個不好。而且，閱讀的金字塔底層是人數最多的百姓，讀書對於他們基本只是休閒和娛樂需求，他們被規定的社會分工決定了大多數人完全可以一輩子不讀一本書，他們所需要的知識在完成基本就業的學歷後，一台電視機上百個頻道和一台上網的電腦已經足夠。甚至學生做作業考試現在也不一定要看書，電視和網路更加方便。全世界一年上百萬的新書品種，80%是專業品種，不是給一般讀者，而是給寫書的人、研究書的人看的。如果影視能夠替代傳統閱讀，我們為什麼不呢？

說影視和圖書互動那是好聽，其實圖書正在成為影視的食腐者。新浪的視頻流量在2008年就已經超過用字母或筆劃構成的文字資訊。從某種意義上說，閱讀，特別是大眾閱讀甚至會成為一個陳腐的概念。有人預言，文字，包括印在紙上的和螢幕上的，很快會被視頻和音頻資訊所替代，這叫做五千年的循迴。文字本身就是人類資訊傳遞不能跨越時空而創造的符號。為了解決視頻和音頻資訊的歷時性問題，人類大約在五千年前不約而同發明了文字這種可以突破時空的資訊載體，但文字畢竟只是抽象的表意符號系統，是人類最初級，最原始的資訊系統，拼音文字連最基本的表意功能也不具備，它肯定不是最好的資訊載體，文字對於即時的音頻和視頻資訊，就像一本書的內容提要對於原文。

現在業內很多人還把閱讀分為「淺閱讀」和「深閱讀」，把閱讀和瀏

覽、傳統圖書和網路資訊相對立。其實閱讀可以分為研究、參考、休閒等型態，而不存在深淺；閱讀材料只有體裁、品質、容量之別，不能說短的就是淺薄，長者便是專業。詩經很短，唐詩也很短，《共產黨宣言》也只有一萬多字，愛因斯坦9000字的論文《論動體的電動力學》標誌著狹義相對論的誕生。在學術界，只有論文才能作為評價專業水準依據，評職稱也是一樣。專著往往因為時效性和水分較多而不被學術界重視，一般最重要的學術成果首先在刊物上發表，然後集成專著。瀏覽是閱讀在資訊社會的基本特徵，是有限的生命應對大量資訊，或者說是應對充滿太多垃圾的資訊世界的本能和必然。網上的圖書也並不都是花花草草，不要說全世界幾乎所有的期刊都已經上網，愛思唯爾（Elsevier）的期刊網多少人在埋怨年年漲價，圖書館不堪重負，中國的知網也是一樣，壟斷了幾乎所有的國內期刊資源。有人敘述，現在學者對愛思唯爾和知網的期刊資源的依賴，就好像吸了大麻，上了毒癮。還有人說，現在無論什麼圖書，只要出版3個月，一般就能在網上找到全文。

據說亞馬遜的數位圖書銷售很快就要超過紙質圖書。在各大數位出版平台上銷售的數位化圖書也都有幾十萬個品種，無論是品種還是銷售額都很快就會超越實體書店。其實，**網路出版和傳統出版的本質區別在於，前者基本沒有過濾機制，而後者進行了規範的資訊刪選，**刪選是傳統出版的優勢和本質，也是現代資訊產業的核心競爭力。應對資訊爆炸，21世紀不但是瀏覽的時代，而且應該是快速瀏覽的時代。所以，即使要設立閱讀節，閱讀什麼，怎麼才算是閱讀，也還需要說說清楚。

《國家教育「十二五」規劃綱要》也是這次兩會討論的熱點。首先是教育投資占全國GDP的比重成為眾矢之的。近十年的數據是，2002年最高為3.41%，2005年跌至2.16%，到2008年才恢復到3.48%，而世界平均水準是5.2%，其中發達國家是5.5%，發展中國家為4.5%。早在1993年，《中國教育改革和發展綱要》就提出，國家財政性教育經費支出占GDP的比例要在20世紀末達4%。與此同時，國家行政管理費占財政總支出卻高速增加，1978年僅為4.71%，2003年上升到19.03%，近年來，平均每年增長23%，遠高於日本的2.38%、英國的4.19%、韓國的5.06%、法國的6.5%、加拿大的7.1%、美國的9.9%。出國旅遊、公車和吃喝3個3000億的政府消費觸目驚心。2008年全國GDP總量為30萬億元，教育經費按3.48%算是10440億，如果三公經費（公

費旅遊、公車消費、公款招待）省下其中一個3000億，教育經費占GDP的比重就可以達到4.48%，達到發展中國家的平均水準。支撐三公經費手頭如此寬裕的是什麼？是國家行政管理費占財政總支出20%的比例。這一高一低的故事，又是一個灰色幽默。豈只是灰色幽默，簡直就是黑色幽默。

兩會新聞發布會上財政部副部長丁學東表示，對教育預算實現4%的目標信心很大，同時感到難度不小。丁學東說，中國目前正處在經濟社會發展的關鍵時期，要求財政重點保障的，包括教育、農業、科技、社會保障、醫療衛生等重點支出項目比較多，實現4%的目標還需要各級政府作出艱苦努力。財政部長的話說得明明白白，4%仍然是一個問題。

近年來，教材招投標、循環使用等一系列新政的頒布，其實與教育經費的捉襟見肘、入不敷出有直接關係。一些發達省分的出版集團近年來每年因為教材新政減少的純利近億元，而學校圖書館的經費更是和教育預算有直接的關係。學校缺錢，學生的學費雜費生活費負擔沉重，學生到書店購書時自然囊中羞澀。近年來，新聞出版總署發布了諸多出版產業振興規劃之類的宏偉藍圖，但皮之不存，毛將焉附？中國出版業應該在構劃宏偉藍圖的時候多多關注宏觀社會發展環境。比如中國房價飛漲也和出版業關係重大。2009年政府僅土地出讓就收入1.6萬億元，而2007年全國城鄉居民用於文教娛樂用品及服務類支出才2149億元，全國城鄉居民可支配收入一共也只有9000億。由政府收入囊中的這1.6萬億賣地費都是老百姓省吃儉用的血汗錢，隨著房價交給了國家，實際上是一種變相的課稅。2008年全國個人所得稅總數才3697億元，其中工薪階層占1849億元。稅收高了，最不是生活必需口的圖書（大眾市場的圖書）自然就首先被節約了。

國家拉動內需4萬億投資的去向也是2010年兩會所關注的，4萬億據說都用於架橋鋪路，架橋鋪路固然可以流芳百世，使通往物質世界的路愈來愈長，愈來愈寬，但是通往精神家園的路卻愈來愈崎嶇艱難。由此想起了杭州的公車和計程車。2009年以來，杭州的公車遇到行人過斑馬線必須停下來等待，這在全國也很少見，但計程車在任何地方都與行人爭分奪秒地搶路，這是為什麼，因為指揮棒所指不同，遊戲規則不同，所有制不同。杭州的公車是體制內的，規定在行人過斑馬線時必須停車，否則罰款巨額，而計程車司機是承包的或私有的，以經濟效益為唯一指標，必須分秒必爭。在以政府為

決策主體的社會治理結構中，短期行為在所難免。因為政府是以換屆為考核週期，而綠色、教育、文化是在短期內很難見效的投資行為，是千秋萬代的事情。其實房價也好、綠色GDP 也好，杭州的斑馬線安全也好，出版主業的發展也好，在中國，只要政府真心實意想幹什麼，就沒有幹不成的事情。於是想還是不想也成了一個問題。

（2010年5月）

由新版《辭海》所想到的

如今在這個貧富懸殊、物欲膨脹，急功近利的年月，出版愈來愈成
為一種職業和利益的載體，愈來愈耐不住寂寞。

一般來說，出版社負責編書，是產品製造商；作者負責寫書，是內容提
供者。但古今中外，出版社自己編書，出自己編的書，擁有自我知識產權
（智慧財產權），也一直是優良的傳統。在知識經濟和內容產業時代，著作
權日益成為出版社生存發展的命脈，品牌為王甚至都不如內容為王，於是，
所謂的作者與出版者之間的話題、創新思維和資源控制討論便應運而生。
2009 版《辭海》問世了，《辭海》閱讀器接踵而至，它們的到來應該給業內
帶來一些什麼啟示？

最近一期的《新華文摘》「讀書與傳媒」欄目以《辭海》第六版的編纂
與創新為標題轉發了兩篇評論，論者是當今政壇和學界的權威，不過我們所
關注的還是標題中的「創新」兩字。但新版《辭海》都有哪些創新呢？細看
文章所說的創新，大量的篇幅是介紹新收了多少詞條，並一一例舉。如新增
了「三個代表」、「神州號太空船」等。但一般意義上的辭書的詞條和釋義
的更新就如人每天要吃飯，要排泄，你不能說我們一日三餐都在創新，即便
算是創新，那《辭海》創新速度也不能說讓人十分滿意。

第一版《辭海》自1936年出版以來，實際上到1979年才有了第二版，
時隔四十三年。1965年《辭海》第二版修訂，實際上出的是徵求意見稿，並
未正式出版，不能算是第二版。之後《辭海》在1989年和1999年兩次修訂重
印，再來就是這次為建國六十週年而趕制的新版，中間都相隔十年。行業內
有一說是大型百科類辭書十年一修符合國際慣例。這個慣例也許在百餘年前
算是規律，但現在是資訊社會了，社會發展，訊息傳遞，觀念更新都今非昔
比。十年，對於一日千里的當代中國，特別是對於經濟發展和「大躍進」差
不多的後三十年，房價一年漲1倍的後十年，簡直相當於一個世紀。像「三個

代表」這樣重要的詞條都到了十年後才能收入，這能說是符合與時俱進的科學發展觀嗎？2009 版的《辭海》收了「杭州灣跨海大橋」、「鳥巢」、「水立方」、「國家大劇院」等，幸虧是2009版的，如果是2008版，這些詞條就該等到十年後才能收入新一版的《辭海》。

所以，我們建議《辭海》還應該加快「創新」速度。如果不作整體修訂，也可以多發行一些增補本，網路公告等等。過去印書用紙型，新做一個紙型，或者在舊紙型上挖改，像《辭海》這樣的出版規模，確實是工程浩大，但光電時代和紙型時代印製工藝和流程已經完全不同。再說，《辭海》不是有了數位閱讀版了嗎？數位時代的《辭海》再以十年為一個修訂週期，肯定是太說不過去了。在數位時代，或者說閱讀器時代，《辭海》的修訂不但不能以十年為週期，甚至不能以年為週期。百度等搜尋引擎即將替代所有的紙質辭書，搜尋引擎的詞條更新應該是以日為週期的。

自從永樂出了大典，康熙編了字典，在中國的文化傳統裡，辭書作為典籍幾乎與國家的法律一樣重要，所以，《新華詞典》、《漢語大詞典》、《辭海》、《中國大百科全書》等幾乎都有國家主要領導人的親自過問，出版在那個時代真可謂是光榮歲月。可是到了這幾年，除了《中華大典》等個別工程，辭書界似乎沉寂下來，各級主要領導也更加關心修橋鋪路、招商引資，上下堆砌GDP，或者農家書屋等能夠在短短幾年內做出幾十萬個，類似於「大躍進」的文化運動。出版社的編輯為了每年的銷售指標和利潤獎金，日出而作，日落不息，一年到頭地辛苦，出版集團的老總們則為實現「雙百億」而努力奮鬥。多數出版人都在急功近利，缺少耐心坐十幾年，幾十年冷板凳做長線產品，像《辭海》這樣的出版社自有品牌圖書幾乎絕跡，很多有點名氣的工具書還是賣書號的民營產品。大型辭書出版進入低潮，與當前政府教育投資規劃長期不能恰到好處一樣，是黨和政府的部門比出版更急功近利。對此書業早有說法，稱民營書業在做文化、做長線、做品牌，國有書業做短線、做包銷、賺大錢，這種社會的異化怪象是因為國有和民營經營者的終極目標不一樣。國有經營者的任期和考核是短暫的，而民營書業可以薪火代代相傳。

正規的實力出版社不做長線產品，民營書商或力不從心卻有雄心壯志者便不斷地拾遺補缺，填補空白，圖書市場於是魚龍混雜，廣大讀者眼花繚

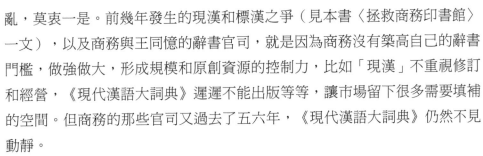

亂，莫衷一是。前幾年發生的現漢和標漢之爭（見本書〈拯救商務印書館〉一文），以及商務與王同憶的辭書官司，就是因為商務沒有築高自己的辭書門檻，做強做大，形成規模和原創資源的控制力，比如「現漢」不重視修訂和經營，《現代漢語大詞典》遲遲不能出版等等，讓市場留下很多需要填補的空間。但商務的那些官司又過去了五六年，《現代漢語大詞典》仍然不見動靜。

大型辭書出版處於低潮，出版社投資大型辭書的熱情有減。美國有五六套大型百科全書，而中國只有一套，《中國大百科全書》一花獨放，孤掌難鳴，沒有競爭，當然也沒有進步。也有一些非專業出版社涉足百科全書產業，往往懷著投機心理，沒有什麼專業實力。原創辭書不多，現在連翻譯國外的辭書也愈來愈少。浙江人民出版社十年前花了九牛二虎之力翻譯了《麥克米蘭百科全書》（*The Macmillan Encyclopedia*），但初版後卻再沒重印，連修訂版這點錢都不願意再投入。

《辭海》的分類和定位也是一個問題。從嚴格意義上說《辭海》並不是百科全書，更接近於《牛津英語大詞典》，它的「出生成分」本來就屬於語詞性工具書，但現在《辭海》的規模又比不上《牛津英語大詞典》。《牛津英語大詞典》最新版本為20卷，收詞超過50萬條，引證例句250萬條，而2009版的《辭海》收詞只有12.7萬條，2200萬字，5卷本。雖然2009版增加了5000條現代漢語辭彙，但它的現代漢語辭彙仍然太少，收詞規模根本比不上《漢語大詞典》。《漢語大詞典》22卷，收詞37.5萬條。因為《辭海》最初定位是古漢語詞典，後又向百科詞典靠近，因為中國沒有第二套百科全書，面對巨大的百科全書市場，《辭海》於是就紅杏出牆，兩邊伸手，這幾年拼命擴充百科辭條，增加圖片，但又限於篇幅，施展不開，不能成為真正的百科全書；同時又感到收詞不夠，新版趕緊增加了5000多條。最後的格局是，既沒有語詞的學術權威和規模，又沒有百科的詳盡和容量，《辭海》似乎正處在發展和定位的十字路口。

2009版《辭海》的最大創新算是做了自己的閱讀器。短短的一兩年，世界範圍內閱讀器的市場競爭日益白熱化，2010年全國做閱讀器的恐怕不止漢王所預言的一百家，甚至會有幾百家。閱讀器其實和手機沒有什麼兩樣，是一個科技含量並不高的移動終端，非常容易仿冒和代工，由於漢王在2009年

為閱讀器市場所做的大量市場鋪路，仿冒的、代工的閱讀器在2010年一定會層出不窮。近期有關閱讀器產品發布已經鋪天蓋地，其中包括中國出版集團、外研社、讀者集團等，都是走《辭海》以內容帶硬體的路子，技術層面大部分跟在漢王和亞馬遜後面，即所謂的電子紙模式。蘋果閱讀器出來後，帶來了閱讀器技術和內容銷售模式的革命，特別是硬體的技術，連Kindle都面臨著被蘋果終結的命運。《辭海》做閱讀器，也就是近乎代工的產品，不可能自己去開發一款有眾多新技術新專利的機子，價格也只能定位於禮品，不可能有規模的優勢。所以，《辭海》閱讀器第一批只做了2000個。傳統出版要跟上閱讀器硬體的更新速度，和漢王甚至蘋果拼技術，顯然是不可能的事情。所以，《辭海》做閱讀器也不算是什麼創新。

不僅是《辭海》閱讀器，業內對於傳統書業涉足閱讀器產業也並不怎麼看好。為一部書買一部閱讀器，這本來就很不經濟。2009版《辭海》5卷本才1000元，網上700、800元就能買到，而現在的閱讀器至少得2000元。《辭海》閱讀器好像還附贈了一些世紀出版集團的本版數位工具書，但書不是食品，不喜歡的多少還可以吃一點充饑，沒有用的書就是垃圾，特別是電子圖書，連廢紙也賣不成。當然，世紀出版集團的規劃是「立足內容優勢，將《辭海》閱讀器打造成為國內最大的正版數位閱讀全方位平台」，並成為「中國電子書的領導者」。但建立一個綜合性的閱讀平台，把中國移動、北大方正、中文線上等眾多已經名聲在外的數位資源以及五百多家出版社統一起來，世紀出版集團有這個能力嗎？現在已經發布或正在發布的閱讀器沒有一個不是定位在全國性的數位出版銷售平台上，但數位圖書的銷售平台不像地面實體連鎖店，有一個地域的概念，西單有了，中關村還得有。未來數位出版銷售平台如果還有專業之分，也絕不會有地域之別，數位的傳輸幾乎是無成本、無距離，也不會有網路書店的配送問題。顯而易見，未來大部分數位出版平台最後將都會被整合。如果建不成綜合閱讀平台，那《辭海》的電子版放在哪個平台上都可以，為何一定要配一個比下載電子版價格高幾倍甚至幾十倍的閱讀器呢？閱讀器畢竟比手機大得多，一個人不可能帶二三個，四五個閱讀器外出旅行。

目前除漢王外，對於做閱讀器的傳統出版業，真正的勁敵其實還是中國移動。中國移動2009年在浙江打造手機閱讀基地，投入的資金是5億，5億是

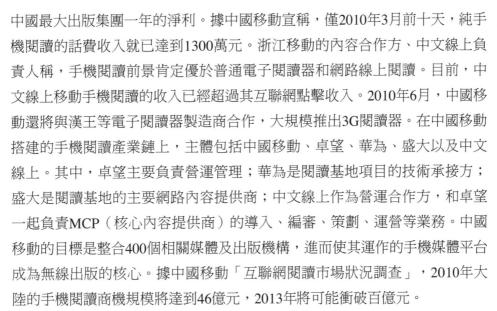

中國最大出版集團一年的淨利。據中國移動宣稱，僅2010年3月前十天，純手機閱讀的話費收入就已達到1300萬元。浙江移動的內容合作方、中文線上負責人稱，手機閱讀前景肯定優於普通電子閱讀器和網路線上閱讀。目前，中文線上移動手機閱讀的收入已經超過其互聯網點擊收入。2010年6月，中國移動還將與漢王等電子閱讀器製造商合作，大規模推出3G閱讀器。在中國移動搭建的手機閱讀產業鏈上，主體包括中國移動、卓望、華為、盛大以及中文線上。其中，卓望主要負責營運管理；華為是閱讀基地項目的技術承接方；盛大是閱讀基地的主要網路內容提供商；中文線上作為營運合作方，和卓望一起負責MCP（核心內容提供商）的導入、編審、策劃、運營等業務。中國移動的目標是整合400個相關媒體及出版機構，進而使其運作的手機媒體平台成為無線出版的核心。據中國移動「互聯網閱讀市場狀況調查」，2010年大陸的手機閱讀商機規模將達到46億元，2013年將可能衝破百億元。

　　閱讀器本來就是一個貿易和流通的範疇，是一個載體，說白了就是一家賣貨的商店，是一個貨架。閱讀器就像電視機，電視台去做電視機，本來就是很荒唐的事情。也許《辭海》閱讀器真的能夠借助《辭海》的影響一統江湖，或者至少成為少數幾個閱讀器山寨大王之一，這也是我們所期望的，我們希望奇跡有可能發生。但是，我們還是主張傳統出版堅守自己的長處，堅持原創，做自己的內容。出版社要做內容提供商，不要成了賣頻道的電視台。我就只管編書做書，日本小學館，以前的商務印書館，都是自己做辭書，商務過去的詞典還以自己社長王雲五命名。在未來的市場環境下，出版資源的競爭會愈來愈激烈，誰有資源，誰就是大王。因此出版人要耐得住寂寞，捨得花幾年十幾年時間磨得一劍。愈是原創，愈是壟斷的出版資源，就愈需要更長的時間。所謂資源控制往往就是時間控制，有的大專案，你已經做了五年十年，甚至二十年，別人就不敢輕易再碰，因此，**時間的投入就是廣告的投入**，此所謂時間就是金錢。特別是工具書，出版社掌握原創知識產權至關重要。

　　商務的問題，也是內容的問題，商務在工具書領域沒有建立起自己的編撰機構，「現漢」的著作權至今仍然懸在空中，辭書資料庫的建設也好像沒有大的進展。商務從20世紀亞洲第一，到現在仍然是四五億的規模。根據《出版商務週報》提供的2009年全國出版集團銷售排名，中國出版集團

以41億列第九位，更何況一家商務。商務憑這麼一點點的實力如何去養活一個龐大的編撰機構，每年投幾千萬去做自己的大型工具書？出版多元化經營、文化地產、上市圈錢，似乎成千萬上億的錢都花在為「雙百億」之類急功近利的目的去做暢銷書包裝和炒作了，還有沒有出版社再用十年磨一劍的精神去整理《二十四史》，做《辭海》和《漢語大詞典》，投資《中國大百科全書》？這些在計劃經濟年代，全國協作、政府出錢的跨世紀工程已經好夢不再。中國出版一個時代過去了，一個時代卻並沒有到來。在生活貧寒、物資短缺、收入平均的年代，出版人做書大半是為了事業，為了理想，為了追求，或者叫「玩出版」，如今在這個貧富懸殊、物欲膨脹，急功近利的年月，出版愈來愈成為一種職業和利益的載體，愈來愈耐不住寂寞。

「電視台出賣頻道，雜誌社出賣版面，出版社出賣書號」，這是我國新聞出版業從計畫向市場轉型時期的突出現象。出版社的核心競爭力就是策劃能力和編輯含量，這也叫做自主知識產權。中央電視台的競爭力就是幾套節目，如「新聞聯播」、「焦點訪談」、「新聞會客廳」、「對話」等等，從這一點上說，電視台比起出版社，自主知識產權要多得多。我們慶幸《辭海》的著作權在出版社手裡，否則很難說又會弄出個《辭海》和《標準辭海》的官司。號稱中國發行量最大的百科全書：浙江教育出版社的《中國少年兒童百科全書》，也曾面臨著作權歸屬的糾紛。我們希望《辭海》不要把很多錢花在做閱讀器，做什麼別的與內容無關的事情上，而是要好好研究一下《辭海》內容的發展定位和發展規劃，強化《辭海》內容的唯一性、極致性、創造性、權威性，讓同行們無法模仿和超越。而更多的出版界同行們也更要考慮如何擁有像《辭海》那樣有自主版權的經典，做幾本自己編的工具書。前店後廠，並不一定是封建社會的小農經濟。

知識產權會愈來愈成為現代傳媒產業的一個熱詞，當然也是關鍵字。據報導，一位多年使用電子閱讀器的學者、復旦大學中文系副教授嚴峰表示，在國內使用電子閱讀器最大的困擾是正版中文電子圖書數量太少。在市場和秩序均不明朗的現在，中文原創作者大多傾向於將電子版權掌握在自己手中。在諸多數位出版平台和閱讀器製造商中，真正拿到有價值的作品授權很少。由於網上的數位圖書缺少貨真價實的品種，形不成品牌和市場，已經授權的名家作品在網上的數位版也銷售平平。作家麥家就抱怨他的作品在盛大

文學的平台上沒有獲得預期利益。為此漢王2010年新增一千多人來做內容資源的工作，甚至已經「保證2010年後新發行的圖書絕大部分可能在漢王書城上下載，並覆蓋百家出版社、全國性報紙期刊和主流地方報紙五十多份」。可是這樣的承諾和保證有什麼依據嗎？連蘋果和亞馬遜都搞不定出版社，利益分配各不相讓，何況漢王？

盛大文學號稱有500億字和300萬部作品，但是網路文學在提供一個全民創作平台的同時，也在製造著史上前所未有的文字垃圾，開放的網路使搜尋引擎成為IT的第一大產業，而搜尋引擎本身並不是作品的生產者，而是作品物流的成本。專家認為，不但中文原創作品電子版權是稀缺資源，國外引進版圖書的電子版權也基本上不在國內出版商手中，國外出版商對中國市場的規範程度多持保留態度，目前閱讀器上幾乎不能讀到國外譯著的中文電子版。專家還認為，目前的電子閱讀市場還非常初級，基本上是低消費能力的人群在點擊免費或者低價電子圖書，而能承受電子閱讀器價格的消費者沒有幾個會對盛大文學的文字產品感興趣。在美國，電子圖書的售價是紙質圖書的三分之一到一半， 在中國，電子閱讀基本上還是免費的午餐，數位圖書的銷售主要針對團體客戶的半送半賣的廉價批售，價格便宜得幾乎等於白送，這終有一天會引起更多作者抵制。這也就是為什麼Kindle 2009年底在全球100多個國家發布全球版的時候，唯獨沒有中國，他們早知道電子閱讀器和亞馬遜的收費電子閱讀模式在中國沒戲唱。數位出版也好，電子閱讀器也好，目前我們遇到的最大的發展問題可能還不是硬體價格的下降、閱讀習慣的培養、商業模式的建立，而是市場秩序建立和全民誠信的重構，這是整個國家和全民族所面臨的體制和文化難題，存在於出版產業的只是冰山的一角，即使是出版業脫胎換骨、革心洗面也無濟於事。市場沒有誠信，對盜版行為熟視無睹，將免費閱讀視為天經地義，這是中國出版，特別是數位出版產業的最大問題。

（2010年6月）

走向世界的通路

從英倫三島看走向世界

在海外中文圖書市場培育一批年輕而有學歷的大陸留學生從事中文
圖書事業，與老一代中文書店互相競爭，互相促進。

倫敦國際書展的影響和重要性僅次於法蘭克福書展，新聞出版總署每年
都會組織中國出版代表團前往參展，但中國出版代表團通常只有二三個標準
展位，展出一二百種圖書。而且倫敦國際書展只談版權，不能銷售。倫敦唐
人街有兩家很小的中文書店，圖書品種很少。而在美國，從美東到美西，中
文書店到處可見，近十年來，大陸出版界至少已經去舉辦過幾十次中文書
展，僅浙江省就去辦過三次。英國卻好像是被遺忘的角落，從來也沒有一家
中國出版社想到去舉辦一次中文書展。因此，當首屆倫敦浙江書展於2000年
9月24日在英國倫敦查寧閣（Charing Cross Library）中文圖書館開幕時時，理
所當然地引起了英國華人社會、中文媒體以及我駐英使館的足夠重視。

世界市場潛力很大，中文圖書尚有空白

在本次書展之前，我們甚至還不清楚英國究竟有多少華人。而且，在籌
備書展過程中，各方面回饋的資訊都顯示英國中文圖書市場很不景氣，現有
的兩家中文書店對當地的華文圖書市場缺乏信心，使我們找不到一家書店作
為書展的合辦單位。沒有中文書店的合作，書展餘書的處理成為書展規模很
大的制約因素。所以，抱著投石問路的方針，我們確定了多品種、少複本的
備貨原則以減少經營風險，參展圖書碼洋10萬元人民幣，4000多個品種，其
中浙版圖書占60％以上。書展結果使許多英國的同行改變了對英國中文圖書
市場的悲觀看法，讀者的購書熱情出乎我們意料。書展第一天就銷售近5000
英鎊，所有圖書全面動銷，許多讀者一捆捆地買書。格林威治中文學校的校
長當場購了4箱約2000英鎊的圖書。定價500鎊的三套《孫子兵法》絲綢版當

天就被買走。最後，連《良渚古玉》、《中國美術全集》這樣的大部頭畫冊也有人購買。文學類、生活類、醫學類、少兒類圖書全部賣光，許多讀者連續幾次光顧書展。曾經使我們比較擔心的簡體字，在書展上並沒有明顯的問題。讀者對書展主要反映出兩點：一是書價便宜，二是數量不夠。這個情形與我們前幾年在法國舉辦的幾屆中文書展非常相似。

與我們在美國等地舉辦的中文書展相比，10萬碼洋的規模只能算一個小書展，但由於參展品種多，經過一週的銷售和與讀者的廣泛接觸，投石問路，基本摸清了英國中文圖書市場的現狀：**市場尚未開發，競爭沒有形成，空白還有很多**。總的來說是書店少，品種少，新書少，暢銷書少，大陸書少，價格高，周轉慢。其實這也是目前歐洲中文圖書市場的共同情況。

目前，大陸每年出版十多萬種書，但出現在倫敦中文書店的備貨只有幾百種。在英國第二大工業城市曼徹斯特，有一家叫做羅通文藝社的中文書店裡，清一色的都是港台圖書，業主在與我們言談之間，表現出對大陸圖書的一無所知，也沒有人去與他們談過經營大陸中文圖書的業務。倫敦唐人街主要有兩家中文書店，規模不大，都只有一間門面：一家是光華書店，主要銷售大陸圖書；一家是英華書店，主要賣台灣圖書。其餘一兩家是雜貨店或超市兼營圖書。中文書業經營非常不景氣，由於唐人街地段好，房租貴，中文書店的經營進入了一種價高、量少，價更高、量更少的惡性循環。光華書店原來受到國內的支持，六七十年代一度有兩間門面，規模比現在大得多，現在一半門面開飯店搞起了多元化經營。由於缺少新書品種，光華書店還從我們這次書展上以國內定價二三倍的零售價進了一批圖書。

根據我們的調查，光華書店的大陸圖書一般都以人民幣定價乘以0.6為英鎊售價，實際價格是人民幣的8倍以上。國內的CD、VCD可以在那裡翻五六倍，一張國內出版的VCD或CD賣到十幾鎊，合人民幣150元。這樣的書價在澳大利亞、美國等中文圖書市場相對成熟的地區已經很難看到了，如澳大利亞的大陸中文圖書前幾年是1元人民幣折1澳元，現在降了一半。所以，當我們的書在書展上以人民幣定價2至3倍的價格銷售，又是本地書店很難見到的最新品種，受到讀者歡迎就自然而然了。由此我們也想起最近國內掀起的平價大片熱，價格下去了，觀眾增加了，利潤上去了，觀眾和電影公司得到了雙贏。所以，我們對海外中文圖書市場薄利多銷的戰略轉移充滿信心。

平抑書價，擴大總量，引入市場競爭機制

目前世界中文圖書市場的開拓尚處於起步階段，中文圖書的出口格局還剛剛從中央四大出版外貿公司的一統天下中走出來，地方出版外貿公司尚無力與中圖、國圖等大公司相比。但小有小的優勢，機制活，服務好，速度快，價格低，一箱兩箱照做，一本兩本不嫌。沒有更多的政策保護，勇於開拓，服務至上，這是小公司的特點。特別是各沿海省市在海外有很多華僑和經貿管道，地方出版外貿公司雖然出口總量不大，但一直非常活躍，應該發揮地方和中央兩個積極性。

我們認為，制約內地中文圖書出口的主要因素是價格，所以，必須在海外營造一個銷售中文圖書的良性競爭環境，這樣價格才能逐步下降，品種才能迅速更新，規模也才能不斷擴大。這幾年在海外中文圖書市場出現的競爭局面雖然有一些不正常的情況，如互相壓價、缺乏管理等，但地方出版外貿的介入，對海外中文圖書市場拓展顯而易見。競爭的結果是市場擴大了，價格下降了，份額增加了。僅從浙江來說，從1996年到2000年，圖書出口這一塊至少翻了2倍。各地的情況總的來說都差不多。

長期以來，國內相對低廉的書價給海外中文書店經營帶來了困難。書價低，單位陳列面積的利潤就少，所以，出於經濟考慮，海外中文書店更願意經營港台書。海外讀者也經常帶著國內書價的框框去看海外書價，造成一種購買上的心理障礙，認為我回國去買只有幾分之一的價格。實際上，海外的讀者回國一趟並不容易，一兩年回國一次，20公斤的行李全部用來帶書也不能解決問題。所以，歐美市場的中文圖書價格不可能降到目前香港的水準。但只要圖書價格降到目前的一半，即2至3倍於國內定價，海外中文圖書市場就會迅速啟動，銷售會成倍地增長，這個價位是海外讀者的心理平衡點。

另外，經常舉辦一些集中的書展，可以從觀念上改變海外中文書店業者對大陸中文圖書價位的思維定式，透過書展銷售的熱烈場面鼓舞他們開拓市場的信心，打破目前中文圖書價高量少的惡性循環。近年來，各省市都積極地在海外舉辦本版書展，總體上對推動海外華文市場的發展發揮了積極的作用。從某種意義上說，這也是一個競爭的結果。地方有積極性，國家不掏一分錢，又很好地配合了對外宣傳和文化交流，應該給予支持和鼓勵。

重點開發，全面布點，盡快填補海外市場盲點

　　據1996年的統計數字，大陸出口中文圖書1700萬美元，約占國內全年圖書銷售額的0.5%。目前，中國大陸每年出版圖書13萬種，但出口圖書占世界中文圖書市場的份額僅為15%，85%的份額是港台圖書。全世界約有海外華人5500萬，目前比較成熟的海外中文圖書市場是北美、澳洲、東南亞及港澳台。南美、東歐、西歐是不成熟或未開發的中文圖書市場。歐洲華人比較多的國家有法國、英國、義大利、德國、西班牙、荷蘭、匈牙利、羅馬尼亞等。南美的古巴、巴西等國也有幾十萬華人。在亞洲，日本、韓國、越南等華人較多國家的中文圖書市場也不是很活躍。所以，全世界華文市場還有許多盲點和半盲點。這些盲點有的覆蓋了整個國家，即一個國家沒有一家中文書店或很少中文書店；有的盲點分布於一些國家的某些主要城市，如在美國這樣的中文圖書最發達的市場，中文書店東部就比西部少很多，所以，到美國辦書展，東部銷售較好，西部就差很多。在未來的幾年中，如何發揮中央和地方出版外貿的兩個積極性，對推動世界中文圖書市場發育有重要的作用。要用國內發展連鎖、開拓門市的精神去發展建設海外圖書網點，以重點帶動一般，一個國家、一個城市地排查布點。海外圖書網點雖然近期沒有太大的經濟效益，但只要我們一點一點去做工作，前景一定光明。

　　建設海外圖書網點如果沒有行動，就永遠是紙上談兵。比如，英國是歐洲華人的移民中心之一，有較好的華文讀者群體，這一點我們以前不很清楚。由於歷史的原因，特別是由於香港與英國的特殊關係，中英兩國的關係比歐洲任何一個國家都要密切。根據英國官方1991年的人口統計，英國有華人156938人。但由於人口普查表沒有用中文，再加上1991年以後中國大陸和香港回歸後大量的移民，估計實際華人在30萬左右。華人成為英國除印度人以外的第二大少數民族。在英的各類華人僑團達100多個。中國文化對英國的影響也年長月久，英國的牛津、劍橋等大學的東方學院以及倫敦大學的亞非學院漢學研究都非常發達，英國的各種中文學校也要比法國多。在英國，每天發行的各種中文報紙達10幾種，其中香港的報紙占很大比例，每天從香港空運至倫敦。英國許多公立圖書館都有中文部，本次書展的所在地英國查寧閣中文圖書館就是中文圖書館的連鎖中心，政府每年給這些圖書館相當數量

的中文圖書購書經費。本次書展由浙江省出版總社、英國文大新五聯書報社和英國查寧閣中文圖書館聯合舉辦，查寧閣為本次書展無償提供了場地。因此，開發英國中文圖書市場無論是對外宣傳還是圖書貿易都具有非常重要的意義。

當然，由於英國的中國僑民多從香港和東南亞移民，對中國大陸圖書的內容和簡體字有一定的接受障礙。但近年來，大陸留學英國的學生迅速增加，從香港和東南亞移民英國的華僑也日益關心國內的經濟和文化，開始學習簡化漢字。英國老一輩的華人文化水準普遍較低，據英國下議院1985年有關英國華人的報告，估計有90%的華人從事飲食業或相關行業。但是80年代以來，年輕的華人在迅速地脫離傳統餐飲業。1995年，有將近三分之一的華人青年學子成功地進入英國高等學校，所占比例高於英國其他民族學生。1991年的調查顯示，18歲以上的華人有25.8%擁有較高的學歷資格，而白人只有13.4%。所有這些都說明華人的文化水準和社會地位在英國日益提高，這些都在客觀上給大陸中文圖書的進入創造了良好的條件。因此，許多讀者都反映這次書展辦得非常及時，希望每年都有這樣的書展。

以更新的視野認識海外華文市場

推動中文圖書進入世界圖書市場還要從以下三個方面更新觀念，提高認識。

一是**如何提高海外華文圖書市場的總量**。全世界5000萬海外華僑華人，目前中文圖書是1億美元的銷售額，中國大陸占其中的15%。5000萬相當於浙江省的人口，而浙江省目前的圖書市場至少是30億，約4億美元。雖然海外許多華人不識漢字，不看中文圖書，但海外華人總體購買力比國內高出許多。海外中文圖書市場的一個重要目標是與東方學有關係的大學和公共圖書館，這些圖書館面對更大的主流讀者群體，背後是強大的政府採購能力，許多事實證明我們面對海外主流圖書館的資訊、配供服務能力不足，特別是專業類圖書的品種滿足率嚴重不足。

二是**如何增加大陸中文圖書的份額**。如果從目前15%的基礎上提高到50%就是將近4倍。在現有市場中擴大份額，總要比開拓新市場容易。份額的

轉移要靠我們去努力，在品種、價格、服務以及內容上取勝，與港台圖書競爭。大陸出版業的迅速發展，圖書品種迅速增加，圖書品質不斷提高，都為這種競爭打下了很好的基礎。

三是**希望更多中文圖書進入西方主流社會**。儘管中文圖書進入西方主流社會還有很大的文字障礙，但隨著中文在世界上日益普及，中國科技、經濟地位的提高，中文圖書會更多地走進主流社會。目前，在世界圖書貿易體系中，荷蘭、英國、美國等國家的出口圖書基本上是朝向進口國主流社會，而不僅僅為海外的本國僑民服務。

四是**關注開拓海外中文圖書市場的綜合效應**。一般來說，華人聚集的國家經濟和文化都比較發達。全世界的華僑是中國溝通世界的橋梁，也是溝通中國出版與世界出版的橋梁。1996年，浙江省透過第二屆巴黎浙江書展，與法國的阿謝特、拉魯斯（Larousse）、納唐（Editions Nathan）等出版社建立了合作關係，引進了一批兩個效益俱佳的法國圖書。英國是世界出版大國，也是中國引進版權的主要資源國，開拓英國中文圖書市場，對於加強與英國主流出版的合作與交流有很大的作用。

本次書展前後，浙江代表團分別向我國駐英大使館馬振崗大使、英國查寧閣圖書館以及英國僑團贈送了《浙藏敦煌文獻》、《浙江七千年》、《中國文史百科》等圖書近千冊，2萬多碼洋，密切了我們與英國使館和僑界的關係；與英國查寧閣圖書館達成了長期配供中文圖書的協定；還與一些單位和個人洽談了合作開設中文書店等意向；與英國文大新五聯書報社建立了出口代理關係。我們在英國結識的這些朋友，建立的這些關係，為我們今後發展英國的出版業務創造了很好的條件。

大力培育海外中文書業新生代

這次在英國我們再次發現，與歐洲的經濟社會狀態相似，歐洲各國經營中文圖書的業主不同程度地呈現老化現象。如法國的鳳凰書店、英國的光華書店，都是50年代的老人在苦心經營。以前靠國內支持，現在這方面的支持少了，或者根本沒有了；對國內最新出版物的了解也很少；進貨管道單一，許多書店都僅從香港進貨。由於大陸中文圖書在英國缺少銷售管道，英國各

大圖書館的中文圖書也多從香港訂購。如查寧閣中文圖書館的圖書也全部從香港代理商進貨，他們反映，不但品種單一，而且價格是中國大陸的三四倍。

而澳洲與北美的情況就不同。改革開放後，這些地區大量的留學生充實中文書業隊伍，這些人都有博士、碩士文憑，與國內聯繫密切，長期受國內的教育，經營中文圖書的理念與歐洲老一輩中文書店業主完全不同。所以，在海外中文圖書市場培育一批年輕而有學歷的大陸留學生從事中文圖書事業，與老一代中文書店互相競爭，互相促進，是當前我們開拓國際中文圖書市場，開展對外宣傳的一個重要策略。有愈來愈多的海外人士認識到海外中文圖書市場的潛力，浙江省在海外舉辦的多次書展都有年輕人前來洽談合作開辦中文書店或中文網上書店的業務。1998年，我們在法國就是透過書展扶持了一家新的中文書店。國家應該從對外宣傳和弘揚民族文化大局出發，繼續對海外中文書業的新生力量給予支持。建設海外中文圖書銷售網路，國家不能從一個極端走向另一個極端，既不能像以前那樣大包大攬，不講效益，也不能像現在這樣一毛不拔，不聞不問。除了對國圖、中圖等大公司繼續給予政策支持，對地方出版走出去也要積極扶持。

近年來國內成立了很多出版集團，號稱航空母艦。能否請這些航空母艦開闢越洋航線，到海外去辦一些書店，或對海外中文書店投入一些資金，進行一些緊密型合作。香港聯合出版集團規模和實力與內地許多省的出版總社差不多，他們在北美和東南亞開了十幾間中文書店。在海外辦一家書店，其效益不僅僅是賣一些書，它還可以成為一個出版集團在海外的一個重要資訊視窗和走向世界的跳板。

（2002年12月）

浮光掠影看南美期刊

中國的暢銷雜誌遲早會走出風花雪月的休閒樂園，品味實實在在的
人間煙火。

　　在剛剛熟悉了北美和歐洲以後，許多中國人開始盯上南美這塊遙遠而神
祕的土地。那裡有世界上最壯觀的伊瓜蘇大瀑布，世界第一大河亞馬遜，巴
塔格尼亞高原上世界最大的陸地冰川，還有那神祕的印加帝國和稱為美洲希
臘的馬雅文明。從中國的上海或者北京到南美，光在飛機上度過的時間就24
個小時以上。距離的遙遠和語言的隔閡使中國與南美文化交流很少，出版業
的合作更未破題。2002年12月，浙江出版聯合集團在巴西聖保羅舉辦了南美
歷史上首次成規模的中文書展。藉書展的機會，筆者也浮光掠影地光顧了一
些街頭、機場和超市的期刊攤點，對南美的期刊市場有了一些粗淺的印象。

　　也許是地理上的對應，殖民地初期，登陸南美的幾乎都是南歐的航海大
國西班牙、葡萄牙人，所以，南美的幾十個國家基本都說西班牙語和葡萄牙
語，只是當時的西班牙更為強勢，偌大的南美只有巴西說葡萄牙語。所以，
面對街頭滿眼花花綠綠的雜誌，幾乎一本也看不懂。沒有辦法，只能亂翻一
遍，用力所能及的英語與攤主交談幾句，浮光掠影便在所難免。

　　首先得到糾正的是對於南美落後的印象，總以為非洲和南美差不了多
少。其實，南美許多國家的人均國民收入在5000美元左右，算得上是準工
業化國家，交通和通訊都很發達。巴西、阿根廷、烏拉圭、智利等國家，
大部分是歐洲移民，如阿根廷97％以上是白人。到了那些國家，你完全感到
踏上了歐洲的土地。所以，南美的出版業與歐洲接軌很早。從一個個報刊亭
看去，南美國家的雜誌的品種、風格和圖片品質，與歐洲和北美沒有太大差
異，只是價格更便宜。所以，中國的期刊業在盯著北美和歐洲的同時，也可
以放眼南美，尋找合作機會，學習一下人家的經驗，有相同的消費水準，肯
定有共同之處值得借鑑。如果引進版權，至少在價格上就很有優勢。

　　驅車行進在巴西、阿根廷街頭，給人的第一個印象是那裡的報亭。嚴格地說，那裡的報亭不叫報亭，該叫「報屋」；而且也不叫報屋，而應該叫「刊屋」，因為這裡的報亭很少賣報。中國的報亭之所以叫報亭，是因為早些年報刊大部分從郵局走，零售幾份雜誌報紙有個小亭子即可。這幾年中國報刊自辦發行，走零售的愈來愈多，昔日的小報亭，如今早像京劇中的穆桂英上陣，門上、視窗，到處披紅掛彩。不少報亭還違章搭建，拼出許多桌椅板凳擴展鋪面。中國期刊業在這幾年的迅速發展，已經使早先設計的報亭不堪負荷。於是，在杭州最近就出現了一種長方形的報屋，對傳統報亭做了一次改革。在南美的巴西、阿根廷、烏拉圭等國，所有的報亭都背朝馬路。從街上行車或從對面的人行道看過來，有時很難發現這裡有一個賣雜誌的報亭。顯然，這種設計是為了不分散司機的注意力，保證交通安全，同時也是為了行人的安全。這點在國內就很不一樣。中國的報亭往往面對自行車道，是因為要給騎車的讀者提供方便。

　　談到雜誌，無論是讀者還是業者，最關心的當然是知名的暢銷刊物，如美國的《國家地理》、《讀者文摘》或《時代週刊》。在南美，每碰到一個報亭，我都向攤主詢問當地最暢銷雜誌。在我們經過的幾個國家，攤主推薦的刊物比較集中的有兩本：《瞭望》（*Veja*）和《名流》（*Caras*）。前者是綜合性的時政類雜誌，有國內外新聞時事以及文化經濟資訊，後者則專門介紹名人名流的生活，如荷蘭公主在巴西購物，電影《哈利波特》的主角的成長故事，某名模盛大的結婚典禮等。這兩本雜誌在南美很多國家都有不同的版本，像《瞭望》雜誌還有不同城市版。如《瞭望》聖保羅版厚達200多頁，和母刊一起發行，母子兩刊加起來近400頁。世界上每個國家都有不同的暢銷雜誌，但一定會有些共同的規律。南美暢銷的雜誌歸屬於時政和名流，並不是僅僅因為南美金融風波後，群眾對政治社會特別的關心。在世界許多國家，綜合性的時政類雜誌都是第一暢銷雜誌。如法國，發行量最大的幾家雜誌都是綜合性時政類的，如《新觀察家》（*Le Nouvel Observateur*）、《快報》（*L'Express*）、《觀點》（*Le Point*）、《費加羅》（*Le Figaro*）等，而並不是我們熟悉的*ELLE*。當社會的節奏愈來愈快，生存發展成為第一追求之後，愈來愈多的人會把閱讀的重點轉向社會、經濟和政治。國內這幾年圖書市場走向也是一樣，繼瓊瑤、金庸之後，成功勵志和素質教育圖書開始位

居排行榜之上。隨著愈來愈多的中國人關心自己的生存環境和國家的發展前景，隨著中國讀者閱讀品位的成熟和社會政治環境的日益寬鬆，中國的暢銷雜誌遲早會走出風花雪月的休閒樂園，品味實實在在的人間煙火。

　　現代的雜誌為了與電視、報紙爭奪市場份額，內容愈做愈厚，價格愈做愈低，在經營上愈來愈向電視和報紙靠近。南美的暢銷雜誌都很厚，200多頁很平常，而且多用80克的銅版紙，好像一份裝訂好的彩報。《瞭望》的聖保羅版用的是40克銅版紙，印刷效果卻很好，價格也很便宜。一本200頁的《名流》，特大開本，在巴西只賣巴幣5.9元，折合人民幣12、13元。而國內的雜誌也許是剛剛走出黑白文字時代，正在追求豪華排場，用紙考究，好像是在做藝術品讓人收藏。雜誌也可以看完就扔，中國的讀者和做刊的都需要培育這種觀念。這樣中國的刊業才會興旺發達，與報業爭個高低。

　　媒體正經歷著圖文時代。現代人愈來愈不願意爬格子，讀文字。現代的雜誌圖片愈來愈多，文字愈來愈少。即使像南美那種不太藝術的《瞭望》和《名流》雜誌，真正算作內容的文字也不到全部篇幅的三分之一。大量滿版的照片頻頻給人強烈的視覺衝擊力。當然，大量的廣告也常常會讓人心煩，但由此大幅度地降低了雜誌定價，同時也為讀者提供了許多時尚的消費資訊。

　　不知道南美期刊郵發和零售的比例，但報亭之密集是顯而易見的，這說明零售的比例相當高。另外，我們到過的許多超市都銷售雜誌，在出口的收銀處，往往都擺著幾本主要的暢銷雜誌。購物之餘，隨便扔一本在購物籃裡，這也是人之常情。這幾年，超市已經占據中國零售業的半壁江山，刊物不能忘了超市這塊消費的黃金地段。

　　暢銷的雜誌到底發行量是多少，這也是筆者在南美經常向報亭詢問的問題。但很多報亭的攤主不太關心雜誌的總發行量，好像這與他們沒多大關係。但有攤主卻告訴我，南美有許多雜誌都標有正式的發行數。通常在期刊的目錄頁上「Tiragem desta」後面跟的數字便是總發行量。如本文提及的《瞭望》雜誌，2002年12月第四週的發行量就標明1228882冊。為期刊標明發行量，是西方國家通常的管理辦法。這個數字不但對讀者購買有個宣傳引導作用，更重要的是期刊與廣告商談生意的籌碼。但期刊標明的總發行量與中國目前圖書版權頁上的印量不同，這個數字不是刊主隨意寫上去的，必須經

過一個專門機構認定。目前,中國還沒有這樣的一個認證機構,有關部門已經在考慮建立這樣的機制。據說還有幾家外國公司自告奮勇到中國來做這個服務,但有關方面認為外國公司顯然不適合管理和協調中國這種內部事務。

最後還要說到中國人在南美看什麼雜誌。如果懂當地語言的,當然閱讀興趣與當地人不會有很大的區別。當地的華僑就有好幾個說他們也訂購《瞭望》和《名流》,但南美的中國移民很多看不懂當地的雜誌。所以,很多新移民便設法從國內郵寄雜誌。空運較貴,則改由海運。有一個女孩子從國內大學畢業後到巴西,還是學外貿的,隔幾個月便從國內寄一包雜誌到巴西。5公斤的包裹,100元,兩三個月到貨。寄的多是《知音》、《家庭醫生》、《讀者》、《小說月報》等雜誌。在巴西聖保羅僅有一家中文書店,也許是南美唯一有規模的中文書店。店裡內地中文圖書很少,更不用說雜誌。在海外的華人社會,目前北美和澳洲以留學生為主體的中國新移民較多的地區,留學生辦了很多中文書店,華人的文化生活尚可與國內連接。而那些以老移民為主,學生新移民較少的地區,如英國、南美、南歐、東歐等地區,華文書業幾乎是空白。這些地方的華人華僑幾乎與國內文化處於隔離狀態,許多華人的後代年長日久便不會講中國話,寫中國字。這無論對於中國的出版界還是政府有關部門都是一個必須嚴肅考慮的問題。國內很多過期不久的期刊,特別是一些時效性不強的關於文學保健和知識性的雜誌,可以大量地運到那裡,這不但是宏揚中華文化,開展文化交流和對外宣傳一件很好的事情,還會有一些經濟效益。國家能否撥一筆基金,以低價收購雜誌舊刊,再請雜誌社捐贈一些,運到海外,低價出售,一定會受到海外華人的熱烈歡迎。

(2003年2月12日)

汪洋中的一條船——
美國海馬出版公司

跨國出版可以說是中國出版社走向世界的最高境界，葉憲認為，它
可能成為中國成為下一個超級強國的最後註腳。

工商無限好，只是難勾魂

「Homa & Sekey Books」是一家美國的出版社，它的中譯名叫做海馬出版社。它的英文名稱和中譯名沒有什麼必然的聯繫，葉憲告訴我，他是一個道地的杭州人，自然沒有黃頭髮和藍眼睛。葉憲是海馬圖書出版公司的社長兼總編輯。1990年，他還是浙江大學的英美語言文學講師，和那時候的許多年輕人一樣，他從杭州走到了美洲，先在加拿大讀老本行英美文學，兩年後南下美國轉攻工商管理，1995年初畢業於巴爾的摩大學（University of Baltimore）的工商管理學院。然後就留在了美國，並找到了一份並不算差的工作，就教於紐澤西州多佛商學院（Dover Business College），在美國人的學校裡教起了經濟和會計。

一晃兩年多過去了。葉憲在滿紙講稿中感到一種莫名的失落和惆悵。「工商無限好，只是難勾魂」，他說。當初為生計而被截斷的文化人的根又頑強地發出了新芽。1997年，葉憲終於辭去了學校穩定的工作走向出版之路。

剛開始，他選擇了門檻最低的版權代理，但這個時候的葉憲對出版和版權卻一點概念也沒有，只知道要把美國的好書介紹到國內。於是到書店尋找他認為值得翻譯的圖書，做成資訊，發給國內出版社，並開始參加國內一些大型書展。開始的日子很難，做得多，成得少。隔行如隔山，何況幹哪一行

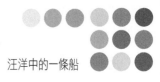

都不容易。學英美語言文學的他甚至還出過語言笑話，有一次和英國某出版社聯繫一本書的版權，對方告知該書的版權「free」。葉憲大喜過望，再三感謝，弄得對方莫名其妙，說應該我感謝你才對，謝謝你購買我們的版權。這下子搞得葉憲一頭霧水，說「免費」的東西你們怎麼又賣錢。最後才弄明白在版權術語中，「free」是空閒或空餘的意思，即版權還在，可以購買。美國人在這種情形下一般用「open」，但英國人則往往用「free」。

《鐵達尼號》（Titanic）是葉憲事業成功的第一個里程碑。1998年，大片《鐵達尼號》在全世界大紅大紫，有關鐵達尼號的圖書也炙手可熱。在美國市場，有兩本最熱門的書是華特勞德（Walter Lord）寫的《泰坦尼克號的沉沒》（*A Night to Remember*，又譯為鐵達尼號沉沒記）和《永遠的泰坦尼克號》（*The Night Lives On*），國內有許多出版社已經在爭搶版權。在美國的版權代理公司奇貨可居，遲遲不作決定。這時，身在紐約的葉憲占盡天時地利，除了幾次親自上門洽談外，居然還設法找到了作者勞德的電話，於是《永遠的泰坦尼克號》中文版權順理成章落入他的囊中。這時，距《鐵達尼號》在中國放映僅剩一個月，獲得版權的浙江文藝出版社居然得寸進尺，要葉憲好事成雙，幫助翻譯。整整一個月時間裡，沒日沒夜地做，書終於趕出來了。

後來的幾年，葉憲的版權代理業務進展就比較順利。他先後向中國大百科全書出版社、中國青年出版社介紹了一批英美圖書，比較重要的有《007系列》、《二十世紀世界領導人百科全書》、《世界科學家傳記百科》、《人類的家園：千年曙光照臨下的地球》，以及好幾套重要的藝術和攝影叢書。可是，幾年來辛辛苦苦，葉憲終於看到，做版權交易還是不足以「勾魂」，折騰出幾個辛苦錢，卻仍然在出版的邊緣徘徊。葉憲決定，不再為他人做嫁衣裳。

汪洋中的一條船

於是，葉憲註冊成立了一個公司。在美國辦一家出版社似乎非常簡單，到州下的郡政府填一式三份的表格，選好公司名稱，還不要註冊資金，一個出版社便誕生了。美國有二萬家出版社，其中約有五千家有正常的出版業

務，在這五千家出版社中，據說只有五六家是華人經營的。其中比較活躍、經常參加一些主流出版活動的，除了海馬圖書出版公司以外，還有一兩家：一家是加州的中國書刊社。這家出版社20世紀60年代由美國人創辦，近年被香港聯合出版集團收購，用來銷售中國出版的英文書報，也出版一些中國題材的書；另一家在波士頓，二十多年前由台灣留學生創辦，主要出版和銷售中文教材。葉憲的海馬圖書出版公司就像汪洋中的一條船，開始了在美國書業大海中的漂泊生涯。

　　為了成為出版人，葉憲還花了半年時間在紐約大學進修出版課程。1998年，葉憲的海馬圖書出版公司出版了第一本書。雖然這是一本中文圖書，但它是葉憲走向出版生涯的一個里程碑，同時也顯示了他的編輯和圖書運作能力。

　　在這之前，一個傳奇性的大陸演員王洛勇在美國百老匯劇院領銜主演歌舞劇《西貢小姐》一炮走紅，成為百老匯歷史上第一個擔任領銜主演的中國人。他從昔日不識幾個英文的中國窮學生，成了世界級的演員，為中國人爭光露臉，故事很是感人。葉憲本能地覺得王洛勇故事裡的文化和商機，便考慮為他出一本書。透過網路找到劇院，在劇院化妝室和王洛勇商談出書的事。王洛勇告訴葉憲，他來的正是時候，有一個叫戴凡的留學生已經寫好了一本關於他的書，正在尋找出版社。為寫這本書，戴凡曾先後十幾次採訪王洛勇，錄下了大量的磁帶。簽訂合約、申請書號、編輯排版，一切都在順利進行。畢竟是做過版權代理的，他同時將版權分簡繁體賣給了中國青年出版社和台灣文史哲出版社。

　　1998年8月，《王洛勇：征服百老匯的中國小子》正式出版。為了一炮打響，葉憲策劃了一個美國、中國大陸和台灣同步出版的宣傳促銷活動。在出版美國版的同時，台灣文史哲出版社的繁體版和中國青年出版社的簡體版也相繼登場。葉憲與文史哲出版社和中國青年出版社攜手，安排王洛勇和作者戴凡在紐約、台北和北京開新書發表會、藝術研討會、專題演講、接受媒體採訪、現場表演、簽名售書等活動。紐約的主要華文媒體如《世界日報》、《僑報》、美國中文電視、《明報》、《星島日報》；北京的《人民日報》、中央電視台、《光明日報》、《中國青年報》、北京電視台、《北京日報》，台北的台視、中視、民視、TVBS、《聯合報》、《中國時

報》、《中央日報》均加以報導。旗開得勝，葉憲終於由一個版權代理商成了出版商。接著，葉憲又出版了幾本中文圖書。可是這個時候，葉憲又覺得做中文圖書也不夠「勾魂」。做了半天出版，仍然在中國人的圈子裡打轉，面對的只是美國200多萬華人，而在這200多萬華人中，不知還有多少人根本就不看或看不懂中文書。把事業版圖擴大到美國的主流市場是他的理想和事業歸宿。2003年，美國總人口2.9億，亞裔約1200萬，華人占295萬左右，因此，很少有美國的出版社純粹靠中文出版生存下去。在對市場做了一些調查後，葉憲發現有關中國題材的英文書在美國雖然不少，但還有潛力。於是他挑選了幾個主題，決定出版一些反映中國和中國文化的英文書，到主流市場發行。於是，這艘汪洋中的帆船便義無反顧地漂向了美國的主流社會。

英文的世界很精彩

1998年底，葉憲的海馬圖書出版公司出版了第一本英文書，是著名作家無名氏半自傳體的中短篇小說集《花的恐懼》（*Flower Terror: Suffocating Stories of China*），譯者是一個英國人和一個美國人，並由前美國比較文學學會主席作序。這本書得到了一些重要英文書評媒體的重視，包括《出版人週刊》（*Publishers Weekly*）和《圖書館雜誌》（*Library Journal*）等都給予該書很高的評價。無名氏在20世紀40年代是位風雲作家，他的小說《北極風情畫》和《塔裡的女人》當時不知道迷倒多少讀者。《塔裡的女人》在文革中還當作手抄本廣為流傳。為了促銷《花的恐懼》，當時定居台北的無名氏親自飛到美國來，到幾所大學演講，還和譯者一起到紐約簽名售書。後來有好幾所大學把這本書當作亞洲學課程的教材。

1999年夏，在紐約林肯藝術中心舉辦的藝術節上，演出了崑曲《牡丹亭》的全劇，劇團在美國就地組成，不是大陸派過去的。全劇20多個小時，分三天演完，成為美國歷史上空前、也許是絕後的紀錄。美國人從來也沒有這麼熱愛過中國戲劇。早在一年之前，葉憲就得知了這次空前規模的中國文化活動，邀請了一位在紐約的華裔教授對湯顯祖的同名劇本加以改編。就在這次演出的前一個月，英文小說《牡丹亭》由海馬圖書出版公司出版，並在林肯藝術節上銷售，受到美國觀眾的熱烈歡迎。次年情人節，海馬的英文

小說《梁山伯與祝英台》在美國問世，英文書名改為《蝴蝶戀人：中國的羅密歐與茱麗葉》（*Butterfly Lovers: A Tale of the Chinese Romeo and Julie*）。對美國學校圖書館購書有指導地位的《學校圖書館雜誌》（*School Library Journal*）書評認為，該書「具有一個偉大愛情悲劇的一切因素，包括誤解、蒙在鼓裡、壞事的僕人、嫉妒的情敵、以淚洗面、心理重創等。英台聰明動人，堅貞不移地追求愛情；山伯有時不開竅，但卻是位浪漫主角。雖然他不像英台那樣堅定勇敢，但是他對英台至死不渝，而那恰恰顯示了這類題材的真諦」。《中西書評》（*Midwest Book Review*）稱它「動人、緊張、非常感人。值得大力推薦，令人受益匪淺」。

也許有人要問，這些書國內都出過英文版，為什麼海馬還要出？且不說海馬的書在印刷裝幀上更能讓美國人接受，更重要的是，海馬出版的《牡丹亭》和《梁祝》，不是純粹的翻譯，而是改寫，是將中國戲劇和民間故事改編成小說，用的是美國讀者能接受的標準和簡潔的英文。

葉憲說：「用英文把《牡丹亭》、《梁祝》等中國古典戲劇和民間傳說改寫成小說，這是我們的出版新角度，目的是用西方讀者能接受的方式介紹中國的歷史文化和文學。」雖然《牡丹亭》等中國古典戲劇已有英文譯本，但是閱讀劇本是件很吃力的事，只有教授和學者才有毅力和能耐；而閱讀小說則較輕鬆，適合於大多數人，包括一般的大學生。美國許多大學開有亞洲學課程，不少學校將《梁祝》和《牡丹亭》作為教材，透過閱讀小說輕鬆愉快地了解中國的歷史文化，頗受教授和學生的歡迎。這二者也逐步成為第二代斷根華人的讀物。之後，出版這類體裁的作品成了海馬圖書出版公司出版計畫的一個重要方面，海馬計畫中要出版的還有《長生殿》和《西廂記》等。出版中國武俠小說的計畫也以古龍的《蕭十一郎》英文版起步。

除了文學，海馬英文書還廣泛涉及中國藝術、經濟和傳統醫學，如《旅美華裔美術家作品集》（一、二冊）、《西藏布達拉宮》、《音樂氣功》。葉憲還和另一位華裔作者合作撰寫了《海爾之路：一個中國企業領袖和國際名牌的誕生》（*The Haier Way: The Making of a Chinese Business Leader and a Global Brand*）一書。美國大多數的新書出版社都會儘量爭取媒體和重量級人物的書評。海馬的《花的恐懼》、《牡丹亭》和《梁祝》，就有《紐約新聞》、《出版人週刊》、《圖書館雜誌》、《中西書評》和《學校圖書館

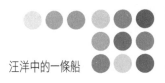

雜誌》等媒體的書評，而《海爾之路》則有美國奇異電器前首席執行官、號稱世界第一CEO威爾許（Jack Welch）的評論。威爾許2004年6月去中國訪問前，葉憲寄給他一本《海爾之路》，希望有助於他了解中國的企業。威爾許回美國後給葉憲寫信，對該書予以肯定和讚賞：「我從頭到尾讀完了大作，很喜歡——一個了不起的故事！海爾確實是一個令人印象深刻的公司。」該書還得到權威的英文版《中國商業評論》（*The China Business Review*）的書評，認為該書開創了英文出版史上介紹中國單個大型企業的先河。多位美國和歐洲著名經濟學教授也對該書給予好評，有一位美國企業管理人員評論說：「《海爾之路》寫得非常好，易讀易懂，令人欲罷不能。它應當成為所有管理專業學生的必讀之作。我曾作為一個家電企業管理人員被派到中國指導如何生產高品質產品，現在我從海爾和本書作者那裡學到了大量知識。」該書的韓文版權被韓國的Eric Yang版權代理公司售出，即將由Hansmedia公司出版。

除了書評，作者往往要與讀者見面、發表演講或者上電視電台等，接受各種媒體採訪，否則再好的書也銷不動。《牡丹亭》出版後，出版社安排作者多次接受紐約英文媒體採訪，到連鎖書店簽名售書，有一次在位於當時的世貿大樓內的鮑德斯（Borders）連鎖書店，現在已成絕響。《海爾之路》則在紐約的哥倫比亞大學舉辦新書發表會、作者與哥大師生進行熱烈的討論，氣氛十分活躍。《音樂氣功》的作者也在不同城市多次舉辦示範表演，把中國古老的文化融入美妙的音樂之中。

但是，中國題材的英文書要進入主流的連鎖書店還不是最困難的，關鍵是進去之後如何出來。按葉憲的話說，被顧客買走是意氣風發地出來，被退回則是灰頭土臉地出來。**要想意氣風發地出來，就必須做宣傳促銷，否則沒有人知道這本書的存在**。但即使是大公司出版的中國題材英文書，尤其是翻譯的書，也較難做有效的宣傳，況且大公司也往往不願意出過多的費用對這類書做宣傳。大公司每年要出版幾百種書，能夠列入重點宣傳推銷單子的最多十分之一，中國題材的翻譯書更是無力爭奶的嬰兒，於是形成一個惡性循環。反而是中小出版社有時會對這類書進行有效的宣傳，甚至給予特別的關照。

牆外開花牆外香

葉憲不斷地幫助作者和媒體接觸，沒想到自己也成了媒體的獵物。除了不少中文媒體對海馬和他感興趣外，紐澤西州第二大英文報紙《記事報》（*The Record*）也對他進行了專訪。大概覺得華人在美國辦出版社也很稀奇，該報很慷慨地給了他大半個版面，並配以大幅照片，標題是「中西文化的橋梁」。醜小鴨成了白天鵝，牆外開花，牆內不知。

在美國學術界和出版界，人們往往談論亞洲學，比較少談論中國學，正如在美國社會中，談論亞裔要大大多於談論華裔，因為人們通常關心更大群體的吸引力和號召力。比如美國每年5月是全國的亞裔月，各地搞活動也往往以亞裔團體的形式出現。葉憲的海馬公司也在不斷尋找機會擴大出版的國別範圍。從2002年起，透過在法蘭克福書展的接洽，韓國文化部每年委託海馬公司出版韓國題材的英文書，主要是韓國文學作品。現已經出版了一套當代韓國小說叢書和一套當代韓國詩歌叢書（各7本）。2005年法蘭克福書展主賓國為韓國，為此，韓國計畫巨資出版100種優秀圖書參展，其中英文書大約60種。韓國文化部決定讓海馬公司出版其中的6種，大多是韓國歷史文化方面的，如《韓國儒教兩千年》、《光州起義》、《朴正熙與韓國獨裁統治》和《韓國社會風俗》等。最近，海馬公司還得到2005年法蘭克福書展組委會的邀請，將出版的所有韓國題材的24種英文書在書展中展出。

韓國文化部對每一本圖書向海馬提供資助。高爾基（Maxim Gorky）說過，出版是世界文化交流的橋梁。眾所周知，不少國家都有贊助海外出版社出版本國圖書（尤其是文學作品）的專案和計畫，如日本、丹麥、挪威等，甚至連加拿大和愛爾蘭這樣的英語國家都有。台灣地區也有文化機構與海馬圖書出版公司談過委託出版英文圖書的專案。葉憲在美國辦的出版社，本來只是想宣傳宏揚中華文化，可是這條在美洲汪洋中的小船，卻被韓國人捷足先登。韓國人慧眼識君。遊子手中線，外人身上衣！

兩年前，葉憲將海馬公司搬到了位於紐澤西州北部城市帕拉默斯（Paramus）的一幢環境優美的辦公樓，離紐約只有15公里。目前海馬圖書出版公司是美國出版商行銷協會、美國亞洲新聞協會、美國亞洲學學會的成員。葉憲的近期發展計畫是增加英文兒童圖書和中文教材的出版，以適應這

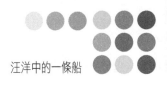
方面的市場需求。中遠期，除了加大中國題材圖書的出版外，海馬還計劃培養一批直接用英文寫作的華裔作家，希望在他們之中能產生像譚恩美、湯婷婷、哈金等優秀作家。海馬每年大約會收到300到400件英文投稿，其中有一半左右是美國題材的，因此，在時機成熟的時候，也準備出版美國題材的英文作品，更進一步融入美國的主流出版。

走進美國主渠道

雖然葉憲對圖書編輯和宣傳促銷得心應手，但是直到他出版第二本英文書時，還沒有摸到美國主流圖書發行管道的門。看上去文質彬彬的葉憲卻是初生之犢不畏虎，他決定要敲開主流發行管道的門。

美國的圖書批發系統主要有兩個，一個是英格拉姆（Ingram Book Company），另一為貝克泰勒（Baker & Taylor Books），其中貝克泰勒主要做圖書館，而英格拉姆主要做書店。葉憲透過參加出版商組織，與美國主要的圖書批發商建立關係。但是海馬出版公司成立之初，美國那些大發行商的眼中根本不可能有這汪洋中的一條船，進貨和代理條件苛刻，結款則不知要等到猴年馬月。但是葉憲有耐心，兩年過去後，英格拉姆和貝克泰勒開始對葉憲刮目相看。為什麼？因為海馬出版社的書慢慢多了起來，而且都有主流媒體的書評，引起了書店和圖書館的注意和興趣。另一方面，海馬同時經銷中國國內和其他國家出版社的亞洲和中國題材的英文書，這些書以前在美國主流發行管道中很難找到。許多美國的圖書館、大學和書店都向批發商要海馬公司的書，要那些有關中國文化的書，於是海馬便進入了美國主渠道的視線。

海馬的圖書出版和圖書進口並軌作業大獲成功。出版社剛開始起步，圖書品種少，要引起批發商的重視，就要經銷一些有特色的書。從這個意義上說，中國的英文版圖書透過美國的出版社走進美國人的學校、圖書館和家庭，是一個好辦法。如果你光是一家中國書店，美國的主流渠道不可能向你進貨，因為你的公司不在主要的出版商目錄裡，更重要的是，不在他們的電腦系統裡，即使他們想向你要貨也沒有辦法。再來就是美國人對在主流系統裡的公司比較有信任感，並不怎麼在乎公司規模的大小，因為他們知道微軟、亞馬遜、易趣等都是從車庫起家的。美國人把中國的商品包裝了一下，

或貼上自己的商標，以幾倍的價格賣給美國人，是因為美國人相信專業化和本土化。中國人也可以以其人之道還制其人之身，或叫做鍍金外宣，鍍金文化，有點類似新瓶裝舊醋。

目前海馬公司經銷的英文書或中英文對照的圖書已經達到1200多種，全部掛到網上（www.homabooks.com），很多書在美國其他地方甚至歐洲都找不到，以致不斷有其他國家的讀者和圖書館來向他們購書。他們對所有的書都做了符合美國圖書館要求的資料卡片，資訊比較完整，運作非常專業，方便顧客選擇。於是，那些昔日對葉憲不冷不熱的發行商便主動找上門來，要求配書，折扣可以商量，有的甚至還可以預付款。葉憲希望海馬公司以後能夠成為美國讀者購買中國題材英文書的首選。

那麼，美國主要的圖書批發系統是怎樣運作的呢？英格拉姆和貝克泰勒是美國兩家主要的批發商。兩家的進貨折扣一般在五至五五折，但是貝克泰勒比較靈活，折扣可以商量。這兩家批發商一般都直接向出版社進貨，有時也透過大型圖書經銷商進貨。美國的大型圖書經銷商是與英格拉姆等批發商不同的流通機構。大型圖書經銷商往往代理幾十家中小出版社，主要負責向連鎖書店供貨。在美國，大出版社有自己的專職銷售部門，直接向連鎖書店等發貨；中小出版社則要申請加入某個大型圖書經銷商集團，不是所有的中小出版社申請都能被批准。美國比較主要的大型圖書經營商有PGW、IPG和NBN等，葉憲的海馬出版公司使用位於芝加哥的IPG（Independent Publishers Group，獨立出版商集團）。這些經銷商的特色是，折扣較高，最後算下來一般是三至三五折，經銷商要拿走70到65%，好處是**大型經銷商能夠幫助出版社進入主流連鎖書店**。另外，他們都有自己的銷售隊伍，會不同程度地推銷出版社的書。英格拉姆和貝克泰勒的好處是書的品種多，幾乎所有主要出版社的書都有備貨。弊端是，他們基本上是個倉庫，不會主動去推銷出版社的書。他們先進一些貨存放起來，有客戶要貨就賣，賣不掉就退回給出版社。結款時間一般為九十天。到了九十天，它會先把貨退了，再重新進貨，出版社往往得為此多付一筆運費。有時候他們今天退了貨，明天馬上又進同樣的貨，此舉最遭出版社痛恨。

而中小出版社把書發給大型圖書經銷商後，基本上一切由他們處理，不需要操心具體的發貨、退貨和收款等。大型圖書經銷商發給連鎖書店的貨也

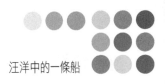

會退，由於貨架緊張，一般的書進入連鎖書店二三個月後賣不動就會被退回。只是先退回經銷商的倉庫，經銷商會再設法推銷這些圖書，但如果半年一年還賣不動，經銷商最終還是要把書退還給出版社。總的來說，美國大型圖書經銷商雖然折扣比較低，但比較適合沒有自發能力的中小出版社，它基本上相當於中小出版社的自辦發行。

經過幾年的經營，葉憲覺得，大型圖書經銷商折扣太低，只有大批量銷售才比較合算和可行，不適合大多數翻譯的作品。現在，海馬出版公司將產品分成兩部分，適合批量銷售的書交由經銷商銷售，學術性和專業性的書則給英格拉姆和貝克泰勒或自己直銷。此外，海馬出版公司還與十幾家針對圖書館和獨立書店的中小圖書批發商有聯繫，以低折扣向他們供貨。現在，海馬公司基本上掌握了銷售的門道，運作得比較順利。從2003年開始，公司在歐洲和澳洲也有了批發商和經銷商，海馬的觸角慢慢地在延伸。

葉憲認為，進入美國出版的主流社會，除了進入主流發行管道，中小出版社還應當參加各種出版商組織，如美國發行商協會（Publishers Marketing Association）等。這些協會向會員提供許多資訊和服務，以及許多優惠。美國的書業協會和我國不同，美國的行業協會很強大，服務專案很多，真正地為出版業辦事。海馬公司的英文圖書進入IPG等主流渠道，就是透過美國發行商協會的介紹。有了美國的ISBN，就可以在3到6個月前將新書資訊登錄到美國國會圖書館和ISBN公司的資料庫，從而進入美國幾大發行商的發行目錄。比如，海馬公司定於2005年9月出版的英文新書《中國青少年：解讀下一個世界超級大國的未來領袖》（*China's Generation: Understanding the Future Leaders of the World's Next Superpower*），5月初剛到國會圖書館登錄，兩星期後就收到了圖書館批發商發來的訂單。

海馬公司還有一個與美國電子書庫有限公司（Ebook Matrix Publishing Corp.）的協作項目，代理國內青蘋果資料中心生產的大型電子資料庫，如《人民日報》電子版五十八年的資料庫以及其他電子出版物在美國的銷售和維護。他們現在的用戶包括美國國會圖書館、聯合國圖書館、紐約公共圖書館、哈佛大學、耶魯大學、史丹佛大學、加州大學等。除了在亞馬遜等網上書店銷售外，海馬公司的出版物最早進入了新開發的Google網上圖書搜索系統（Google Print）。

誰在傳播中國文化

紅極一時的歌曲《青藏高原》的開頭便問：「是誰帶來遠古的呼喚？是誰帶來千年的祈盼？」和年輕的美國相比，神祕和古老的中國文化幾乎就是那一種遠古的呼喚和千年的祈盼。美國人對中國文化陌生嗎？排斥嗎？美國人喜歡看中國的書嗎？中國有多少書進入美國主流社會？美國人每年出版多少關於中國的圖書？這些問題對叫著喊著要走向世界的中國出版界，答案往往似是而非。

一方面，西方文化的固有模式和傳統觀念根深蒂固；另一方面，中國對外宣傳缺錢乏力，而西方卻用了比中國更多的人力物力在研究中國，出版了數倍、甚至數十倍於我們的關於中國的圖書。這不禁讓我們想起歐美學者對希伯來文化、古埃及文化、馬雅文化和對非洲土著文化的豐碩研究成果。最近，在復旦大學舉行的首屆漢語大賽中，外國留學生隊意外奪魁，在網上引起議論。有權威人士認為，在一些中國史研究領域，目前領先的並不是中國人，比如中國史論的研究，中國就遠不如日本。而且，更鮮為人知的是，外國人對中國歷史和現狀研究的優勢，不僅僅在理論和觀點上，更在於他們的史料掌握。事實是，現在外國理論家在做中國傳統的考據學，而中國學者則往往浮光掠影，急功近利。這就是中國出版走向世界所面臨的現狀。

文化的傳播有兩大特性：一是它的地域性和本土化，二是它的滲透性和潛移默化。葉憲說，美國雖然是一個多元文化、多民族的國家，但多年來，美國的大眾文化已經形成了一個固化的模式，即按好萊塢方式思維。除了白馬王子和灰姑娘，結局一般要大團圓。當初美國一個學者翻譯老舍的《駱駝祥子》時，覺得結局太悲慘，尤其是楚楚動人的小福子之死令他無法接受，便擅自改動內容，變成大團圓式的，認為這樣西方和美國讀者才能接受。另外，美國這些年來以世界老大自詡，已經變得愈來愈難以接受外來文化。美國的暢銷書排行榜幾乎沒有一本翻譯的書，因為要進入美國的暢銷書排行榜，怎麼也得有三四十萬的發行量，這對翻譯作品無異於天上的星星、水中的月亮。

在美國，規模較大的商業出版社基本上不講「兩個效益」，不盈利的書絕對不出。據不完全統計，美國最大的二十家商業出版社每年只出版約80種

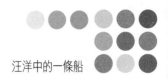

翻譯小說。在這種情況下，不但中國題材的圖書難以進入美國主流社會，其他語種的圖書要進入美國同樣困難重重。

　　葉憲對其公司所在的紐澤西州伯根郡公立圖書館系統作了一個調查，調查的內容是中國國內作者的翻譯作品和美國華裔作家直接用英文寫的作品在該系統的藏書比較。紐澤西州總人口約850萬，共有21個郡，243個城鎮，平均每個城鎮有一個公共圖書館（全美國大約有9000個公共圖書館）。伯根郡（Bergen County）是紐澤西州人口最多的郡，約90萬，其中80%為白人，10%為亞裔。其公共圖書館系統內有七十三家分館，以下是統計情況整理表：

作家名	作家類型	書名	館藏數	體裁
阿來	國內作家	塵埃落定	19	小說
莫言	國內作家	豐乳肥臀	17	小說
余華	國內作家	活著	17	小說
衛慧	國內作家	上海寶貝	9	小說
欣然	國內作家	中國好女人	10	非小說
哈金（Ha Jin）	華裔作家	戰廢品	64	小說
閔安琪（Anchee Min）	華裔作家	毛夫人	44	小說
李健孫（Gus Lee）	華裔作家	老虎的尾巴	21	小說
鄭念（Nien Cheng）	華裔作家	上海生死場	44	非小說

　　表中「館藏數」為該郡七十三家圖書分館收藏的總數，每個分館每本書一般只收藏一本。雖然以上的統計不一定代表美國最典型的情況，但參考價值是明顯的。表中所引的在美華裔作家，不論其影響大小，他們的作品館藏數都超過了中國國內的知名作家。

　　必須引起注意的是，國內很多人往往認為一部作品在中國賣得好，自然也會在美國暢銷。其實大不為然，很重要的一個原因是，中國國內的作者很難在美國直接介入宣傳促銷活動。除了出國的費用外，主要是語言能力：開不了口。「啞巴作家」在美國很難生存，除非你真是一個啞巴作家，那也很有賣點。作者與讀者的廣泛而直接的接觸，是美國大眾圖書、特別是文學圖書市場推廣的重要內容，就像美國的總統選舉，不知要在媒體和公眾面前拋頭露面多少個回合。中國很多作家都在美國有譯作出版，但幾乎沒有賣得好的。即使是中國第一流作家的純文學作品，其英文譯本在美國大多賣不過直

接用英文寫作的華裔作家作品。

翻譯作品在美國成為雞肋，還有個重要的原因是大公司運作成本高，一本書要賣到2萬本才能盈利，而翻譯作品一般達不到這個印量。而且，美國的大出版公司主要面對大眾市場，一般都沒有懂中文的編輯，往往不知道中文圖書資訊，他們出版的中國題材圖書，大多數由譯者或者經紀人推薦，而且多是已經翻譯好的作品。所以，在美國，翻譯作品的出版便成為大學社和中小出版社的「特權」和「義務」。像藍燈書屋這樣的出版社，大多把亞洲和中國題材的英文書交由旗下的學術出版分支機構出版。所以，我們在向美國人介紹和推薦我們的圖書的時候，不要老是把眼睛盯著那些賣給我們版權的大出版社，這些小的專業出版社運作成本相對要低，只要能賣掉二三千本即可保本甚至盈利。當然，要賣掉二三千本翻譯作品也不是一件很容易的事。不過，這些出版社的很多編輯和主管有較強的人文意識，不是只考慮市場，他們現在已經成為翻譯作品出版的中堅力量。葉憲的海馬圖書出版公司就屬於這樣的出版社。不要以為這幾千本書不起眼，我們想想，一本中國國內出版的中文圖書，在美國能賣上二三千本嗎？所以，這幾千本書，對於弘揚中華文化，加強對外宣傳，意義重大。因為這些書是一本本地被美國人買走，進入主流社會。

但是，翻譯作品出版難並不說明美國人不關心世界。在伯根郡圖書館系統中，葉憲還做了另外一個調查，發現這個系統譯自中文的圖書共有128種，但所有關於中國題材的英文書則有3049種。另據葉憲在亞馬遜網站的搜索和綜合其他管道後得出的估計，從2001年來，美國每年出版的中國題材英文書都超過2000種，只是其中文學作品數量很少。另據新華社國際部估計，目前僅法國一個國家出版關於中國的書就不下5000種。

這裡牽涉到另一個重大的誤區。葉憲說，一般談到向西方介紹中國，大多數人會很自然地想到文學作品；但在美國，不論是學術性的亞洲學和中國學題材出版，還是商業性的中國題材出版，文學只占很小的一個比例，大約五分之一到十分之一。英國和美國一樣，很多大學出版社每年要出不少中國題材的圖書，但是文學作品非常少，翻譯的則更是鳳毛麟角。牛津、劍橋、哈佛、耶魯、史丹佛、加州大學等主要大學出版社幾乎不出版文學翻譯作品。對他們來說，歷史是大頭，其次為哲學、宗教、藝術、政治、經濟、法

律、醫學、語言等。2003年、2004年亞馬遜圖書網檢索外國出版社關於中國的圖書中，關於中國政治的26%，關於中國經濟的33%，文化類15%，文學類10%。也就是說，用小說走向世界的路子並不通順。

英雄走遍美國

張藝謀導演的《英雄》 2004年8月在北美上映連續兩週奪得票房冠軍，全球票房達到1.77億美元，是目前中國電影全球票房最高紀錄保持者。《英雄》也是中國文化走向世界極少數成功的案例。

美國經濟文化的發達使美國人愈來愈不依賴外部世界、嚮往國外文化，大多數美國人可以絲毫不關心他們的外部世界照樣幸福地生活，但美國畢竟也是地大物博，人口眾多，而且有比中國大得多的圖書購買力。設想一下，只要有5%的美國人關心中國，買中國的圖書，那就是1000萬讀者。關鍵的問題是你要找到這5%，並給他們提供他們所感興趣的圖書。我們所做的是小眾文化，但希望以小眾影響大眾，這是中國文化進入美國主流社會的重要途徑。中國文化要進入美國主流社會，要既賺了美國人的錢，又得了美國人的心。美國的大片就是這樣。美國的大片在中國大把大把地賺錢，又把美國的文化價值觀念潛移默化地滲透到中國人的頭腦中。其實美國大片中表現的歌頌愛情、懲惡揚善、見義勇為等基本的道德標準，全世界根本上都沒有差異，但是，一旦在美國的大片中出現，在各國觀眾的眼裡，這些全世界共通的道德光環便自然而然地罩在美國人的頭上，使全世界的觀眾都認為美國是一個充滿仁愛和美德的國度，為全世界做了很多奉獻，特別是反映戰爭和反恐的題材，出色地塑造了一個優秀國際員警的形象。這就是美國外宣工作的奧祕。我們可以透過一些方法，不知不覺中把中國文化放到美國的出版物中去。賺了人家的錢，還要人家說你好。比如《臥虎藏龍》，比如《英雄》，美國人帶著崇敬了解中國的文化，其中就包含了中國的許多倫理和道德觀念。所以，我們的外宣工作要創造出更多的英雄，讓中國的英雄走遍美國。

葉憲把中國圖書走向美國主流社會歸納為四個戰略性階段，即版權交易、自主出版、合作出版、跨國出版。

版權交易形式簡單，但形式簡單了，工作困難了。據官方的統計數字，

2004年全國版權交易進出比例約為15：1，其中還沒有扣除港台地區這個大頭。由於前面提到的那些原因，這種局面和狀況可能短期內較難改變。美國是一個市場化的國家，美國讀者對中國圖書沒有一定的成見，成與不成全看他們是否喜歡。舉個極端的例子，如果有一本《毛澤東自傳》，那一定會有美國出版社來排隊購買版權。此外，如何讓美國出版社了解你的出版物也至關重要，最起碼要有完整、專業、令人信服的英文宣傳資料，最好能提供市場潛力預測和分析。如果你的圖書已經翻譯成英文，那推薦起來就更方便。在版權交易這個領域，似乎沒有「好酒不怕巷子深」的願景。

無論是版權交易、自助出版或合作出版的圖書，除了選材和內容的不對路，影響中國圖書走出去的還有非內容原因，如翻譯、編輯和製作上的很多問題。比如國內一些圖片精美的藝術書，初看令人賞心悅目，但這些書往往文字太少太簡單，有的則幾乎只是對圖片的說明，資訊含量過少，性價比較差。如果讓美國讀者在文字和圖片上作出選擇，很多人會選擇前者。葉憲說，一次有個美國讀者從海馬買了本國內出的以圖片為主的藝術書，收到後要求退貨，原因是文字太少，達不到他的期待。另一個美國讀者買了本以文字為主的藝術書，打電話來抱怨圖片太少，海馬允許她退貨。但是後來她又來電，說覺得該書的文字很有用，決定保留。在翻譯上，國內譯作很多難為美國讀者接受，除了有語法和文字錯誤外，語言是否道地的問題更明顯，這個障礙較難逾越，會直接影響讀者的閱讀興趣和信心。特別是文學作品，幾乎不可能由中國人來翻譯。這也是很多美國讀者寧願讀二三流作者直接用英文寫的書，也不去讀一流作者翻譯作品的重要原因。

美國的書與國內的書確實有很大的差別，而這些並不為我們所了解，許多方面是我們無知而為，有些則是熟視無睹，能做的不做。葉憲舉了幾個明顯的例子，美國出的書，封底或護封（書衣）上均會有書的內容和作者介紹，很多書封底還有媒體和專家的評語等，這對讀者和圖書館至關重要。雖然現在國內出版社也在學，但是大部分圖書封底仍然什麼資訊也沒有。在幾萬種、幾十萬種圖書中，決定購買的往往就靠這封面封底的這幾行背景資訊。另外，美國的非小說一般都有副標題，幾乎所有的非小說都有相關的索引。比如海馬公司出版的英文版《海爾之路》在書後就有12頁之多的索引，包括人名、地名、專有名詞、事件、縮略語等。比如「張瑞敏」一詞清楚地

標明出現在書中的58個頁碼上,空調、冰箱、洗衣機和青島等詞都有四五十條以上。對於圖書索引問題,中國出版業對此更是熟視無睹。

中國人出英文書,如何起名大有學問。如果有本非小說的英文書名叫《歷史的召喚》或《難忘的歲月》,如果沒有說明性的副標題,那麼這本書肯定賣不出去。比較有效的做法是在書名上加上China或Chinese之類識別度較高的字眼。北大出版社的《東周列國故事選》的英文書名為*Stories from China's Warring States*(意為「中國的戰國故事選」)就處理得比較妥當。還有一個比較實用的方法是和名人拉近。在美國,知名度最高的兩個中國人是孔子和毛澤東。美國有個出版社出了本關於李立三的傳記,書名為《毛的前輩:鮮為人知的李立三的故事和共產中國的建立》(*Before Mao: The Untold Story of Li Lisan and the Creation of Communist China*)。還有一本美國華裔舞蹈演員寫的中國回憶錄,英文書名叫《毛的最後一個舞者》(*Mao's Last Dancer*)。這李立三和舞蹈演員一前一後把毛澤東夾在中間,雖然看起來很可笑,但裡面有科學的市場學原理。海馬公司和中國大百科出版社合作出版的英文版《西藏布達拉宮》(*Splendor of Tibet: The Potala Palace, Jewel of the Himalayas*),當初的英文書名是《布達拉宮》,葉憲認為布達拉宮在美國只具有二級知名度,建議出美國版時加上一級知名度的西藏,效果好了不少。

排版設計中的英文字體也很有講究。國內出版的英文書,特別是藝術類圖書,一般都只用最常見的字體,而大多數歐美出版的英文藝術書都用比較精緻講究的字體。國內的很多英文書字型大小往往偏小,閱讀費勁,國外讀者也很有意見。

葉憲認為,在相當時間內,國內出版社自主出版仍然是中國圖書進入海外主流市場的主要方式。所以,即使是權宜之計,也要花大力氣去做。同時,隨著國力的增強,政府對外宣的重視,進入美國主流社會要有大的手筆,從簡單、被動的版權交易和自主出版逐步向合作出版和跨國出版轉移。

一些插圖本和商業性比較強的書,特別是有中英文對照的版本,又有一定的市場潛力,就可以尋找歐美合作出版的對象。有些書要外方純粹購買你的版權人家可能不幹,但是合作出版就有可能考慮。一般來說,中方負責初步翻譯、製作和印刷,外方出版社負責文字修訂編輯及宣傳發行。有時候需要對文字進行較大的改動,或者增加一個外方的作者,甚至有可能重起爐

灶，只用原書的圖片。雙方投入比例視具體作品而言。一旦出版了比較好的英文本，一則可以進入歐美的主流管道銷售，更主要的很有可能會引來其他語種（尤其是歐洲）的版權交易。如果有一個系列或好幾本相關的書，則達成合作的可能性更大。

本土化：走出去的最後一步

跨國出版可以說是中國出版社走向世界的最高境界，葉憲認為，它可能成為中國作為下一個世界超級強國的最後註腳。跨國出版可以有兩種方式：自辦型和兼併型。本土化也是國際上出版跨國經營和投資的主要途徑。

講談社是日本最大的出版社之一。1963年，講談社成立了國際部，總部仍設在日本，開始出版日本歷史文化題材的英文圖書，後來到歐洲和美國建立了銷售分支，再後來又在美國成立了出版分支。現在，辦公地點設在紐約的講談社美國公司既出版一些日本題材的英文書，也負責銷售講談社國際部在日本本土出版的英文書，日本藝術、建築、經濟、園藝、保健、政治、歷史、語言、工具書、文學、哲學、考古、旅遊、烹飪等各種題材，無所不包。題材和市場特點都是「腳踩兩隻船」，書店和大學兼顧，後者比重要略大一些。經過多年的經營，該社在美國已經成為日本題材英文書出版的主力，講談社的模式也許對國內有意嘗試進入美國市場的出版社有一定的參考意義。開始幾年肯定需要一定的投入，如聘請當地的編輯和銷售人員等。但是正常運轉起來後，回報也肯定是豐厚的。隨著中國經濟的不斷發展，美國市場對中國題材的圖書需求不斷上升，中國出版社不能再紙上談兵，應該在美國有一些實質性的操作，顯示中國出版社在這類圖書出版方面的權威地位和主導能力。政府應該對一些有能力的出版集團在境外投資和兼併出版機構有較大的資助力度。

兼併也是一條很好的路子，這種形式既適合出版中國題材的作品，也適合出版當地題材乃至各種題材的作品，後者是真正顯示中國出版公司戰略眼光和經濟實力的舉動。雖然兼併型對資金、管理等要求更高，不過可以有各種規模的兼併，兼併一個美國的中小出版社有時比創辦一個新公司要合算得多。但在具體運作上，除了對兼併對象作充分考察之外，還要了解清楚相關

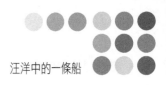

的法律和規定，最好是聘用專業的律師協助完成手續。類似貝塔斯曼兼併藍燈書屋那種大手筆也許不可能短時間內在中國人手中實現，但現在如果條件成熟，也可以考慮收購美國大出版公司旗下一個或幾個分支機構。遠的如1990年日本索尼公司收購好萊塢的哥倫比亞電影公司，近的像中國聯想集團2004年兼併IBM的個人電腦，這些很多人當初連想都不敢想的舉動，如今已經成為現實。然而，兼併美國主流圖書出版公司並成功進行經營管理，其意義要比收購好萊塢的電影公司和IBM意義更為重大，因為出版是用文字砌成的壁壘，可以說是最難進入的一個領域。如果攻陷了這最後的一個文化堡壘，中國作為下一個世界超級強國的身分也就圓滿地寫下了最後一個字符。

（2005年8月）

德國式社會秩序和中國出版潛規則

人類的道德和行為規範不是從天下掉下來的，體制缺陷往往是造成
道德淪喪和行為腐敗的主要原因。

沒有規矩，不成方圓。中國是法治社會，但出版秩序實際上卻為許多游
離政策法規之外的潛規則所左右，為社會意識型態所普遍推崇的職業道德卻
被丟在一邊，出版的行為準則變得異常模糊，步入新世紀的中國出版成為迷
惘的一代。

轉型時期的德治和法制

道德是社會意識型態之一，是一定社會調節人們之間以及個人和社會之
間關係的行為規範的總和。它以善惡、正義和非正義、公正和偏私、誠實和
虛偽等道德信念來評價人們的各種行為，調整人們之間的關係，透過各種形
式的教育和社會輿論的力量，使人們逐漸形成一定的信念、習慣和傳統。出
版職業道德在社會總體道德規範的框架裡，也離不開正義和非正義、公正和
偏私、誠實和虛偽這些基本概念。在中國出版逐步市場化，國有單一計劃經
濟向多元市場經濟轉化的過程中，政策要變，法律要改，職業道德和行業
遊戲規則也要變。但是，目前國家的法制建設需要一個較長的實踐和探索
過程，所以，職業道德規範將在轉型時期的出版秩序中發揮愈來愈重要的作
用，人治將在相當一段時期內高於法治。

以德治國或以法治國的論題起始於幾千年前的儒法之爭。其實法和德沒
有一個絕對的分界線，所有的法制都是道德標準的歸宿，只是法制所涉及的
問題一般比較嚴重，而道德規範的東西則比較輕微。所以，法律必須強制執

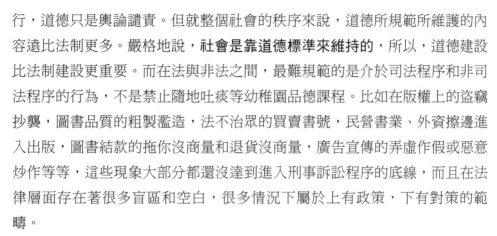

行，道德只是輿論譴責。但就整個社會的秩序來說，道德所規範所維護的內容遠比法制更多。嚴格地說，**社會是靠道德標準來維持的**，所以，道德建設比法制建設更重要。而在法與非法之間，最難規範的是介於司法程序和非司法程序的行為，不是禁止隨地吐痰等幼稚園品德課程。比如在版權上的盜竊抄襲，圖書品質的粗製濫造，法不治眾的買賣書號，民營書業、外資擦邊進入出版，圖書結款的拖你沒商量和退貨沒商量，廣告宣傳的弄虛作假或惡意炒作等等，這些現象大部分都還沒達到進入刑事訴訟程序的底線，而且在法律層面存在著很多盲區和空白，很多情況下屬於上有政策，下有對策的範疇。

從某種意義上說，建立和完善道德規範是一項比法制建設更困難的事情，所謂十年樹木，百年樹人。一個國家，房子倒了，經濟毀了，可以在幾年內重建振興，但一個民族的信仰和道德規範破壞了，是幾十年上百年都不能修補好的。在不同國家、不同民族、不同社會制度和文化背景下，社會的道德規範是不一樣的。一個國家和民族的道德規範通常要經過幾百上千年的歷史積澱。在歐洲，德國式秩序中的禁止和限制使整個歐洲都為之震驚。在德國，所有的行為，只要沒有明確表示許可的話，就應該視其為禁止，因而在公園裡如沒有寫「可以進入草坪」的話，就意味著不能進入。而在英國，所有的行為，只要沒標明禁止的話，一切行為都是被允許的，如果沒有「請勿進入草坪」的牌子，即可視為允許進入。而奧地利、義大利、法國以及其他許多南歐諸國，則不管是否是明確禁止的行為，大家都可按自己所喜好的那樣去做。也許中國公民今後會更加知書達禮，像德國人那樣，凡是有草坪的地方，一隻腳也不踏進去，但中國出版目前的情況，恰恰是掛了禁止牌子拉了繩子、還要從下面鑽過去的那種。

其實社會意識型態和道德標準的形成和同期的生產力發展水準及社會體制有直接的關係，人類的道德和行為規範不是從天下掉下來的，體制缺陷往往是造成道德淪喪和行為腐敗的主要原因，在檢討目前中國出版界存在的諸多反職業道德現象時，首先要從管理體制上作反思和探討。同時，產業發展和法制建設也會在很大程度上影響出版職業道德。

公有制等於腐敗？

體制造成的中國出版業道德敗壞最典型的例子，就是**買賣書號**。誰是始作俑者？是賣書號的人，買書號的人，還是搞出書號限制的人？出版社的「關係稿」也是一樣，領導交辦的稿子愈來愈多。公有制在建立許多公正的同時，也滋生了許多的腐敗。道德是一種約定俗成，也是一種習慣成自然的東西。有時候，社會道德的美好與醜惡，並不對應當時的社會制度。公有制的社會主義才五十多年，而中華民族的傳統美德已經延續了幾千年，所以，也不能把公有制與精神文明劃上等號。從南到北，是中國市場經濟發展的走向；從南到北，私有經濟逐步減少，服務品質也逐漸下降。社會學有一種動機和效果的相逆性理論，比如私營企業，其直接目的是為了賺錢，這是自私的。但他為了這個動機，要努力工作，熱心服務，誠信待人，久而久之，便成了習慣，變成了一生遵循的道德規範。就像不喜歡吃羊肉的人，多吃了，也就喜歡了。私有制是有剝削的一面，是不公正的，甚至是萬惡的，但公有制對人與人之間關係的破壞和社會道德的摧殘往往更加嚴重，「文革」是一個極端的例子。因為誰都是主人，而實際上誰都不是主人，在一種虛假的主人意識下，誰都不想做誰的僕人，誰都不願全心全意為別人服務，久而久之，人際關係便愈來愈淡漠，愈來愈僵化。所以，我們是否應該從這些角度上重新審視民營出版業對中國出版職業道德建設的積極作用。

新華書店成立五十年，一直以金字招牌享譽天下。民營書業則由於在資本原始積累時期幹過不少偷雞摸狗的營生，特別是在回款（以代銷的形式銷售商品，銷售商品並不立即結款）和賣盜版書等方面的許多問題，使其長期難於融入主流出版。可是，近年來，這種情況已經出現了根本性改變，民營書業在商業信譽上的口碑已經開始建立，而一些新華書店大老爺千年不賴、萬年不還的作法卻已經讓出版社體會到什麼叫做雞肋。國營書店不是員工自己的，連經理自己也不知道什麼時候就不當經理了。一個企業最要命的恐怕就是經營者的短期行為，短期行為最容易導致品質和誠信的缺失。台灣出版社都是民營企業，但基本沒有盜版和貨款拖欠問題。民營企業是要一代一代做下去的，老闆沒有任期制，品質和信譽愈來愈成為他們的經營優勢。在出書方面，愈來愈多的民營書業在經營和出版高雅的學術書，為國家傳播和積

累文化，而國有出版社則利用自己的壟斷資源買賣書號，包銷書愈來愈多。

大家閨秀從何而來

俗話說，衣食足而禮儀生，所謂紳士風度大多出自大戶人家，大家才有閨秀。滿屋金碧輝煌，豪華地毯，自然很少隨地吐痰。有錢了，有地位了，就得保持高風亮節，也會有更多的自我約束，不會為蠅頭小利鋌而走險。所謂的高薪養廉和職業道德的產生有相通之處，高薪使腐敗的成本提高。中國家庭教育富養女、窮養子的理念也是這個道理。企業規模大了，影響大了，就會更加檢點自己的公眾影響。比如我們相信人教社、外研社、商務印書館等大社，其拖欠貨款、稿費和盜版侵權的可能性幾乎是零。往往人窮就是志短，狗急還要跳牆呢，何況是人。這幾年來，就連一些昔日德高望重但手頭不太寬裕的出版老前輩也在為三斗米折腰，炒作《學習的革命》可以說是中國出版史最大的鬧劇。出版《學習的革命》的上海三聯可以辯解，說我不知道科利華設計了這麼一個陷阱讓出版社去鑽，但你拿了人家幾百萬好處，又怎麼說得清楚呢。逼良為娼吧，你也不是楊白勞[1]簽字，說回來，還是缺錢逐利。科利華強暴了出版，愚弄了讀者，而讀者卻不一定把這個帳算在科利華頭上，因為很多讀者並不懂得這些炒作內幕，知道書號可以買賣，出版可以包銷，他們只知道書是國家出版社出的，是出版社騙了他們。不僅如此，一隻蒼蠅還會壞了一鍋湯，讀者的帳最後還是算在中國所有的出版社身上。

還有，當今世界出版的神話自然非《哈利波特》莫屬。《哈利波特》寫完後，幾乎被所有英國的出版社拒之門外，這難道是一種巧合，是一種群體性的弱智？當然，也不能全部否定《哈利波特》。有人說，《哈利波特》的唯一好處，就是把一批孩子又帶到文字的世界，培養了他們的閱讀習慣。可是君不見，《哈利波特》以後，中國的少兒圖書市場引進版權興旺，原創作品衰弱，妖魔鬼怪成群，對我們的下一代究竟是禍是福？當有人在為這個輝煌的成就躊躇滿志的時候，我們有沒有想過，一個中國德高望重的最高級

---

[1] 楊白勞是電影《白毛女》中白毛女的父親，代表很典型的中國農民形象，勤奮、忠厚，但飽受地主壓榨。

別的文學出版社，最令它驕傲的業績和成就是什麼？是成人文學還是兒童文學？是引進還是原創？是純文學還是流行文學？當幾十年又過去後，留在中國少兒文學出版史上的，還會是《哈利波特》嗎？當然，由於體制和歷史的原因，出版社很窮，純文學出版步履艱難，但一個為全國文學愛好者所敬仰、作為中國文學出版旗幟和楷模的出版社，它對中國文學和中國出版的貢獻難道僅僅是幾百萬利潤嗎？

所以，中國出版的職業道德建設不但要宣導某種風氣，更要樹立榜樣和楷模。榜樣的力量是無窮的。在當前出版業結構調整、資源重組、集團建設的過程中，要力求讓一批優秀出版社做大做強，讓他們領風氣，做榜樣，要鼓勵出版資源向大出版社和出版集團集中。在德國、美國、法國，80％的出版物集中在前五十位的出版社手中，法國的拉加代爾出版集團（Lagardère Groupe）甚至控制了全國70％以上的圖書市場份額。把一個國家80％的出版物管住了，天下大局不是就穩住了嗎？所以，在道德建設上，宣導不如領導，當然不是政府和黨委的直接領導。

沒有規矩不成方圓

法是社會道德標準的最高表現層次，法對道德的影響非常巨大，殺一儆百是也。可是，改革開放以來出版領域法制薄弱，對出版職業道德產生了很大的負面影響。主要表現在對盜版懲處的法律量刑過輕，地方執法力量薄弱，這些都直接導致了日益猖狂的盜版行為，也使民間的版權意識非常淡薄。為了反盜版，許多出版社專門成立了反盜版機構，這些本來應該進行司法和行政程序的案件，現在不得不由出版社自行解決。所以有人戲稱出版社「秀才當兵，木蘭從軍」。一些出版工作者為了反盜版，都成了地下黨；警車押運，單線聯繫，承印廠幾乎變成了印鈔廠。不殺一就不能儆百，魔高一尺，必須道高一丈。出版社是納稅人，納稅幹什麼，就是要政府為它服務。如果殺人放火都沒有人管，那小偷小摸還會少嗎？法制不健全，就會給出版管理帶來很多真空地帶，這也是中國出版許多有悖出版職業道德的行為都成了中國出版潛規則的重要原因。出版業的許多法律法規形同虛設，成為畫虎，一方面是執法力量的不足，比如盜版書的查處；二是法制本身的不完

善，不完整，缺少可操作性，所以，讓下面有許多對策可以應變。也許在許多行業中，出版業的管理體制是可應變內容最多的。什麼都不許，實際上可能形成什麼都可以的局面。比如不許民營外資涉及出版，就有了許多的買賣書號、刊號假合資等。評職稱必須得發表若干級別的論文，期刊賣版面的現象也愈演愈烈，許多期刊已經淪為專業的職稱刊，內容品質慘不忍睹。始作俑者誰也？法制的無能和無理。

（2004年3月）

話說2007法蘭克福書展

> 既然法蘭克福書展是商業性活動，就必須突顯企業主體，突顯企業
> 的品牌形象，鼓勵和資助有規模和有實力的出版社單獨設展。

　　當今世界大部分國際書展都是冷戰以後的產物。歷史最悠久的法蘭克福
書展已進入了花甲之年，2008年10月是它的60歲生日。其次是義大利博洛尼
亞國際兒童書展和英國倫敦書展，已經分別舉辦了四十五屆和三十八屆，而
法國巴黎圖書沙龍、日內瓦國際圖書沙龍、莫斯科國際書展都才二十出頭。
近二十年是亞洲國際書展的黃金時代，一批亞洲國家和地區的國際書展開始
興起。1985年的新加坡世界書展，1986年的北京國際圖書博覽會，1995年的
東京書展、漢城書展和印度書展，1989年的香港書展等等，一大批年富力強
的國際書展如雨後春筍，令人眼花繚亂，當然其中也不乏魚目混珠、王婆賣
瓜者。但是，法蘭克福書展仍然是書業的奧運，地位不可動搖。

　　第五十九屆法蘭克福書展在10月14日落下了帷幕。據報導，這次書展，
中國出版代表團共有500多位同仁前往參展或者考察，儘管中國展區的面積僅
比2006年增加了40平方公尺，但參展人員卻比上屆多了30%。在中央「走出
去」方針的推動下，法蘭克福熱年年升溫，但畢竟德意志路途遙遠，只有少
數人有幸親赴德國參展。很多人對法蘭克福書展只聞其聲，不見其人。中國
人主張耳聽為虛，眼見為實。確實，不親歷法蘭克福那個場面，就談不上知
道法蘭克福，不知道法蘭克福，就沒有資格對出版說三道四。

　　說法蘭克福書展是書業的奧林匹克盛會，不僅僅是言其之大，但其規模
之大，確實堪稱震撼。據法蘭克福書展總裁博斯介紹，2007年有來自108個
國家的7448名展商參展，展出面積17.2萬平方公尺，展出圖書40萬種，入場
人數僅前兩天的統計是10萬人，六天的書展一般會有三四十萬業內外人士參
觀。但更能說明法蘭克福書展規模的是展場面積和參展商數量。法蘭克福書
展共有10個展館，其中大部分展館還分三層，書展所用的17.2萬平方公尺的

展場面積是北京國際圖書博覽會的6倍。我們早已聽說,法蘭克福書展展館之間的交通是用穿梭巴士來解決的。如果你是第一次和外商約見,而且沒有事先去對方展廳打探,那麼提前20分鐘至半個小時赴約是必要的。

本屆法蘭克福書展中國展團的展位面積是600平方公尺,僅僅是全部展覽面積的0.35%;參展商七十二家,只占全部參展商的0.9%。除了三十二家有獨立展台的重點出版單位,其餘的都只有一公尺展板或根本沒有展位。中國現在每年出版圖書已經多年保持在20多萬種以上,而且報刊的出版的規模也是穩居世界第一。根據聯合國教科文組織的統計,現在全世界每年大約出版圖書80多萬種。但如果按法蘭克福書展的展位面積和參展單位來討論中國是不是出版大國、是不是出版強國,可能就會有一個完全不同的答案。所以,中國出版業不能總是沉浸在品種和規模世界第一的喜悅中不能自拔。強和大並不是一回事。抗戰爆發前的1936年,中國的GDP遠高於日本,約為日本的1.9倍至2.8倍。按英國著名經濟史和經濟統計學家麥迪森(Angus Maddison)的說法,從17世紀末到19世紀初,清王朝統治下的中國GDP不但排名世界第一,在世界的比例也從22.3%增長到32.9%。與此同時,中國人口從占世界總量的22.9%增長到36.6%。按麥迪森的預測:中國可能在2015年恢復其世界頭號經濟體的地位,到2030年,中國占世界GDP的比重可能增加到23%。但是我們不能由此推斷中國出版的國際化和國際地位。

中國出版剛剛開始開始走向世界。中國展場的布置已然煞費苦心,沒少費銀兩,但是和哈珀柯林斯、藍燈書屋、阿歇特等世界著名的跨國公司相比,仍然過於寒磣和土氣。中國人到德國參展,展台的布置和裝修雖然有隔海過洋之不便,可這幾年在北京國際圖書博覽會上,許多歐美出版社裝修展台照樣也一擲千金,日顯豪華。仔細想來,中國展台這麼多年一直難以讓人滿意,可能還是和參展工作太多有關,一家負責替代了眾人拾柴。相比之下,中國國際出版集團因為有幾十年的參展經驗,而且展位又相對獨立,就比較有特色。中國出版集團、上海世紀出版集團、科學出版集團以及江蘇、遼寧等國內幾大省市的出版集團,規模沒有上百億,也有幾十億,但在書展上都沒有獨立的門面。中國出版集團才分到40平方公尺,折合四五個標攤,根本沒有在國內書展上的威風和氣派,而其下屬的商務印書館、人民文學出版社等中國出版名牌更處於幾重掩映,在一個個角落,無聲無息。到法蘭克

福書展各大展館走走，我們會看到歐美大社的展台一般都有幾百平方公尺的面積，有的一個集團的展位面積就相當於整個中國展區，藍燈書屋、阿歇特等出版集團在好幾個展館都有展台。2007年，有一些國內出版社也開始另立門戶參展，如遼寧科技出版社、人民衛生出版社、中國青年出版社、華語教育出版社等分別在四號專業館、八號國際英語館設立獨立的展台。

中國出版走向世界，政府的推動和支持當然很重要，但既然法蘭克福書展是商業性活動，就必須突顯企業主體，突顯企業的品牌形象，鼓勵和資助有規模和有實力的出版社單獨設展。中國展區需要相對集中，但不能抹殺獨特性。

當然，也不是什麼都愈大愈好，人家財大氣粗，肯定是有錢可賺。從哪裡看得出人家有錢賺呢？除了看展場人流，還可以看桌子。八號英語館主要是針對專業人士做版權生意的，所以桌子就特別多。很多大社的展場看上去不像書展的展場，倒像是一個個大餐館。為什麼呢？因為版權必須坐著談。小的出版社也是如此，七八平方公尺的彈丸之地常常被塞進了兩張桌子。桌子很多，樣書很少，這是英美館的特點。有的出版社展台上幾乎沒有樣書，這是因為好的版權在出書前該賣的都賣了，談版權基本上是看樣張，現在有了網路，樣張也可以免帶了。一本如到出版還賣不出版權，就不是什麼搶手貨了，不帶也罷。相比之下，三號館是德國本國出版社的展館，因為還要面對本地公眾，所以桌子就相對少些，樣書也多一些。

看人家怎麼做版權生意，除了數桌子，還要看本子。歐美的一些大出版社，五天的展期安排基本上是滿的，臨時想插隊99%沒門。人家會翻著本子兩手一攤：「Sorry！」這種想排隊但排不上是中國出版人在法蘭克福書展上最常見的尷尬經歷。書展下午五點半閉館，但人家的版權經理約會基本上都排到下午六點，就跟打仗似的。所以，正經八百地參加法蘭克福書展還得有一副好身段。

法蘭克福書展不但是一個大市場，也是一個大舞台。據說，2007年的法蘭克福書展有2500項文化活動。中國代表團這次也安排了30個活動，但大多數是簽約儀式，儘管活動所涉及的項目都很有意義，但現場除了參加活動的外方合作單位，基本上是清一色的「自己人」，很少有路過的本地觀眾佇足圍觀。倒是簽約儀式結束後，電視牆上播放中國文化節目時，原先嚴肅的簽

約場地上便坐滿了全神貫注看電視的老外。既然是簽約儀式，當然都是雙方的領導講話，講的多是有關項目的情況和各自的企業介紹，並不是讀者關心的國內外熱點問題。其實我們應該知道，外國觀眾很少有人會關心哪個社和哪個社簽了什麼合約，他們一般只對來到書展的名人和名人出的書感興趣。

在歐美展台，特別是德國展台，裡三層外三層圍得水泄不通的，都是名人演講或對話。記得2005年的中法文化年法國圖書沙龍和2007年中俄文化年的莫斯科書展，中方都帶了一些作家去現場搞活動，可2007年的法蘭克福書展好像沒有一個作家前往捧場。就算是中國的作家目前在國際上影響不大，但是我們可以請些名演員、奧運冠軍。當然，請姚明、章子怡不是小錢，但是「一分價錢一分貨」。由此可見，出版行業在中國仍然是一個小兒科，財不大，氣不粗。文化走出去，還是嘴上硬、手上軟。中國展台的人氣不旺，這當然和中西方文化差異和語言文字障礙有關，但不是沒有辦法吸引觀眾。比如隔壁的日本展台，就在現場搞了一個熱熱鬧鬧的酒會，被老外們擠得水洩不通，許多老外還把中國展台的接待台當作了吧台。

不過，儘管剛剛上路「走出去」，我們還是為中國展團所取得的成績感到高興，畢竟幾百甚至上千個合約簽了下來。我們相信在以後的幾年中，中國展團在法蘭克福書展上一定會有更好的表現。當然，高潮一定在2009年。記得前幾年中國展位面積在法蘭克福書展上還只有200多平方公尺，而短短幾年內就達到了500平方公尺。中國在飛速發展。中國出版也是一樣，年出書20多萬種，發行量也居世界前列。當一個國家對世界的影響愈來愈大，並和愈來愈多的外國人的生活和利益息息相關的時候，世界才會對這個國家的文化產生興趣。中國怎麼了？中國為什麼？到時候，來買版權的、想學漢語的自然會前仆後繼。筆者在2007年法蘭克福書展上，就深刻地體驗到了這種變化。前來中國展台詢問有關中國文化、學習漢語出版物的絡繹不絕。如浙江人民出版社的《少林功夫》，至少有英語、德語、荷蘭語、義大利語、波蘭語、西班牙語、阿拉伯語等近10個語種國家的出版社來洽談版權，反映尖端數學研究成果的學術著作和學生用的基礎數學教材也有歐美出版社問津。

中國在日益強大，中國文化走出去只是時間問題。現在，甚至還有人提出我們的走出去政策要慢點，不要過於張揚。要像鄧小平說的那樣，韜光養晦。政府要多做一些支持和資助的實事，多制訂有利於走出去的政策。新聞

出版總署領導多次表示要對走出去圖書給予書號支援，但至今沒有一個可操作的方案。

李約瑟（Joseph Terence Montgomery Needham）說過，中國在西元3世紀到13世紀之間，保持著一個西方所望塵莫及的科學技術水準，而這個時期，西方正處於黑暗和蒙昧的中世紀。透過橫貫歐亞大陸的絲綢之路，東方的造紙、印刷、絲綢、陶瓷、種植等先進技術和產品源源不斷地通過君士坦丁堡、威尼斯等城市傳播到整個歐洲。東方先進的科學技術和奢侈的生活方式，喚醒了在教會鐵幕籠罩下歐洲人的生命本能，迎來了文藝復興的曙光。物質文明的傳播總是伴隨著相應的科技文化、思想觀念、生活方式等精神文明的影響，我們相信，這種影響必然會隨著21世紀東方經濟的再度崛起而重新影響西方文明發展的進程，這就是中國文化走出去的依據。但是，這個過程可能還會很長，不是五年、十年，也許是幾代人的事情。所以，從目前的情況看來，我們還是不能低估中西方文化的差異和語言文字障礙對版權輸出的影響，中國對歐美的版權交易以傳統文化和學習漢語為主體的格局還將持續，東西方的版權交易在很長一段時間內仍然無法達到歐美國家之間的規模和頻率。像日本這樣的經濟大國，出版的國際化程度也不是很高。面對「走出去」的艱鉅任務，我們首先要對中國的出版品種和規模進行有效性分析，對中國的GDP進行人均值的分解，對中國的文化、經濟、科學技術在世界的影響和地位有正確的評估，這個評估對於創新我們的「走出去」規劃非常必要。

翻譯的問題也要引起足夠的重視。我們在這幾年版權交易的經歷中，感到要歐美出版社買你的版權似乎並不難，版稅也不是主要問題，難就難在翻譯。要找到兼通專業並且中翻外優秀者，實屬不易。在這次書展上，就有很多國外客戶要求我們在國內找翻譯。中國有幾十萬種書，但我們面臨的第一個問題是，老外能夠看懂中文的很少，你又不能在簽約前把整本書先翻譯出來。在這次法蘭克福書展中，中國國際出版集團的參展圖書有一半以上是英文版的，所以，他們的輸出版權數量最多。有此得天獨厚條件的，中國可能僅此一家。

給參展的每一本圖書做個書腰是這幾年中國展團的一種特殊的做法，這在整個書展上並不多見。其實把每一本書都蒙上一種寬寬的條子，非常有礙

話說2007法蘭克福書展

185

觀瞻。有的出版社做了很多英文版的假書，套一個數位打樣的英文封面，內夾幾頁英文目錄和內容提要，這要比做書腰的效果好得多，成本也不是很高。如果我們能夠再翻譯一兩章節或片段，就更利於促銷。鑑於中西方的語言障礙，做歐美版權還是要抓龍頭，龍頭就是英語版，只要把英語版賣出去了，其他語種的語言障礙就會消除大半，所以我們即使倒貼版稅也要先把英語版的版權賣出去。

書展結束後，筆者有機會赴法蘭克福遠郊美茵茲（Mainz）的古騰堡印刷博物館參觀，這裡陳列了古騰堡發明的第一部鉛字印刷機以及其印製的第一版《聖經》。展覽內容還包括東方印刷術的發明和發展，但其中卻突出地展示了韓國和日本的印刷史，展廳電視螢幕播放的是韓國人做的片子，展示古代東方印刷工具的模型也是韓國人提供的，整個展館給人的印象：東方的印刷術是日本和韓國發明的。日本和韓國在展覽館中都有獨立的展廳，並明顯地標示著JAPAN和KOREA。而中國展區雖然面積不小，但展區分散，展品多年沒有維護增添，布置也比較簡陋，大家看了以後心裡都感到很沉重。

書展前，恰逢浙江古籍出版社的《中國印刷史》獲得首屆中國政府出版獎，所以，浙江古籍出版社便委託我國總領事館向該館贈送了這套圖書。2009年的法蘭克福書展中國是主賓國，屆時，我們一定要突出宣傳中國對世界印刷發展的貢獻，讓全世界都清楚地知道，光明來自東方的中國。雕版印刷和活字印刷源自中國，這一直都是世界印刷史的常識。不但有大量的文獻記載，而且有不少初唐出土的文物為證。1966年在韓國慶州的一座佛塔中發現《無垢淨光大陀羅尼經》，曾被韓國學者認為是韓國發明印刷術的例證，認為是迄今發現的最早的成卷印刷品，但後來中外學者都一致認定是流傳到朝鮮的唐朝武則天晚期的中國印刷品，還不是中國最早的印刷品。這個事件說明我們的對外宣傳存在著許多空白，我們希望浙江古籍出版社能夠在2009年將這部剛剛獲獎的120萬字的《中國印刷史》翻譯成英文版、德文版，甚至更多的語種在海外出版發行。

由法蘭克福書展而聯繫到北京國際圖書博覽會。自1986年第一屆北京國際圖書博覽會舉辦至今，北京國際圖書博覽會已經歷二十二年，辦到了十五屆。現在，它被認為是和法蘭克福書展、美國BEA書展、英國倫敦書展排在一起的四大國際書展之一。在展覽面積上，北京國際圖書博覽會雖然比美國

和英國書展小了一點，但是，以參展國家的數量和參展人員的規格而論，早在十年前，主辦法蘭克福書展、倫敦國際書展和美國BEA書展的里德公司總裁就認為，北京國際圖書博覽會僅應該排在法蘭克福書展後面，為世界第二大書展。十年來，北京國際圖書博覽會雖然有很大的發展，展位面積突破了3萬平方公尺，參展國家也由三十幾個增加到五十多個，但是，十年的發展還是沒有實現大跨越，展覽面積仍然沒有超過英美，國際化程度與法蘭克福書展相比，更是相差甚鉅。

對這個差距怎麼看，這取決於我們對北京國際圖書博覽會如何定位。我們是和英美比，還是和法蘭克福比；北京國際圖書博覽會有沒有可能和法蘭克福書展雙峰並峙，成為東西方在時間和定位上互補、展覽規模相似的國際書展？北京國際圖書博覽會的發展應該比現在「更大、更快、更強」，我們的理由是：

第一，且不討論中國是不是世界出版大國、出版強國，但**中國年出書品種和發行冊數，已經連續多年排在世界第一**。打造東方法蘭克福的基本條件或許成立，至少，中國巨大的圖書市場已經吸引了世界出版商的目光。中國五千年的文化積澱，曾經為西方送去了文化、傳遞了光明，中國的四大發明有兩項直接和出版業有關。中國有打造東方法蘭克福的產業規模和文化底蘊。

第二，世界上最大的國際書展不在英語世界的英國和美國，卻在小語種的德國，正好說明了**一個國際性的書展主要是為世界各國之間的溝通搭建平台**。全世界的出版商來參加這個國家舉辦的書展，主要不是和這個國家的出版商做生意，就如奧林匹克運動會，是世界各國運動員之間的運動會。所以，成就法蘭克福書展的首要條件還不僅僅是這個國家出版實力的大小，而是這個國家的文化對世界的包容和尊重，是書展所能提供的全方位優質服務。就文化包容的角度來說，小語種國家會比主流語種的英美做得更好。

第三，**中國經濟的崛起可以為會展提供質優價廉的服務**。三十年來，東方經濟對西方的超越，世界文化和經濟由單極向多極的演化，以及東西方文化交流的日益頻繁，也為東方法蘭克福的建設提供了依據。除了書展，以中國為代表的東方文化和名勝古跡已經吸引了全世界旅遊者的興趣。透過2008年奧運會的舉辦，北京城市交通服務和環境的極大改善，為北京國際圖書博

覽會的跨越發展帶來了福音。

在四大國際書展中，法蘭克福的地位已經不可動搖，倫敦書展在地理上和法蘭克福書展重疊，規模和北京相差無幾。2007年的北京國際圖書博覽會淨展位面積約13000平方公尺，倫敦書展16455平方公尺；參展國家倫敦62個，北京58個。目前，倫敦書展主要是從時間上和法蘭克福書展形成互補。北京國際圖書博覽會展期曾經提前到5月分，首先碰到的是來自倫敦書展的反對。但是，如果北京國際圖書博覽會的工作做得出色，雙方競爭的格局也未嘗不能出現，這也取決於亞洲出版業發展和對西方出版界的吸引力。

美國書展的規模不大，美洲雖然地域廣大，但對於歐洲國家和亞洲國家，美國書展沒有地理優勢。而且，美國文化經歷了兩百年的融合，已經變得十分自負和保守，對異域文化的相容力正在逐漸弱化。現在的美國人認為美國就是世界的中心，世界上該有的東西，美國一樣不缺。所以，美國的翻譯作品市場非常狹小，美國書展基本上是一個國內書展。美國書展原僅為美國出版社對全美書商的一項採購性書展，後發展為所有英語國家共同參與，進而演變成具有版權洽談及圖書訂購雙重功能的書展，但書展的定位還是全世界最大的英文書籍展示活動，同時也是美國最大的圖書交易場所。而且，美國雖然是世界第一經濟實體，但出版品種卻排在中國、英國和德國後面列世界第四位，這也從某一角度說明了僅僅兩百年歷史的美國所具有的更多的是速食、好萊塢和網路文化。

我們說法蘭克福書展重要，但法蘭克福書展也有局限，書展再大，也只是一個書展，又隔著千山萬水，一個國家能夠參加法蘭克福書展的畢竟不會很多，特別是歐洲以外國家的出版商。所以作為一個出版大國，我們不能眼光只盯著法蘭克福。21世紀是知識經濟的時代，幾乎所有國家都在強調創意產業。所以，大凡有一定影響的國家都有了自己的國際書展，除了以上所列舉的比較有影響的，還有許多書展我們參與較少，有的還比較陌生，如澳大利亞的墨爾本國際書展、瑞士日內瓦圖書沙龍、巴西的聖保羅國際書展、印度新德里書展、以色列耶路撒冷國際書展、比利時布魯塞爾國際書展、瑞典哥德堡國際書展、阿根廷的布宜諾斯艾利斯國際書展、南斯拉夫的貝爾格勒國際書展、智利的聖地牙哥國際書展、斯洛伐克的布拉迪斯發國際書展、埃及的開羅國際兒童書展、加拿大的蒙特里爾國際書展、墨西哥的瓜達拉哈

那國際書展、義大利的杜林書展等等。這些書展雖然比不上法蘭克福，但所在國家和地區在國際事務中都很有影響。近二十年來，還有許多亞洲國家也在紛紛舉辦自己的國際書展，如越南書展、尼泊爾書展、馬來西亞書展、菲律賓書展等，作為亞洲第一大國又豈能不去參加？中國的經濟強大了，全世界到處都有中國製造，還有了中國威脅論，但科技和文化影響仍然很小。愛思唯爾的科技期刊資料庫要漲價了，我們只有忍氣吞聲；美國大片要進來了，攔都攔不住；連花木蘭和大熊貓等這些典型的中國元素也讓老外賺得缽盆皆滿，讓我們望塵莫及。有那麼多的海外書展要求我們參與，我們不能擺架子。中國圖書走出去，一步進入歐美主流的願望當然是好的，但事實證明要想一步到位比較困難，所以，我們同時還得採取「農村包圍城市」的策略，更多的從中小國家開始做起。相對於歐美強國，這些中小國家與中國的經濟文化發展水準更加接近，感情上也更容易溝通。

（2007年12月）

不該被忘卻的西班牙語世界

西班牙精神生活的四大要素:「閱讀、看電影、聽音樂和逛美術館」。

1585 年,由西班牙傳教士門多薩(Juan González de Mendoza)所著的《中華大帝國史》也許是第一部向西班牙人介紹中國的圖書。明朝在兩百多年的時間裡,一直都是當時全世界最發達最先進的國家。這本書中說道:「在這個大國,人們食品豐富,講究穿著,家裡陳設華麗,可以被稱做是全世界最富饒的國家。」

「他們產大量的絲,品質優等,色彩完美,大大超過格拉納達絲,是該國一項最大宗的貿易。」「那裡生產的絨、綢、緞及別的織品,價錢那樣賤,說來令人驚異。特別跟已知的西班牙和義大利的價錢相比。他們在那裡不是按照尺碼出售絲綢以及其他任何織品,哪怕是麻布,而是按照重量,因此沒有欺詐。」

「全國的大道是已知修築得最好和最佳的,它們十分平坦,哪怕在山上, 並且是靠勞力和鋤頭開出來的,用磚頭和石塊維護。……有很多大橋,建造奇特,特別是建在又寬又深的河上。在福州城,正對著國王大稅收館的館宅,有一座塔,根據那些看見的人的肯定,超過了羅馬任何建築。」

1585年正是明萬曆年間。這個時候,平民出身,被推上歷史前台的內閣首輔張居正,正以其非凡的魄力和智慧,整飭朝綱,鞏固國防,推行一條鞭法,使明王朝重新獲得勃勃生機。江河不息,流過五百年歲月,世界進入了21世紀,中國正面臨著第二次崛起,在中國圖書「走出去」語境下,我們都在期盼著21世紀版的《中華大帝國史》西班牙語版問世。但是,在廣大的西班牙語世界中,有關中國的圖書遠遠比不上德語、法語、日語,更不用說英語,西班牙語世界對於中國,正處於一種不該有的邊緣狀態。中國圖書「走出去」,西班牙語基本上是一個空白。

　　西班牙語是目前世界第二大通用語種，是全球人口使用最多的官方、民間交流的語言之一。全世界有4億多人說西班牙語，西班牙語的使用範圍僅次於英語。除了西班牙，在南美除了巴西，幾乎都通用西班牙語。全球以西班牙語為官方語言或使用西班牙語的國家達31個。在美國，以西語為母語的人非常多，它廣泛通行於紐約、德州、新墨西哥、亞利桑那和加州，在新墨西哥州，西語和英語並列為官方語言。有人說：即便是在美國，如果你僅憑英語未必能從東海岸一直走到西海岸，而西班牙語卻能。

　　有人計算過，以西班牙語為母語的人口已超過英語。全世界以英語為母語的人口不超過4億，其中英國、愛爾蘭6400萬，非洲白人不足1000萬，澳新2400萬，加拿大2000萬，美國約2.6億，加勒比海島和圭亞那500萬左右。而西語母語人口已經超過4億，其中西班牙4200萬，南美至少1.7億，中美洲約在3500至4000萬之間，加勒比海島約2500萬左右，美國西語人口4000萬，墨西哥1億多。

　　最近在哥倫比亞召開的第四屆世界西班牙語大會上，西班牙語國家的一些經濟學家和出版專家一致認為，隨著中國和西班牙語世界的經濟崛起，漢語和西班牙語將削弱英語在經貿領域的主導地位。專家們指出，移民和對外貿易的增長使漢語和西班牙語成為「流動」的語言，而這不僅是一種文化優勢，更體現了語言的經濟力量。西班牙行星出版集團（Grupo Planeta）副主席克雷韋拉斯指出，拉丁美洲是擁有大量移民的地區，該地區與東亞的聯合將取代美國在國際貿易中的主導地位。他認為，英語的國際影響將被西班牙語和漢語削弱。事實上，英語在術語方面的優勢已經有所下降。哥倫比亞波哥大安第斯大學教授加維里亞指出，英語在經濟方面的主導地位將面臨漢語和西班牙語的挑戰。中國的經濟和對外貿易增長大大提高了漢語的影響力。而西班牙語的地域優勢使其在地區經濟一體化中扮演著重要的角色。西班牙語的重要性還體現在西班牙語學習者的人數上。據統計，全世界至少有1400萬學生學習西班牙語，這個數字超過學習法語和德語的人數，排在第二位，僅次於英語學習者的人數。

　　隨著中國與西班牙和拉丁美洲國家在經貿、文化、教育等領域雙邊交流的持續增長，以及2008年北京奧運會的影響和2010年上海世博會對西班牙語翻譯和服務人員的需求，再加上西班牙賽萬提斯學院北京分院的建立等原

因，西班牙語學習在中國愈來愈熱，西班牙語學習用書的出版增長明顯。據某培訓機構負責人稱：2009年西班牙語網路課程報考人數較2008年翻了2倍。CIP 資料統計顯示，2001年至2009年8月，我國共出版西班牙語言學習用書近180種，並呈現出逐年上升的趨勢。其中僅詞典就出版了25種，口語用書近50種。這些圖書不僅數量增長，而且品種更加豐富。除了供高校西班牙語專業使用的教材、教參外，各類速成教學、口語教學、為商貿和旅遊使用的專業西班牙語以及西班牙語全國翻譯專業資格（水準）考試輔導用書的出版都增長較快。同時，隨著中國對世界的影響力與日俱增，愈來愈多的西班牙和西班牙語系的人渴望進一步了解中國。近年來，我國輸出版權和合作出版也迅速增加：如外文出版社與西班牙Editorial Popular出版公司《中國傳統文化》和《魯迅故事》的版權輸出合作，旅西學者陳國堅先生《中國愛情詩歌精華》在馬德里Calambur出版社出版。學習漢語的圖書在西班牙也不斷問世。最近，西班牙Difusion出版公司編寫出版了第一部學習中文的手冊，在這之前Difusion公司已經出版了一系列教學、自學或旅遊中國和學習中文的書籍。中西出版在其他一些領域的合作出版也日趨緊密。2009年9月天津國際圖書博覽會上，浙江大學出版社與西班牙Future建築出版社達成合作出版「未來建築」系列圖書，其中包括《世博會2010：上海及其城市現狀》。2009年，浙江文藝出版社出版了旅西華僑麻卓民的《穿越巴賽隆納》一書，在西班牙當地引起主流社會的重大關注。麻先生以一個旅居西班牙的華僑獨特的視野和情感對巴賽隆納進行描寫和詮釋，征服了西班牙讀者。西班牙主流媒體進行了重點報導。該書還被巴賽隆納市政府選為贈送中國官員的珍貴禮品和參加上海世博會巴賽隆納館的宣傳品。麻卓民先生第二本更加厚重的圖書《走進西班牙》也在上海世博會西班牙館隆重首發。

西班牙出版物的總量在世界居前五位。閱讀是西班牙人的一大愛好，被並稱為精神生活的四大要素：「閱讀、看電影、聽音樂和逛美術館」之一。西班牙出版業十分發達，書店、書攤在街上比比皆是，排隊購書的場景在那裡並不常見，個人藏書也是一種時尚。每年的圖書出口額達2到3億美元，是中國的5倍。根據2001年的統計資料，西班牙全國發行圖書62525種，其中新書55728種。在所有新發行的圖書中，48500種為西班牙語；6669種是加泰羅尼亞語或該地區相關語言。在西班牙，出版業是成熟產業，在國際上也極具

競爭力，是本國主要的文化產業。西班牙是一個非常有歷史和文化內涵的民族。在最近的二、三十年裡，西班牙的小說創作達到了鼎盛時期，其影響甚至超過當年的拉美文學。在不久前歐洲某機構公布的「最近十年歐洲最暢銷十位作家」中，西班牙作家竟占了五位，目前，許多國家都在出版和研究西班牙的當代作家、作品。

然而，一直以來由於西班牙語在中國大專院校的外語教育中屬小語種，我國與西班牙出版界的交流，特別是中國圖書進入西班牙的數量很少。據統計，2001年至2009年8月，我國共出版對外宣傳中國文化和政策的西班牙文圖書260餘種。這些圖書大部分是由外文出版社和五洲出版中心等機構出版。我們沒有這幾年中國輸出西班牙的版權數據，但國家版權局的統計數據表明，2007年全國版權輸出，歐美國家最少的是德國14種，加拿大13種，而西班牙榜上無名。

位於北京工體南路2號的賽萬提斯學院，是2008年落成的一幢漂亮的大樓，是西班牙為推廣西班牙語和西班牙文化建設的一個綜合性的文化中心，包括圖書館、電影放映廳、西語培訓中心在內的各種文化設施一應俱全，推廣宣傳活動一個接著一個。筆者參觀過其中的圖書館，藏書豐富，環境優美，在零下十幾度的大雪天，還坐滿了閱讀的讀者。這不能不讓我們充滿某種期待：要是中國也能在海外建設一批這樣的文化中心有多好。至少在巴賽隆納或者馬德里要有一個同樣規模的中國文化中心，而且應該在規模和投資上超過北京的賽萬提斯學院，因為中國的綜合國力已經排全世界第二。政府可以豪爽地拿出4萬億修橋鋪路，拯救體制落後的國有企業，應該有更多的錢增強自己的國際軟實力。中國政府有錢，但投資文化太小氣，容易給人留下經濟暴發、文化落後的不良印象，拿中國人自己的話說，就是四肢發達，頭腦簡單。目前，我國在馬德里和巴賽隆納的孔子學院都是和西班牙亞洲之家以及有關大學合作舉辦，還不是真正意義上的中國文化中心，也沒有更多的文化設施。其實這些年我們在海外高速擴展孔子學院真的有些大躍進的味道，大多數孔子學院都是合作聯盟性質，是「加盟店」，而非「自營店」。錢花了不少，但實際上我方並沒有更多的管理權。孔子學院的第一位一律是外方，不但投資小，而且沒有獨立發展的空間。而且，孔子學院主要面對大學在校學生，向社會培訓招生不多。孔子學院建設貌似「多快好省」，多和

快沒得說，「好」字就不好說了。孔子學院的最初是複製德國哥德學院的模式，但孔子學院的「榜樣」哥德學院至今在全球也不過只有一百四十餘所，其成立卻已有五十六年的時間，而我國卻在幾年時間內建立了近五百所孔子學院和孔子課堂，最近《文匯報》的一篇文章稱中國孔子學院正在以六天一所的速度推進。哥德學院基本上是自營式的，自己建設，自己投資，自己營運，北京的賽萬提斯學院也是一樣。在孔子學院的建設上，國家真花了不少錢，因此坊間廣泛傳言國家漢辦肥得流油。最近孔子學院網站運營花費3520萬一事在網上熱炒，有網友算出來3520萬元夠孔子學院網站花一百年。所以，有錢和有效並不是一回事。我們必須看到，海外的許多孔子學院都面臨著一個共同的問題，缺少用當地語言出版的中國文化圖書，缺少為當地語言量體裁制的漢語教科書和教輔讀物，這在小語種國家更加明顯。所以，國家能否在對外推廣漢語上分一些錢來給出版界，多出版一些外文版圖書。對外推廣漢語，圖書教材等軟體可能比硬體建設更加重要。

2009年北京國際圖書博覽會，西班牙是主賓國，但是，中國出版界卻對西班牙圖書市場「熱情無加」。這除了語言的障礙外，應該還有戰略規劃和指導思想上的誤區。據了解，西班牙國際書展已經舉辦二十七屆了，但中國出版代表團只有在1999年正式參展過。2008年和2009年，浙江出版界算是代表中國出版兩次參加了西班牙國際書展，一個小小的展位，也表達中國出版界對西班牙的合作願望，參展效果也相當不錯，特別是有不少西班牙出版社來詢問和洽談學漢語圖書的合作專案。但畢竟浙江一省不能代表國家的形象和國家出版的規模。在西班牙語世界，與西班牙國際書展同時存在的還有墨西哥瓜達拉哈國際書展，這個自稱為世界三大國際書展之一的書展，2009年有來自四十多個國家和地區的一千九百多家出版商參展，五百多名作家到場推介各自的新作，其中包括諾貝爾文學獎得主、土耳其作家奧罕·帕慕克（Ferit Orhan Pamuk）前來宣傳新作《純真博物館》（*Masumiyet Müzesi*）的西文版。但是，沒有一家中國出版社參展。《新華社》為此發表了專訪：「瓜達拉哈拉國際書展期待中國——訪書展負責人瑪西亞斯」。瑪西亞斯說：「我們正在和中國積極接洽，中國文化部已經向組委會表達了參加2011年、2012年或者2013年書展的意向。我們真切期待來自東方的文明古國——中國的參加，中國的燦爛文明和浩瀚的書海將使瓜達拉哈拉國際書展更加絢

麗奪目。」其實，對於參加許多中小國家的國際書展，我們往往缺一種大國風範。我們參加華沙國際書展就很有同感。2009年5月，中國出版代表團時隔十年後重新參展，華沙書展組委會主席在開幕式上激動地說，在十年後，我們終於又迎來了中國！

全世界都在關注中國，歡迎中國，希望中國前往參加更多國家的國際書展。但中國卻往往在這方面更多地考慮到經濟效益，忽視國家的大局和文化責任。國家盡可能地支持出版界參加更多的國際書展，應該成為「中國圖書對外推廣計畫」的一項重要工作，使更多的國際書展成為中國圖書「走出去」的管道和舞台。

2010年，我們希望中國出版代表團將在十年後重回巴賽隆納國際書展。我們也相信，透過書展，4億人口的西班牙語市場一定會和13億人口的中國出版界建立起更加廣泛和密切的合作關係。

（2010年3月）

走進非洲的遐想

貧窮並不是非洲的全貌，在傳統作家以殖民統治、腐朽動盪的政治
為主題的小說之外，阿迪切這樣的新作家已經開始了對非洲中產階
級的描寫，呈現出不一樣的非洲。

不積跬步，無以至千里

央視新播紀錄片《溫州人》，其中有一集說的是現任非盟主席讓平家族
的故事。這位有一半溫州人血統的非洲人，是走進非洲的第一批浙商，或者
說是當代溫州官當得最大的。讓平的父親程志平1933年從法國到加彭謀生，
娶了當地米耶內族首領的女兒為妻，在加彭雨林落地生根。近年來，讓平多
次來溫州尋根、祭祖，參加溫州人的各種會議和活動，走動頻繁。

浙商是目前在非洲最大的華商群體。與歐美相比，非洲的浙商與當地國
的貴族和政府關係密切，有的還當了酋長。浙江出版業依託浙商的人脈，邁
出了走進非洲的第一步。

2009年，浙江科技出版社第一本與非洲合作出版的《非洲常見病防治讀
本》法語版在馬利問世，同年，「2009中國文化聚焦：中國圖書展」在馬利
首都巴馬科的孔子學堂隆重舉行。儘管形形色色的中國書展在世界各地頻頻
舉行，但在非洲單獨舉行的中文書展，這可能還是開天闢地頭一回。四十年
來，浙江先後向馬利派出近七百名醫務人員，這支醫療隊曾經受到胡錦濤主
席的接見和讚揚。《非洲常見病防治讀本》就是由浙江醫療隊累積四十年在
馬利的行醫經驗寫成，圖書出版後受到馬利讀者和官方的一致好評，出版後
曾引起當地媒體的熱議。

不久，與納米比亞麥克米蘭出版公司合作出版的《非洲熱帶病》在納米
比亞首都溫特和克舉行首發式和贈書儀式。在衛生和農業部門的支持下，

《非洲常見病防治系列》、《非洲農業技術發展系列》全面啟動。2010年和2011年，《非洲常見病防治讀本》肯亞卷、坦桑尼亞卷，《非洲農業技術發展叢書》馬利卷、納米比亞卷相繼推出，兩個系列的幾內亞、赤道幾內亞、盧安達等國的版本也將陸續問世。這是兩個分國別和語種出版的系列叢書，整體規模將達到30到50種，均用當地語言，與當地國家出版機構合作出版，並得到所在國政府部門的參與和支援，無論內容還是形式，這在中國出版界都是一個創新。當地出版社對這種合作模式非常歡迎，合作也非常認真。納米比亞的麥克米蘭出版社有一位非常認真的女編輯，讓作者把書稿反覆修改了六次。這兩個系列圖書的斯瓦希里語、巴巴拉語等非洲方言版也將陸續推出。下一步著力推動的將是面向非洲本土化的漢語教材和文學讀物，非洲的孩子喜歡讀書，但非洲的圖書實在太貴。非洲是一塊陌生、貧窮而有風險的土地，投資非洲，短期看不到明顯的效益，在通向非洲的道路上，更多的是艱辛和付出、奮鬥和期待。但萬里長征始於足下，畢竟非洲是地球上唯一一塊未開墾的處女地，處處充滿神奇和憧憬，一百年前，卡倫布里森（Karen Blixen），也是懷著同樣的心情踏入了這塊神祕的土地。

讓中國了解非洲，讓非洲了解中國

「我在非洲時有個農場，在恩恭山脈的腳下，赤道從這些高地一路走過，向北綿延幾英里。我的農場在6000英尺的高度上，白天您感覺高得接近太陽，而早晨和夜晚則清澈寧靜，夜深時還有些冷。」這是丹麥作家卡倫布里森在自傳體小說《遠離非洲》（*Out of Africa*）開篇中對其農場的描述。加上美國首席職業女演員梅莉史翠普在同名電影中用她沙啞的嗓音反覆吟唱，曾召喚著多少尋夢人踏上非洲的土地。而卡倫自己卻在一聲歎息中帶著她誹惻的愛情滿懷哀怨悵惘離開了這片曾經帶給她痛苦、愛和勇氣的土地。

卡倫是一個殖民者，似乎也是一個援非工作者。她從1914年到非洲經營咖啡園，到1931年走出非洲，為本地居民治病辦學，做了很多好事。《遠離非洲》出版後，曾多次再版，不僅在東非和英語國家暢銷，還被翻譯成多國語言，根據同名小說改編的電影於1986年獲七項奧斯卡獎。海明威在接受諾貝爾文學獎時曾說：「如果《遠離非洲》原作者，美麗的伊薩克丹森（Isak

Dinesen，卡倫寫此書時所用的名字）得過此獎，我今天會更高興。」我們盼望著中國的出版社也能有《遠離非洲》或者《雪山盟》這樣的非洲文學經典。

如今，走進非洲也開始成為中國出版界的一個熱門詞彙，但這塊3010萬平方公里、8億人口的大陸，中國出版界一直沒有真正地走進去過，甚至了解的很少。就像很多歐美人至今對中國的了解還是長袍馬褂和張藝謀、安東尼奧的電影畫面，我們也常常把炎熱、乾旱、愛滋病、戰爭、饑荒作為非洲的代名詞。無論是文學作品、旅遊手冊，還是學術專著，中國讀者了解非洲，能夠看到的圖書太少。目前非洲已經有30幾個國家成為中國公民出國旅遊的目的國，但關於非洲旅遊國別手冊，我們能夠看到的幾乎就是南非和埃及等少數幾個國家，其中很多是翻譯歐美的版本，而嚴格地說，南非和埃及在非常不典型的非洲區域。

非洲在中國人眼中似乎就是貧窮和荒漠的代名詞，其實這是一個世紀性的誤區。非洲是世界上唯一一塊幾乎沒有被開採的資源富礦。僅以石油資源為例，2008年中國進口原油1.79億噸，其中從非洲進口就達0.54億噸。其實，除去900萬平方公里的撒哈拉沙漠，非洲剩下的2000多萬平方公里土地氣候遠遠好過中國。比如東非的烏干達、肯亞和坦桑尼亞，都在赤道線上，但東非高原海拔多在1000公尺以上，氣候相當涼爽，許多地方四季如春，肯亞首都奈洛比被稱為春城，聯合國人居署和環境署就座落於此。

至少非洲的文學並不貧窮。至今，非洲已經誕生了索因卡（Wole Soyinka）、馬哈福茲（Naguib Mahfouz）、葛蒂瑪（Nadine Gordimer）、柯慈（John Maxwell Coetzee）四位諾貝爾文學獎得主，而亞洲到至今也只有四位諾獎作者。非洲這片神奇的土地不僅孕育了自己的文學大師，同時也滋養了諸多歐美文學大師。英國作家康拉德（Joseph Conrad）的《黑暗的心》（*Heart of Darkness*）就是以非洲的殖民為主題，英國作家桃莉絲萊辛（Doris Lessing）、法國作家勒克萊齊奧（Jean-Marie Gustave Le Clézio）等諾貝爾文學家得主也都在非洲得到了文學養分。相對於中國出版業對歐美文學作品的引進熱潮，大部分的中國人對非洲獲得諾獎的四位世界級文學大師感到陌生，更不用說新銳的非洲作家。29歲的奈及利亞女作家齊瑪曼達‧諾茲‧阿迪切（Chimamanda Ngozi Adichie）憑藉小說《黃太陽的一半》（*Half of a*

Yellow Sun）摘取英國柳丁文學大獎的桂冠時說道：「美國人覺得非洲的作家
應該去寫異國風情、野生動物、貧窮、愛滋病這些話題」，「人們似乎忘記
了非洲也是有貧富分化的，可似乎公眾覺得非洲就不允許有等級差異。非洲
的『原生態』就該等同於貧窮，需要別人施予同情」。貧窮並不是非洲的全
貌，在傳統作家以殖民統治、腐朽動盪的政治為主題的小說之外，阿迪切這
樣的新作家已經開始了對非洲中產階級的描寫，呈現出不一樣的非洲。中國
的文學家和出版人也要將一個多元立體的現代非洲呈現給國人。

　　浙商率先走進非洲，全國最大的非洲研究的基地目前也在浙江。在並不
起眼的浙江師範大學，卻有一個全國最大的非洲研究院，非洲的國家元首、
駐華大使，國家和部委領導人走馬燈似地來到這裡。一套上百種規模的非洲
研究文庫正在陸續出版，浙江人民出版社和浙江師範大學非洲研究院將攜手
完成這一國家級的重點出版工程。

文化援非，責任和機遇並存

　　到目前為止，我國援非很少有文化專案，出版業對非洲的合作更是空
白。為此，商務部還曾專門召開文化援非座談會，文化援非已經被提上議事
日程，對非援助需要愈來愈多「授人以漁」的專案。由於忽視了文化和內容
的援非，中國早期援建的很多基礎項目因管理不善，可持續發展受限，有的
現在只剩下雜草一堆，坦尚鐵路就是一個突出的案例。援助非洲，內容的介
入是擺在中國出版人面前的一大任務，也是難得機會。最近，我國第一個援
建非洲的印刷廠項目正在進行前期技術論證。非洲的圖書昂貴，出版物極度
缺少，印刷工價是中國的數倍，援建印刷廠對我們發展對非文化交流有更直
接的意義。

　　非洲是一個潛在的巨大市場。有人說，非洲到處都是黃金，對出版也是
一樣，當然現在還不是收穫的季節。非洲大多數國家只有一兩家出版社，而
且這些出版社多是國有或外資的，一些小國根本沒有出版機構，比如赤道幾
內亞。書少而貴，書價一般是歐美的水準，一本書動輒十幾、幾十歐元，一
本書往往是一個工人的月工資收入。浙江科技出版社和馬利合作出版的《非
洲常見病防治讀本》，僅80多頁平裝的小冊子，馬利出版社定價10歐元。所

以，現在很多非洲的讀者都去複印店複印書，複印一本書的成本只有書的十分之一。

中國圖書如何走進非洲，本土化、合作出版是最有效的選擇，因為非洲出版社目前很難來購買你的版權。浙江科技出版社與馬利、納米比亞、肯亞、坦桑尼亞合作出版的《非洲常見病防治讀本》、《非洲農業技術發展叢書》都是採用與所在國合作出版的模式。由於非洲大陸的語言相對統一，東非以英語為主，西非以法語為主，其中23個家國通行英語，16個國家通行法語，3個國家通行英、法雙語，還有5個國家通行葡萄牙語。所以，合作、翻譯要比歐洲幾十種語言方便得多，非洲的最大方言斯瓦希里語也有1億多的使用人口，語言的相對統一也是我們走進非洲的一大地利。

浙江對非合作首先選擇保健和農業，是為了雪中送炭。五十多年來，中國先後向47個非洲國家派出援外醫療隊員1萬5000多人次，中國醫療隊在非洲有口皆碑。同時，我國派出農業專家的非洲國家也有28個。因此，編寫一套非洲不同國別的《非洲常見病防治讀本》和《非洲農業技術發展叢書》具備首要的作者條件。中國出版走進非洲，可以利用我國幾十年援非工作的積累和人脈管道，借船出海。

從《非洲常見病防治讀本》到《非洲農業技術發展叢書》也是一個偶然的機會。2009年7月，與馬利撒哈拉出版社合作出版的《非洲常見病防治讀本》在巴馬科舉行首發式，一位湖南省的援非農業專家找到我們，希望學習《非洲常見病防治讀本》的形式編寫一本《非洲農業技術讀本》，於是，《非洲農業技術發展叢書》應運而生。現在，這套叢書的馬利卷已經出版，納米比亞卷也已經編成。農業技術的重要性對非洲更是突出。當前，一場大饑荒正在非洲東部蔓延，受災人數超過1100萬。非洲人均糧食不足150公斤，而非洲卻有耕地2.7億公頃，是中國的2.17倍，還有宜農荒地9億多公頃。非洲土地的水和熱資源比中國好，普遍是三熟地。非洲缺糧有多種原因，但廣種薄收，靠天吃飯是重要原因。由於農業的落後，非洲國家不論窮富，蔬菜都貴得出奇。在世界排名倒數第二的塞拉里昂，一顆2公斤的甘藍菜淡季要賣到2.5美元，1個甜椒賣1美元，而1磅牛肉只要1.7美元。非洲常見蔬菜品種只有七八種，其他都要進口。我國駐非洲農業專家算過，在非洲用國內技術種蔬菜，一畝地一年可以純賺5000美元，這還是保守計算。非洲大多數國家到現

在都不會使用大棚。《非洲農業發展技術叢書》也是按國別編寫出版，內容將涉及種植、漁業、養殖、管理、加工、運輸等多個各相關領域，圖書主要針對非洲一般讀者。據了解，這種類型的圖書在非洲基本上是空白。

參加非洲的國際書展是走進非洲的重要途徑。目前新聞出版總署批准中圖公司和浙江出版聯合集團組織中國出版代表團每年參加南非開普敦國際書展和奈洛比國際書展。非洲的出版業也在改革轉型，民營出版開始發展。也許，非洲的民營出版是中國出版走進非洲更值得依靠的對象。在肯亞，希望與我們合作的一家小出版社，建立才一年多，一心想做大做強，這位社長表示，目前他們最大的問題是版權資源缺少，一時形不成規模，希望我們能夠提供批量廉價的版權。

而且，非洲的落後也不盡然。很多非洲國家的城市化與我國相比不過二三十年的差距，汽車和手機的普及差距更小，如奈洛比的塞車程度甚至超過北京。地面基礎設施的落後還意外地帶來了移動通訊的跨越發展。非洲手機用戶已經超過5億，費用也在這兩年迅速下降。奈洛比一張2000先令（相當於人民幣150元）的電話卡，可以打1000多分鐘國際長途。手機金融服務普及甚至超過中國。肯亞移動金融服務「移動錢」短短兩年多時間裡已經擁有550萬客戶，約占全國人口的六分之一，在全國有4200多個服務網點，遍及沒有銀行或郵局的偏遠鄉村和貧民窟。奈及利亞是非洲人口最多的國家，全國1.5億人有2200萬人開設銀行帳戶，手機用戶數超過8000萬。國際電信聯盟說，非洲移動電話的發展速度超過最樂觀的估計，是一個「奇跡」。如按照當前發展速度，非洲手機金融服務用戶則將有望在2014年達到3.6億。手機的超常普及對中國出版走進非洲意味著什麼，也許，中國出版走進非洲會跨過紙器時代，直接進入數位化和網路世紀，手機閱讀會比紙質圖書更快地走進非洲。而且，非洲的移動通訊設備和終端供應商大部分都是中國公司，華為、中興通等中國移動網路設備供應商早就大規模進入非洲，中國的數位電視在非洲的發展很快，如進入非洲較早的四達公司在奈及利亞、坦桑尼亞、肯亞、烏干達、盧安達、蒲隆地、幾內亞、中非共和國建設和開通了地面數位電視系統。硬體帶動內容「走出去」有特別的方便。

（2011年6月）

Part

4.

書和文化的碰撞

慘不忍睹的廢墟，揮灑不去的惆悵──
有感徐志摩故居終於被拆

> 如果經濟發展是以破壞千百年的文化古跡為代價，我們寧可讓歷史
> 倒退到二十年前。

胡雪巖的故居修復了，徐志摩祖居拆掉了。

新千年伊始，剛剛看過20集電視連續劇《人間四月天》，便忽忽趕住海寧硤石，憑弔徐志摩的幹河街新居，卻作別了徐家保寧坊的老宅。這個時候，轟轟烈烈的浙江省「兩會」正在召開，建設文化大省呼聲四起，而中國一代文化名人出生和居住了三十年的祖居卻被拆除。1897年1月15日，徐志摩出生在這座傳統四進套院裡，直到1926年其父徐申如為徐志摩與陸小曼結婚，在幹河街建造中西合璧的小洋樓，徐志摩在這個老宅前後居住了三十年。這座老宅不僅生養了志摩，也培育了志摩，從4歲開始在二進廂房二樓的家塾裡啟蒙讀四書五經，到1910年考入杭州府中之前，徐志摩在這裡打下了紮實的古文根底。

胡雪巖和徐志摩都是中國的名人。如果就財富而言，雖富甲一地的徐家並不是紅頂商人胡雪巖的對手，但就其在中國文學史的地位和對中國文化精神的影響，徐志摩的意義卻遠非胡雪巖所能比擬。有人認為，在中國文學史上，徐志摩甚至可以和曾經在杭州為官的李白、杜甫相提並論。就像他傳奇般的一生，徐志摩曾被人們高高地舉起，又被深深地埋沒，但這並沒有影響他在中國文學史上的地位。朱自清說過：「現代中國詩人，須首推徐志摩和郭沫若。」陳夢家說：「那位投身於新詩園裡耕耘最長久、最勤奮的──是志摩。志摩雖以詩著稱，但他的跑馬式的散文，文學中糅合有詩的靈魂，華

麗與流暢，在中國，作者散文所達到的高點，一般作者中，還是無一人能與之並肩的。」1935年良友圖書公司出版的《中國新文學大系》，可稱對20、30年代中國新文學一個頗具權威性的總結，其中，朱自清編的《詩集》、周作人編的《散文一集》、茅盾編的《小說一集》和鄭振鐸編的《文學論爭集》都收入了徐志摩的作品。一人能在四個門類中占有地位的，整套大系裡只是寥寥幾位。

如今徐家的祖宅卻被拆除了，但願海寧人保不住徐家老宅只是屈從於現代人對舊城改造的物欲，並不是對新月的陰影和鴛鴦蝴蝶的塵封。但是，海寧是經濟大縣，皮革城規模之大，錢江潮氣勢之壯，難道就容不下那小小的四進徐志摩祖居？杭州人為修胡雪巖故居花了5000萬元，遷走135戶居民，僅拆遷費用就近2000萬元。與胡居相比，徐家祖居的規模要小得多，一個四進的傳統套院，簡單修復一下，幾十萬元足矣。退一萬步說，即使本屆政府沒有錢，不修復也罷，維持原狀，爛攤子留給下屆政府，也要比一個「拆」字高明得多。

王朔說過，無知者無畏。但拆徐家老宅的決策者似乎有足夠的知覺。據說圍繞著徐宅的生死存亡，城建和文化部門已經有過一段時間的僵持不下。據徐宅邊上開店的一位大媽說，2000年以來，到這裡採訪的記者為數不少，拍過照片，拍過電視。那為什麼還要拆呢？這位大媽的答案似乎有點樸素：肯定是縣裡怕再有記者來找麻煩，趕緊拆了，再不拆就拆不了了。

當然，上帝也未必沒有過失但為官者重要的是三思而後行，要經得起歷史的問責，不能一念之差成千古罪人。而且，做到一代人不罵不行，還要保證世世代代不挨罵。杭州清河坊是否保留，平遙古城是否改造，都險在一念之中。但許多古建築被毀並不在一念之間。無論是定海拆古城，還是海寧拆徐居，最堂而皇之的理由竟是依法辦事：不是文保單位，拆無赦。照此理推斷，1949年就可以把北京的故宮拆了，因為那一年《中華人民共和國文物保護法》還沒頒布，故宮也不是國家級文物保護單位，更沒有列入世界遺產名錄。魚米之鄉，文物之邦，做官的除了懂法、執法，是否還應該對文化和歷史有一些基本的了解和熱愛？

回顧近年來發生的許許多多文物被毀、古城被拆事件，不能不讓人懷疑文物保護的法制是否過於寬鬆，過於軟弱。如果因為財力或對一些事物的一

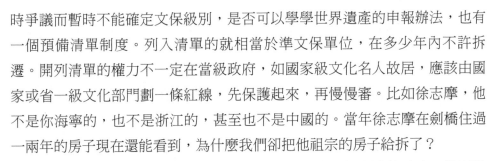

時爭議而暫時不能確定文保級別，是否可以學學世界遺產的申報辦法，也有一個預備清單制度。列入清單的就相當於準文保單位，在多少年內不許拆遷。開列清單的權力不一定在當級政府，如國家級文化名人故居，應該由國家或省一級文化部門劃一條紅線，先保護起來，再慢慢審。比如徐志摩，他不是你海寧的，也不是浙江的，甚至也不是中國的。當年徐志摩在劍橋住過一兩年的房子現在還能看到，為什麼我們卻把他祖宗的房子給拆了？

改革開放以來，中國經濟發展前所未有，但對文物古跡的破壞，特別是對古城古建築的破壞也前所未有。這是一代人對一代人的罪過，是一代人對下一代人極不負責的態度。寧吃祖宗飯，不拆祖宗房。如果經濟發展是以破壞千百年的文化古跡為代價，我們寧可讓歷史倒退到二十年前，沒有彩電、沒有冰箱、沒有的士、沒有摩天大樓，再拿著糧票買米，帶著布票做衣。

也許僅僅是一個誤區，認為老宅沒有價值，新房才有看頭。幾次參觀徐志摩故居，當地的陪同都只帶我們去看已經修復的新居，都說祖居破破爛爛沒什麼可看。我們很感激海寧的政府完好地保存了徐志摩故居的新宅，並投資進行了修復。但故居並不是愈新愈豪華才愈有價值。在國外，作為名人故居主要標誌的是他的出身地。比如我們熟悉的莎士比亞故居，那座非常不起眼的三層樓的小屋，就是莎士比亞的出身地，而莎士比亞發跡後重建的新居，當地人只是車子開過順帶指點一下。《人間四月天》所有在硤石的場景卻沒有採用幹河街新居一個鏡頭，作為導演，絕不會沒有考慮過這個問題。

從烏鎮到硤石，剛剛聽完烏鎮感人的保護修整事蹟，卻面對徐志摩祖居的一片廢墟，失落太多，失望太多，惆悵太多。不知是在為志摩惆悵，還是在為海寧惆悵，還是在為一個民族惆悵。有人說，烏鎮之所以比西塘和周庄好，其中一個重要的因素是有茅盾的故居。多少小鎮為了吸引更多的遊客，在苦苦地尋找名人遺跡，在浙江，就有三四個縣市在爭梁祝、爭西施，看來海寧人真有點「身在福中不知福」。烏鎮人不但努力保護本鎮的文化，還把各地舊城改造後的舊房梁、舊石板統統收購了去，以舊修舊，以舊造舊，為自己的文化古鎮添磚加瓦。據說他們把杭州清河坊舊街改造換下來的舊木料、舊石板也悉數收購，說不定在烏鎮的某一條街上，或某一間房子裡就真有志摩祖居拆下來的東西。

最近，又從網上讀到一篇關於浙江江山二十八都的報導，這個三省交界

處至今保存最完整的古鎮，三十六幢完整的古民居大院，十一處殿廟祀社均保存完好，最體現二十八都建築價值的雕梁畫棟幾十年來沒有受到一點損壞。著名導演謝晉看了二十八都後說：如果張藝謀看了二十八都，《菊豆》也不會到安徽歙縣去拍了。前幾年，面對前來收購雕件和明清對聯的商販成千上萬的開價，二十八都人不為所動，他們反問文物販子：「你說老祖宗能夠賣錢嗎？」當地政府也在拆房，但拆的是新房，拆的是與古鎮建築不協調的新樓。二十八都人很窮，他們絕對不如皮革之鄉海寧人有錢，他們也說不上他們的祖宗到底來自何方，但對於祖宗留下來的東西，貧困的二十八都人願意代代相守。

親歷了海寧徐宅廢墟的蒼涼，接著去了溪口，在妙高台千丈岩看捨身石，聽導遊講述了一段「放下屠刀，立地成佛」的典故：雪竇寺一個小和尚因懶於早課，殺死一條打鳴的蚯蚓，被逼於千丈岩捨身，結果意外地感動了一位屠夫放下屠刀立地成佛。當然，人命關天，殺人和拆房畢竟不同。然後，又想起了古裝電影上常有的鏡頭：一騎飛來，聖旨到，刀下留人！到筆者看到時為止，徐宅才拆了三進，還有一進樓房尚存，據說這是志摩父母的臥室。聯想到幾年前司徒雷登的故居也是拆了以後，媒體一作呼籲，父母官通情達理，終於將拆下的屋梁門框甚至磚瓦悉數追回，按原樣重建。不知徐家老宅是否還有這份劫後餘生的幸運？

（2001年2月）

由春晚看出版誠信

出版市場的導向愈來愈偏向於商業和世俗，把平凡當作經典的傾向
日益嚴重。

　　2010年春晚引起的批評似乎比往年更激烈些，熱門話題仍然集中在趙本
山。在滿街的春晚口水中過濾出幾個焦點，似乎和當前如火如荼的出版改革
有某種關聯。

　　首先是**公益性和商業性的爭論**。線民認為，春晚之所以能夠集全國文藝
精英於一台，是因為中國只有一個中央電視台。央視是事業單位，是國家的
代表。中央電視台尚未改制成中央電視台有限責任公司，或中央電視台股份
有限公司。春晚是全國的文化大餐，提倡什麼思潮，引導什麼時尚，一舉一
動影響重大。春晚的公益性決定了春晚公平公正，節目面前人人平等，品質
是唯一取捨，而不能過多的摻雜廣告和其他經營性行為。但是，近年來央視
的商業氣息愈來愈重，廣告進帳也愈來愈多，2010年春晚廣告收入超過6億，
僅本山的小品就被塞進了至少1500萬元廣告。俗話說，有錢能使鬼推磨，春
晚的種種是非，不免就和錢說不清楚了。我們不能說每年受到批評，被認為
愈來愈差的春晚就是因為文化精神被商業利益侵蝕，也不能說趙本山小品所
做的一些廣告有多少過分，但是這幾年春晚的標誌性節目小品日益娛樂化、
低俗化確實有目共睹。除了品質的下降和廣告的銅臭，春晚節目甚至還出現
對底層民眾的汙辱性情節。魔術節目是離開核心文化甚遠的娛樂項目，本來
就是一種雕蟲小技，初看觸目驚心，但其實一點內涵也沒有。可眼下由春晚
始作俑的魔術節目、魔術圖書紅遍全國，耍魔術的劉謙賺到缽滿盆滿，不能
不讓辛辛苦苦傳播核心文化的文藝人、出版人心酸。有估計劉謙其2010年的
收入5000萬元不在話下。於是韓寒的一篇部落格文章〈把魔術演成話劇〉引
出了一場網路口水戰。韓寒說：「春晚劉謙帶了一個詐騙團夥來，演了一齣

話劇。」

　　春晚有公益性和和商業性之分，**出版更有公益性和商業性的問題**。根據出版體制改革的計畫，全國五百多家出版社除四家保留公益性質的事業單位，其餘五百多家全部轉制為企業。雖然我們可以透過國家出版基金，透過政策導向和行政管理使改制出版社把社會效益放在第一位，但改制後的出版企業，市場化和商業化已經是本質屬性，法制層面確定的屬性顯示出版的公益性和商業性很難調和。出版改制後，圖書出版進一步追逐市場，選題低俗化，功利性傾向和春晚很有共同之處。公益性的不斷弱化是當前文化體制改革面臨的一大問題。

　　其次是**壟斷性和競爭性的問題**。畢竟現在中國文化是一個半計劃半市場的體制，即使是高度壟斷的電視也存在著相當程度的競爭。為了保證央視作為唯一國家電視台的壟斷地位，政府頒布了一系列的文件和法規。前幾年湖南衛視以娛樂節目挑戰央視的霸權，最終以失敗告終。但壟斷意味著沒有競爭、沒有監督，意味著落後。這幾年地方電視台在央視的壟斷縫隙中求得生存，仍然使央視面臨前所未有的市場挑戰。2009年全國電視台收視率前十五名，除了央視的10個頻道，湖南、江蘇、浙江、安徽等衛視分別占據了第四、五、七、十位。而收視率的數值，除了央視一台依靠新聞時政的絕對壟斷為0.66外，央視大多數頻道與地方台差不了多少，都在0.3到0.2之間。湖南衛視的收視率在各別月分甚至超過中央一套。這就意味著，一旦電視台的地域限制管理放開，中央台和地方台的競爭格局會發生很大的變化。由於中央電視台的壟斷性經營，使它在廣告經營上獲得了地方台幾十倍的收益。新一輪的出版改革正在進行，中央部委出版社在改制中變本加厲地擴大壟斷，不但與部委壟斷資源不脫鉤，而且還要進一步紮緊籬笆，以部委為單位組建行政性集團造大船。最典型的就是中國教育出版集團，據說還要組建中國衛生出版集團、中國財經出版集團、科學出版集團，新聞出版總署曾經說過要建立類似的12個集團整合改制脫鉤後的部委出版社資源。一些部委出版社雖然隨著中央機關的機構改革改變了隸屬關係，如化學工業出版社的主管單位變為化學工業協會，機械工業出版社劃歸機械工業研究院，中國紡織出版社劃歸中國紡織工業協會，石油工業出版社則劃歸中國石油天然氣集團公司，但實際上對原有的行政資源配置影響仍然不大。中國出版集團、中國教育出版

集團和更多部委出版集團的建立，在出版界類似於央視和地方衛視的市場衝突一定會重演，地方出版集團和中央出版集團的競爭，愈來愈會變成中央出版壟斷出版資源和地方壟斷出版資源的競爭。

國有書業的壟斷分為政策性和歷史性兩種。政策性壟斷是體制性的，如部委出版社對直屬出版社的資源專享和偏重，這種壟斷至今仍然根深蒂固。人教社的中小學課本碼洋近百億（含租型），占全國的80%以上。法律出版社和中國法制出版社在全國法律圖書的市場份額中，各自占有30%以上。歷史性壟斷是指歷史的延續性，表面看是公平競爭，但實際上部委出版社政策壟斷所積累的品牌、資源、人才、市場，即使是在開放的市場體制下，在相當長的時間內仍然會把持優勢，就如新華書店的黃金地段賣場和教材壟斷制約民營零售書業的發育，就是一種隱性壟斷。根據中國對外翻譯出版公司〈中國書業年度報告（2007-2008）〉提供的資料，總資產排名前三十九位的出版集團及大社名社中，中央部委社占據了11個席位；發貨碼洋排名前三十九位的出版集團及大社名社中，中央部委社占據了11個席位；資產利潤率排名前三十九位的出版集團及大社名社中，中央部委社占據了12個席位，其中，教育科學出版社以38.38%的資產利潤率高居榜首。開卷監測資料中，2005年零售市場占有率前十名的出版社中央部委社占據了7個席位。為什麼進入WTO需要時間表，就是要保護民族工業、民族文化，不能讓老外「公平」地進入中國市場進行競爭。這種關係對於地方出版和部委出版、民營出版和國有出版競爭也是一樣的道理。一個產業的公平競爭，不僅僅是在法律和社會關係層面，還要充分考慮到歷史和現狀。

第三是**真和假的問題**。魔術的真和假本來不是問題，但問題在於中國社會已經有太多的假，太少的真，太多的非誠。這兩年的春晚兩個最耀眼的明星趙本山、劉謙都是「超級大忽悠」。當誠信和汙染成為當今中國最突出的社會問題的時候，春晚也由文化大餐變成了「忽悠大舞台」，這難道僅僅是偶然和巧合嗎？不僅春晚如此，電視的商業性與公益性衝突還集中表現在電視購物節目上，這幾年電視購物節目簡直到了氾濫的地步。最近上海市工商局點評2009年消費者申投訴十大熱點，電視電話直銷高居榜首。一些電視購物節目的唬爛程度讓人感到比地攤的吆喝有過之而無不及，到了讓人目瞪口呆的程度。有人說，現在的電視台已經變成了忽悠大舞台。

　　2月20日《文匯報》頭版揭露書業有人買榜唬爛讀者。報導說，國內如今圖書排行榜愈來愈多，暢銷書榜上不時會冒出幾本出人意料的書，這很可能就是買榜買出來的。此前，已經不斷地有民營書商回購圖書買榜的說法，《文匯報》的消息似乎可以讓人們相信，書業買榜並非道聽塗說。

　　出版業的唬爛本事細細數來也真的不亞於趙本山，除了買榜，前幾年還出現過眾多的「偽書」。如果說多少年前科利華用《學習的革命》上市炒作唬爛了幾百萬讀者還是個別現象，那麼，近年來我們則可以到處看到，出版市場的導向愈來愈偏向於商業和世俗，把平凡當作經典的傾向日益嚴重，暢銷書的文化成分日薄西山。當春晚年復一年創意失盡，再也不能「忽悠」百姓的時候，出版業也終於會有一天會沒有足夠的誠信吸引廣大讀者。

（2010年3月）

重建圓明園的民族文化視野
——由一本書引出的圓明園重建大討論

我們更希望把重建的過程變成全世界華人和全世界人民追求和平、
交流文化的過程，這個過程要比建園本身有意義得多。

異地重建：緣起《1860：圓明園大劫難》

2005年8月31日，由歐洲時報社購買版權、浙江古籍出版社出版的
《1860：圓明園大劫難》在北京隆重首發。2005年9月5日，來自清華大學建
築學院、中國人民大學清史研究所等單位的全國圓明園專家聚集北京達園舉
行了《1860：圓明園大劫難》（中文版）出版專家座談會。2005年9月，本書
作者在北京、上海、杭州、廣州等地大學舉行了巡迴演講和簽售，引起讀者
和媒體的強烈反響。

2005年12月，為本書作者布里賽（Bernard Brizay）的國際主義精神深深
打動，年過七旬的橫店集團創始人、橫店社團經濟企業聯合會會長徐文榮先
生來到北京，和北京專家進行了第一次接觸。2006年6月，關於浙江橫店異
地重建圓明園的計畫開始在網上披露，於是，建與不建、異地重建和原地修
復、國家建還是民間建、能建不能建等問題的討論在網上鋪天蓋地。

撰寫《1860：圓明園大劫難》的布里賽是法國人，這本書也是迄今為
止圓明園研究領域最厚重的中文版專著。法國前總統德斯坦（Valéry Giscard
d'Estaing）為該書中文版所寫的序言中說：「在法國，我們有我們所稱的記
憶的責任，這意味著必須承認和不忘記過去的錯誤與罪行，不論它們是他人
還是自己所犯的。但願布里賽此作有助於增強此種記憶責任，並讓人們憎惡

戰爭這一苦難之源。」

　　其實，關於圓明園重建的爭論在1860年被毀後就開始了。重建工程自同治12年以來斷斷續續進行過多次，同治重修計畫修復的房屋達3000多間，現存的頤和園就是在光緒年間重建的清漪園。自1900年八國聯軍入侵，到20世紀80年代，圓明園就只有破壞而沒有修建。20世紀80年代，歷盡劫難的圓明園才開始從死亡的邊緣甦醒過來，遺址保護和重建方案的爭論也隨之展開。1983年中共中央和國務院批准的《北京市城市建設總體規劃方案》和2000年經北京市市長辦公會議通過、國家文物局批准的《圓明園遺址公園規劃方案》，對圓明園建成遺址公園的利用和保護作了定位，明確規定修整後的圓明園建築復建比例不超過10%，圓明園從此定位於遺址公園，原址整體復建被劃上句號。但是，圓明園重建的呼聲並未從此停止，主張重建的學者一再強調，遺址的保護是必要的，而且要制定更加嚴厲的法規對圓明園遺址進行保護，一百多年來對圓明園遺址噩夢般的破壞絕不能再重演。但是，與遺址相對應的是輝煌。我們進行愛國主義教育，那種刻骨銘心的愛和恨又從何而來呢？必須有對比，才會有震撼。所以，重建派又被稱為「比對派」。

　　圓明園這個被歐洲人稱為「一切造園藝術的典範」、19世紀人類建築園林文化之集大成者和最輝煌、最美麗的「萬園之園」究竟是什麼樣子呢？一百四十六年過去了，目前在世的所有中國人都未曾親眼目睹。一百四十六年的歲月滄桑，現有的圓明園廢墟留給我們的遺存已寥寥無幾。在很多很多人的記憶中，圓明園只是長春園200畝西洋樓景區的幾處建築廢石，而占地5000畝的中式建築，目前的遺存幾乎等於零，著名的圓明園四十景圖所示的景點已經一無所有。特別是在十年動亂期間，圓明園遺址僅剩的斷垣殘壁也被清理乾淨，建築基址掘地三尺，山頭平掉十分之四，湖泊河道基本填平，圓明園的山形水系在這二十年中基本被毀。這麼多年來，我們一直在討論圓明園的遺跡保護，其實圓明園留給我們的與其說是遺跡，倒不如說只是遺址，國家有關圓明園的文件法規也都說遺址，而不是遺跡。所謂遺址，就是這個地方曾經有一個什麼建築。浙江紹興的南宋六陵和杭州吳山腳下的南宋太廟遺址就是如此，現在只是在地面上鋪一層綠草，豎一塊石碑而已。

　　一些專家認為，我們可以從印加馬丘比丘古城的殘牆斷壁、古羅馬競技場和雅典巴特農神廟的立柱來想像它們當年的雄姿，也可以從歷盡千年風沙

的新疆高昌古城的一片片土堆來勾勒出昔日絲綢之路的繁華，因為這些遺址的主要建築構件尚存。就遺址概念而論，圓明園和馬丘比丘、和古羅馬的競技場、雅典衛城並不屬於一個類型。圓明園留下的東西實在太少，已基本上不存在修復的概念，恢復就等於重建。主張遺址保護的同仁反覆地強調遺存對於現代的教育意義，比如說：「讓歷史通過現實留存來活生生地展現。任何出於其他方面考慮而對圓明園所做的修復或重建，都將是對這種歷史價值的損毀和對這一象徵符號的弱化。」「罹難後的圓明園的價值恰恰在於它的破損性。所以，我們現在要做的是儘量保護好能夠勾起我們記憶的歷史碎片，哪怕只剩下殘垣斷壁。」這些話都很有道理，但恰恰犯了一個前提性的錯誤，那就是圓明園基本沒有遺存，哪怕是殘垣斷壁。也許再過一、兩百年，我們的後代甚至會問，中國歷史上真的有過這麼一個叫做圓明園的「萬園之園」嗎？

　　代表圓明園廢墟派的葉廷芳先生在描述「廢墟審美」理論時，舉過不少例子，如柏林市中心保留的二戰中被炸掉半個頂的哥德式教堂，海德堡的一座殘破的中世紀教堂等，但是他總不明白這些教堂畢竟還有殘軀，還立著站著，而圓明園幾乎什麼都沒有了。目前為大家所熟悉的圓明園遺址的標誌性遺存西洋樓殘景，並不是圓明園的精華和主體，西洋樓景區不到全園總面積的二十分之一。從建築學意義上說，西洋樓也不能代表當時西方建築的最高技藝。我們進行愛國主義教育，不能光靠圓明園西洋樓景區的幾堆石頭。圓明園的核心和精華是中式園林，現在西洋樓反而成為圓明園的象徵，外國人把自己造的房子燒了，把自己的文化毀了，大家都去憑弔，那叫什麼愛國主義教育？圓明園最需要復建的是代表中國建築和園林藝術最高水準的中式景觀。《1860：圓明園大劫難》的作者布里賽在第一次見到西安兵馬俑的時候，他哭了。這是因為他看到了一個幾乎沒有受到絲毫破壞的二千年前的兵馬陣。但到圓明園的時候，他沒有哭，因為圓明園給他的只有痛心，沒有震撼！

　　最具諷刺意味的是，在關於重建的爭論中，「復建派」大多是研究圓明園的歷史、建築、文物和園林專家，「廢墟派」則有很多充滿詩情畫意而對圓明園歷史現狀知之甚少的文學家、藝術家，某些作為領軍人物的知名文學家、藝術家甚至連圓明園的基本知識都不具備，經常說出八國聯軍燒毀圓明

園、圓明園200畝遺址之類非常外行的話，把英法聯軍誤作八國聯軍，把西洋樓景區等同於圓明園。最近關於橫店重建圓明園的一次爭論中，同濟大學國家歷史文化名城研究中心主任阮儀三教授還在說「在八國聯軍的大火中，圓明園已經死了」。不了解事實真相，當然容易感情用事，言行缺少科學和理性。記得叢維熙先生在一次論述圓明園不可重建時是這麼說的：「圓明園不能克隆，因為它只有資料可以參考，沒有遺傳細胞可以來個基因移植。」熱鬧了幾個月的圓明園防滲漏事件也說明了許多反對者對圓明園根本不了解，憑一知半解就急於發言，媒體似乎也總對反方意見有特殊的嗜好，一哄而起。為什麼反對重建的領軍人物常常會犯一些常識性錯誤，是偶然？是巧合？在個別常識性錯誤的背後，可能就包含著對圓明園整體歷史和現狀的無知。

「廢墟派」常常把重建主張和遺址保護、國恥教育對立起來。以圓明園焚毀為主要結局的第二次鴉片戰爭對中國的傷害甚至超過1840年第一次鴉片戰爭，這是中華民族歷史上為數不多的重大悲劇，但怎麼才能讓我們的後代永不忘記這個世紀悲劇，在悲劇中體驗一個偉大文明的毀滅呢？唯一的辦法就是再現其毀滅前的輝煌。所以，圓明園不但必須復建，而且必須全景恢復！圓明園的整體輝煌也不能局部體現、圓明園的主要價值在於它的整體規模和布局，圓明園5200畝陸地和水面與主要的四十景觀是一個有機的整體，圓明園只有其整體的組合才能體現世界「一切造園藝術的典範」。圓明園全部120多個景觀沒有一個是相同的，有匾額獨立命名的園林建築就達六百多處。

在處理古代遺址的問題上，異地重建和遷建歷來是一個涉及較多的論題。雷峰塔重建方案幾十年舉棋不定，遺址的覆蓋和反覆蓋是主要矛盾。圓明園既然不能在原址重建，退而求其次，在遺址附近復建也好，但也同樣不太可行。首先是地價昂貴，重建圓明園5200畝用地在北京西郊至少也得100多億。如果建在更遠的北京某個郊縣，與建在浙江或其他省分就沒什麼兩樣。水源更是問題，一百多年前的北京西北郊遍地泉水、溼地，而今由於地下水的嚴重開採，地下水位大幅度下降。據有關資料，中關村一帶的平均地下水位已低達20公尺，根本滿足不了溼地所要求的6公尺地下水域的要求。圓明園地塊處於古河道，地質滲漏極大，目前基本上是每年有7到8個月的乾枯期。

沒有水的圓明園當然不能稱其為圓明園。水是圓明園的靈魂，圓明園有五分之二是水域面積。所以，即使允許原址重建，水源也解決不了。

在這樣的背景下，《1860：圓明園大劫難》一書的出版又重新勾起了國人百年重建圓明園之夢。與以往不同，這次提出的是異地重建方案，重建的地點被圈定在中式園林的源頭江浙滬一帶，其中主要候選地就是浙江橫店。

複製的誤區：從仿古建築看民族文化傳承

重啟修建圓明園計畫，特別是提出了異地重建的設想，我們不得不從一個特殊的角度來討論中國傳統文化傳承的沉重話題：那就是中國傳統文化鏈條中建築環節的斷裂，修復這個斷裂，首先涉及的是對仿古建築的看法。而重建圓明園，對修復中國傳統建築文化的斷裂究竟有何種意義和作用？許多人反對重建圓明園，除了要保存遺址外，一個重要的原因就是對仿造古建築有嚴重偏見。但是，我們這裡要說的是，圓明園的重修不僅僅是圓明園的問題，也不僅僅是國恥教育的問題，它更是一個民族文化傳承的世紀性課題，從圓明園重建說到仿古建築，從仿古建築再說到中華民族文化的復興和傳承，我們要跳出圓明園看圓明園，從圓明園看中國文化傳統的長遠發展。

民俗、文獻、建築是民族文化傳承的三大載體，在建築文化中，又以宮殿、廟宇、陵寢和民居為主體。經過清末以來一百多年戰火罹難和20世紀50年代以後接連不斷的政治運動，特別是改革開放以來大規模的經濟建設以及新型建築材料顛覆性的替代，傳統建築占全國建築物的比重愈來愈小，並基本失去了再生能力，中國幾千年一脈相承的傳統建築文化在20世紀出現了斷層。而古希臘的梁柱式建築和後來羅馬人在此基礎上發展起來的充分體現雕塑和線條美的拱券式建築，包括在這個基礎上延伸的巴洛克、哥德等多種歐式建築風格，在西方延續了三千多年，至今還生機勃勃，歐美幾乎所有的別墅仍然是傳統風格。在中國的房地產市場上，歐式公寓、別墅也是時尚和華貴的標誌，始終是樓盤的高端產品。城市的公共建築仿歐洲古典風格也很流行。現代中式建築始終沒有解決木材替代、土地資源限制，以及傳統風格和現代化居住需求的接軌，中式建築何去何從，已經到了生死存亡的十字路口。

　　在世界文化一體化的背景下，我們並不反對洋為中用，但無論從傳統文化感情還是客觀藝術審美，都不能無視中式建築的存亡。中式建築特別是中式園林，和中國的詩歌、戲曲、繪畫在審美特徵上一脈相承，以其寫意的詩性變化與西方建築寫實的對稱死板形成二元對立。和寫實的西方藝術相比，東方文化中寫意性藝術形態所表現的審美意境，恰恰是近百年來世界藝術思潮所推崇和追尋的。從現代審美價值上為中國傳統建築藝術確立在世界建築格局中的地位，是我們考量和規劃傳統建築發展的首要前提。

　　作為圓明園「廢墟派」的代表學者，葉廷芳先生最近發表了〈中國傳統建築的文化反思及展望〉一文，整體來說是要創新，不要過去，不要復古，更不要搞「假古董」，再一次明確反對任何形式的對圓明園的重建。他說，「中國木構建築作為農耕時代的產物已經走完了它的歷史進程，面臨著蛻變」，但是他幾乎把所有的中國建築，包括中國的「城牆文化」、「中華民族永恆不變的大屋頂風格」都否定了一遍，把歐式的十七八種建築風格讚美一通，還把中國不重視建築藝術和建築理論歷史的現狀也「反思」了之後，卻仍然沒有提出「展望」的具體思路。木構建築結束了，歷史無情地進入了鋼筋水泥的時代，這在歐洲也是一樣。「用鋼筋水泥復古」其實是大勢所趨，只是西方本來就是以石結構為主的建築更容易與現代的鋼筋水泥接軌，但這也並不說明木結構建築就不可能實現與現代建材的傳承。

　　而且，在討論傳承和發展問題時，葉先生並沒有注意到中西建築文化遺存的現實。**文化的傳承首先是傳，然後才是承。**無論是古希臘建築對羅馬建築的影響，還是巴洛克風格對美洲建築的影響，傳授的一方自身都是很厚重、很時尚、很強大的，當年中式建築傳播日本和韓國就是這樣。而中國目前的局面是，現有的傳統建築已不足以形成一種普遍的審美基礎，磚木結構建築受到土地和材料供給的阻斷，歷史上作為建築藝術主體的宮殿王府、私家園林、豪華陵寢已經沒有現實需求，國人對傳統建築的審美積累日益淡薄，其根本原因就是身邊所能夠見到的中式建築，特別是有深厚藝術內涵的大型建築愈來愈少。所以，我們除了需要在理論和實踐上繼續探索後工業時代建材供給和土地資源制約下中國傳統建築的革新模式，還要盡可能地仿建和復建更多古代建築，特別是具有典範和時尚意義的重大建築，以增加中國建築傳統文化的厚度和濃重，彌補新一代國民對傳統建築的審美缺失。

　　在這裡，仿建包含兩個概念：一是對已毀建築的重建和修復。改革開放以來古建工程修建寺廟最多，品質也普遍較高，且多屬文物復原，有較好的形制規範；其次是有據可查的故居名園的修復；再來就是根據傳統形制建造新的建築，如仿古一條街之類新舊夾雜的古建。復興傳統建築文化最薄弱的環節是普通的公用建築和民宅，除了建築材料的更新換代和土地資源的限制外，主要是受經濟實用建築方針的影響。新中國成立後，反對建造大屋頂，取消木結構，使中式住宅建築再也沒有圓明園、小蓮莊、拙政園、退思園這樣的藝術典範來引領潮流。雖然國家在短時間內完成了城鎮房改，但由於沒有開放土地二級市場，公民沒有建房的自主權，所以，現代住宅成為中國建築中最沒有文化傳承、最沒有個性的部分。農居房由於宅基面積的政策性限制，加上建房成本低廉和極少設計含量，離傳統建築文化更遠。其實，現在有很多人買得起價位上千萬、甚至幾千萬的豪華公寓和別墅，如果能夠向個人開放土地二級市場，用這些錢在遠郊也完全有可能營造一些中小規模的個性化私家園林。但是要解決土地二級市場問題似乎還非常遙遠，涉及的不僅僅是建築問題，而更多的是政治和制度。所以，在今後相當長的一段時間內，公共仿古建築可能仍然是中國傳統建築發展的主要領域。

　　仿古建築往往都面臨遺址保護和復建的矛盾。在遺址保護和重建有衝突的時候，要鼓勵異地重建的方案。對雷峰塔的重建方案雖有不同評價，但它首創了垂直隔斷、同址重建的模式，既保存了遺址，又在原址復建了古塔，其本質上也屬異地重建，只是空間移動的方向和距離不同。所以，雷峰塔工程對圓明園的異地重建是一個有益的參照。對仿建古建築我們還主張引入文物仿造的理念。為了展出的安全，博物館的很多文物都是複製品。現代的文物複製技術完全可以做到視覺觀賞與真品無異，對這種複製大家都沒有什麼異議，卻不知為什麼對複製建築文物總有諸多成見。葉廷芳先生曾指出，中國建築文化的不發達，主要是緣於中國人不把建築當作藝術品而視為日用品，既然葉先生認為建築也是藝術品，那複製一個藝術品不是很正常嗎？

　　傳承中國古代建築文化的當務之急是要破除「假古董」誤區，為「假古董」正名。中國有句俗話，叫做好死不如賴活，聊勝於無。既然古代的真跡已然不得，我們就只能退而求其次。我國現存的許多名勝古跡都是經歷了千百年的風雨滄桑，屢毀屢建，才得以保存下來，北京的故宮、北海、天

壇、頤和園都是如此。滕王閣在一千三百年中重修了二十六次。雷峰塔從吳越國到清代重修過不下五六次。1644年，明故宮被李自成一把火燒毀，只剩下一個武英殿，現有的故宮都是在原址上重修的。「文革」時，天安門城樓就曾拆除重建，還增高了一公尺，恭王府的主建築銀安殿也是重建的，沒有人說它是假古董。畢竟歷史在發展，建築技術和工藝也在進步，只要不是刻意做假，偷工減料，特別是在用料上盡力與古代一致，目前我國修復明清建築的工藝和技術應該沒有大的問題，這是大多數專家比較一致的看法。高品質的仿古建築，過了一兩百年就是貨真價實的文物。現存《蘭亭集序》都是仿摹本，但我們還是如獲至寶。當仿古建築占了建築市場一定的份額、形成一定的產業規模的時候，這個產業就會在競爭和繁榮中提高品質，造就在新的地價、環境、材料以及用工成本條件下的傳統建築模式，形成新的產業標準，繼而孕育這個時代的建築文化內涵。要特別注意的是，我們不能把局部的古建水準低下與支持鼓勵仿古建築的原則對立起來。

圓明園全面重建，肯定也是一個龐大的學術工程，會帶動一大批傳統建築有關學科的繁榮和創新。園林規劃、山形水系、道路橋梁、建築材料、門窗裝飾、雕梁畫棟，哪些是需要發展的，哪些是需要繼承的，哪些是可以替代的，中式園林和中式建築生存發展的很多問題都會在圓明園重建這個中國古建天字號工程中找到答案。目前各地古建築普遍存在著缺少形制規範、品質參差不齊的狀況，這和古建築行業沒有龍頭企業，沒有頂級的重大工程，缺少科研配套和產業規模有關。圓明園的重建，不僅能使清代以來中國傳統園林建築的頂尖技術得到傳承，而且會推動中國古建行業規範和行業標準的早日頒布。圓明園的異地重建，還會影響一批遺存較少或基本沒有遺存的中國古代建築的再生，阿房宮、漢皇宮、唐大明宮、南宋大內，甚至北京的城牆都可能在一定的時間和地點作局部或全部的重建。

重建圓明園可以從建築學意義上完成21世紀中國古典建築和康乾時代技術高峰的連接。和其他文化產業一樣，傳統建築的興起必須要有核心和重點專案，就如明星對時裝服飾的引領，大片對商業電影的推動，暢銷書對圖書市場的點撥，從這個意義上說，重建圓明園工程就是重塑中國傳統建築文化精神的「大片」、「明星」和超級暢銷書。就如周庄和烏鎮的修復，對中國古鎮保護的無形推動，不管這種推動是出於審美需求還是經濟效益，古鎮熱

對於保護和傳播中國傳統文化意義是重大的。中國建築文化的振興和繁榮，圓明園就是一個里程碑式的龍頭工程。如果保護文物和遺址是當代人義不容辭的職責，重修仿建更是當代人應盡的義務。我們需要重建的古建築不僅是圓明園5200畝地基上的16萬平方公尺中西建築，而應該是它的幾千幾萬倍。目前，全國一年有超過13億平方公尺的新建築問世，以這樣的速度發展，一二十年後中國的建築業會像西方發達國家一樣進入低潮，這二三十年經濟騰飛中建起來的上百億平方公尺的建築，就會成為今後中國建築的主體。這個主體是什麼？這個主體代表了一種什麼樣的建築文化？只要你上街隨便睜一隻眼就一清二楚。這無論對中國的建築學家、民俗學家、歷史學家、文學家、哲學家，還是對於13億中國居民，都是一件很悲哀的事情。拯救中國建築文化，就是拯救中國文化！有一首歌是那麼讓人難忘：「洋裝雖然穿在身，我心依然是中國心。」那是因為海外的遊子有他的祖國，祖國還有那麼多的文化積澱，有四合院，有尚存的古村古鎮，有青磚黛瓦、粉牆岸柳。當有一天，在中國再也看不到一座中式建築，洋裝穿在身，洋樓遍地是，那這顆中國心也就無所依存了。

圓明園是中華民族歷史發展又一個高峰期的傑作，是中華民族燦爛文化的結晶。「世界一切造園藝術的典範」，這是歐洲人對圓明園的評價。雨果在那封著名的《致巴特雷上尉的信》（*A Letter to Captain Bartley*）中，把中國的圓明園和雅典的巴特農神廟分別作為東方藝術和西方藝術的代表，稱前者為夢幻藝術，後者為理念藝術。盛讚圓明園不但是一個絕無僅有、舉世無雙的傑作，而且堪稱夢幻藝術的崇高典範。圓明園的全面重建關係到曾經發展到極致的中國造園藝術能否在21世紀重現輝煌，並代代相傳。面對如此崇高的藝術典範，21世紀的炎黃子孫，21世紀的中國政府，21世紀的中國科學家、文學家、史學家、建築學家，如果總是這樣無動於衷，那麼，弘揚民族傳統文化，加強精神文明建設，提升綜合國力，又從何談起？

北京市文物研究所王世仁研究員指出：修復圓明園的必要性，除了大家指出的政治經濟文化上的意義外，對它在世界建築史上的地位也應當有充分的評價。18世紀西方是古典主義建築盛行的時期，許多建築傑作反映了當代理性主義的思潮；而在東方，則應是以北京的三山五園、熱河的避暑山莊和長城內外幾十處園林建築為典型，反映了一代東方情調的浪漫主義潮流。它

們是18世紀世界文化史上並峙的兩大奇峰。所以,是否重建圓明園,不僅關係到對中國文化傳統的認識和重視,而且關係到中國對世界文化的發展應承擔的責任和義務。

一百多年過去了,中國興盛強大了,我們用什麼來展示一下我們的實力,用什麼來包紮一下1860年留下的創口?我們需要痛定思痛,但不能總是對著廢墟冷月作悲痛狀,甚至不遺餘力地追尋所謂的「殘缺美」。現在的中國最需要的是振奮和建設、幸福和繁榮。九一一對美國的打擊夠大了吧,但人家五年後就開始在原址上建造更偉大的雙塔,只保留一點遺跡作為紀念。圓明園的重建不僅僅是一座建築的復生,應該還有其政治意義,甚至是軍事戰略意義。冷戰以後,世界兩極格局的消解,使地區性戰亂衝突不斷,反恐形勢嚴峻,在單極化的格局下,歷史慣性使超級大國仍然處於尋找潛在敵手的狀態,一些昔日老牌帝國主義也在蠢蠢欲動,想在新的世界格局中占有一席。伊拉克危機、北約東擴、日美軍事同盟、朝核問題等等,都無時不在威脅著世界和平。建設和諧世界的呼聲,在進入新世紀後愈來愈得到全世界愛好和平的國家和人民的回應。化干戈為玉帛,變冷戰為熱土,建設人類共同的和平幸福家園,文化交流在其中將會發揮意想不到的積極作用。當初就是一個小小的乒乓球,化解了中美兩國二十幾年冷戰的堅冰。1840年,英國軍隊用堅船利炮打開中國國門,到1860年英法聯軍燒毀圓明園,東西方文明的衝突由此拉開大幕。從1860年到2006年,在圓明園遺存經過一百四十六年的磨難,已經基本消失的時候,法國人民和法國政府勇敢地承擔了他們應承擔的記憶的責任,中法兩國人民多次動議聯合重建圓明園,法國人民就是這樣把這個象徵和平友誼的繡球拋向了中國。如果中法兩國人民重建圓明園的宏偉計畫得以實施,必將開啟中法兩國友誼的新篇章,法國人來了,英國人還能坐得住嗎?英國人來了,全世界愛好和平的國家和人民也會來積極參與這個重塑世界和平的工程。所以,我們說,重建圓明園必將成為兩百多年後,東西方文明重新融合、全世界人民友好團結的世界性標誌工程。這也許也是我們重建圓明園最大的文化視野。

圓學新視野：以建促保，以園興園

重建圓明園的意義，不僅僅關係到弘揚傳統文化，進行愛國主義教育的大局，而且對於圓明園遺址本身的保護和圓學研究都大有益處，重建圓明園一定會使「圓學」出現一個嶄新的局面。

首先，重建圓明園會有力地推動圓明園研究的深入。重建圓明園資金如果有1%用於研究和考證，那就是幾千萬甚至上億。《1860：圓明園大劫難》的作者布里賽說，他手中就有四十多部英法文的圓明園史料可供翻譯出版。重建的圓明園不但要在硬體上做像做真，而且要在軟體上形成研究平台。要以重建工程為核心，凝聚全世界圓明園研究的力量，搜集全世界的圓明園研究成果，舉行各種研究活動，出版大量的研究成果。圓明園的研究期待圓明園的重建。

由於圓明園的重建在學術界一直爭論不休，特別是原址整體重建至少在幾十年內不可能實現，所以，圓明園研究在很多方面一直是紙上談兵，許多專家的課題找不到實驗機會，難以深入。由於缺少實踐推動力，圓學研究目前正面臨諸多困難。中國圓明園學會主辦的《圓明園》叢刊，1992年出到第五期就難以為繼，學會的影響也大不如從前。中國圓明園學會和圓明園管理處多年來「園微言輕」，無非就是「家中徒有四壁」，而且「娘家無人」。管理處級別太低，至今還是海淀區的鄉鎮級單位，與圓明園的歷史地位和在全國的影響很不相稱。中國圓明園學會則根本沒有級別，費用來源也基本依靠民營企業贊助。中國「官大一品壓死人」的官本位體制決定了學會和管理處的地位能量。比如圓明園文物的回歸，國外的沒有辦法，但眼皮子底下的總得逐步要回來吧。現存可查圓明園的石雕類構件散落在北京城的不計其數，在北大、清華、頤和園、達園、國圖等單位內最多。現存北京大學的圓明園文物有：安佑宮華表一對、大石獅一對、漢白玉石麒麟一對、長春園西洋樓的海宴堂前噴水石魚兩座、山高水長土牆詩碑一座、方外觀前的石平橋（在未名湖邊）。國家圖書館的有：安佑宮華表一對、長春園大東門石獅子一對、文源閣石碑兩塊。頤和園也有很多來自圓明園的文物。北大、清華、故宮、國圖哪個不是省部級單位，頤和園和達園的級別也比圓明園高，鄉鎮一級的圓明園管理處也只夠和住在四合院的平民趙玉蘭對話，好歹終於把一

對石魚給弄了回來。或者說，真的要不回來也可以，能不能在那些文物面前立一塊小牌子，說明這是圓明園哪個景觀的文物？圓明園管理處好像也沒有這個能耐。看看目前圓明園破破爛爛的現狀，連一座像樣的房子也沒有，不是有法定的10%修復規劃嗎？為什麼二十年過去了，還不讓動一磚一瓦？好歹把「方壺勝景」等幾個有代表性的建築給復建了，也可以做個像模像樣的博物館來收藏回歸文物。如果現在真的有什麼珍貴文物回歸，往哪兒放，往哪兒藏？就放在那個和工棚差不多的展覽館嗎？《紅樓夢》中有一句判詞叫做「心比天高，命比紙薄」，這「心比天高」的就像是充滿詩情畫意的「廢墟派」學者，而「命如紙薄」的恐怕非圓明園遺址和圓明園管理處莫屬了。

其次，異地重建具有很多意想不到的開放性實驗功能。一是它不怕失敗，做不好可以重做，哪兒不好改哪兒，甚至不惜全部推倒。二是異地重修反而可以保證原樣恢復。從歷史上看，古建築原址重修一般都很難保持原樣，特別是遺存很少的情況下，重建肯定會有較多的形制改變，雷峰塔、黃鶴樓、滕王閣等都不例外。因為原址修建，一旦確定遺址不保，以其正統的地位，很容易引發創新和改造，以期一代勝過一代，一朝好於一朝。如果圓明園幾十年或一百年後還在原址重建，肯定不會和乾隆時期的圓明園一模一樣。而異地重建因其非正統性，更會強調模仿的相似，以期得到更多的認同，除非萬不得已，不會輕易修改原有形制。今後也許橫店的圓明園作為文物的複製品反而更接近原樣，而北京原址重建的圓明園則是一個全新的圓明園；也許多少年後，文物學家要保護的、要研究的，恰恰不是北京原址上的圓明新園，而是橫店複製的圓明園。在重建討論中，已經有不少研究者，包括葉廷芳先生提議在圓明園遺址上建成一個現代的萬園之園，成為21世紀世界造園藝術的新高峰。有了異地重建存檔的圓明園，這種設想才有了實現的可能。

仿建古建築也是對失去的技術進行全面研究和繼承的過程，哥德堡號的重生對圓明園的重建可以有所啟示。瑞典人在二百年後重建哥德堡號，面臨著諸多的困難：國內造船業已經由世界的霸主成為邊緣產業，找不到造船所需的二百年樹齡以上的橡木，所有零部件需要手工製作，如金屬部件全部用手工煅打，但民間的手工藝多已失傳。所以，哥德堡號的重生，也就是古代造船技術的重生。哥德堡號的重建也很好地解決了古代文化和技術在當代的

繼承和發展問題。如找不到大橡木，船上所需的五十多根巨型龍骨就是用幾十層松木板複合的，實踐證明其強度和韌性都要好於整根的橡木。

　　第三，異地重建將大大有益於圓明園遺址的保護。幾十年來，圓明園遺址保護、修整和宣傳一直步履維艱。圓明園一切問題的解決取決於全國人民，特別是國家領導人對圓明園遺址重要性的認識。圓明園要不要保護，要花多少力氣、多少錢保護，不是有沒有錢，而是值不值得花的問題。據說維持目前圓明園水系的水費每年只要700萬元，如果國家認為圓明園重要，每年多給圓明園700萬水費，還用得著去搞防滲膜嗎？我們說過，對圓明園的誤解很大程度上是緣於對圓明園的不了解──對圓明園不了解，就不可能關心和重視。現代人都習慣於直觀地了解事物，愈來愈不喜歡看書認字而鍾情於視頻和圖片。圓明園的出版物本來就很少，潛心研究圓明園的人更少。有了一個複製的圓明園，而且複製得幾乎一模一樣，中央領導去看了，專家學者去看了，成千上萬的遊客去看了，一目了然。這麼好的圓明園被毀了，那還得了！遺址保護和整修就會得到重視。從某種意義上說，保護遺址最好的辦法就是異地重建。頤和園本來就是三山五園的一部分，同時毀於1860年的戰火，因為慈禧把它重修了，所以它就比圓明園官大一品，財政預算是圓明園的不知多少倍。這頤和園不也是重修的嗎？目前，異地重建圓明園還沒有開始，由此引起的爭論已經對保護建設北京圓明園遺址產生了積極的影響。2007年上半年，海淀區人代會上有代表再提原址重建方案，北京市和全國兩會上，也有不少代表提交重視保護和建設圓明園遺址的提案。

　　再退一步說，我們就是對遺址嚴防死守，這當然也好。歷史已經翻到了2007年，有關圓明園的國家法規也已經不少，但現在的遺址是不是固若金湯了呢？不一定！黨的十一屆三中全會是1978年召開的，1979年《北京晚報》有一篇報導居然還表揚了在圓明園遺址上建造工廠如何不占用農田。到20世紀90年代末，南京的城牆還在為城市道路建設讓路。當日曆翻過二千年後，徐志摩在海寧的故居以及定海古城又在眾多媒體一再曝光的情況下被強行拆除。圓明園遺址很重要吧，但剛剛修建不久的五環路還是貼著圓明園的內牆而過。圓明園有裡外兩道牆，還有護城河，五環路就這樣把圓明園的外牆和護城河壓在了滾滾車輪之下。圓明園現在劃定的6000多畝保護範圍，有遺存的就是200多畝。北京中關村這麼金貴的地皮，經濟建設、科教興國多麼需

要土地！奧運會百年一遇，航太事業振興中華，北大、清華對國家經濟文化發展的意義比圓明園也差不了多少，現在圓明園遺址上什麼都沒有，我們可不可以先搞點小建設以應燃眉之急，以後再「退耕還林」也不遲呀。無地面遺存的遺址，其保護歷來異常困難，而地面和地下皆無遺存的遺址保護更難。從歷史看，這類遺址被小建築覆蓋蠶食的可能性極大。1977年，圓明園遺址開始清理時，裡面共有工廠、學校、倉庫、靶場等單位15個，住房1000餘間，居民點20多個，外來人口6000餘人，這些人口和單位的進駐也都有各種理由。1960年圓明園被確定為海淀區文物保護單位，1979年才上升到市級文保單位，這在客觀上也說明了圓明園遺存的缺乏。同樣是國寶級文物，為什麼故宮、長城、靈隱寺、普陀山、孔廟孔林、甚至奉化的蔣氏故居在「文革」中都沒有遭到破壞，圓明園多年來卻屢經洗劫，我們也應該從圓明園自身去找找原因，而最根本的原因，就是因為園子沒有及時得到修整。其實，圓明園遺址需要保留的只是包括西洋樓景區在內有較多遺存的十分之二的面積，其餘都應該逐年重修。日本廣島二戰後只留了一處原子彈破壞的建築，不是也被列入世界遺產名錄了嗎？

關於新園和舊園相輔相承、相得益彰的關係，我們還可以從更多方面來認識理解。橫店仿建故宮時，也有很多人反對，認為已經有一個故宮了，有沒有必要再造一個？而且原物尚在，仿建的難度會非常之大，所謂畫鬼易，畫人難。但是橫店最後還是把故宮造起來了，其仿真程度不可以說它僅僅是一個影視城，而且有些出乎我們的意料，仿建故宮最具意義的恰恰是對保護北京故宮的重要作用。橫店故宮建起來後，極大地緩解了影視拍攝對北京故宮的壓力，也在一定程度上分流了參觀故宮的遊客，因此得到了政府和專家的一致認同。

和故宮相比，圓明園對清王朝的重要性並不亞於故宮。特別是從雍正開始，清廷的政治中心逐步移向圓明園，幾朝皇帝三分之二的時間在圓明園度過，清史許多重要事件都發生在圓明園。由於沒有圓明園的實景，以前許多清宮戲場景被移至故宮。圓明園的重建，一定會帶動圓明園題材影視作品的大量湧現。《1860：圓明園大劫難》出版後，影視界人士已經有意將其改編成電影和電視劇。大量圓明園題材的影視劇搬上螢幕，又會引起民間和政府進一步關注、了解圓明園，反過來促進圓明園遺址的建設和保護。近年來拍

攝的紀錄片《故宮》和《圓明園》系列上映後受到觀眾的大力追捧，如果一部大片（故事片）能全面展示圓明園興盛時期的全景，那可能比我們研究宣傳十幾年的圓明園影響還要大。

好夢能否成真：異地重建的可行性研究

重建圓明園的百年之夢能否成真，我們要引用著名建築學家、華中科技大學教授張良皋的一段話：「曾有人說要修復圓明園，在技術上難度甚大，這當然有一定道理。但要說修復圓明園在技術上辦不到，我看不會。明清建築，典型猶在；圓明園文獻遺存也很多，修復圓明園的憑藉可謂足夠豐富。頤和園後山蘇州街之重建，憑藉並不比圓明園多，卻很成功；揚州、西安一些建築甚至是仿唐，品位也不低。要說現在缺少古建人才，那無非七年之病，求三年之艾，不能立見成效，但只要著意培養，人才也必能應運而生。修復圓明園，要我們出人，我們辦得到。」

圓明園的復原首先在於原始資料。圓明園建造畢竟只有兩百多年，乾隆和道光各朝留下的工程圖紙及有關資料雖然不能提供全部依據，但也可以說是相當豐富了。國家圖書館、中國歷史檔案館以及清華大學、天津大學等單位都有一批圓明園的珍貴資料，國家圖書館收藏的圓明園工程圖紙「樣式雷」[1]達三千多張，其中相當一部分都標有尺寸，故宮博物院還有很多實物模型的燙樣。從道光、咸豐、同治、光緒各代的局部重修到1933年營造學社對圓明園的大規模測量都留下了很多資料，經過海內外專家的多年研究，圓明園的總平面圖已經相當的細節化。對目前所有的資料，清華大學等機構已經做過許多實地勘測，證明現有圖紙與原址實際情況基本吻合。

而且，專家認為，清代的宮廷和皇家園林建築，就其結構來說，都有工程則例，也就是建築工程規範。在國家圖書館、故宮博物院等單位藏有《圓明園工程則例》、《萬春園工程則例》、《圓明園工程圖》、《三園工程清並作法約估》等清代原始資料，提供了木工、石工、泥工、瓦作、油作、畫

---

[1] 樣式雷是清代負責皇家建築的雷氏世家總稱，從康熙年間第一代雷發達開始共有八代，創作涵蓋都城、宮殿、園林、陵寢等，知名的作品包含故宮、圓明園、頤和園、天壇、承德避暑山莊。

作等外部工程和內部裝修的詳細規範。國家圖書館藏《熱河工程則例》，其內容與《圓明園工程則例》相同，所以現存的一批承德避暑山莊建築可以為圓明園建築提供實例。當時的皇家造園使用統一的工料定額和工程做法，這一點也被後來的遺址考察所證實。也就是說，清代皇宮建築結構一般都是照搬照套，變化的只是外型和環境，而圓明園的外型和環境恰恰有價值連城的四十景圖。專家認為，唐岱和沈源等人所繪四十景圖基本上接近現代建築工程的效果圖，相當逼真和精確。

有人認為，古代建築裝修多用手工藝品，現代技術難以達到。北京市文物局的王世仁研究員認為，如果今天要復建一座唐、宋或者明代的建築，達到當時的工藝要求是有難度的，但清代的小式建築，特別是乾隆以後的，就不那麼困難。他說，他們拆卸過幾個清代建築，發現康熙時代的做法工藝很考究，而乾隆時代的就比較粗糙，有些還不如我們現代人工水準。這是因為當時造園的數量很大，不可能要求那麼考究的工藝，再加上乾隆以後的園林，重在空間的組合，對平面空間的組織和尺度關係比較講究，這就要求修復工程從尺度、比例、色調、裝修等綜合效果上體現出當時的風格，而不是嚴格要求每一個具體細節。所以，有專家認為，只要材料和施工上認真考究，新建圓明園在工藝上達到乾隆時代的水準，甚至有所超越，是完全可能的。杭州市的園林專家就認為，圓明園、承德避暑山莊沿湖的堆石和現存圓明園遺址內的堆石，技術比較粗糙，材料也不是很講究，比不上目前西湖景區的水準。有專家認為，現代木雕技術和明清相比進步很大，在保持清朝木雕圖案風格的前提下，重建圓明園雕工在精細度和藝術性方面，可以對前代有所超越。在主體結構方面，如果採用混凝土預製，本體精度和持久性、安全性肯定要比全木結構有益，這是否也算是一種建築文化上的超越呢？古羅馬的拱券式建築對古希臘的梁柱式改進，就是一種建築材料和建築形制上的超越式繼承，對中國古典木建築向現代混凝土建築的過渡有很大的參照意義。還有專家認為，圓明園建築材料相對不是高級材料和特大材料，明代大量用楠木、柏木整料，清代材料主要是紅白松，而且用拼合、包鑲料。如果現在偏重恢復風格，不拘泥於營造法式，就可以使用許多代用材料。避暑山莊復建工程中有一些地方就是使用了混凝土和磚抹灰替代木結構。必須用的高級木材，特別是用於門窗和內裝修的木材則完全可以透過進口解決。

　　避暑山莊修復的過程已經證明重修圓明園在技術和材料上不會有什麼大的問題。避暑山莊始建於康熙42年，乾隆50年（1790年）建成。全園包括宮殿、庭園、寺廟、服務管理建築約10萬平方公尺。經過一百多年來的破壞，所存建築不足十分之一。經過重修的避暑山莊得到了文物、歷史和建築學界廣泛的認同，還被列入世界文化遺產，這充分說明清代古建築復建的可行性。重建圓明園能否盡可能地接近原樣，取決於我們能否集歷代圓明園研究之大成，採取科學和認真的態度，充分利用現代科學和技術。2003年修復杭州胡雪巖故居時，除基本結構外，細部遺存也很少，門窗牆磚大多脫胎換骨。杭州市園林部門在修建過程中堅持原汁原味，該用什麼材料就用什麼材料，特別是精細的工藝部分嚴格把關。比如，故居當年所用木材基本上都是紅木硬木，現在也嚴格用紅木硬木。所以，故居的復原精緻和到位得到文物專家的充分肯定，短期內就由市級文保升格為國家級文保。胡雪巖故居就在浙江，它的修復也給圓明園異地重建提供了一個精細高檔的古建築復建的榜樣。

　　圓明園的園林大部分取之於江南，除了園林的建造傳統外，江南的水源和林木是北方園林無法移植的。比如林木，北方常綠的只有松柏等少數品種。從現存的圓明園堆石遺存來看，太湖石便很少能看到，畢竟不遠萬里運送海量的石頭還是一個問題。在地形上，儘管四十景圖畫了很多的誇張山形，但實際上都是小土堆。圓明園的堆土最高不超過10公尺，根本不能稱之為山。如果在南方建造圓明園，以上北方的缺陷都能得到彌補。特別是在浙西、浙中地區，就有很多幾十公尺上下的小丘陵自然地形可以利用，很符合四十景圖所展現的山形水系。所以，重建圓明園不但可能在一些精細工藝上青出於藍，而且必然會在山形水系和園林建造上有一定的超越。

　　萬事無錢難。錢當然也是一個重要的問題，但重建圓明園的資金也並不是一個天文數字。圓明園雖然占地5200畝，但根據圓明園管理處遺址平面實測，實際建築面積僅15.6萬平方公尺，比故宮多了1萬平方公尺。20世紀80年代初，有專家根據承德避暑山莊的修復經驗，以每平方建築面積500元計算，重修圓明園的全部投資約1.6億元。如果按照目前明清古建築（基本上用木材）5000至6000元的一般造價估算，重修圓明三園房屋宮殿部分的全部建築成本（不包括道路、橋梁、環境等項目），大約是8至10億。只要我們把圓明

園做得真實、科學，資金籌集應該不是主要問題。

對工期的估計也有偏大的傾向。有人說圓明園建了一百五十年，這並非實際的建園時間。其實，雍正擴建圓明園至3000畝的規模，只用了三年。乾隆從1736年至1745年，前後用了九年時間將四十景建設最後完成。後來乾隆在水磨村修建的長春園和其中的西洋樓，均不過數年之事。根據目前的工程技術和力量，重建圓明園16萬平方公尺的建築，在科研和設計完成的前提下，工程施工在四、五年內完成應該是有可能的。改革開放以來，許多古鎮、古村、古建築毀於一旦，但還應該看到，近十年來，經濟和文化的同化也在不斷發生。一方面是古鎮、古城因為城市建設，特別是房地產開發遭受厄運；一方面是古鎮、古廟、古建築修復帶來的旅遊效益，吸引了更多的政府和社會資金。在這個過程中，中國傳統的造園和建築工藝得到了傳承，古建隊伍得到了鍛鍊和發展。這些都是我們重建圓明園的利好因素。

圓明園不僅僅是中國的圓明園，還是全世界的圓明園。全世界熱愛中國文化的政府、團體、機構、學者和百姓都在關心圓明園的重建。我們當然知道雨果為圓明園所說過的話，也知道布里賽為寫作《1860：圓明園大劫難》所付出的心血。法籍華人邱治平投身圓明園修建研究十幾年，從1984年開始，每年多次往返於中法之間。在他的組織下，以他所領導的法國華夏建築研究會為主體，中法學者一起做的圓明園遺址的研究課題取得了高水準的成果。法國的企業界對重建圓明園一直傳遞了積極的資訊，願意在技術上和資金上給予支持。在《1860：圓明園大劫難》出版後，法國駐中國大使館的官員再次重啟支援修建圓明園的話題，在筆者2006年以來與法國使館的多次接觸中，使館文化專員表示對在橫店異地重建圓明園的動議非常感興趣，有機會一定要去橫店看看。萬春園的西洋樓景區是法國人修的，現在有法國政府和民間的支持，至少這一景區在恢復的時候保證品質的問題不大。

天時地利人和：重建圓明園的載體模型

重建圓明園需要幾十億甚至上百億的投資，有敏感的政治和文化影響，現在又是異地重建，所以，必然涉及工程的投資模式和承載主體問題，包括誰是項目的投資操作主體、官辦民助還是民辦官助、商業模式還是公益模

式,以及與此有關的資金來源、土地審批、技術保障和經營效益等等內容。

因為這場重建大討論是由浙江橫店集團引起,所以我們且將橫店集團定位於重建圓明園的專案載體。橫店集團有經濟實力,擁有很多高科技企業,年銷售額達180億元,橫店有錢,但重建圓明園我們並不贊成純企業運作模式。重建圓明園肯定需要集資,這不僅僅是因為建園資金需求巨大,更重要的是重建圓明園的過程應該是一個愛國主義的群體性舉動。重建圓明園不是一般的遊樂項目,是民族和國家文化精神的象徵,而政府和公眾行為更富有公益和社會性。當然,利用基金會籌集資金也是一個很好的管道,但必須符合國家的法律法規。必須看到,如果全部由國家投資這個巨大且爭議集中的工程,十年、二十年甚至更長的時間都不可能有什麼結果,所以一些專家認為,重建圓明園民辦公助加募捐集資是比較可行的辦法。單一的企業行為不但缺少有效的品質監督,還不容易得到更大範圍的學術和道義支持。我們更希望把重建的過程變成全世界華人和全世界人民追求和平、交流文化的過程,這個過程要比建園本身有意義得多。而我們現在要討論的是,以一個企業作為承建的載體,如何透過合法和規範的基金會管道募集部分資金,並實現有效的運作監督。

在國外,很多公益專案都是由基金會操作,政府的責任是給錢,而不是花錢。目前我們的公益項目基本上都由政府立項、政府主辦、政府買單,這種三位一體、本體循環的投資模式往往使工程品質無法保證,而且容易滋生腐敗,演變成勞民傷財的政績工程。政府依法批准的基金會作為集資和監督方,企業作為專案承載方,政府則是審批和部分出資方,這種模式應該在公益文化建設上得到推行。在這裡,我們希望不要把異地重建的問題和由誰來建、在哪裡建的問題混同起來。橫店是一個很好的選擇,我們可以否定橫店,但不等於可以否定異地重建。

正如專家所指出的那樣,在圓明園復建專案的經濟懸疑背後,隱藏的是民間資本如何更進一步介入文物保護領域的難題。近年來,很多民營企業投身文物保護事業,在我們的文物保護資金捉襟見肘的現狀下,這是中國文物保護事業的進步。當愈來愈多的民營資本試圖以投資者的姿態進入文物保護領域,將文物保護作為一個商業專案來經營時,我們的文物保護部門、文物保護監管制度應該如何應對?是以積極的態度去面對,有什麼問題解決什麼

問題，還是知難而退，甚至誇大問題和困難，是新時期文物工作面臨的新課題。中國的民族文化復興事業呼喚建立一套完善的制度來引導並制約民間資本投身於文物保護和古建修復。不要把民營企業看成是洪水猛獸，這也是民本思想的一個重要方面。還有專家指出，一種監督制約機制作用於每一個人、每一個項目，可以讓渡的就讓渡。只要這個項目有利於當地經濟，有利於文化事業，有利於愛國主義教育，只要在法律、政策允許的尺度內，讓渡部分權益是理所應該的。像海爾集團在美國開工廠就幾乎免費得到了一大塊的土地。

重建圓明園的公益性捐助、投資性入股和國家政策優惠支援的混合性投資模式，也決定了各種不同的受益層次。橫店企業聯合會會長徐文榮先生曾經設想，重建圓明園的出發點不是營利，其經營方針要體現誰投入誰收益的原則，在處理門票收費上也是一樣。企業作為重建的承載主體，如何取得民眾的信任，我們還是應該相信愈來愈健全的法制。同時，我們還應該相信橫店人所說的話：重建圓明園所有必須的國家審批過程都會按程序進行，包括基金會、土地、立項等等，在沒有完成所有法律程序和沒有資金的條件下，不會盲目開工。

橫店作為重建專案的承載主體，確實存在著不少有利的條件，當然，很多條件也是江浙許多地區共同具備的。作為世界最大的影視基地，那裡雲集了目前全國規模最大、數量最多、樣式最全的仿古建築。這些以影視拍攝為主要功能的古建築群，不但為中國現代影視業做出了重大的貢獻，也彌補了不少古建築的斷層。儘管目前橫店影視城主要服務於影視拍攝，但許多建築的仿真度已經很高，與好萊塢虛擬的布景牆有本質的區別。比如仿建的故宮，就是用1：1的模式建造，除了目前故宮沿中軸線的主要建築，還復原了天安門金水橋前已經被拆除的城樓和城牆。可以說，目前全國沒有一個城市擁有像橫店數量這麼多、規模這麼大的古建築群。圓明園的精華是山水園林，圓明園的許多重要景點都是從江南，特別是杭嘉湖蘇一帶移植過去的。圓明園仿建的江南名園有南京的瞻園、杭州的小有天園（汪莊）、蘇州的獅子林、海寧的安瀾園，甚至曲院風荷、平湖秋月等西湖十景都一應俱全。圓明園珍藏四庫全書的文源閣，也是仿寧波天一閣的制式，其他如「坦坦蕩蕩」仿杭州「玉泉觀魚」，「坐石臨流」仿「紹興蘭亭」等，江浙的園林傳

統工藝是圓明園重建品質的重要保障。

　　有一個必須引起學界注意的問題是，即使歷史發展到了21世紀，交通和通訊如此發達，但是距離仍然是隔絕現代文化的重大障礙。比如，江南園林的造園技術和理念能在多大程度上為北方的民眾和園林建造者所接受，答案並不樂觀。從北京目前的公園及住宅社區的景觀設計看，與江浙仍然有著很大差異，而且，同樣是南方古鎮，麗江的大研、湖南的鳳凰，其建築的精細豪華，與江浙的烏鎮、南潯、同里等相比也很不相同，其中經濟實力也是一個重要因素。全國評最佳人居獎，杭州的樓盤常居其十之三四，但這也不是一個單純經濟實力問題，更是地域文化傳統。所以，如果現在把重建圓明園的專案放在北方，工程品質不能不令人有所擔憂。橫店是全國著名的百工之鄉、建築之鄉，東陽木雕歷史上獨樹一幟，古建力量應該是全國一流的，正在進行中的故宮大修，雕刻和繪畫等精細工程就是由東陽的工匠承擔的。橫店影視城現有的建築，如明清宮苑、清明上河圖等仿古建築，很大程度上是古建築復建能力的最好佐證。橫店的管理層一再明確表示，重建圓明園不採用以往影視城的模式，必須原汁原味，以前圓明園用什麼材料，現在也用什麼材料。過大的柱材不能買到，也要用木材包鑲的辦法，使其質感相似。

　　關於經營和效益問題，我們首先要明確重建圓明園的基點是文物複製，目的不在經濟效益。但是，如果建造出色、經營得當，也不排除兩個效益俱佳。在審視主題公園的生命力這個問題上，我們要理清一個頭緒，那就是不能以大量的低檔主題公園的品質和效益來否定所有主題公園的存在。主題公園太濫、太差、太多，不正說明需要培育龍頭和品牌嗎？把異地重建圓明園放在橫店，正是考慮到園子未來的經營和維護。2006年，橫店的國內外遊客超過500萬，景點聯動力具有很大優勢。杭州到橫店180公里，2008年前後將有多條高速連通杭州、上海。長三角作為中國最大的經濟中心和大城市集群，有巨大的潛在遊客群體。

　　在本文寫完的時候，得知由浙江古籍出版社出版的《圓明園重建大爭辯》即將出版，這也是一本書引出的另一本書。有多少爭論，就有多少關心，也就有多少願望。我們相信圓明園一定會重建，但重建圓明園肯定要突破許多傳統和陳腐的觀念。重建的圓明園不管在哪，都必然會在模式和技術上走出一條新路。我們希望無論是決策者、研究者，還是支持者、反對者，

能夠儘快統一意見，不要無休無止地爭論下去。「子在川上曰：逝者如斯夫，不舍晝夜。」圓明園那可憐的奄奄一息的遺存不允許等待，白髮蒼蒼的老一輩圓學專家們沒有時間等待，任何文物離它存在的時代愈遠，原始資訊遞減也愈多，仿製的難度就愈大。等待多少時間，就是多少成本。一萬年太久，只爭朝夕。在這裡，還想引用幾句二十多年前許德珩副委員長對修復圓明園說過的幾句話：「1860年英法聯軍把我們的圓明園燒毀了。一百二十多年後的今天，面對斷壁殘垣，不能不引起我們對帝國主義的野蠻罪行的憤怒譴責。我完全贊成保護、整修、利用圓明園遺址地的倡議。隨著國家經濟和文化建設的發展以及首都現代化建設的進程，我認為中國人有志氣、有能力整修，再現圓明園這一優秀的歷史園林。」「整修的經費，除根據我國經濟建設的具體情況，在可能條件下吸收有關單位提供的資金外，應該歡迎各界人士及愛國僑胞的熱情捐助和支援，集腋成裘，整修計畫是可以逐步實現的。」「圓明園被帝國主義破壞了，我們要把它修復起來，而且恢復得比過去更好，更符合人民的利益。圓明園過去是為封建帝王服務的，現在我們要把它建成為供人民大眾遊覽休息的地方。」回顧二十多年來圓明園重建工作和重建討論，我們總覺得無論是在理論和實踐上都在後退。香港回歸了，澳門回歸了，圓明園怎麼辦？

（2007年7月）

追尋記憶的責任──
記《1860：圓明園大劫難》作者貝爾納布里賽

> 我們講了一百四十五年圓明園的故事，突然有一天，一個法國人說，你的故事沒有講全，有許多觸目驚心的事情，你們不知道，我知道，讓我來重新講你們這個故事。

貝爾納布里賽（Bernard Brizay）1941年8月4日生於法國盧昂（Rouen）。1969至1976年在《新經濟學家》（*Nouvel Économiste*）任政治、經濟和社會問題記者；1975年出版《企業主工會》（*Le Patronat*，瑟伊出版社）；1976年獲艾森豪基金獎，在美國訪問6個月；1979年出版《美國的企業主工會》（*Le Patronat Américain*，法國大學出版社）、《失業意味著什麼》（*Qu'est-ce Qu'un Chômeur*，阿歇特出版社），參與法國電視一台的節目製作；1979至1982年，法國《費加羅》記者；1982至1990年，法國《巴黎日報》（*Quotidien de Paris*）記者；1991至1996年，法國《瑪利亞娜》（*Marianne*）雜誌總編輯；1997年創立貝爾納布里賽出版基金會；1997年以來，擔任多家報紙、雜誌記者，撰寫藝術評論；2003年11月出版《圓明園的劫難》（*Le Sac du Palais d'été*），2005年由浙江古籍出版社翻譯推出中文版《1860：圓明園大劫難》。

布里賽說：「我小時候對中國沒有印象。1960年，我還是大學生，從一份叫《光明》的左派刊物裡，看到一些介紹中國、毛澤東和毛主義的東西，我就開始對中國感興趣了。」布里賽在巴黎第四大學獲文學藝術史學位及歷史學博士學位。布里賽說：「我雖然學的是歷史學，但歷史總是和政治沾親帶故。到1968年，法國掀起『五月風暴』，我就追隨德斯坦投身了政治。但是他建議我不要單純搞政治，後來我就當了新聞記者。」雖然布里賽很年輕

時就已經是大學藝術史的教授，但後來還是聽從德斯坦的勸說，開始擔任經濟類雜誌的專欄記者。德斯坦對布里賽的影響不僅僅是事業和學術，也包括了對中國文化的熱愛。有一次，布里賽和德斯坦外出旅行，在途中德斯坦突然說，現在是我學漢語的時間了。於是他便拿出答錄機，把一卷磁帶放進去，居然在途中學了三刻鐘的漢語。後來，德斯坦親自把他的好友布里賽介紹給了席哈克總統。

1979年參加吉美博物館東方之友協會組織的中國之旅，是布里賽首次訪問中國，由此對中國和中國文化產生濃厚的興趣，開始收集有關書籍。現在，布里賽的家中有17世紀到21世紀有關中國的圖書1200種，其中有很多是16、17世紀在中國的傳教士的著作和線裝的中文善本。在過去的二十五年裡，布里賽先後十二次訪問過中國。2005年，中文版《1860：圓明園大劫難》，讓布里賽從法蘭西走進了中國千千萬萬個讀者中間，從此，他不再是一名孤獨的法國遊客，中國人認識了這個來自星球的那邊、個子有點矮小的法蘭西人。

這個法蘭西人是記者，他的記者證編號是27397號。在《1860：圓明園大劫難》出版後，他已經成為一個知名的歷史學家。布里賽說過，他是記者，所以，他的書是用記者的筆法寫的。生動形象、引人入勝是他的語言特點。很多讀過《1860：圓明園大劫難》的人都說，布里賽寫的不是歷史，而是歷史小說。該書的法文版交稿時，比合約規定的300頁多出1倍，布里賽是準備伸出脖子讓編輯砍一刀的，但是出版社負責人看了稿子居然沒有異議，為什麼？因為這部歷史學著作有出奇的可讀性，厚達600頁的歷史著作讓很多人一口氣讀了下來。

但是，布里賽寫的不是歷史小說。布里賽說，他的書每一個細節，包括英法聯軍將士在戰爭中的每一句對話都是有史料根據的。這一點，已經在法文版問世兩年和中文版發行1個月後得到了證實。9月5日，在幾乎雲集了當今中國圓明園研究權威的《1860：圓明園大劫難》出版座談會上，所有的學者都肯定了布里賽這部歷史著作的學術地位。原中國第一歷史檔案館副館長秦國經先生評論說：「這是一部具有歷史學術價值又有現實價值的佳作，是一部少有的信史。作者收集的英法文的文獻多達45部，多數是出於翻譯官、外交官、醫生、軍官、士兵、商人的回憶錄、日記或手記，比如法國方面的有

蒙托邦將軍的回憶錄、格羅的日記等等，我的同事們也很少見到這麼多的西方人寫的歷史資料。」布里賽很自信地說，他應該是目前世界上收集圓明園歷史文獻最全的一個人。為此，布里賽不知多少次去了倫敦，去了大英博物館，去了美國。

布里賽著作的優勢在於它的史料和細節，僅遠征軍準備階段就用了250頁的篇幅，而布里賽著作最經得起考驗的，也是他所提供的無數個細節。記者職業最不習慣的是虛構，況且布里賽是科班出身的中國歷史學博士。不管怎麼說，《1860：圓明園大劫難》是目前我們所見的關於圓明園劫難的最厚重、最詳盡的一部專著。我們講了一百四十五年圓明園的故事，突然有一天，一個法國人說，你的故事沒有講全，有許多觸目驚心的事情，你們不知道，我知道，讓我來重新講你們這個故事。

布里賽擁有的大部分是英法史料，是侵略者的口供，自然有人懷疑其中的真實性。不管怎麼說，作為侵略者參與洗劫圓明園畢竟是一件可恥的事情，但布里賽說，他所訪問的所有當事人的後代，態度都非常好。本書出版後，布里賽接到許多來信，說他們的祖先也都參與了對圓明園的劫掠，「他們都說，我們家裡都還有收藏的文件、信件、資料，如果需要的話，我們很願意把它交給您。」比如，一個當時遠征中國的法國軍隊的第三把交椅柯里諾的侄孫聽說布里賽要寫這本書，就給布里賽寫了很多信，向布里賽提供了許多當時的原始信件。正如原中國駐法國大使吳建明所說，法蘭西是一個偉大的民族，一個偉大民族的重要特徵是能夠勇敢地正視歷史。這也是德斯坦總統所說的「記憶的責任」。在這次中法文化年法國大使館所資助的102個圖書項目中，《1860：圓明園大劫難》是獲得資助金額最多的。所以，我們有理由相信，布里賽著作的每一個細節都會是真實可信的。

從收集資料到寫成此書，布里賽只用了兩年時間，兩年時間所寫成的600頁的歷史著作能經得起歷史的檢驗嗎？我們不能忘記布里賽是記者，記者是與時間賽跑的人。而且，更重要的是，布里賽是一個異常勤奮的學者。在動筆寫書的那一年，他每天工作十二小時。布里賽說：「在我寫作的一年中，一直處於亢奮的狀態。這一年是我寫作生涯中最幸福的一年。」在本書出版前的5月分，布里賽來浙江訪問，筆者曾經參與和布里賽商談中文版出版事宜，雖然是杭州環境最優雅的茶館，泡好了剛剛上市的極品龍井，但在長達

兩個多小時的時間內，布里賽居然滴水未進，滿桌精美茶點也紋絲未動。難怪一年後，當他奇跡般地把書送到法國前總統德斯坦面前時，這位老政治家驚喜之餘，一夜讀完，並欣然作序。

布里賽不僅是優秀的記者和歷史學家，而且是中國人民的好朋友、中華文化的傳播者。在巴黎賽納河畔的中國文化中心，布里賽還是中心法文刊物《絲路文化》（由歐洲時報和巴黎競賽報合作）的副主編和實際上的主筆。布里賽不是富翁，也沒有產業，為了研究中國文化，研究圓明園歷史，不知花了多少費用來往於大洋兩岸和倫敦、巴黎之間，購買了大量的史料文獻。《1860：圓明園大劫難》在法國印了5000冊，而中文版的版稅他只要了1000多歐元，這和布里賽為此付出的心血和成本絕對不成比例。在中國，這被叫做愛的奉獻、心的呼喚。布里賽對中國的熱愛，來自於他對中國歷史文化由衷的崇敬。他第一次來中國，看到西安的兵馬俑，一時熱淚盈眶，躲在一邊哭了起來。這是一個歷史學家對歷史文化的極致震撼。所以，我們說布里賽不是虛構文學作家，不是善於做秀的演員，而是一位有記憶責任的、真正的歷史學家。1978年的9月，法國總統席哈克到西安訪問並參觀了兵馬俑後，首先提出了世界七大奇跡要加上秦始皇兵馬俑，那時的席哈克先生無疑和布里賽有著同樣的震撼。因為了解，所以熱愛，就像父母對於兒女，遊子對於故鄉，收藏家對於他的珍寶。布里賽對中國和中國人民的感情，是源於他對中國文化的了解和熱愛。所以，當他知道在圓明園焚燒一百多年後還沒有人寫過一本詳實的圖書時，他才會說：「這個人為什麼不是我？」一個法國人，就這樣承擔了無數中國人應該承擔的恢復記憶的歷史責任。

熱愛中國的布里賽暫時回國了，但布里賽馬上還會回來。《1860：圓明園大劫難》中文版出版後，他在北京、在上海、在廣州參加了十多天的系列宣傳交流活動。在復旦、在浙大、在西單圖書大廈、在廣州書城，他的聲音無不伴隨著不息的掌聲。布里賽說，他由此感到無比的幸福和滿足。布里賽還將出版多本有關中國的著作，其中包括討論蘇州園林藝術的專著和兩本中國人物傳記。2006年還計畫出版一本20世紀中國史。他將為中國、為世界、為人類和平和幸福追尋更多歷史的記憶。

（2005年10月）

精神和心靈的守望者——
論出版的審美取向和文化責任

國外出版社對出版品牌的尊重，實際上就是對精神和文化的尊重。

文學和藝術欣賞是一種審美體驗過程，文學和藝術的審美型態主要體現在藝術形式審美和道德倫理審美兩個層面。出版作為紙面媒介，一方面被動地記錄和反映文學藝術的創作成果，受益於各種藝術型態的既有影響，是傳播者和收穫者；另一方面，又以自己的選擇影響和決定文學藝術的審美取向，所以它又是伯樂和守門人。如果純文學創作是各種藝術型態的源泉，那麼，孕育這個源泉的，往往就是出版這個搖籃。出版的審美取向會直接影響到電影、戲劇、電視、美術等藝術形式的興衰，就像魯迅的《吶喊》曾經催生了中國新文學運動一樣。然而近二十來，文學、藝術、出版、影視、戲劇等精神生產領域道德審美的缺失和藝術審美的濫用，市場本位的過分強勢，成為一種通病。無論是伯樂失察，還是守門不到位，作為搖籃和源頭的出版無疑負有不可推卸的責任。

道德倫理審美的主體價值

首先是影視的藝術審美傾向於泛技術化和泛娛樂化，直接或間接地反映了出版審美取向和文化責任的偏差。從《黃土地》走向《無極》，到《紅高粱》變成《英雄》，有人說，十幾個《三峽好人》不敵一片《黃金甲》。藝術的淺薄和市場的豐厚這種悖論處處可見，產業利潤巨大而文化含量極低的精神產品比比皆是。從張藝謀到陳凱歌，中國古裝功夫大片在思想薄弱與與道德觀缺失的背景下，走向了過分重視視聽效果的死胡同。我們可以把這種現象叫做離開文學的影視。中國第五代導演成於改編而失於「原創」，這一

過程從時間上正好與純文學作品創作和出版從興盛進入低潮的曲線重合，這說明了中國影視賴以生存的文學生態環境的衰退，可供影視改編的優秀文學作品大量減少。這個時期純文學刊物的生存困境也眾所周知，被人「包養」、被逼「改嫁」司空見慣。我們不能簡單地把這種審美的低俗化、娛樂化歸責於讀者和觀眾的層次。有一句話說得好：市場規律是看熱鬧的門外人的需求，而藝術規則是看門道的圈內人的守望。如果學者是人類靈魂的工程師，那出版者就像人類精神和靈魂的守門人。且不說出版人為金錢和利益出賣靈魂的劣跡，諸如《學習的革命》那樣惡意的欺騙性的炒作，部分出版單位近年來「趨炎附勢」，把平凡當作經典而引以自豪的現象確實日趨嚴重，業內外對余秋雨、對于丹的批評和爭論皆緣於此。當前經常困惑中國讀者的一個問題是他們常常被無害無益的國產大片和暢銷書所唬爛，在影視圈，《無極》是一個典型。在出版界，超級暢銷書遭到媒體和讀者炮轟的也愈來愈多。不成熟的市場加上出版社惡意或善意的炒作，造就了這幾年暢銷書排行榜文化含量的總體輕薄。像《無極》一樣，許多暢銷書引起人們購買欲望的只是好奇。文學作品逃離現實，在審美取向和文化責任上缺少對現代人生命的終極關懷，並一味遷就大眾的娛樂消費和淺層審美，是造成出版物缺少傳世之作的主要原因。2006年以來，《論語心得》和《品三國》相繼成為出版神話，在巨大的商業成功之外，我們是否也可以探討一下出版人對精神道德守望的責任呢？

在討論中國影視劇的泛娛樂化傾向時，我們不得不追溯到它的本源戲劇；在說到影視的戲劇本源時，我們也不能不說告別文學的戲曲，而告別文學的戲曲就是文化責任的退出。中國戲曲從誕生到衰落，也經歷了道德審美到藝術審美，或者叫作形式審美的過程。宋金時代將說唱和表演結合起來形成現代意義的戲劇後，戲曲的故事情節性大大加強，極大地提升了高台教化功能。南宋以後，在文盲占人口大多數的近千年封建歷史上，中國傳統戲劇發揮了傳播知識、宣傳道德倫理的重要作用，道德審美長期以來是中國傳統戲劇的主體特徵。然而，中國戲劇藝術經歷了宋元雜劇和明清傳奇的繁榮以後，在清中葉開始出現由道德審美向藝術審美的大轉移，康熙、雍正、乾隆年間盛行的文字獄，使中國傳統戲劇從以文學為中心轉向以表演為中心，文人戲劇崑曲在花雅之爭中逐步退出戲劇舞台，為來自郊野草根的皮黃所取

代。清代雖然也出現了洪昇的《長生殿》和孔尚任的《桃花扇》這樣有重大思想價值的巨作，但這兩部戲也是在文字獄的陰影之下僥倖傳世。清代在大興文字獄的同時，朝廷剿撫並用、恩威兼施，大興科舉，詩文、八股、經學吸引了知識分子的全部才智；加上朝廷在皇宮貴族中一度禁止蓄伶，貴族家班的消失，蘊籍典雅的士大夫失去了對舞台風尚的控制和領導，戲劇又從文人和貴族走向民間，藝術表演水準得到了空前的提高，藝術審美成為清代以來中國戲劇的主體特徵，從作家戲劇到演員戲劇，聽戲取代看戲，許多觀眾往往不為看戲，而只是聽曲和追星。離開了內容創新和思想啟蒙，中國傳統戲劇道德審美水準的削弱，必然帶來總體藝術地位的下降，並逐步在影視時代走向邊緣和沒落。

在分析傳統戲曲邊緣化時，戲劇家魏明倫認為：「戲劇的現代化歸根到底是思想觀念的現代化。戲劇觀念的更新，必須附麗於人生觀念的更新。雕蟲小技治不了戲曲與青年的代溝，歷史觀、道德觀、權威觀、價值觀等人生觀依舊是老一套，戲劇觀眾不得不隨之老矣。」魏明倫被稱為是中國現代戲曲代表作家，他藉《潘金蓮》重新審視了一個家喻戶曉的最壞的女人，通過一個從單純到複雜、從掙扎到沉淪、由無辜到有罪的歷程，把潘金蓮還原為一個普通婦女，極大地張揚了人性的本能和生命的自由。川劇《潘金蓮》在傳統道德倫理上的顛覆性的探索，為後來風風火火走九州的電視連續劇《水滸》鋪平了道路，潘金蓮戲某種程度上成了電視連續劇《水滸》最大的賣點。其實，被稱為內涵淺薄的電影《英雄》，除了張藝謀鏡頭的色彩感染力外，唯一能使這部電影站得住腳的，就是他用國家統一的英雄觀對兩千多年來暴秦形象的顛覆。所以，無論是戲劇還是影視，道德倫理審美永遠是主體價值，這種道德倫理審美超前的源頭當然還在出版。

取捨的責任和文化的良心

借用戲劇界道德審美和藝術審美的概念來分析對于丹《論語心得》的爭論，從《論語心得》的個案我們可以探討出版的審美取向和文化責任。許多人認為，《論語心得》缺少真材實料，而看到更多的是藝術表演的功夫和電視媒體的借力。古今中外，研究論語自成一派的學者大有人在，但作為美女

講師，又兼具評書演員的素質，可能非于丹莫屬。于丹的成功，和一百多年前戲曲崑腔花雅之爭可謂異曲同工，而其所謂的心得也頗有可商榷之處。

比如，《論語心得》所極力推崇的處世之道，便是帶領讀者進入了一個道德審美的陷阱，把人的生命原欲與理性之間的矛盾擺到了一個非常低級的地位，或者說根本無視生活在底層人群的生命基本需求，這是書界對于丹批評比較集中的一點，也是我們理性和學術地評價于丹的核心問題。美學理論認為，人類所有的政治、法律、體制等社會概念都可以歸結到倫理和道德的本源。美學意義上的審美服務於藝術，倫理學意義上的道德服務於德性。倫理道德則多為一種理性的約束，為了個人或團體的長遠利益，人們必須壓抑某些天性的東西，而履行某些責任和義務。在中國傳統道德學說中，「成聖」是先秦倫理學的一個直接目標。原始儒家認為，要成為聖人就必須擺脫欲望，即透過擺脫動物性來實現人的神聖性，人的許多正常的生命欲望都被這樣否定了。與之相反，原始道教則強調人的自然本性或生命原欲的重要性。在老子看來，就是要抱樸、守真、不爭，忽視了人在社會中的應盡義務。所以，無論是原始儒家思想還是原始道家思想，中國古典哲學始終沒有真正解決生命原欲與生命理性之間的矛盾。但整體來說，儒家的理性還是壓倒了道家的自然性。特別是在兩千多年的歷史中，孔子的原始思想經歷過兩次大的篡改，每一次都使儒學更接近於消極和宿命。董仲舒的獨尊儒術，「三綱」、「五常」為天意所決。王權神授，一切都是天命。而程朱理學則是「革盡人欲，複盡天理」；「餓死事極小，失節事極大」，極大地發展了孔子思想的消極因素，使中國的科學文化和民族心理受到了嚴重地扼殺和壓抑。孔子的學說變成一種普世的倫理經典，並特別強調忍受和中庸，就是在宋明理學以後，而于丹所反覆強調和推崇的，恰恰就是這個要點。

在文明高度發展的現代社會，本能和義務的矛盾比古代社會更加突出。機器一方面把人從原始艱苦的勞動中解放出來，但同時也使更多的人變成了新的機器。文明愈發達，社會關係愈複雜，個人對社會和集體的依存度就愈大。這就是資本主義社會人性的異化。而這恰恰說明，現代社會一方面要強調個人利益服從群體利益，要遵紀守法，但同時更要強調和發揮個性和創造性，要讓人成為人，不是讓人變成機器。而于丹的《論語心得》則明顯壓抑了人性積極進取和革新創意的一面，不符合道德和諧的審美原理，與改革開

放和創意社會的主旋律也不甚合拍。和諧社會不是通過掩蓋矛盾，而是靠解決問題來達到的。不能忘記我們在建設和諧社會的同時，也在建設創意社會，要鼓勵永無止境、永不滿足、永不氣餒、勇於求新。這才是一個從落後和屈辱中崛起的民族應有的精神和氣質。

于丹講《論語》重點討論的是如何透過忍耐和遺忘來給自己提高幸福指數。孔子是這麼誇顏回的：「賢哉，回也，一簞食，一瓢飲，在陋巷，人不堪其憂，回也不改其樂。」於是我們又想起了阿Q。于丹在她的書的序言中說：「《論語》的真諦，就是告訴大家怎樣才能過上我們心靈所需要的那種快樂生活，說白了，《論語》就是教給我們如何在現代生活中獲取心靈快樂，適應日常秩序，找到個人座標。」于丹在她的《論語心得》裡提出了「幸福指數」的概念，說20世紀80年代末是64%，90年代初是73%，到90年代中期又退到68%。那怎麼讓人幸福呢？于丹說過，要把不幸福的事情想成幸福。《論語》的處世哲學對我們在危困之時自我調節心理狀態，安慰和化解精神壓力有很好的作用，但不是消極避世，生死有命，富貴在天。聽完于丹說《論語》，真有點擔心有一天她會不會再動員女人去纏足，去守節，甚至看破紅塵，遁入空門。

最近，看到網上有一篇短文，叫做魯迅眼裡的「幫兇」。作者引用了魯迅《花邊文學》的一段話：「人固然應該生存，但為的是進化；也不妨受苦，但為的是解除將來一切苦；更應該戰鬥，但為的是改革。倘使對於黑暗的主力不置一辭，不發一矢，而單向『弱者』嘮叨不已，則縱使他如何義形於色，我也不能不說——我真也忍不住說了——他其實乃是殺人者的幫兇而已。」

和于丹相比，評論對易中天的《品三國》肯定較多。但葛紅兵認為，《品三國》只是品了微義，講了細節，並沒有闡發合乎我們這個時代的「大義」。品三國不能光講人與人之間的勾心鬥角，君臣之間的背叛，兄弟之間的殺戮，國與國之間的血腥爭奪，而是要透過這些爭鬥，講一點中國人的國家觀念、中國人的忠義觀念，應該品出一點天、地、人、神的大義來，應該有反思，有批判，有褒揚，也就是說，要讓《三國》和現代社會、現代人有一點聯繫和溝通。在這一點上，于丹和易中天有同樣的弱點。在于丹和易中天現象的背後，我們分明看到了在收視率、暢銷書排行榜和人文精神之間的某種取捨，這也就是我們所謂的守望的責任。

心靈和精神的守望

　　幾千年的中國歷史證明作品的思想性與現實主義精神有直接關係，和出版的精神守望也有直接關係。面對近二十年文學藝術界現實主義精神的淡出和出版文化的頹廢出世，我們甚至覺得有必要反思一下前十七年文學的成敗得失。開國伊始，舊中國滿目瘡痍，百廢待興，中國人民以一種前所未有的主人翁姿態迎接新時代的到來，對前程充滿了期望和激情，儘管有極左思潮，有階級鬥爭，但這個時期民眾甚至比改革開放的今天都更有幸福和滿足感，民風是純樸的，社會是安定的，生活是輕鬆的，官員也相對廉潔，形而上的精神追求突出於形而下的物質享受。當時的文學作品對生活的描寫和歌頌雖然有所抬高和誇大，但還是有相當的真實度。前十七年許多作品主要以戰爭為題材，在民族救亡和國家統一的前提下，使主流意識型態和精英文學的創作精神基本一致，現實主義文學精神和文學為政治服務的功能得到了有機統一。所以，《青春之歌》、《創業史》、《李自成》等一批作品至今仍然可以傳世。

　　在改革開放二十多年後，通俗文學氾濫成災，社會風氣日益腐敗，人文精神節節衰退，在道德和理想不斷淪喪的情況下，再去讀那個時期也許被認為有些幼稚和概念化的作品，可能會比閱讀《廢都》、《許三觀賣血記》甚至《狼圖騰》等，更會給我們帶來精神的振奮和審美的快感。而傷痕文學、改革文學和尋根文學以後的中國文壇走向了現代主義和新寫實主義的旁門左道，五四新文學的啟蒙責任迅速淡出，在想表現而不能表現的情況下，新時期的作家們就只能面對著生活繞圈子，既迴避主旋律，又迴避社會主要矛盾。文學作品，包括影視的題材集中到三個層面：一是由現實走向邊緣和虛構的歷史。如，《紅高粱》、《妻妾成群》等一批作品對西北原荒態歷史的渲染，戲說歪說帝王將相盛行，港台淡出市場的武俠小說80、90年代在大陸如枯木逢春。雖然歷史能夠映照現實，但它畢竟不是「直面人生」。戲說文學還表現在對名著的戲說和塗鴉，如《水煮三國》、《大話西遊》等，這種文學的嬉皮風格更多地是讓人感到無可奈何地哭笑不得。二是新現實主義所表現生活的皮毛和「廢都」的荒唐，描寫生活的「頑主」和「一地雞毛」；三是文學從人間社會走向動物世界。《狼圖騰》和《藏獒》等為代表的動物

文學，雖然為當代文學的創作多樣化開創了路子，但擺在中國現實主義文學精神傳統上來評價這些作品，一定會覺得它們甚至比《紅高粱》和帝王文學等距離「為人生的文學」更加遙遠。展眼這幾年的全國虛構類圖書排行榜，像30、40年代《子夜》、《家》、《春》、《秋》等全景式展示當代社會生活場景的巨作，已經很難看到。

時下出版圈有一句話比較流行，叫做「用時尚之燈，點文明之火」。其實應倒過來說才是，要「用文明之燈，點時尚之火」。如果文明和精神成為時尚的附庸和隨從，那文明的主體和尊嚴肯定會受到損害，產生變異。近十幾年來，影視圈追求的是特技和影音、帝王和將相的時尚，而出版圈追隨的是虛無和魔幻、醜陋和解構的時尚，但二者本質上都是一種市場經濟環境下人文精神缺失的心靈躁動，是文化人的守土失責。日本的動漫風捲世紀，甚至迷倒了一向高傲的歐美讀者，但是，日本人也在反思和擔憂日本動漫的思想性之淺薄，對時尚和醜陋的屈服。日本人說過，日本動漫的危機在於缺少好的劇本，他們甚至從形式風格上也進行了反思。宮崎駿《神隱少女》的成功就是日本動漫從形式和內容上對傳統動畫的回歸和追尋。日本同行說過，就動漫技術和繪畫技藝，中國藝術家已經具備了與日本同行競爭的實力，今後誰能在世界動漫業的競爭中勝出，主要取決於劇本的道德審美水準，誰能最後守得住精神和文化。我們相信，在金錢、市場和娛樂的大潮之後，現實主義的傳統終有一天會重現文壇。比如影視圈的娛樂熱潮就似乎正在開始消退，最早讓國人見識到什麼是娛樂節目的鳳凰衛視在全民娛樂的硝煙中悄悄轉型，在人文追求、紀錄片製作方面形成了品牌，在受眾本位和社會責任感之間尋找平衡點。在內地，《三峽好人》、《瘋狂的石頭》以及《武林外傳》等一批小投入的草根影視劇開始對抗古裝功夫大片的一統天下，從此我們可以看到新現實主義在文藝界的回歸。

做精神和心靈的守望者當然是崇高的，出版作為企業也不能不食人間煙火，但問題是做文化有做文化的規律，文化產品和有形產品的生產回報模式不一樣。文化產品的回報往往是超越時空的，有空間差和時間差。所謂時間差，就是前人栽樹後人乘涼，經典的文學作品和學術著作的生命週期往往是幾百、上千年。你以前出了很多虧本或很少賺錢的學術著作、純文學作品，卻為今後的暢銷書贏得了作者和讀者。許多書可能幾代人都沒有明顯的經濟

回報，著名畫家梵谷生前幾乎沒有賣出一張作品，曹雪芹也沒拿到過《紅樓夢》的一分版稅。從這個意義上說，出版可能更適合於家族企業經營，以便代代薪火相傳而不強調「當年見效，貨款兩訖」。而所謂空間差，是指同時代的不同圖書的不同回報，也就是通常所說的圖書二八定律，十本書有八本書可能註定就是為了二本書創造牌子、提供積累的。教材為什麼賺錢，因為它的背後有成千上萬種印不上一二千本的學術著作，支撐著它的思想性、科學性、準確性。所以，教材的投入產出、成本利潤究竟如何核定，扣除印刷發行成本，保留10%的毛利肯定不是合理標準。對教材利潤保留的過分苛刻就是對下一代人缺少愛心和責任的表現。歷史可以作證，對於一個有品牌積累的出版社，在知識薪火相傳的良性循環中，教材和大眾讀物的收益大部分都會用於學術積累和創新。商務有了教材，才有了《辭源》，有了《二十四史》。千萬不要把圖書當作手機彩電來賣。由此看來，我們有必要對現在出版體制改革中許多物化的規則作一些必要的反思。薪火相傳，就是要心靈和精神的守望，要做到心靈和精神的守望，必須遵循精神產品生產的內在規律。出版者要有一種獻身和守道的精神，而體制則要給薪火相傳創造一種合理的制度和環境。

精神與理想的凝聚

做精神和心靈的守望者，堅持崇高的文化審美取向，肩負出版者應有的文化責任，21世紀的出版人首先必須要有自己的精神和靈魂。沒有精神就是沒有靈魂、沒有理想、沒有一生為之奮鬥的目標。沒有精神，即使自稱為文化人，卻可能不如農夫、民工的良知和誠信；雖然是國有出版、黨的喉舌，卻往往連民營書商也不如。最近，廣電總局查處的不健康夜間頻道，都是堂堂的喉舌和陣地。有權威人士還曾指出：偏離導向，為追求發行量，以錢為本的事，部委小報並不少於地方小報。眾所周知，近年來出現在出版圈的諸多盜版、侵權、偽書案有不少發生在名聲顯赫的部委大社，觸動政治高壓線的幾大違規出版案例，也多為部委出版社所為。在出版界，近年來還出現了一個奇怪的現象：民營工作室和民營書商堅守學術市場，大搞文化積累，不惜虧本做品牌圖書，而國有出版社卻搞包產到戶，核算單位愈劃愈小，學術

圖書愈做愈少，包銷書愈來愈多。發行業也是一樣，在杭州的三聯、民生、楓林晚、曉風書店，都不約而同地退出大眾讀物市場，確立了學術書店的定位。雖然客觀上迫於國有書店隱性壟斷的強大壓力，在幾分無奈之下慘澹經營學術圖書，卻彰顯雪壓青松、松愈挺的英雄氣概，在這些學歷普遍高於國有書店的民營書店老總身上，大多數都有一種甘於清貧寂寞的中國知識分子傳統的文化精神。很多新華書店靠著百分之七八十的教材，靠著政府白給的黃金地段和固定資產，卻經營很少的學術圖書，把最好的櫃面出租，或用於利潤更高的文具工藝品。解放初期，一個城市的新華書店都在市中心的黃金地段，現在隨著舊城改造，愈來愈多的新華書店守不住這塊文化熱土。為什麼？許多新華書店是自己不務正業，把牌子做砸了。

出版人憑什麼做精神和心靈的守望者？首先是要有精神；精神何以寄託？那就是自我的品牌。品牌是什麼？品牌就是一種精神和理想的凝聚，是文化人終身的追求，是一個企業代代相傳的靈魂。

最近參加了北京國際圖書博覽會，展台一年比一年擴大，裝修也一年比一年豪華，但是透過豪華的裝修和漂亮的海報，看夠熱鬧以後，我們有必要細細體會一下中國的出版社究竟怎樣來昭示他們的精神和理想，怎樣塑造和宣傳自己的品牌。俗話說，一滴水可以映照整個太陽，一個出版社打什麼牌子，豎什麼旗幟，都可以看出它的前世今生。讓人感到失望的是，許多出版社根本沒有自己的精神和定位，想守住什麼，想追求什麼，不夠清楚。很多出版社的廣告語則放之四海而皆準，如「發展版權交易，促進出版繁榮」、「團結敬業誠信創新」、「傳播中華文明，服務人民教育」等。用地方的歷史和自然特徵來指稱出版品質的做法仍然比較流行。如「河南出版，文明探源」、「聽巴山夜雨，品渝州書香」，但其實歷史很難說與當代有很多關係，三十年河東、三十年河西，斗轉星移，滄海桑田，往往歷史愈悠久，當代愈薄弱。

各別出版社的廣告詞相對有些新意，但也很難說提煉出了一種精神。湖南出版投資控股集團的「在一個瀏覽的時代，我們提供閱讀」總算是換了一種句式，讓人腦子稍為有些轉變，但也似乎也沒有講到核心。而且所謂「瀏覽時代」只能說明網路閱讀和紙面閱讀之間的一些表面差異，而不是一種質的差異，最多只能算是一種現象，甚至只是皮毛。在知識爆炸的時代，瀏覽

也許就是未來主要的閱讀方式，現在也叫做「碎片閱讀」。現代人不可能像老夫子時代，一輩子就讀幾本經書。外研社的廣告詞是：「開放的中國，開放的外研社」。對於一家出版社來說，這開放的概念實在太大，大得讓人無法想像。其實，外研社被稱為中國出版的黑馬，還是有許多可以為中國出版發揚光大的精神的，這種精神很多人都能夠感覺得到，卻很少有人能夠說得出來。遼寧出版集團比較長於表達，這些年在不同的展銷會上一直高舉「中國與世界的遼寧出版集團」這面旗幟，字面意思很清楚，想做中國和世界的老大。俗話說，不想做元帥的士兵不是好士兵，誰不想走向世界，但希望和精神畢竟不是同一個概念。

上海出版展團宣稱自己：「文化大都市，出版爭一流」。這倒是一個比較符合歷史和地理發展的心理定位，上海一直夢想奪回中國出版中心的歷史地位。中國出版集團的「品質至上，品牌為王」可能還算是名實相歸，在中國當代出版遍地浮躁、急功近利的今天，相比資產和銷售額，品質和品牌是中國出版集團目前最大的優勢，應該也是最需要堅守的文化精神。

在這次博覽會上，許多外國出版社並沒有像國內出版社那樣多的口號，卻突出強調它們悠久的歷史。如，威廉出版公司廣告詞是：「Since 1807/wily/knowledge for generations」。一個出版社能夠在歷史上存在兩百多年，這本身就說明一種精神和文化的守望。國外出版社對出版品牌的尊重，實際上就是對精神和文化的尊重。無論是藍燈書屋還是拉魯斯，在西方文化中，傳承百年的出版社那是一個多麼神聖的符號，這種符號和孕育萬物的大地、奉獻乳汁的母親同樣的神聖。所以，貝塔斯曼收購藍燈書屋後，它的廣告詞中，還是把藍燈書屋放在前面，而貝塔斯曼則跟在後面，這次博覽會上我們看到的就是「Random House/ Bertelsmann rights」。而不像我們，中國出版集團是副部級的，必須排在商務印書館的前面。中國的出版社大多歷史太短，三聯也不像過去的三聯，商務更不是昔日的商務，缺少很多百年老店作為出版的精神領袖，是當代中國出版精神和心靈守望者的先天不足。

（2007年8月）

張悟本的綠豆和出版業的忽悠

中國的讀者從來不習慣多問幾個為什麼，人家買我也買。中國人多，每人上當一次，就是13億次。

2010年5月媒體可以爆炒的熱點，除了世博，那就非張悟本和他的《把吃出來的病再吃回去》莫屬。謊稱北醫畢業四代醫家，2000元掛號還得等一年，綠豆批發價由此炒到10多元一斤，灌水貨保健書《把吃出來的病吃回去》銷售超過500萬冊，榮登開卷排行榜首……張悟本是一個人，最多一個誰都可以看不起的大「忽悠」，但為張悟本抬轎子的，卻是崇高的國家級媒體，所以，究竟誰是大「忽悠」，誰是張悟本，便成為一個問題。

圖書市場日益麻木，中國讀者日益弱智，張悟本又一次為此作證。但我們認為，並非市場日益麻木和讀者日益弱智，而是出版日益銅臭，體制日益糊塗。出版體制在諸多方面顯示不利於出版品質的提高和文化精神的培育，鼓勵甚至逼迫出版社追逐經濟利益，和影視等大眾傳媒一樣，經意或不經意間便成為奸商和黑手的炒作平台。不用責怪讀者，是出版愈來愈弱智，編輯愈來愈無奈。

把一本書發了500萬冊，不一定是出版社的能耐而很可能是恥辱。為什麼眼下那些保健類暢銷書的出版社多為非專業出版社？講經國謀略的政史出版社讓人每天喝綠豆湯，談風花雪月的文藝出版社主張生吃泥鰍，喝綠豆湯的張悟本是冒牌醫科大學生，生吃泥鰍的馬悅凌是中專畢業的護士，那些被稱為健康教父教母的大多是半路出家，這都不是偶然的巧合。那些昧著良心賺黑錢的工作室、策劃公司就是專盯那些「沒有金剛鑽，敢攬瓷器活的半根筋」。不懂專業，不知深淺，所謂初生之犢不怕虎。而且，在很多情況下，出版社只是跟在民營策劃公司和電視台後面得一點蠅頭小利，最後可能還是受害者，逃得了和尚逃不了廟。讀者最後是白紙黑字，用版權頁跟出版社算帳。排名上去了，碼洋做大了，最後可能還得不償失。張悟本在湖南衛視

「百科全說」做主講嘉賓，在央視「大國醫道」擔任主講，做了30集專題，《把吃出來的病吃回去》才會有500萬冊的輝煌業績。很多人一直沒有搞清楚出版和電視的本質區別，電視是大眾媒體，主要任務是普及，現在則挖空心思放開手腳爭奪收視率。而出版承擔著大眾傳播和文化積累的雙重責任，文化積累則更多地體現在學術和思想創新，往往要虧本出學術著作，而不是人云亦云。出版應該是影視的前沿，而不是跟在影視後面食腐。所以說，現在的出版業看似無限風光，實在是有點可憐。

自王同億和科利華之後，中國的圖書市場為什麼依然如此容易被炒作？中科院科普所2006年曾做過一個普查，說中國公眾具備基本科學素養的比例在2001年是1.4%，2003年是1.98%，2005年這一比例依然停留在2003年的水準。據衛生部發言人最近的一項公開表示，中國只有6.48%的居民具有健康素養。

公眾科學素質如此缺乏誰有責任？教育部門、文化部門還是出版部門？優秀的科普圖書夠嗎？圖書館的藏書和座位夠嗎？教育大講素質卻為何應試如故？世界大學排行榜，北大、清華僅列第五十名、五十六名，而彈丸之地香港大學、香港中文大學和香港科技大學卻列二十六名、三十九名和四十二名，難道不是從小學到博士全程應試教育的後果？我們覺得有必要重複那些被一再引用的資料：中國書業二十年來人均購書有減無增，至今還不到6冊；中國平均每46萬人口才擁有一家公共圖書館，美國每1.3萬人擁有一家公共圖書館；全國三千家公共圖書館有六百多家全年無一分購書經費。2005 年《中國青年報》發布的一項國民閱讀調查，每月至少讀一本書的中國人比例連年下降，僅5%的國民保持讀書習慣，僅5%的調查對象曾在圖書館閱讀，而根據2009年全國第七次國民閱讀調查的資料，我國國民有52%的人從不購買書，14.1% 的人兩年或更長的時間買一次書，7.4%的人一年購一本書。

老百姓不買書不讀書有很多原因，如分配制度影響大眾購買力，社會環境造成的讀書無用，書的價格品質和品種滿足率等等。其中屬於出版的責任到底有多少？至少從書價看，出版有不可推卸的責任！根據2009年第七次國民閱讀調查，以一本200頁左右的文學類簡裝書為例，國民能夠接受的平均價格是11.7元，目前市場上同類書大多在25元左右，而且這幾年的書價漲勢依然明顯。書價為什麼高？無非是印量太少和管理成本太高。一本書在2300萬

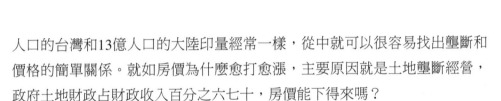

人口的台灣和13億人口的大陸印量經常一樣，從中就可以很容易找出壟斷和價格的簡單關係。就如房價為什麼愈打愈漲，主要原因就是土地壟斷經營，政府土地財政占財政收入百分之六七十，房價能下得來嗎？

市場的弱智還在於中國的讀者是如此輕信，但是輕信又是百姓真誠的責任嗎？張悟本的電視節目是央視和湖南衛視做的，書是人民日報出版社出的，新華書店賣的。老百姓能把電視台、出版社和新華書店跟騙子聯繫在一起嗎？可是報社、電視台、出版社確實在不斷地唬爛老百姓。這些年來，隨著文化體制改革的不斷推進，類似的事件愈來愈多，偽書案、悟本堂案等等，問題出在哪裡呢？在體制的過渡期，前不著村，後不著店，陰陽兩性看起來很美，其危害往往是具有很大的欺騙性。一方面它仍然是喉舌，標誌著國家和人民的利益；一方面已變成企業，但卻還不是純粹的企業，要追逐利益卻往往短期行為。國有和事業的許多優良傳統丟棄了，市場經濟遊戲規則和品牌意識沒有學到。無論是純計劃經濟，或純市場經濟條件下都不會發生的事情，在這個不計劃、不市場的經濟環境下就容易發生。戶樞不蠹，流水不腐，而國有書業卻長生不老，誰能相信人民日報出版社會因為《把吃出來的病吃回去》而關門大吉？中央電視台和湖南電視台更不可能停業整改。電視媒體的誠信已近危險，虛假電視購物節目鋪天蓋地，擦邊的菸草廣告充斥螢幕，一本被下架的圖書在央視放了30集專題，你說還能讓讀者相信什麼？事實上，老百姓不是相信張悟本，相信馬悅凌，而是相信政府，相信電視台、出版社，所以，不是張悟本騙了人，而是電視台和出版社騙了人。

我們不知道人民日報出版社是否已經改制或正在改制，不過新聞出版總署圈定不改制的人民出版社、盲文出版社、民族出版社、藏學出版社等四家公益出版社中並沒有人民日報出版社。是企業就得唯利是圖，也算是天經地義。民以食為天，人民日報出版社也不能不食人間煙火。因此我們似乎還不能過多地責怪人民日報出版社，至少我們只能從職業道德，而不是法律程序上非議人民日報出版社。到目前為止，張悟本事件所涉及的機構和個人都還沒有進入法律和行政訴訟程序，還有人為張悟本打抱不平，張悟本的書還沒有吃出人命來，他甚至還沒有像馬悅凌《不生病的智慧》那樣叫人去生吃泥鰍。據四川省疾病預防控制中心公布，四川已有100餘人因「生吃泥鰍」致體內長出寄生蟲而住進醫院，湖南長沙市的周小姐在生吃8條泥鰍後，也招來寄

生蟲在皮下打「隧道」。雖然也發現不少錯誤，但張悟本所說的主要還是一些抄來抄去的保健基本知識，因為也像于丹那樣能說會道，口才超好，所以上了電視，然後被包裝炒作，成為工具。如果沒有張悟本貪得無厭，假身分被爆和背後的黑手炒作，張悟本的《把吃出來的病吃回去》也就是中國圖書市場多本效益較好的普通保健類圖書而已。許多書店對張悟本的書下架也有不同意見，認為企業沒有犯法，讀者自願購買。問題是你張悟本的書本來是一瓶水，你賣1元錢，甚至5元錢，那也沒有問題，你現在把一瓶子水說成是一瓶油，而且不是一般的油，是橄欖油，要賣人家幾百元，你就有事了，犯了眾怒。這叫量變發展到了質變。問題的本質還在於把一瓶水當作一瓶油廣為傳播的，是國家權威的出版社和電視台。

由於眾所周知的原因，中國的讀者從來不習慣多問幾個為什麼，人家買我也買。中國人多，每人上當一次，就是13億次。所以電影《無極》雖無稽之極，仍有3億的票房。影院出來的人罵一句：他媽的真的是無稽之極。還沒有進電影院的跟著說：他媽的，我倒要看看到底有多少無稽。愈是無稽愈是要看，要看個究竟。等到某書查封了後，照例還會有新的銷售高潮。張悟本的書就是在事發後前所未有地暢銷，當當日銷量幾天內攀上1萬冊，還上了開卷虛構類排行榜第一名。雖然綠豆吃不出毛病，一本書30元錢也不會讓百姓傾家蕩產，但當一本書賣到500萬冊，受騙上當的人上了千萬，老百姓就會罵娘、罵政府，甚至會釀成群體性事件。俗話說，賺什麼都可以，別賺黑心錢；賣什麼都可以，別出賣誠信。

新聞出版總署表示要採取四項措施保證保健圖書的健康發展，除了好書推薦和品質審讀，主要是會同醫藥衛生部門對養生保健類圖書的出版資質提出管理辦法。要求出版社必須有相應的編輯人員資質及嚴格的審讀程序，書稿經有關專家審讀合格後才能出版。繼兩漢（商務印書館的《現代漢語詞典》和外研社的《標準現代漢語詞典》）之爭以後，現在又有一個專業出版准入即將誕生。以准入抬高門檻當然很好，可是在港台、在國外，很少聽說有出版某類圖書的專業准入制度，人家也不見得天天驚爆張悟本、王同億案。辭書要准入，保健書也要准入，那文學作品要不要准入，教輔要不要准入，你能說哪個專業不重要？甚至少兒圖書更要准入，兒童讀物不健康，危害下一代，更事關國家和民族的興亡。而且保健圖書要准入，那醫學圖書難

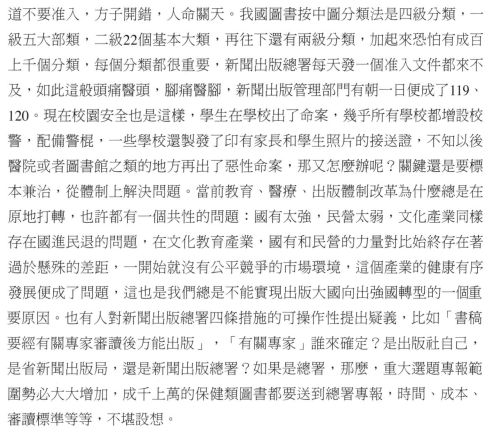

道不要准入，方子開錯，人命關天。我國圖書按中圖分類法是四級分類，一級五大部類，二級22個基本大類，再往下還有兩級分類，加起來恐怕有成百上千個分類，每個分類都很重要，新聞出版總署每天發一個准入文件都來不及，如此這般頭痛醫頭，腳痛醫腳，新聞出版管理部門有朝一日便成了119、120。現在校園安全也是這樣，學生在學校出了命案，幾乎所有學校都增設校警，配備警棍，一些學校還製發了印有家長和學生照片的接送證，不知以後醫院或者圖書館之類的地方再出了惡性命案，那又怎麼辦呢？關鍵還是要標本兼治，從體制上解決問題。當前教育、醫療、出版體制改革為什麼總是在原地打轉，也許都有一個共性的問題：國有太強，民營太弱，文化產業同樣存在國進民退的問題，在文化教育產業，國有和民營的力量對比始終存在著過於懸殊的差距，一開始就沒有公平競爭的市場環境，這個產業的健康有序發展便成了問題，這也是我們總是不能實現出版大國向出強國轉型的一個重要原因。也有人對新聞出版總署四條措施的可操作性提出疑義，比如「書稿要經有關專家審讀後方能出版」，「有關專家」誰來確定？是出版社自己，是省新聞出版局，還是新聞出版總署？如果是總署，那麼，重大選題專報範圍勢必大大增加，成千上萬的保健類圖書都要送到總署專報，時間、成本、審讀標準等等，不堪設想。

為張悟本說話的人認為它的書至少書名取得很好，而且語言通俗易懂，否則也不能在湖南衛視和央視開講壇。現在很多醫學保健圖書只講理論，定性不定量，非常不具可操作性。說了幾十種食物可以降血壓、降血脂，但到底哪個比哪個更好，每天應該怎麼吃、吃多少，有多少效果，療程幾天，作者其實也不知道。比如芹菜的芹綠素能夠治療高血壓，但專家說，每天攝入20公斤芹菜所含的芹綠素才能達到治療效果。可居然也有書上說，每天吃四根芹菜，就可以使血壓下降12到16%。許多事情如果說不清，就不如不說。很多近年暢銷的保健養生圖書雖然灌水，但至少看得明白，還明確告訴你怎麼做。書店一位購買《把吃出來的病吃回去》的讀者給記者的購書理由是：「這本書說的方法簡單，也好記，《易經》養生什麼的，我們都看不太懂。」目前流行的很多保健書的書名就非常貼近百姓的需求，想老百姓所想，說老百姓所需，比如《求醫不如求己》、《把吃出來的病吃回去》等等。

　　因此，最近幾年保健養生類圖書賣得風生水起，開卷、當當的暢銷書排行榜上經常幾近一半是養生保健類圖書，而做這類圖書的大多是民營書業。專業出版社的缺席，大量灌水的保健圖書充斥市場，這說明中國出版的基本格局仍然在計劃經濟模式上沒有本質的突破。「被計劃」的專業出版社並沒有承擔起它們應有的專業出版責任，市場的空間便由非專業出版社和非專業作者填補。而非專業出版社進入專業出版領域，在自覺和不自覺、有意和無意、清醒和不清醒之間，忘記了出版的神聖職責。於是我們又繞回了一個原始的出版命題：**出版的權利和責任**。我們希望灌水甚至是問題保健書的出版者，目的是善良的，行為是被動的。出版社要盈利，要發展，但出版的終極追求和責任是什麼，是為老百姓過濾資訊、尋找真理、傳播文化，而不是製造垃圾，更不能昧著良心唬爛讀者賺黑心錢。出版改制，不能改得跟風、做假愈來愈多，出版責任愈來愈少。把平庸當經典，把垃圾當食物，昧著良心賺錢，《把吃出來的病吃回去》、《學習的革命》、《論語心得》都犯了過度炒作、唬爛百姓的毛病。在這新舊體制的轉型時期，我們有必要一起來呼喚出版的良心和良知的回歸，以德治國和以法治國雙管齊下。

　　張悟本出事了，保健圖書市場很可能會進入低潮，但保健圖書市場興盛的趨勢不會也不應改變。保健類圖書市場的份額一方面是生活水準提高後對健康的關注迅速提升，更主要的還是公共醫療衛生的弊端給出版帶來的紅利，醫療改革舉步艱難，關注保健養生和疾病自我防治的人會愈來愈多，由此帶來的這份紅利還會向出版業分發多年。《新概念英語》中有一句外國諺語：有的食物對一些人是毒藥，對另一些人則是美食。腐敗和落後也經常滋養著另一種繁榮。中國官場和商場的腐敗給餐飲業、娛樂業、汽車市場等帶來的輝煌舉世矚目。醫藥的高額回扣造就了昂貴的藥價，相比之下，一本二三十元的書就顯得非常便宜，保健圖書市場由此火紅。教育體制僵化也讓教輔市場經久地繁榮，教輔成為眾多出版社的衣食父母，很多民營書商由此做到十幾億。

　　但是和保健類圖書不同，應試教育的興盛和教輔市場的繁榮卻讓一般圖書市場持續低迷，對於出版業，這不是朝三暮四，而是撿了芝麻，丟了西瓜，甚至是飲鴆止渴。有了教輔這塊蛋糕，卻喪失了素質教育大量閱讀的大餐，一般圖書市場二十年沒有增長，很多出版社的原創能力、出版品牌日益

受到損害。也是根據第七次全國國民閱讀調查，我國學生從小學到高中的閱讀率分別是19.4%、42%、60%，平均只有40%，如此形成了中國與西方發達國家學生閱讀的鴻溝。中國出版工作者協會主席于友先最近在成都全國書博會上也說：「根據中國出版科學研究所開展的全民閱讀調查，我國國民每年人均閱讀圖書僅有4.5本，遠低於韓國的11本，法國的20本，日本的40本，以色列的64本。」

　　讀書人不讀書是我國教育和出版體制最大的問題。美國人普遍善於演講、寫作，都與大量的閱讀有關，他們的創新能力更以大量閱讀為基礎，這種閱讀從中小學便已經開始。美國小學生一二年級推薦閱讀書目達70本，紐約州規定美國小學生一年必須讀25本書。美國的小學生閱讀課是五年累計積分的，學生在電腦上選書，然後去圖書館借書，回家讀書，讀完了再到電腦前回答問題，由電腦給學生閱讀打分。課堂教育也往往是研究閱讀課程，如小學六年級的語言課老師就給出了「談第二次世界大戰」這樣的題目，並留下一串思考題：你認為納粹德國失敗的原因是什麼？為什麼會發生日本偷襲美國珍珠港的事件？如果你是杜魯門總統的高級顧問，你將對美國向日本投放原子彈持什麼態度？然後學生透過各種途徑收集有關二戰的圖片、錄影、書籍、報刊、微縮膠片、光碟等資料，閱讀、摘記、做卡片，並走訪參加過二戰的老兵和目擊者，最後寫出讀書報告，往往洋洋數萬言。於是美國的圖書館業很發達，圖書館的採購成為圖書市場的支柱。美國的中學課程更像我們的大學教育，分榮譽課和普通課以及AP課（Advance Placement）。榮譽課的內容、進度和難度都很大，初中成績在B以上的學生可進榮譽課。AP課進大學後可免修同類課程。美國高中的課程甚至比中國大學和研究生的還多，僅社會學的課程就有：全球研究、榮譽全球研究、全球研究之二、歐洲歷史、美國歷史、經濟學、經濟學AP、社會學、俄國研究、參與政府、法律、心理學、哲學、美國內戰、心理學AP、美國政府、婦女研究、當代史和政治學等。這樣的教育體制給閱讀帶來的機會顯而易見。還要提請注意的是，美國的中小學課本厚度遠遠超過中國。浙江教育出版社從培生教育出版集團和麥格羅希爾教育出版集團引進的小學、初中、高中三套科學綜合教材《科學啟蒙者》（18冊，小學科學教材）、《科學探索者》（17冊，中學科學教材）和《科學發現者》（12冊，高中科學教材），翻譯成中文版就是三套分

段的標準青少年科學百科全書，暢銷國內市場。

中國擁有170萬個國內品牌，210種工業產品產量居世界第一，但在美國《商業週刊》（*Businessweek*）發布的2009年全球最佳品牌的一百強排行榜上，中國無一品牌上榜。我們不能說這個責任要讓中國的出版社來承擔，但一個如此不讀書，如此人云亦云不會思考的社會，我們不能夠指望有更多的發明和創造。中國出版業關起門來討論我們的責任，國人的不讀書很主要的一個原因是沒有錢買書，而沒有錢買書，和國家的分配制度有關。印度2008年的人均GDP只有中國的三分之一，但印度的消費占GDP的54.7%，而中國只占35%。越南雖窮，但90%的越南人擁有自己的住房，政府給每一戶居民一塊土地蓋自己的住房，近年來中國國民的圖書消費有很大的一塊進入了政府的土地財政，圖書變成了磚瓦，已經少得可憐的工薪收入大部分已經隨著飛漲的房價還給了國家。好在國家已經決定在五年內把國民的工資收入提高1倍，否則，出版業真的別指望圖書市場真正的繁榮興旺，雙百億，一萬億都將是一句空話。

（2010年6月）

城市讓生活更美好——
當前農家書屋建設的誤區

> 城市圖書館的需求才是中國圖書市場最穩定的資源，也是中國傳統
> 出版最後一塊乳酪。

「城市，讓生活更美好」（Better City, Better Life）是2010年上海世界博覽會的主題詞。城市兼收並蓄、包羅萬象、不斷更新的特性，促進了人類社會秩序的完善。1800年，全球僅有2%的人口居住在城市，到了1950年，這個數字迅速攀升到了29%，而到了2000年，世界上大約有一半的人口遷入了城市。世界發達國家城市化率，美國為87%，日本為93%，歐洲是90%。

城市是未來世界的核心，城市才能讓生活更美好，無論是經濟、生活、娛樂、休閒、教育、文化、閱讀等，只有城市才有發展天地。2009年中國的城市化率已經達到46.6%，而且每年以1%左右的速度增長。國家的建設規劃、資源配置都應該加速向城市集中，優先發展城市，這無論對經濟建設、文化繁榮還是環境保護，都有重要意義，出版業的發展規劃也不可以偏離這一遊戲規則，甚至與城市發展背道而馳，其中自然也包括目前如火如荼的農家書屋建設。

農家書屋建設的超速發展無疑將載入史冊。農家書屋工程自2007年開始試點，到2009年6月還只有9.2萬餘家，2009年12月15日，新聞出版總署和財政部共同召開的全國農家書屋工程建設（中西部地區）經驗交流會上，宣布到2009年底全國農家書屋將達到30萬家，覆蓋全國40到50%的行政村，2015年要做到村村覆蓋，達到60萬家。這次會議同時明確了2009年中央財政安排14億元專項資金。2007年農村家書屋建設伊始，中央財政的啟動資金僅1000萬元，2008 年中央專項資金一下子增加到6億元。據報告，中西部農家書屋中央資金的投入占40到80%，平均為60%左右，東部省分地方財政的配套則

超過中央財政；也就是說，2009年各級財政支持農家書屋的經費應該是14億元的1倍。目前全國出版界的年利潤約50億元，2008年全國公共圖書館的購書經費是8.3億元，不知農家書屋何時福星高照成為乘龍快婿，搭上了哪一趟高鐵班車？然而，與農家書屋如火如荼之景象相對比，卻是全國公共圖書館經久的衰落景象。

根據國家統計局的統計口徑，中國公共圖書館發展與國民經濟增長的高速度極不協調。全國公共圖書館的數量在1978年是1218所，1985年為2344所，1990年達到2615所，到2008年僅為2820所。2009年全國公共圖書館平均服務人口50萬，館藏總量5.5億冊，人均購書經費0.5元，到館人流2.8億次。而美國公共圖書館數量為9046所、館藏書量7.4億冊、人均圖書館藏書量2.8冊，68%的美國人擁有讀者證，每年大約有14億人次到館訪問。歐洲國家的圖書館密度更高，德國每6600人有一座、芬蘭每5000人、奧地利每4000人、挪威每4000人、瑞士每3000人。而且，歐美國家圖書館的環境和服務也非我國的公共圖書館所能比擬，歐美國家有一種說法，就是書店像圖書館、圖書館像博物館，公共圖書館一般都是城市最好的建築，包括在邊遠小鎮上的圖書館，照樣豪華溫馨，圖書館一般都開門到晚上八九點。美國圖書館還有許多「不可思議」的服務：進圖書館看書不用辦卡也不用刷卡；讀者選書用的是超市購物籃；入口處總是能發現一些備用的輪椅；諮詢台是開放的，館員和讀者並肩而坐；圖書館人員給孩子輔導家庭作業外加講故事；圖書館員的服務熱線不用撥號；圖書館的書和座位可以透過網上預約等等。

城市讓生活更美好，特別是繁華現代的大都市更是如此。我們不說藏書千萬的國家圖書館、上海圖書館等世界級的圖書館，就來說說與農家書屋功能和服務對象最為接近的縣區公共圖書館。據文化部前幾年的一個官方統計：2003年全國有534個縣級公共圖書館沒有一分錢購書費，2004年擴大到720個。我們沒有最新的全國公共圖書館的購書經費統計數據，但根據中國統計公報，2005到2008年全國公共圖書館的資料並無風生水起的跡象，在這四年中，總藏書量僅增加了7000萬冊，增長11.4%，人流通量增長10%，借閱次數增加11.4%，閱覽席增加10.6%，年遞增速度均為2.5%左右，而2005年到2008年，全國GDP增長了64.7%，財政收入更是狂漲93.7%。2008年全國公共圖書館共有閱覽席55萬個，全國平均2500人擁有一個座位，基本上要七年才

能輪到去圖書館坐一次。購書經費、閱讀環境、服務品質等諸多因素造成了
公共圖書館門庭冷落的現狀，縣級公共圖書館情況更憂。

評價縣級公共圖書館的現狀，甚至可以不費心視察西部邊緣地區，只要
看看經濟發達省分的情況便可。南京是六朝古都，江蘇是中國經濟總量最大
的省分，南京江寧區圖書館始建於1953年，20世紀80年代時藏書量就為全國
縣級圖書館之最，但即使是這樣的圖書館，一年的購書經費也只有20萬。請
看最近南京媒體對江寧城區讀者的隨機採訪，他們曾經都是圖書館的忠實顧
客，但現在已經都不怎麼想去圖書館了。一位中年人說：「新書看都看不
到，別說借了。」江寧區某中學的高一學生王道華說，幾年來他都是圖書館
的常客，但很少能借到新書，20世紀90年代末出版的書都算是新書了，有時
連這些書都借不到，只能借古典名著、文學小說之類的老書回家看看。65歲
的趙富國老人說，圖書館裡只有報紙和雜誌比較新一點，其他借閱書都是舊
書，五年前他看中一本很普通的新書，嫌價格貴捨不得買，就等著圖書館裡
有，然後借出來看，沒想到等到現在還沒有。廣東是一個地區經濟發展水準
極不均衡的省分，廣東省平均61.3萬人才擁有一個公共圖書館，與國際標準
相差甚遠。2003年，廣東省人均購書費為0.66元，全省有15個公共圖書館全
年沒有購書經費，占圖書館總數的11.63%；有14個公共圖書館購書經費不足
1萬元，占圖書館總數的10.85%。這些館除了能訂購些報刊外，已無力再購
買新書。

據統計，近年全國有12個省市的縣區級公共圖書館購書經費沒有一家超
過18萬的。這12個省市除了甘肅、青海、西藏、海南，還包括黑龍江、吉
林、北京、河北、天津、海南、安徽、湖南、山西等經濟文化並不落後的省
市。即使有了18萬元的購書經費，以2009年一般圖書平均定價15元計算，也
只能買12000冊圖書，而2009年全國圖書出版品種是30萬種，新書16萬種。而
且，18萬元是全國縣區級圖書館購書經費的富裕標準，全國大部分縣級圖書
館達不到這個水準。18萬元是一個什麼概念？根據最近發布的上海、北京、
杭州的房價資訊，18萬元不夠買一個像樣的廁所！

在4萬億內需拉動，2009年68477萬億財政收入和3個3000億的公款消費
的背景下，我們且不談國家財政對文化整體投入的比例，而是說說在有限的
文化經費下，公共圖書館建設是否應該首先保證城鎮，使投入產出效益最大

化。隨著中國城市化進度的加快，知識農民向城鎮的移居愈來愈多，農村公共圖書館的讀者定位和建設布局必須重新考慮。農家書屋是為了給農民看書，但有知識的、年輕有為的農民都在城市打工。全國現在有1.82億生活在城鎮裡卻沒有城鎮戶籍的進城農民，這些人正是農民中最需要閱讀的群體。據諸多媒體報導，現在的農家書屋，讀者的對象基本上是在校學生和老年人，有工作的農民和工人很少去借書。

隨著大量有知識的農民進入城鎮，中國廣大農村空殼化現象日益突出，許多邊遠鄉村只剩下老人、婦女和留守兒童。如果戶籍制度能夠徹底改革，中國城市化的進度將迅速加快，用不了五年十年，7億農民會有5億真正進入城市，而農家書屋建設正是在這樣的發展背景下逆勢行進，呈現出極端的去城鎮化傾向。因此， 我們便不清楚了：究竟是城市讓生活更美好，還是農村讓生活更美好？

中國的農民工是城鎮中最貧困的階層，最沒有圖書的購買力，最需要圖書館這種公共服務。其次，農民工是城鎮中最缺少知識技能的階層，而圖書館的借閱和培訓等政府服務是他們最需要的。又農民工最沒有住房條件，沒有閱讀的場所和環境，需要圖書館作為他們休閒娛樂和學習公共場所。還有，農民工有最多的業餘時間和閱讀精力，現在打工的年輕人多把他們的業餘時間消費在遊戲房、棋牌室、電視室、檯球房、酒桌飯館等場所，沒事的時候就早早睡覺。準確地說，農家書屋要解決的不是籠統的7億農民的閱讀需求，而是2億脫離農田的走出去農民的閱讀需求。

對於仍然分散居住在村子裡的農民， 應該透過手機、網路、電視等現代化的傳媒，利用低成本、高效率的科技手段來解決他們的閱讀需求。在落後的非洲，人們也在尋求建設一條廉價高效的閱讀管道——手機閱讀。由於固定網路建設投資較大，所以，目前非洲的手機普及率很高，手機支付甚至比中國還發達。手機和網路將是解決分散居住人群閱讀需要求的最好媒體。據報導，文化部正計畫在「十二五」期間組織實施公共電子閱覽室建設計畫，以未成年人、老年人、進城務工人員等弱勢群體為重點服務對象，依託文化資訊資源分享工程的服務網路及國家數位圖書館的資源，將公共電子閱覽室建設成為以電腦技術、網路通信技術為基礎，集互聯網資訊查詢、數位圖書館服務、網路通訊、休閒娛樂、培訓等為一體的現代化多功能的公共文化服

務設施，近期將在遼寧、山東、浙江、廣東、安徽、陝西、北京、天津、上海九省市先行試點。

都說萬事開頭難，其實往往是萬事開頭易。村一級農家書屋建設最大的問題不是開張難，而是維護難。新書增添、房租水電，特別是人員費用，可能要比一二千冊圖書的成本高幾倍。甚至維護難也不是最主要的問題，反正國家有的是錢，更重要的問題是書屋建起來了，卻沒有人來看，因為看書的人都到城裡去了。如果把村子裡的棋牌室和書屋放在一起，哪一個熱鬧，哪一個冷清？答案往往不難給出。農家書屋門可羅雀，一天來三五個人是大多數情況。

在城市化的大趨勢下，我國農村城鎮化發展正步入一個新的歷史階段。近十年來，全國大規模的撤鄉建鎮，合併行政村，使小鄉村迅速減少。目前全國農村有3.75萬個鄉鎮，共中鄉15120個，鎮19249個，鎮已經在2002年超過鄉。80年代全國鄉鎮數量達9萬多個。村級行政組織目前已經減少到64.5萬個，而80年代中期，全國行政村多達100萬個。「併鄉建鎮」和「大村莊制」將與「大部制」一起，仍然是中國政改的目標。特別是村莊合併，是繼前一時期中國對於不同省區鄉鎮實行合併之後推出的又一重大改革。

在美國，現在僅有600萬人在種地，而耕地達1.9745億公頃，占世界耕地總面積的13.15%，是世界上耕地面積最大的國家，農業生產總值約占國民生產總值的1.7%。中國耕地面積為1.218公頃，只有美國的60%，而從事農業的人口卻是美國的100倍。從理論上說，如果今後中國農業實現充分的現代化集約化經營，農業人口按美國的比例，最多需要1000萬，村一級行政組織會進一步消減。人多地少，土地資源的稀缺會極大地推動中國城市化的進程，我們對中國城市化進程的預期非常樂觀。目前城市化進程的阻力完全是人為因素，戶籍自由遷移和農村土地所有權置換在現有體制下雖然不易突破，但這一問題最後必須解決。而不反對農民城市化的主要理由是城市福利和服務的配套成本巨大，但據國家權威機構發布的數據，將一個農民徹底變成城市居民，解決社會保障和公共服務所需要的人均成本約10萬元，以二十年內解決5億進城農民的戶籍問題，總成本約40萬億元，每年只要2萬億，而僅2009至2011年三年的政府賣地收入就達7萬億。政府剝奪農民的土地卻並沒有把賣地的錢用於農民。因此，中國加快城市化的困難是主觀的，是可以解決的，逆

城市化潮流的行為都非常愚蠢。

因此，面對有限的國力和國家對文化有限的投入，國家應該集中有限的資金，把公共圖書館建設的重心定位於鄉鎮以上，村級一般不提倡建館，可由縣或鎮館視條件設立分館或流動借書點。在當前國際上公共圖書館建設都已經普遍推廣圖書館連鎖和分館制的時候，我們應該認真學習，早日接軌。在一些發達省市，鄉鎮和街道一級建設公共圖書館的工作已經取得很好的經驗。如天津市，現有18個行政區，93個街道、145個鄉鎮， 2003年底共有公共圖書館266個，其中，市級館2個，區縣級館30個，街道圖書館89個，鄉鎮圖書館145個。上海市目前有街道、鄉鎮圖書館316所。浙江湖洲市已經建成的22個鄉鎮圖書分館，累計建築面積1. 4萬平方公尺，藏書61.6萬冊， 報刊5067種，書架1892個，電腦417台。2009年嘉興市在全市的行政村建立圖書館流通站。在深圳，現有勞務工圖書館（室）100多所。2007年全國共有鄉鎮街道文化站38736個， 縣級圖書2491個，把這些已有的陣地用好、建設好，才是求真務實，符合科學發展觀的要求。

從目前農家書屋的推廣情況來看，沿海發達省市的工作積極性反而不如西部落後省區，原因是目前農家書屋的規劃與沿海發達地區的公共圖書館已有布局不盡協調，東部發達省市以鄉鎮為基本單元的農村文化中心、文化站（公共圖書館）建設已經比較成熟，現在最需要的完善和發展，而不是重鋪新攤子、遍地開紅花。

儘管農家書屋的生存發展有著太多的不確定因素，但農家書屋每年30億的財政投入對小本經營的中國出版業非常有利，30億實洋折成碼洋可能達40億甚至50億。從長遠看，城市圖書館的需求才是中國圖書市場最穩定的資源，也是中國傳統出版最後一塊乳酪。我們寄望國家在文化事業上有更多的投入，使中國圖書館業能夠迅速趕上世界水準，每年上一個新台階。出版業也應該積極協助文化部門培育建設健康的、可持續的、科學的、與國際接軌的公共圖書館圖書供求體系。

最後讓我們重新回到舉世矚目的上海世博會。世博很美好，但那麼多人可以在烈日炎炎之下排四五小時，甚至八九小時去看一個國家館的節目，卻沒有人覺得尊嚴是那麼的一文不值。國人已經習慣了歸服和順應，似乎誰都覺得存在的就是合理的，就是天經地義，這是一種可怕的民族精神的衰老。

一個重大國家文化策略頒布，業內外應該有更多的思考和聲音， 國家政策的實施也不能不顧地域、人群、資源、財力等等的不同，全國一刀切，毫無區別。無論是世博，還是農家書屋、孔子學院，我們都有同感。

（2009年10月）

文化的卑微和出版的狂熱——
由迪士尼落戶上海所想到的

> 文化永遠是值得尊重，而且必須尊重的東西。錢也可以買到很多東西，但唯一買不到的可能就是精神和思想。

國家的悲哀

2010年11月1日，比往年提前整整一個月，北京下了今冬第一場大雪。三天以後，上海市人民政府新聞辦公室宣布：占地6000畝的上海迪士尼專案申請報告已獲國家有關部門核准。有志於中國文化「走出去」的出版界、動漫界同仁，經歷了2008年8月的奧運狂喜和2009年10月的法蘭克福文化大餐，卻不得不面對240億元的迪士尼落戶上海。網上一片責罵：中國文化的悲哀！

出版人可以不去評說北京奧運會，但不能不想起眼下剛剛落幕的法蘭克福書展。想當初說是中央財政要給1億做主賓國，國家對出版文化活動前所未有的投入，讓中國出版人受寵若驚。於是，全國出版界血拼法蘭克福，600多項活動，一百多名作家，3000多人的團隊趕往德國。然而，發生在法蘭克福書展前後的一系列事件，至今仍然讓人心懸一線。2009年的法蘭克福書展給了我們幾分自信，更給了我們幾分清醒，讓中國出版知道了中國文化「走出去」的艱難。可是，240億元投資的迪士尼專案卻輕而易舉登陸中國，並在中國最繁華的上海掠得6000多畝良田，據說當初規劃方案占地達107平方公里，16萬畝。這豈不是給剛剛有點出版大國自我感覺的中國出版界當頭潑了一瓢冷水。可謂道高一尺，魔高一丈。與240億的迪士尼相比，10個法蘭克福都微不足道！

無獨有偶，兩年前的浙江橫店重建圓明園全國範圍大討論，據說重建方

案最後止於土地使用審批最後一道門檻。橫店重建圓明園規劃用地面積也是6000畝，北京圓明園遺址是5200畝，但和上海川沙肥沃的良田不同，在貧瘠的浙江金衢盆地，橫店重建圓明園用地大部分是山坡和荒灘，實際徵用的耕地不超過2000畝。可是，圓明園是什麼？迪士尼又是什麼？圓明園是近代中國建築文化的集大成，是中華民族苦難深重的傷痕和記憶；迪士尼是美國文化的代表，是中國文化安全的防範對象。橫店建圓明園不花國家一分錢，不費官員一分力；上海市政府卻要為迪士尼買單100多億，而且歷經十年，殫精竭力。1860年8月1日，英法聯軍以進京換約為名，從北塘登陸，包抄大沽炮台，進犯津、京，咸豐帝逃往承德，圓明園被焚。2009年11月5日，美國人不費吹灰之力，迪士尼落戶上海。連2010年即將開幕的上海世博會面積（世博園圍欄收門票部分）也才4917畝。

自1995年12月14日上午新聞出版署和中宣部出版局在京聯合召開中國動畫圖書工程啟動暨《中華少年奇才》出版座談會以來的十多年，中國政府為了扶持國產動漫，防止以日本動漫和以美國迪士尼、好萊塢動畫和大片為代表的西方價值觀過度入侵，發動了歷時十多年的動漫「抗戰」。但儘管各級政府用盡九牛二虎之力，動漫基地遍地開花，動漫基金重重資助，國產動漫依然處於艱難的成長發展階段，動漫攻堅並未取得決定性的勝利。中國動漫的抗戰尚在持久。然而，作為中國經濟和文化中心的上海，卻不惜血本引進美國動畫文化。難道中國的內需、上海的GDP非得迪士尼來拉動嗎？此時此刻，忽然想起電影《集結號》的谷子地和他的戰友們——中國動漫的勇士們也頗有點像被遺棄在那個陣地上的47名九連的烈士，是堅守還是撤退，也成為一個問題。

一個民族文化的弱勢不僅僅關係到國家文化產業的發展，更是一代人文化精神的缺失和民族凝聚力的削弱。和美國大片不一樣，迪士尼對中國的影響主要是下一代。中國的下一代現在又是怎樣呢？從全國少兒圖書暢銷書排行榜可見一斑：來自國外的妖魔鬼怪是座上嘉賓、盤中大餐，原創少兒文學有太多虛無飄渺的生活，遠離人生和社會，缺少理想和奉獻、憂患和責任。內憂已然不堪，內憂覆以外患，就悲莫大矣。

迪士尼在中國是座上嘉賓，可在歐洲卻是冤家對頭。歐美文化雖然同宗同源，可迪士尼進入歐洲，進入法國，卻遇到強烈的抵制。1993年，迪士尼

在巴黎建設主題公園的時候甚至被暴力威脅。雖然孩子們歡喜雀躍，可有理智的法國人卻將迪士尼樂園視作一種赤裸裸的文化侵略。

我們不主張狹隘的民族主義，世界先進文化應該有更多的交流和融合，比如《共產黨宣言》、《天演論》、《物種起源》，還有牛頓和愛因斯坦等等。問題是迪士尼並非當今世界先進文化的代表。迪士尼的米老鼠所代表的文化形象已經過了其80年代的頂峰。進入21世紀，世界文化日益多元。僅就動畫而言，日韓的崛起打破了迪士尼一統天下的局面。80年代後期盛行於歐美的日本動畫，在藝術水準和道德倫理審美上已然超越迪士尼。而且九一一以後，整個美國文化對世界的影響也過了高峰，80歲的米老鼠賺錢的本事已今不如昔。美國文化以商業和速食性聞名，這種文化價值在很大程度上以資本運作和科技製作為支撐，藝術體驗多產生於視覺感官刺激，愈來愈受到世界的批評。在影視圈，至少在中國，美國大片的市場份額正逐步縮小。有專家指出，迪士尼樂園最根本的特徵就是：鑲嵌美國文化的娛樂項目加上「大而全」的規模。也就是說，迪士尼的娛樂項目並沒有什麼獨到之處，而是處處都可以看到，只是它的規模比較大，專案比較全，沒有一個項目具有不可替代的之處。有專家指出，如果中國人真正想為自己的國家和民族留下印有自己印跡的娛樂項目，完全可以將中國文化鑲嵌到各類項目中建成自己的文化主題公園，並且文化的厚重絲毫不亞於迪士尼樂園。就像中國的粽子，口味和品種絕不亞於麥當勞，有人就提出要以麥當勞和肯德基的經營理念將粽子走向世界。但中國粽子什麼時候可以學到麥當勞的經營理念？這也許正是中國動畫和迪士尼的差異。

有人說，迪士尼在11月簽約是為了迎接歐巴馬的到來，如果是一個馬屁，這個馬屁也拍得太響了一點。歐巴馬是美國人，也就是外國人，但700萬香港同胞同根同宗，血濃於水，親疏遠近應該十分清楚。香港的迪士尼已經在艱難地支撐，而中央政府怎麼也要考慮一下上海迪士尼的建設對香港迪士尼經營的惡性競爭。

對於迪士尼落戶上海，除了文化安全的擔憂，人們更多質疑項目投資的效益和政府決策的透明度，這麼大的項目有沒有經過必要的論證程序？在當今主題公園和迪士尼樂園的實際效益受到普遍懷疑的情況下，很多人開始猜測，上海市政府引進迪士尼也許就是為了炒熱一塊地皮，賺一把全國人民的

鈔票，喝一口美國人剩下的湯水。主題樂園的盈利模式日益過時，世界範圍內愈來愈多迪士尼主題樂園曇花一現的案例。迪士尼在全世界建了七八個主題公園，只有美國本土的和東京的經營尚可，其他的都效益平平，或在苦苦支撐。上海迪士尼樂園總投資240億元，美國迪士尼公司將持有上海迪士尼樂園43%的股份，上海市政府所有的一家合資控股企業則持有57%股權。所以，上海迪士尼明明白白是政府行為。政府無論是以土地還是現金投入，同樣必須面對可能的投資和經營風險。

文化的卑微

　　如果上海建設迪士尼僅僅是一種民間商業行為，只要符合法律，就沒有什麼可說的，但如果有政府導向並投資介入，實際上就是政府掏錢在行銷美國文化，就不是一回事了。為什麼會這樣呢？無非是GDP至上，有錢能使鬼推磨。於是，建設文化強國、中國文化走出去等等都可以放在一邊。文化的卑微和大觀園的黛玉悲劇一樣，在傳宗接代、光宗耀祖的大局下，愛情自然是一個可以犧牲的東西。政府文化價值判斷和執行標準的雙重性，是我們評價上海迪士尼項目的疑惑所在。政府項目不僅僅是一種投資，更代表了國家的文化導向，即使是國家無意識的導向。迪士尼畢竟不是化工廠，也不是普通的遊樂園，它代表的是影響全世界的美國文化元素，這種元素的強大影響將來也許會讓我們的孩子不知道什麼是《西遊記》，什麼是《三字經》。中國人歷來看重名節和精神，餓死事小，失節事大。革命烈士們說過：為狗進出的洞敞開著，為人進出的門緊閉著。還有《禮記·檀弓》也道：「齊大饑，黔敖為食於路，以待餓者而食之。有餓者蒙袂輯屨，貿貿然來。黔敖左奉食，右執飲，曰：『嗟！來食。』揚其目而視之，曰：『予唯不食嗟來之食，以至於斯也。』從而謝焉；終不食而死。」

　　如今有太多的事情讓我們大跌眼鏡，但它還是一件接著一件地發生了。所以，我們也不要為迪士尼的進入過於大驚小怪。迪士尼進入上海是今天發生的事情，但迪士尼進入上海並不是孤立的，偶然的。如果奧運的狂歡被戲為國家的四肢發達，大腦簡單，那麼迪士尼入滬正好說明經濟的強硬和文化的卑微。迪士尼進滬有偶然性，也有必然性。

　　當前很多線民都在追究政府拉動內需4萬億的去處，說4萬億都是納稅人的錢，要對納稅人有個交代。當然，納稅人不可能直接去管4萬億每一分錢怎麼花，但是4萬億都拿去修橋鋪路造工廠，不給文化幾分錢，甚至還拿出100多億建設美國文化樂園，不能不說是斯文掃地。什麼叫斯文掃地，就是說沒有文化和不重視文化。日本人可惡吧，但人家明治維新後，勒緊褲帶搞教育。中國的教育經費占GDP的比重早就提出要達到4%標準，到2015年達到5%，但十多年來一直沒有達標，甚至還在倒退，沒有達到20世紀80年代4%的水準。2002年到2005年的資料是，國家財政性教育經費所占GDP比例分別是3.41%、3.28%、2.79%、2.82%。與此相對照，目前世界平均水準約為7%左右，其中發達國家達到了9%左右，經濟較不發達的國家也達到了4.1%。從人均數字看，目前全世界年人均教育經費已接近500美元，其中，美國人均超過了3000美元，日本為人均2000美元，韓國為人均1100美元，而我國2005年人均教育經費還不足100美元，只相當於世界平均水準的五分之一。在這麼一組蒼白無力的數字下，經濟總量占世界第二、第三又有什麼意義？教育的卑微就是文化最大的卑微。教育尚且這樣，何況文化，何況出版？教育、文化和出版有什麼關係？很簡單，教育和文化是出版的活水源頭，是出版的衣食父母。皮之不存，毛將焉附，特別是在中國。教育和文化都卑微了，出版又何來高尚。

　　中國有最好的飯店，最好的餐館，最好的高速公路，甚至汽車的產量也眼看著排到了世界第一，而博物館、圖書館的數量和品質卻仍然大大落後於世界平均水準。這些基礎文化設施不但是一個國家文化發展水準的基本標誌，也是出版產業鏈的重要環節。國家在強調出版改制、建設雙百億集團的同時，卻忽視了它的文化傳承功能。出版不是一個賺大錢的行業，它更多的是一種奉獻，一種薪火相傳。要耐得住寂寞，耐得住清貧。出版不是春耕秋收，十年樹木，百年樹人。圖書也不是食品，保鮮期愈短愈好，像燒餅現烤現賣好吃。今天出版的圖書，要算算有多少是要留給子孫後代的，用幾十年甚至幾百年。不能光講秋後算帳，講任期責任，這就是文化。中國出版正在著力打造雙百億企業集團，可是4萬億拉動內需，出版業為什麼一分錢也沒有分到。中國出版業全部碼洋也就五六百億，加上報刊印刷就算是1000多億，可上海一個迪士尼就是240億。文化的卑微又見一斑。

　　出版人都知道中國圖書「走出去」是多麼的艱難，「中國圖書對外推廣計畫」雖然轟轟烈烈，但每年1000多萬元人民幣的翻譯費資助，又怎麼能和迪士尼240億元投資和6000畝良田媲美。據說上海迪士尼可以拉動1萬億的GDP，上海川沙的房價已然從3000、5000漲到了13000元。在GDP面前，再傻的傻子也看得明白：一隻手是多麼的硬，一隻手是多麼的軟。一面在艱苦卓絕地「走出去」，一面在大大方方地請進來。2008年，在世界金融危機的冰天雪地中，中國的國民收入達到30萬億，增長了9%，財政收入達到6.1萬億元，增長了19%。而2008年，中國出版總定價僅516.04億元。多建幾個雙百億出版集團，難道就能帶來出版的話語權嗎？

　　筆者曾經寫過兩篇文章，一篇叫做〈拯救商務〉，一篇叫做〈邊緣化中國出版〉。現代中國多少人是喝著商務的奶水長大，可是沒有人能夠拯救在陳舊體制下艱難掙扎的商務印書館。傳統出版正在新技術、新媒體和新經濟大潮下迅速邊緣化，可是沒有多少人覺得它會朝不保夕。這些儘管已經說過不知多少遍，我們還是要不厭其煩地說：中國出版存在的意義不在於它的516.04億碼洋，而在於它是人類的精神食糧，是嬰兒口中的奶水，是內容而不是管道和載體，是精神而不是紙張和油墨。圖書雖然印著定價，擺在貨架，它不是一般的商品，你不能老是和它算定價，算利潤，算碼洋，算保值增值。

　　上海曾經是中國的出版中心、文化中心、經濟中心。上海曾經有亞洲最大的商務印書館，上海出版業也一直夢想著重振雄風，打造新的全國出版中心，不忘做民族文化的脊梁。舊商務印書館被日本人炸了，新的上海世紀出版集團在努力重建商務的輝煌，但世紀出版集團眼看著做死也到不了「雙百億」，甚至把上海文藝出版集團、上海新華發行集團都加進來，也還離雙百億有相當距離。為什麼？因為行政和地域對出版資源的分割仍然牢不可破，內容不是當前中國出版業的領導者。出版的改制上市看起來轟轟烈烈，但實際上離真正的市場經濟還大有距離。上海世紀出版集團的老總陳昕要做出版文化的脊梁，卻無法破解體制對產業發展的束縛。孫猴子再有本事，也跳不出如來佛的掌心。在陳昕夢著他中國出版脊梁的時候，有人卻在抽他的文化脊梁。陳昕們在嘆息，迪士尼在狂歡。出版在不斷的邊緣化，內容產業受到物質產業愈來愈沉重的壓迫。當年日本人炸掉了商務印書館，如今中國

人卻在幫美國文化占領上海灘，這昔日的十里洋場如今終於又多了一個美國人的樂園。

出版的狂熱

　　國家政策的一手硬，一手軟，經濟繁榮，文化卑微，引來了迪士尼在中國長驅直入，也導致了中國出版上市熱、雙百億集團熱，走出去熱。GDP崇拜侵蝕著中國社會的每一個細胞，出版也不能例外。出版改制上市雙百億集團建設熱火朝天，中國出版人懷揣著一個美好的夢想：終於有一天能夠在世界出版業占有一席之地，有我們的話語權。畢竟對統計數字的考核要比文化內容的評判容易得多，出版的狂熱和浮誇也由此而生。出版的狂熱是熱在四肢和軀體，而不是頭腦；熱在數位而不是內容。不僅出版，文化、教育、新聞等行業都是這樣。

　　剛剛上網看到天涯論壇在評論錢學森的逝去：中國的大師愈來愈少，走一個少一個，當代教育和文化體制沒有培養大師級人材的土壤。這年頭似乎都在大躍進，貪大求多，不講究實際效果。美國加州理工學院只有大約二千名學生，如果是在中國，大學排行榜肯定進入不了前一百名。可是，這所歷史並不悠久的大學卻有31人獲得了三十二次諾貝爾獎。萬人大學很氣派，很過癮，中國四五萬人的大學也不稀奇。美國加州柏克萊分校大學生淘汰率為48%，加州理工學院在60%左右。在過去的清華，本科生淘汰率甚至達70%。1928年清華物理系入學學生11人，到1933年只有5人畢業，1929年入學13人，到1934年只有4人畢業。正因為這樣，1929到1938年清華物理系71位大學畢業生中，有21位成為中科院院士。大學快速擴張的成敗得失值得出版集團化建設總結借鑑。大固然好，但大更要強，大還要有文化。沒有內容，沒有文化，再大的船也是空殼，是一堆廢鐵。在互聯網時代，好酒不怕巷子深仍然是至理名言，做內容永遠是出版業的立身之本。最近網上沸沸揚揚的谷歌與中國570位作家、17922部作品的「版權門」事件，被形容為螞蟻和大象的博奕，570位作家和17922部作品對於谷歌可能連螞蟻也算不上，但在螞蟻面前，大象也無可奈何，因為天下以內容為王。

　　文化永遠是值得尊重，而且必須尊重的東西。錢也可以買到很多東西，

但唯一買不到的可能就是精神和思想。德國人有錢，但貝塔斯曼收購藍燈書屋，從某種意義上說只是一個資本運作，藍燈書屋還是藍燈書屋，只是換了一個老闆。但願迪士尼入戶上海後，其娛樂項目也能吸收中國傳統文化的精髓，儘量走本土化的道路。內容永遠是出版的王者。與其臨淵羨魚，不如回頭織網。只有繁榮中國自身的科技文化，成為世界最先進科技和文化的代表，中國文化，中國出版才能真正「走出去」，不用再求著人家，看別人的臉色，餛飩擔子一頭熱。

文化有別於其他工商業的主要特點，是充滿創意和個性的產業。文化的繁榮要求社會環境充分地放鬆和自由，在發展中擴大規模，然後走出國門。如果中國的出版集團都是靠政府拼拼湊湊，沒有可以影響世界的內容和學術優勢，中國出版走出去永遠只能是畫餅充飢。

出版改制的線路圖、時間表、任務書下達以來，中國出版界還有兩件事情不能不說。第一就是改制的時間表說變就變，部委出版社沒有時限的「暫時不脫鉤」，基本上阻斷了中國出版優質資源跨地域、跨專業的重組。如果這個決定現在看來也許很無奈，或者更符合目前的實際情況，那就說明當初非常確定的時間表、線路圖、任務書是欠考慮的，不成熟的。第二件事情是有一隻靴子一夜還沒有落下來。這隻靴子不落下來，全中國的出版社社長都會徹夜難眠。關於小夥子和老大爺，樓上樓下一隻靴子一夜沒有落下來的故事幾乎家喻戶曉。在出版界，這隻沒有落下來的靴子就是「中國教育出版集團」。改制不脫鉤的政策直接導致教育部把直屬的高等教育出版社、人民教育出版社、教育科學出版社、語文出版社等直接合成一家出版集團。有人算過，這四家出版社的總碼洋（包括各地教材租型）幾乎占了全國的一半，規模遠遠超過中國出版集團，或許還可能與湯姆生、培生集團一比高低。一夜之間造出一艘如此的大船，當然很有面子。集團化，出版改制，出版上市的初衷是什麼，是推進改革，打破壟斷，培育市場，與國際接軌。如今政府為了造大船，在第一線衝衝殺殺，搭積木，拉郎配，只會加速壟斷，阻斷改革，與世界出版愈來愈遠。

人教社與高教社目前的品牌業績當然無可爭議，但管理水準和市場能力呢？規模不一定就代表效益。比如人民教育出版社、高等教育出版社、江蘇教育出版社、浙江教育出版社等全國教育類出版強社之間，碼洋和利潤最多

也就差一二倍，但人數少的如浙江教育出版社只有100多人，人員多的社卻超過1000或2000。從集團結構上分析，即將成立的中國教育出版集團，高等教育出版社或人民教育出版社似乎也不是集團的核心，這個集團很可能和中國出版集團模式相近，有一個類似管委會機構去管著這四五家出版社，各單位仍然是各幹各的。這種模式的集團已經證明了在集團層面要做些事情很難。無論是集團化或者股份化，都要求核心層必須是從市場上走出來，並被證明是市場的強者。而且，中國出版集團主管部門是中宣部，中宣部主要管意識型態，不管錢，也沒有更多的出版資源，但教育部有太多的政府資源，近水樓台哪能不先得月呀，教育部能在全國出版介面前保持行政資源的公正配置嗎？所以，全國的出版社都在擔心這隻沒有落下的「靴子」。中國教育出版集團的建立，不能不算是文化體制改革過程中最突出的倒車現象。在教育部直接主管和資源壟斷下，中國教育出版集團的市場開拓能夠走多遠，管理水準能提高多少，不能不讓人打幾個問號。甚至有人說了，不就是造大船嗎，有一個更有效的辦法：全國的大學都歸教育部管，乾脆把全國的大學出版社都聯合起來再搞一個中國大學出版集團，那碼洋會比中國教育出版集團還要多。

實現跨越式發展，一口吃成胖子當然很好，但社會和產業發展，有的階段你就不能跨越，必須經歷。就像搞了人民公社「大躍進」，最後還得回頭分田到戶。雖說現在國有企業日益強勢，國進民退日益明顯，可不容否認21世紀民營經濟還是中國最先進的生產力代表之一。中國出版業從單純的計劃經濟走向市場經濟，在大規模集團化之前，還應該經歷一些什麼？我們的出版改革是不是正在忽略、省去了一個重要的，必須實踐的發展階段。我們想說的是，這真的是一個問題。中國出版業才剛剛開始改制，這個行業仍然非常的壟斷和計畫。民營書業剛剛浮出水面，卻已經承受了國進民退的壓力。一輪新的壟斷和行政地域分割重新開始，而且可能是比計劃經濟年代更甚。不僅民營工作室憂心忡忡，連中小出版社也在提心吊膽。由此想起了一個過時的段子：打右燈，往左拐。以此形容迪士尼進入上海的事件，以及出版改制上市和集團化建設中出現的一些奇怪現象，似乎十分貼切。

公權的質疑

公權，也叫公權力，公共權力。公民出讓自己的一部分權利，授予管理者用於維護全體公民的福祉和社會秩序，這便是公權的由來。但是敬畏公權與敬畏執行公權者是兩回事，就像對真理的崇拜與崇拜掌握真理的人不可同日而語一樣。公權的隨意越位是目前社會生活中存在的普遍問題，公權的隨意性受到愈來愈多的質疑。比如迪士尼落戶上海，其涉及的公權力遠遠超過上海市政府和國家發展和改革委員會，而更多的是與文化、教育、出版等廣大的行業，出版的興衰可以說與中國每一個公民都有直接關係。誰給了你們這個權力？這是網上對政府的批評經常使用的語言。

同樣，出版的改制改革也不是出版本行業的事情，它關係到民族文化的傳承、教育事業的百年大計，不是說新聞出版總署想怎麼改就怎麼改。比如出版全面改制對出版公益性的損害，集團建設對文化市場自然生態的破壞，出版的書號刊號配給體制，從某種意義上說，是對全中國人民文化權力的剝奪，甚至是對憲法的挑戰。它對國家社會經濟文化的負面影響可能還不止體現在一代人身上，很多時候，是這一代人在使用下一代甚至幾代人的公權。比如一代人對環境的破壞會影響幾代人的生存，文化出版也是一樣。在所有社會產品中，可能只有圖書是一代代傳下去不是為了觀賞而是為了使用，而且流傳愈久愈是經典。所以，一代代人傳下來的圖書我們稱為圖書館，而不是博物館，圖書館是活的，博物館是死的。比如《論語》到了兩千年後仍然火爆。從迪士尼入戶上海，我們想到了出版的公權越位。有關公權的越位我們還可以舉兩個旅遊業的例子。

比如桂林山水甲天下。桂林的標誌性景點是市區的象鼻山，灕江穿過市區，象鼻山就在江的南岸。可是桂林市政府為了賺更多的銀子，居然在江邊密密麻麻用灌木打成一道籬笆，把象鼻山圍了起來，走在江邊根本看不到灕江，看不到下面的象鼻山。要看象鼻山，必須買門票。門票費是收進來了，但城市的眼睛卻似被挖掉了一般，桂林的市民同意嗎？而且，公民即使買票，也不能從遠處看到山水渾然一體的象鼻子山勝景。相比西湖，哪個地方一站都是鏡頭，都可以賣錢，但西湖沿湖公園景點卻沒有一處出售門票。不過西湖也不是沒有一點銅臭。張藝謀搞《印象西湖》，280元的門票，每天晚

上把西湖最漂亮的一塊湖面用非常難看的布圍了起來，而且一圍就是幾年，西湖於是也像長了一個瘡疤。有人也對這道籬笆的公權提出質疑。

西湖的公權不僅僅屬於杭州市或者浙江省的某個機構，張藝謀搞《印象西湖》，杭州市園林局賺了錢，但損害了全國大多數遊客，包括大多數杭州市民的利益。迪士尼雖然落戶上海，用的是上海的土地，但對中國文化格局和民族精神的影響，卻不僅僅是上海市一千多萬市民的事。局部利益和國家利益，機構利益和公眾利益由誰來主持公道？人民代表大會。所以，出版改制上市等重大變革，雖然表面上是出版界自己的事，但出版業關係到國家文化和民族精神，利弊得失，是不是也應該由更大的範圍，更大的權力機構：全國人民代表大會作個表決？中國出版要做大做強，提升自己的軟實力，在國際上取得話語權，改革體制，資源重組，與國際接軌，這本來是件好事。而且毛主席老人家說過，天下事，從來急，一萬年太久，只爭朝夕。但改制上市集團化，忽如一夜春風來，千樹萬樹梨花開，制度的配套、環境的過渡、資本的原始積累，甚至出版的文化責任都放在一邊，那誰來做中國文化的脊梁？誰來做麥田裡的守望者？如果出版的狂熱好心而損害了國家經濟文化的振興，這個責任誰可以承擔？這就是公權的意義，於是又想起了桂林灕江邊上遮擋象鼻山的籬笆（截至本文發稿，又聞國家發改委網站掛出一條簡短消息，證實此前上海市政府新聞辦發布的上海迪士尼獲批的消息。而與此前媒體大量報導的上海迪士尼將占地6000畝大相逕庭的是，發改委稱上海迪士尼僅占地1740畝，比此前媒體報導的面積縮水三分之二）。

（2011年1月）

Part

5

中國出版的未來

中國出版的世紀性跨越

這十年對於中國出版的意義可能會超過歷史上任何一個十年，但
是，這十年又是中國傳統紙面出版不斷被邊緣化的十年。

　　無論之於改革實踐，還是之於理論視野，從1999到2008年這10個年頭，
中國出版業都體現了突出的跨世紀特徵。中國出版業最近十年所發生的重大
事件，比過去五十年還要多。2008年是改革開放三十週年，對於中國出版
業，後十年的意義要遠超過前二十年。有文章將1978年以後的三十年中國出
版改革開放的軌跡劃分為三個階段：前十年為精英出版時代、中間十年為大
眾出版時代，後十年則是數位出版時代。但這一劃分對後十年的定性不完全
準確，後十年不能僅僅歸納為數位出版，後十年的變革更重要的不是技術的
革命，而是體制的進步。後十年是三十年出版改革集大成的十年。

　　的確，從1978年開始的前十年在文學史上是主流文學和精英文學重合的
時期，在出版，則是精英出版和主流出版並軌的階段，是改革開放後中國出
版業的蜜月期。這個時期，政府、文人和出版者同床同夢，撥亂返正、重開
啟蒙。出版界幾乎沒有什麼旁門左道，也不存在二渠道和民營書商。第二個
十年到來的時候，傳統的人文精神開始迅速解構，無孔不入的市場經濟進入
出版業，精英出版開始淡出，大眾出版日益活躍，經濟效益籠罩中國出版。
主流意識型態和不斷蛻變的出版模式開始了曠日持久的博奕。

　　而後十年國有出版的改革源於三大社會背景：一是日益強勢的市場經濟
大潮勢不可阻擋地向出版業滲透，走出地方的地方出版社、離開計畫的中央
出版社以及野火春風一般的民營書業進入了異常激烈的市場競爭。進入新世
紀後，民營書業至少在時尚期刊、大眾讀物、教材和教輔出版領域形成對國
有書業的生存威脅，民營書業在這些出版門類已經占據半壁江山。二是面對
進入WTO的局勢，中國出版業感到來自海外更加可怕的競爭，英國的培生

和貝塔斯曼集團兼併美國藍燈書屋、賽門舒斯特出版公司也大概發生在這一時期。面對狼來了的呼聲，中國出版集團建設一哄而起。三是網路的出現和電視媒體的迅速崛起，使中國出版在繁榮中體會到了什麼叫邊緣化和夕陽產業。除了以上三個因素外，在諸多改革動力中，我們也不能不看到很多從上到下來自政府層面的政績需求：做秀和上行下效。

跳出出版看全國，從1999年到2008年，也是國家社會體制發生深刻變革，經濟建設跨越性發展的十年，後十年對於三十年同樣具有集大成的意義。房產、股市的大起大落；網路從無到有並在事實上成為媒體霸主；通訊、家電、電腦、汽車、外貿、環保，新產業勢如破竹，一直到2008年的奧運，我們不能說這些重大的社會進步和變革與出版的發展沒有內在聯繫。

2000年是10個世紀的等待，2000年是新千年的門檻。《新白娘子傳》的主題曲「千年等一回」仍然流行於世。千年的姻緣並非屬於人間凡胎，但是生活在當下的我們畢竟都看到了新千年的第一縷曙光。我們也不能說這新千年的曙光一定會催生中國出版世紀性的轉折，帶來跨越式的發展，但是，跨過新千年門檻的中國出版確實有很多重大事件留在這個世紀的門檻上。

看十年我們看什麼，還是要看數字。俗話說，牛皮不是吹的，火車不是推的。數字能夠虛構一切，但也只有數字才能真正代表事實。

過去十年，圖書出版基本上是細分市場的十年。從1999年到2007年，全國圖書出版從141831種增加到248283種，增長了175%，其中新書從83095種增加到136226種；但總印量僅從391.35億增加到486.51億，而總印量卻從73.16億冊減少為62.93億冊。十年間圖書品種幾乎翻了2倍，這畢竟是件好事。從某種意義上說，品種的增加就是內容的增加，知識含量的增加，是文化的積累和貢獻，也是一種內涵發展。就品種而言，中國已經超過英國成為世界出版品種最多的國家。雖然一年25萬個品種有灌水、有平庸，甚至有許多垃圾，但即使去掉10萬，還剩下15萬。而15萬個品種是一個什麼概念？自從甲骨文發明到晚清，中華民族所能保存下來的所有古籍品種的總和12萬至１５萬種，而根據全國古籍整理出版規劃領導小組主編的《新中國古籍整理圖書總目錄》，其中只有約1萬種古籍經過整理出版。有了年出25萬種圖書的規模，書店才可能有20多萬個上架品種和50多萬個年流轉品種。近十年書店的上架品種基本上做到了和出書品種同步增長。

　　專業圖書是新增品種的主要板塊。根據開卷圖書零售市場報告，2007年開卷市場監測數據動銷品種為87.6萬種，比2006年增加8.5萬種。2007年動銷品種中，新書為13.3萬種，在新增的品種中，社科占27.567%，教材教輔占17.82，科技占23.29%。這說明品種的增加主要來自於專業圖書市場，專業圖書市場的發育和繁榮，滿足了社會對專業圖書的需求。2007年新書占碼洋和冊數的比重分別從2004年的9.19%和10.12%增加到29.94%和27.73%。品種的快速遞增說明知識的更新在日益加速，這是資訊社會的基本特徵。傳統書業在網路時代，或者說在資訊爆炸的時代，必須迅速增加品種來呼應資訊爆炸對出版業的需求，從而保住自己的讀者和市場。

　　可以說，中國出版這十年的繁榮基本上就是出版品種的繁榮。我們可以探討品種的有效性、品種和品質關係，檢討品種的可供率和上架率、檢討出版品種和在版品種的關係，也可以討論總印量十年的下降和總印張的徘徊不前，但我們不能因此否定和抹殺品種。而且，品種的增長和市場的細分仍然是未來十年中國圖書出版發展的趨勢，因為中國圖書市場離100萬個在版品種的目標還有很大距離。品種的距離，或者說是有效品種、在版品種、上架品種的距離，仍然是中國和世界出版的主要差距。面對實際可供圖書目錄，中國出版的品種仍然貧血。

　　在浙江博庫書城的網路終端約有130萬條圖書資料，其中現貨可供圖書約30萬種，數據圖書100萬種，數據圖書是指曾經在博庫銷售過的圖書數據。而美國鮑克公司（Bowker）的英語在版圖書目錄接近200萬種，是美國當年出版品種的20多倍。有數據表明，亞馬遜網上書店經營的圖書多達500多萬種，並以每週2萬種的速度增長。我們可以充分強調英語世界出版資源的極大豐富，也可以質疑鮑克和亞馬遜可供書目的有效性，但我們不能不正視中國書業可供圖書的現狀。2007年，《中華讀書報》刊載一位副教授對網路書店的調查文章，調查說：雖然當當網和卓越網分別宣稱自己的經營品種是60萬種和50萬種，但作者試圖尋找2005年出版的幾本專業圖書均無功而返。這種情況其實非常普遍，在北京圖書大廈等實體賣場也是一樣，暢銷書當然容易找到，但一碰到專業圖書，可能連一半都有名無實。無論是當當還是卓越，所宣稱的經營品種往往並不是可供現貨。

　　十年來，圖書走品種擴張之路，而報紙則行版面擴展之道。2007年全國

共出版報紙2038種，比1998年增加100種；平均期印量20545萬份，比1998年增加1922萬份；總印量438億份，比1998年增加120億份。報紙的品種、期印量、總印量的增長看起來都非常有限，但總印張卻有了大躍進。2007年報紙的總印張1700億，比1998年的636億增加了2.67倍。與此同時，圖書總印張只增加24%，總印量減少了14%。

審視全國報紙格局的變化，有一個現象不能不讓我們有所關注，那就是報紙的小眾和專業市場受到遏制。2003年嚴厲的全國報刊治理基本上阻斷了縣級日報的生存空間，大多數縣級日報被關停併轉（關閉、停辦、合併、轉產），理由是結構調整、資源重組、建設報業集團，保證中央和省級報刊的發行業績，並以此杜絕縣報的發行和廣告行政攤派，減少各級政府和企業的經濟負擔。與此同時，是政府刊大規模劃轉，由政府部門主辦的期刊大多數劃給了相關的出版經營單位。

經過這次整頓，全國縣級報紙從141種調整減少到19種。在中國，大多數縣級區域人口相當於國外一個國家，連一份本地的日報都容納不下，不能不說是一種因噎廢食的簡單化行政管理，是對地域文化和地域經濟的一種歧視，剝奪了生活在基層和邊緣的最廣大的人民大眾最基本的人文關愛。地方日報減少了，但中央和省級報紙也並沒有因此發展。十年中，中央部委的報紙僅從211種增加到221種，省級報紙從813種增加到816種，這和十年間國民經濟日新月異、翻天覆地的巨變形成明顯對比。在美國，共有各類報紙9000種，是我國的近5倍，其中僅日報就有1500種。據韓國文化觀光部2007年4月公布的統計資料顯示，韓國共有日報203家，日刊373家，週刊2784家，網路報紙715種。烏拉圭一個5萬人口的省有5份日報，香港550萬人口至少有12份中英文日報。百萬人口報紙種類，我國僅1.2種，英國為22種，印度65種，韓國128種。非日報每千成年人發行量，我國為109份，英國為596份，丹麥為1761份。美國在1900年就達到了戶均一份報紙的水準，而我國到2007年報紙期發量才2億份，基本上是三戶人家拼一份。因此，有報告認為，我國報業仍然是典型的幼稚產業。儘管中國在2005年有二十八家報日報進入世界日報發行百強，這並不是一個值得驕傲的數字，這和中國書業在1978年前每本書都能印上十幾萬冊，文革時的語錄能夠發行幾億冊是一個道理。

媒體已經進入了細分市場、競爭日益激烈的時代。細分市場給經營者帶

來壓力的同時也激發了活動，給讀者則帶來了閱讀方便和日益的優質服務。十年來，媒體的發展業績無不來自於競爭的壓力。地方電視台「上星」[1]，產生了湖南衛視等一批黑馬，中央台的頻道因此從1個增加到13個，地方電視台也上行下效。省會城市日報因為引入了省市之間都市報的競爭，所以，中國報紙的版面才會由4個猛增到40多個。圖書也是這樣，二十幾年前的長沙會議確立了地方出版社走向全國的發展方針，才會有今天年出書25萬種的規模。

圖書品種和報紙版面的高速膨脹都說在闡述著一個同樣的命題：願望和結果往往南轅北轍。簡單通過限制數量和品種而不是依靠市場競爭來提高書報刊的品質，優化出版結構，於是增加書號和版面便成為最簡單而有效的途徑，在這種物理性的擴張中，圖書的品種富含水平，在版品種的積累進展緩慢；報紙的個性和細分市場被嚴重忽視。從某種意思上說，對細分市場的抹殺也就是對競爭的抹殺。在這種抹殺中，網路便以極具個性化和多樣化特徵的優勢進入了媒體細分市場。紙面媒體在管理體制和技術水平兩個方面都在與網路媒體競爭中喪失優勢。十年來，紙面媒體經歷了五年的短暫繁榮，便一下子進入了網路帶來的寒流。此所謂夕陽無限好，只是近黃昏。

與圖書相比，新聞媒體更多地受制於中央的調控和地方的行政壁壘。比如電視在這十年中，儘管地方電視台夢寐以求走向全國，湖南衛視等有想法有創意的地方台已經衝進全國收視的前三，但地方台的本質屬性始終沒有改變，中央也不允許地方台在體制和發展方針上有更多的超越。比如地方台在外省市設立記者站就受到嚴格限制，所以，只好在綜藝類節目上尋找突破。但即使是這樣，超女的成功也已經觸動了中央電視台的底線而遭到變相封殺。地方報紙更是這樣，地方綜合性日報真正能夠走向全國的幾乎沒有，因為無論是機構或內容的延伸均不符合體制。2003年至2004年曾出現跨省區辦報的趨勢，到2005年就被叫停，認為跨地區經營媒體削弱了有效監管，新聞屬地管理被進一步強化。《新京報》、《第一財經日報》等有影響力的報紙都創刊於這個階段，但後來被定性為跨地區的實驗性報紙，下不為例。與電視相比，地方報紙還沒有地方電視台有衛星這種能夠在物理上相對突破行

---

[1] 上星是經過中國廣電總局批准，通過衛星向國內外發送，電視台上星之後代表全國都可以看到這家電視台的節目。

政壁壘的先進生產力，報紙的網路版發展也非常滯後。但是，報紙在這十年中畢竟也有了一個跨越性的發展，這種發展趕在了互聯網還沒有普及的前五年，飽食了一頓最後的晚餐。報紙在這前五年中以驚人速度完成了世紀性的擴版工程。1999年，上海《新聞報》日出三報四十版還是新聞，現在幾乎沒有一家日報不超過三十二版。而同期圖書品種猛增，印量下降，人均購書三十年未變。相對於報紙，數位出版對傳統出版衝擊遠不如網路對報紙的嚴重。

期刊的情況略好於圖書。在資訊時代，期刊是一個細分市場的媒體，基本上服務小眾市場。雖然與報紙相比新刊的審批量多了不少，但十年來刊號資源控制仍然非常嚴格，新增的期刊有相當一部分是透過擴展週旬和半月刊變通出來的，對於管理體制，這是一種很可笑的「朝三暮四」。2007年全國共出版期刊9468種，比1999年的8187種增加1281種，增加15%；總印量30.41億冊，比1999年28.46億冊增加6.8%；總印張115.35億，增加19%。

中國期刊的轉折性發展也出現在這十年。時尚期刊用了不到十年的時間完成了從黑白向彩色的換代，市場刊的品種在十年中也有了大幅度的增加，期刊的發展可以很容易地從報刊亭陳列期刊的數量上看出來。但是，期刊也和報紙一樣，在它發展黃金時代剛剛開始的時候，遭遇了網路的衝擊。十年前，人們希望中國的期刊能夠有一個跨越式的發展。因為在國外，期刊和圖書都是一比一的規模，甚至期刊碼洋規模要超過圖書，但中國的期刊碼洋到2007年仍然是170億，是圖書總定價的25%。十年來，市場刊雖然有了很大的發展，但期刊仍然沒有完成它的細分市場革命，這導致期刊的總印張十年僅僅增加了不到20%，遠遠滯後於國民經濟的平均增長速度。刊號資源的控制是對期刊細分市場最大的制約。在20萬元的轉讓起步價而且調劑機會非常難得的刊號資源面前，不知道期刊如何去做龐大的細分市場。每月兩萬的刊號成本，已經超過了不少小眾期刊的直接成本。

數位化生存是世紀之交中國出版生存和發展的重大命題。生產力決定生產關係和生產形式，對數位化出版和傳統出版的轉型也是一樣。截至2008年2月，我國線民數已達2.21億人，超過美國列世界第一。近年來，世界範圍的原材料成本，包括紙張價格的迅速上升，給傳統出版生存再次敲響了警鐘。網路高舉著現代科技和綠色環保兩面大旗，已經向傳統出版發起總攻。2008

年7月公布的中國出版科學研究所第五次國民閱讀調查顯示，在文字媒體中，報紙以73.8%的閱讀率位於首位；雜誌閱讀率為58.4%，排第二位；互聯網閱讀率為44.9%，排第三位，比2005年的27.8%提高了17.1%；圖書閱讀率下降到44.8%。網路閱讀首次超過圖書閱讀。雖然只有0.1%,但這千分之一是一個標誌性的千分之一，是可以載入閱讀史的里程碑，這個里程碑宣告網路閱讀替代圖書閱讀的時代已經開始。這次調查數據還表明，2007年已經有19.3%的人口閱讀過電子圖書。2007年，我國已有數位化圖書30萬種，這個數字已經超過目前最大的西單圖書大廈的備貨品種。而且，與紙介圖書的備貨品種不同，數位圖書品種一旦存在，它在理論上就永遠不會消失，不會產生物理圖書的脫銷、絕版、報廢等概念。

據報導，新浪視頻的流量在2008年一季度也已經超過其他資訊類型居第一位，這說明互聯網的資訊載體已經開始超越字節而進入影像時代，這種趨勢還在加速，而傳統出版卻還在紙張和螢幕之間糾纏不清。中國每年出版各類圖書25萬種，可以說是世界最大的圖書生產國，但戶均消費圖書僅1.75本，同時可能又是人均閱讀最少的國度之一。有人認為，是忙碌的生活節奏和繁重工作壓力使很多人遠離了圖書閱讀，但實際上這種影響很大程度上來自網路的自由和便捷，特別是免費。十年來，網路的發展勢不可擋，網路不但已經嚴重威脅傳統媒體的生存，但傳統出版仍然在坐山觀虎鬥，在探索，在務虛。新興的資訊產業已經結束了對書報刊的數位出版圈地運動，方正、超星、書生和中文線上等業外公司已經占據了全國90%以上的電子書出版份額，而傳統書業在2008年6月才由中國出版集團牽頭，剛剛開奏「合縱連橫，開疆拓土，在數位出版領域共建、共用、共贏的序曲」。真可謂「洞中才一日，世上已千年」。

作為中國出版體制改革的主要標誌，各省市的局社分設並成立出版集團是從1999年開始的。上海世紀出版集團成立於1999年2月24日，廣東省出版集團成立於1999年12月，遼寧出版集團成立於2000年3月，浙江出版聯合集團成立於2000年12月，江蘇鳳凰出版集團成立2001年9月，中國出版集團成立於2002年4月。到目前為止，除了廣西等少數幾個西部省分，局社分設、成立集團這項世紀性工程歷時十年，已告一段落。幾乎與此同步，各省市還以同樣的模式複製了省級發行集團，把一個省的市縣新華書店人財物悉數收入囊

中，並以此來建設區域性的書業連鎖和物流配送基地。

如果說這一輪以政府為主導，集團建設為核心內容的出版體制改革有一點點實際內容的話，那就是在形式上走出了政企分開的第一步，至於集團成立後現代企業制度的建立，則很難說有本質性突破。主要問題仍然在於出版企業的意識型態核心定位沒有改變，也不能改變。這種行政撮合的集團在經營管理上都有一個共性：管理功能較多，經營行為較少。數字可以說明，大多數地方出版集團在成立多年以後，雖然表面上的資產擴張非常驚人，但經營效果卻並未有大的改善，經營績效均落後於走內涵式發展道路的單體大社名社。根據2007年初新聞出版總署圖書司對已經成立的二十五家出版集團和十四家年銷售額2億元以上的在京出版單位進行的經營狀況調查分析，地方二十五家出版集團的平均資產利潤率為4.37%，淨資產利潤率為8.36%，銷售利潤率為5.52%，而十四家大社名社的平均資產利潤率為13.94%，淨資產利潤率為17.32%，銷售利潤率為20.42%，分別比地方集團高出9.57%、8.96%和14.9%。排在資產利潤率前十位的除了個別出版集團外都是大社名社，而排在後二十位的都是出版集團。銷售利潤率的排名情況也與此類似。這表明大社名社資產優良，具有很強的盈利能力。因此，新聞出版總署的智囊層提出，大力扶植走內涵式發展的大社名社，使之成為專業出版集團，應該成為下一步體制改革的重點；要給大社名社以優惠政策，鼓勵他們把內涵式發展和外延式擴張相結合，通過兼併等手段快速做強做大，使其成為我國出版業最有活力的新生力量。出版集團沒有核心經營層，沒有核心品牌，一直是當前集團建設的一個大問題。在這個理論背景下，中國出版集團的建設框架再次受到反思和質疑，行政撮合的集團生命力必須打上一個問號。更應該引起注意的是，地方出版集團的利潤和效益大多數仍然來自教材教輔，即便是發行集團，其經營的優勢也大多來自於六十年積累的包括地段和房產等壟斷性資產和新華書店六十年品牌效應，從這一角度上說，地方出版集團生命力要比部委出版社更加脆弱。

一個國家的出版業向中心城市集中是一個世界性的規律，規律是歸納出來的，和規律抗衡往往只有失敗。三十年前，地方出版受地方化、通俗化、群眾化「三化」方針的限制，中央出版社是中國出版的核心。突破「三化」禁區後，地方出版社活力突顯，在一般圖書領域迅速超越中央出版社。1999

年，中央出版社總定價131億，其中中小學課本8.6億；地方出版社305億，其中中小學課本136億。除去中小學課本後，中央出版社和地方出版社的碼洋比為 122：169，中央出版社是地方出版社的72%。2006年中央出版社總定價273億，其中中小學課本28億；地方出版社375億，其中中小學課本148億。除去中小學課本，中央和地方出版社的碼洋比為245：227，地方出版社是中央出版社的92%。中央出版社的一般圖書已經反超地方出版社。大中專教材是一個新的出版增長點，1999年中央出版社大中專教材與地方出版社碼洋比為12.2億：7.2億，2006年這個比例拉大為139.2億：14.5億。中央出版社的大中專課本碼洋已經與地方出版社的中小學課本接近。隨著我國高等教育的迅速發展，大學教材的印張和定價超越中小學教材指日何待，而這片中國出版希望的田野基本上已經在中央出版社掌控之中。在2006年全國出版碼洋前十名出版社中，地方社只有浙教社一家；前二十名只有五家地方出版社，這五家也是浙教、廣西師大、山東教育、華師大、大連理工等以教材為主業的出版社。而在地方出版社的教材中，很大的一塊是中小學租型教材，版權都在中央出版社，特別是人民教育出版社手中，什麼時候說沒有就會沒有。1999年地方出版社租型書總定價95億元，占總定價的31%；2006年地方出版社租型書總定價113億元，占總定價的30%。教材直銷是一個趨勢，占地方出版社三分之一總碼洋的租型教材，背後則是一半以上的利潤。租型書除了中小學教材，還有部分政府讀物，這一塊更加容易變成直銷，不變成直供，發行代理渠道的更換也很容易。三十年河東，三十年河西，地方出版集團何去何從，仍然是一個問題。

開卷圖書市場數據也印證了地方與中央的出版格局。2007年占全國零售市場份額前十名的出版社中，地方出版社只有一家，中央出版社占九家。在全部市場份額中，中央出版社占47.27%，地方出版社占37.86%，高校出版社占14.87%。在圖書市場零售領先碼洋占有率的前二十名出版社中，只有浙江少兒出版社和21世紀出版社，分別排十五和十八位，其餘全部是中央出版社。

行政集團未來生存發展空間從來就受到懷疑。撮合規模愈大，生存空間愈小，所謂成也蕭何敗也蕭何。沒有品牌的紐帶，理念的紐帶、管理的紐帶、人脈的紐帶、資產的紐帶，就存在著被再次切分的隨意性和可能性。集

團下屬單位之間的分配收入懸殊，說明集團的資產管理鬆散和凝聚力微弱，調控能力很差，這些問題都將成為集團解體的理由。它的過程很簡單：一個文件就可以成立一個集團，再一個文件同樣可以解散集團。也許這也叫做「好合好散」。

　　1996年，由中宣部和新聞出版總署聯合啟動中國兒童動畫出版工程，1997年，北京新華門中宣部二樓多功能廳召開「《中華少年奇才》首發暨中國動畫工程啟動」座談會，此後又頒布了一系列行政措施支持國產動漫。十二年過去了，中國動漫有很大進步，但沒有突破性進展，世界動漫市場格局仍然是日本和美國人的天下，國內市場占主導地位的還是日本和歐美的作品。根據馨漫園網站（http://www.xinmanyuan.com/）的調查，國內動漫市場日本動漫占60%，歐美動漫占29%，中國原創動漫加上港台只占11%。中國動漫至今仍然處於世界動漫產業的邊緣，動漫出版更處於國內動漫產業的邊緣。國產動漫的大投資、大項目、大手筆都不是出於傳統出版業，動漫熱，動畫冷，傳統出版在中國動漫工程中一直顯得無所作為。

　　檢討中國動漫工程的成敗得失，出版的功能缺席是中國動漫產業十幾年沒有重大突破的主要原因之一。中國原創兒童文學創作和出版業的衰弱造成了動漫劇本「未有源頭活水來」。清一色國有出版體制及其僵化守舊，造成了紙介動漫圖書，括動漫雜誌市場的活力有限。動漫圖書和雜誌的出版缺少動漫影視那樣的生態環境。中國動漫沒有根本，這個根本就是動漫出版，缺少出版，就是缺少內容。中國動漫缺少內容，內容由誰來做，只有出版來做。日本人說，中國動漫的繪畫技法已經接近日本水準，二十年後世界動漫市場很可能是中國人的天下，但在內容上，中國動漫與世界的差距還非常大。中國動漫不但不能表現世界，連自己的傳統精神也傳達不好，《功夫熊貓》就是典型案例。不但是動漫產業，數位出版的主力陣容也都是民營企業而非傳統國有出版，民營企業通常是當代中國先進生產力的代表。中國的圖書和雜誌出版仍沿用六十年一貫的意識型態管理體制，這種體制和處於資訊產業前沿的數位出版和動漫存在著明顯的代溝。傳統出版業在管理體制上的封閉性，使大量業外資本難以進入動漫出版，動漫書號和刊號的獲得往往要付出巨大的成本。雜誌－圖書－動漫是動漫產業的三個主要環節，前兩個環節出現缺失，最後的環節如何走向繁榮？

在地方出版集團做強做大主業普遍遇到困難的時候（是做大主業遇到困難，而不是一般的經營困難），近幾年四川、遼寧，安徽、江西、江蘇等地方出版集團紛紛開始多元化經營，向股市和其他資本市場開拓業務，趕上前幾年全國宏觀經濟的利好形勢，從資本和房產等業外市場中挖到了很多桶金，有些集團的多元化經營收益甚至超過了主業。目前全國已有四川新華文軒、遼寧出版傳媒、北青傳媒、陝西廣電網路、上海新華傳媒等十一家文化企業在A股市場（人民幣普通股票）上市、兩家文化企業在H股市場（註冊或上市地在香港的外資股）上市。

但是大家都似乎忘記了一個基本的事實：到目前為止，中國的圖書出版和國有發行企業仍然不允許非國有資本控股，內容環節更是禁止非國有資本進入。不允許控股幾乎等於不允許進入。上市公司是市場經濟的標誌，壟斷和專賣行業進入資本市場本身就是在中國特有體制下的探索性事物，所以，已經開始多元化經營甚至走向資本市場的出版集團能夠走得多遠，都仍然是一個問題。集團建設對中國出版做大做強主業的推動力一直受到爭議，有更多反對意見認為，出版集團的建設不但沒有促進出版業的內涵發展，而且加劇了全國範圍的地方壁壘，是一種生產關係的大倒退。在這種情況下，大量的從股市圈錢，而全國性行業兼併擴張卻壁壘重重，錢沒地方用，錢不能生錢，這種情況對上市企業非常可怕。

新聞出版總署的有關報告指出：當前國際出版競爭的一個重要趨勢是更加專業化，透過專業化打造核心競爭力，透過提高專業化水準來增強競爭力，並強調在多元化的選擇上要密切注意產業關聯，從產業鏈的上下游上考慮多元化進入的路徑，避免多元化陷阱。當一個上市企業把圈來的錢大量地用於業務生疏的多元化經營，陷阱往往不易避免。

即使把這幾年新聞出版業的業績突出為多元經營的效益，那全行業合計600多億的銷售和50多億的利潤，在國民經濟的大盤子裡，也只是小菜一碟。中央一再強調新聞出版的意識型態屬性，甚至把它提高到國家政治文化安全的高度，嚴格控制外資和民間資本進入新聞出版核心層，這般苦心孤詣，為的絕對不是這區區50多億利潤。「見利忘義、捨本求末」，是當前出版集團建設發展所犯的大忌。但這也不是出版集團老總的錯，既然是企業，又是上市公司，經濟利益必然是追逐的第一目標。魚和熊掌往往並不那麼容易兼

得。

再從改制看集團建設成果。即使已經建立的出版集團，也有企業和事業之分。目前全國真正完成改制的，徹底變成企業或股份制企業的集團並不是全部，五百多家出版社也僅有一百多家轉制到位。不管媒體宣傳轉制單位的業績如何好，發展如何快，但我們所知道的是，一些沒有轉制的出版集團，包括還沒有轉制到位的出版社，其改革力度和多元經營遠遠超過許多已經轉制的單位。一些先期改制的單位換湯不換藥，無所作為，甚至主業停滯不前，也不少見。即使將來大部分中國出版社都轉製成了企業，如何大的體制不變，轉制可能也只是形轉神不轉，再轉也轉不出現代企業制度。

如何評價十年發行改革的成就，還是要回到可供圖書這個核心問題上。十年圖書品種的增加帶來了書店上架圖書規模的擴大。重點省會城市書店的上架品種從十年前的10萬種左右，普遍增加到現在的20萬種左右，這不但是中國讀者的福祉，也是中華民族的福祉。但是我們也不得不指出的是，省會城市中心書店常年上架品種還僅僅是出版社庫存品種的三分之一。 根據多方面的估算，目前全國出版社可供圖書約50萬種左右，如何讓這50萬種圖書更多地從出版社的倉庫轉移到書店，全國性中盤的建設是最終解決方案。省市發行集團的組建從某種意義上阻斷了這個程序。浙江新華發行集團是全國發行集團中省外連鎖做得最好的，他們在全國包括上海、廣州、深圳、徐州等地已有12個大型連鎖賣場，但也只有2億多的省外銷售額，占50億銷售總額的4%，而且在12個省外連鎖店中，只有一家自營，除此之外沒有別的面向外省配供業務，離開全國性中盤的距離還非常遙遠。

100萬種可供書目的建設一直是中國出版人的夢。做一個百萬品種的書目不難，甚至做一個幾百萬種圖書的目錄也可以，但要保證百萬品種的書目在一定的時間內實現可供，是一一個複雜的系統工程。百萬可供書目工程首先要依靠來自出版社的品種有效供應，但發行系統的作用更加重要，在包括中盤備貨、門市蓄存、網路書店、數位出版、即時印刷等諸多環節中，中盤備貨和門市蓄存等現貨可供是核心和基礎。但這一核心和基礎是需要規模作為支撐，一個發行系統，其備貨和品種和總發行碼洋成正比。現在，我們還看不出中國哪一家發行集團能夠做成百萬可供書目的美夢，行政和地域的人為切割，仍然是各發行集團成為全國中盤不可逾越的障礙。沒有全國性的中

盤，就不可能有中國百萬可供書目，這應該是一個常識性的結論。即使今後網路書店超過了地面點，它的本質屬性仍然是中盤，它也得有備貨，有物流。

網路書店和傳統書店的博奕也是從十年前開始的。1999年11月，當當購書網在中國誕生，卓越網也緊跟著在半年後問世。2007年，國內最大的網路書店當當網擁有25萬種可供圖書，2007年一般圖書銷售6億碼洋，並且正以100%的速度增長。強勢門類銷售額已經占了出版社銷售額的10到15%。如機械工業出版社2008年1月至7月已向當當發貨1300萬元。網路書店還在迅速發展。目前中國網路書店總體銷售才15億左右，占全國圖書零售的5%左右，而韓國網路書店的市場占有率已經超過30%。中國的網路書店仍然以低水準發展。卓越網副總裁石濤說：卓越網目前的消費者投訴80%是「斷貨」，因為大多數網路書店都沒有屬於自己的強大的配送系統，也沒有或很少有庫存，所以，訂書沒有貨或訂貨送不到是中國網路書店致命的問題。由於網路書店總體份額仍然數量有限，其資料庫的建設也往往得不到全國出版社的支援。亞馬遜在美國市場，其資訊主要是由中盤商或者出版社提供。不過，卓越網等已經和浙江省新華書店集團達成書目資訊服務和長尾品種配送的協定，實體書店和網路書店的合作將會使中國網路書店加速發展。

搞得中國出版界十年寢食不安、雞犬不寧的課程改革和教材招投標也是從1999年開始的。十年來，中小學教材的出版發行經歷大洗牌，其功過得失至今眾說紛紜。課程改革和教材招投標對於打破我國教材少數幾家一統天下格局，引入競爭機制，推進教學改革確實有突破性的意義，但是，這一輪的教材改革至少有三個誤區。

一是課改的大前提尚不成立，而政策操作層面上對課改寄於過多的期望，動作過大，實際上很可能是勞命傷財。教材一綱多本，前提是實行素質教育，因材施教，但是，高考的指揮棒卻愈來愈強，全國高等院校自主招生仍然是幾朵裝飾用的鮮花。在這個前提下，各地的教材換來換去，只能改良，不能改革，甚至是換湯不換藥。比如最能體現素質教育特質的中學理科綜合教材至今未能很好的推廣，因為高考理科仍然實行分科制。

二是中小學教材招標的指導思想偏離初衷，一味把出版利潤作為打壓對象。招標是讓最優秀的教材脫穎而出，重在品質、品牌，但現在的招投標似

乎只是看誰便宜，殺富濟貧，擠壓利益，教改變成了土改，教材招標變成了打土豪分田地。招標部門盯得最牢的是教材的印張利潤率，推廣費、編寫費、實驗費都不能進成本，似乎出版社不是出版社，而只是印刷廠。實施教材招標的不是新聞出版主管部門，而是對出版業陌生並主管經濟發展的發改委，典型的外行監督內行。出版要招標，發行要招標，印刷要招標，教材變成了人人喊打的過街老鼠，人人想吃的唐僧肉。一些出版社的教材的虧本經營已經不是新聞。官方認為，這樣做的理由是為了減輕學生的負擔，但是，政府恰恰在這方面犯下了一個很低級的錯誤，用一句俗話來說，就是「領導生病，百姓吃藥」。我國基礎教育長期投入不足，國家教育經費占GDP的比重至今低於世界平均水準，難道就是因為教材多了一兩個百分點的出版利潤？2007年全國中小學課本總定價163億元，一個百分點的利潤也就是1.6億。即使出版社把國家規定的出版利潤5%全部讓出來，每個小學生一學期也就少支付1元左右的教材費，初中生每學期可以少負擔2元左右。而讓成千上萬中小學校長和教育局長們憂心忡忡的是校舍擴建和危房改造，教育設備的更新，教師的待遇和福利，以及進行素質教育所需要的更多的經費保證，而不是向學生每年多收一兩元。這些大問題不解決，而把主要精力用於計較這一兩元的教材成本，無異於丟了西瓜，撿了芝麻。教育事業天大地大，不是教材定價最大。

三是弄不清出版行業的特殊規律，把教材出版當作普通商品。必須要讓我們的官員明白，印教材不是印筆記本，除了紙張油墨，還有編寫成本，實驗成本、推廣成本。除此之外，還有一項最大的成本，就是出版的文化積累。不但是心理學、教育學著作，文理各學科的幾乎所有的學術著作都構成了中小學教材的學術基石。可以說，全國一年出版的十多萬種專業類圖書都和中小學教材品質有關，都是教材編寫出版的間接成本。以教材反哺專業圖書，是一個基本的出版學原理。歷史上商務印書館能夠成為中國學術出版的重鎮、構築了中國文化的長河，就是因為有了中小學課本的利潤。出版業的最突出的特點是品種海量，圖書出版和其他商品生產的不同是，圖書通常以整體品種計算效益，二八定律是出版業的普遍規律，無論是出書還是賣書，賺錢的圖書往往只占總品種的20%。在民營資本不得准入，出版業在一種相對落後的體制下，如何保證出版的人文精神，教材的利潤就是一種相對有效

的保障體系。教材的利潤使國有出版業在相對落後的管理效益下，能夠有相對充足的資金去出版專業學術圖書，保持選題結構的相對合理，同時，也提供了一個相對能夠吸引和留存人才的比較優惠的薪水條件。這幾年，教材的招投標使地方出版集團每年減少幾千萬的純利，員工收入，特別是編輯的收入明顯下降，在社會同等崗位中已經沒有多少優勢。出版社由昔日的人才窪地逐步變成人才高地。高處不勝寒。

書籍的裝幀設計和印刷品質在這十年有一個質的飛躍。不仔細分辨，很多國產書和進口書已經沒有什麼兩樣。近幾年，國外出版社委託國內印刷加工的圖書也愈來愈多，帶動了國內圖書印刷品質與國際的接軌。總體來說，國內出版物的印刷、設計、用紙與歐美出版社還有差距，但差距已經不大。印刷業在世界上是支柱產業，印刷業遠大於出版業。印刷業在美國是六大產業之一，也是香港聯合出版集團的產業核心。十年來，外資和民營印刷業發展很快，印刷品的海外訂單大部分被外商獨資和合資公司拿走。新華系的國有印刷企業擁有世界最先進的設備，卻往往印不出世界一流的產品，這一方面與產品結構有關，更主要的還是體制問題，國有體制仍然在制約著國有印刷企業的產業升級。由於書報刊印刷仍然是准入制，由此民營和國營印刷企業之間一直存在一道無形的柏林牆。這種人為的隔離保護了國有印刷業的落後，對繼續提升中國書刊印刷品質產生了極大的負面影響。國有印刷企業社會印務總是做不大，而民營印刷企業也不易進入出版物印刷的核心區域。許多地方出版集團下屬的新華系印刷企業成為設備更新投資的無底洞，賺來的利潤遠不及年復一年的投入，一些高端的精品圖書還不得不拿到外資印刷廠去做。

國門的進出是十年中國出版的重大話題。過去的十年，外資一直在想方設法走進來，引進版圖書是世紀之交中國出版市場的熱土。中國圖書走出去工作則是近幾年才有了突破性的進展。中國圖書對外推廣計畫的實施，使叫喊了十幾年的中國圖書走向世界終於邁出了有既有雷聲，又有雨點的第一步。國務院新聞辦每年1000多萬元的翻譯費資助，不僅實實在在地使一批中國圖書走向歐美主流社會，更重要的是作為一種信號，發揮了紅燈高掛照我行的作用。而中國青年出版社、人民衛生出版社、中國出版集團、長江出版集團等在英美設立和收購出版機構的一步，也在2007年、2008年走了出去，

只是這第一步走得太晚了一些，步子也不夠大些，而且我們還要等到三五年後才能看到這一步究竟能走得多遠。

但是，由於不能正確估價中國文化和科技在國際上的實際影響，使得這幾年走出去工作有點浮誇和虛榮。根據國家版權局的正式統計口徑，2007年全國圖書版權輸出2571種，引進11101種，但是，在很多場合上，媒體都在報導已經扭轉了長期以來版權交易的逆差。不知是誰在編制中國版權交易的皇帝新衣。而且，在2007年版權輸出的2571個項目中，輸往美國、英國、德國、俄羅斯、加拿大、日本等6個發達國家的才555種，而同樣口徑統計6個國家的引進項目為7993種，引進和輸出比為14：1。對港澳台的版權交易實際上只是一種國內圖書的租型重印，簡繁轉換而已，根本沒有必要列入版權交易的統計範圍。對於版權交易的逆差，我們一方面要正視，一方面要重視。正視就是不要自欺欺人，認識中國文化在世界上的實際地位，也認識世界了解中國的需求和願望，從頭做起；重視則是要有更多的實際行動，更大力度的資金扶持和政府傾斜。憑良心說，1000多萬元的翻譯費資助對於30萬億國民產值，真有些拿不出手。對國有出版企業則要有某些強制性的要求，走出去是國有企業的責任和義務，而不是興趣和覺悟。各級政府財政對國有出版企業的考核中，應該把文化走出去列入硬指標，不能老是口頭號召，紙上談兵。

貝塔斯曼從進入中國到退出中國市場也剛好發生在這十年中。十年來，貝塔斯曼吃到了中國書業對外開放的頭口水，它們指望能夠藉機真正進入中國書業的核心領域。但是，一直到它退出中國市場，它還沒有真正拿到打造超級圖書俱樂部最需要的最主要的零部件：出版權。2005年，貝塔斯曼和遼寧出版集團合作成立發行公司，收購21世紀錦繡圖書連鎖網，終於有了批發和連鎖經營權，但貝塔斯曼到中國是來做俱樂部的，而不是搞圖書發行。做圖書發行得有物流，有門店，投資可能就不是幾億，而中國書業的特殊情況決定了大眾圖書零售是微利企業，不可能賺大錢。所以，貝塔斯曼很明智地沒有在發行業上大把燒錢，但是已經鋪開的戰線拖累了貝塔斯曼。讓貝塔斯曼兵敗中國，除了管理成本居高不下，沒有出版權，使俱樂部版本不能實行更低成本的運行，還有更重要的是生不逢時。網路時代的迅速到來，網路書店的成熟壯大，已經宣告了靠郵寄發紙質目錄的傳統圖書俱樂部死刑。在網

路書店面前，傳統圖書俱樂部模式顯得十分的蒼白。

貝塔斯曼走了，這是否宣示了十年中國出版對外開放俏俏開啟的大門又俏俏關閉了？三中全會所定下來的改革開放大政方針，是否就真的進不了出版領域？貝塔斯曼走了，它會帶走什麼？貝塔斯曼的出走，對中國出版是一件好事，還是壞事？

中國出版對外開放似乎只有期刊有過成功的案例。眼下中國時尚期刊，包括IT類期刊，從《時尚》到IDG系列，大部分是洋人做的。這是因為刊號資源有一勞永逸的特徵，而且刊名就是品牌，有投資就會有品牌積累。不像圖書，一書一號，打一槍換一個地方，沒完沒了，因此，民營書業永遠用的是別人的品牌，做死也是為出版社打工，為出版社做品牌積累。但是，由於刊號取得的艱難和高昂的經濟代價，中國期刊的對外合作也僅僅局限於時尚門類，全國加起來也就幾十種而已。而中國的期刊品種已經上萬，外資要進入中國期刊業的主體，特別是專業期刊出版領域仍然不是一件容易的事情。

十年的歲月合計為3650個日日夜夜，三千六百五十天在人類歷史的長河中，只相當於一天裡短短的幾秒。十年裡中國出版所發生的事情也不可能在一篇序言中全部點到。這十年對於中國出版的意義可能會超過歷史上任何一個十年，但是，這十年又是中國傳統紙面出版不斷被邊緣化的十年。夕陽無限好，只是近黃昏。在商品經濟大潮的推動下，中國新聞出版這個至今仍然有著強大的意識型態定位的產業終於在新千年來到的時候向市場發力，開始艱難的起跑，但是，它偏偏生不逢時。這種邊緣化一部分來自科技的發展和網路的出世，更多地則來自先進產業和落後體制的碰撞。在科學和技術層面，中國出版由傳統向現代轉型，包括由紙介向數位過渡，都應該不是問題，但體制的改革卻面臨著比科技進步更多的困境。這種困境不是出版業自身所能夠跨越和克服的，它和全民族、全社會的變革和發展緊緊地連在一起。更多時候，中國出版人只有等待。

但是，十年也畢竟不能說是一瞬間。三千六百五十天我們可以做很多的事情。我們有許多可以做、應該做、而且又很簡單的事情在十年中並沒有去做。比如：社科類圖書的主副標題、索引以及圖書封底的專家媒體推薦評論、版權頁加通訊方法等等，這些在西方出版界被嚴格執行的出版遊戲規則，大多數中國出版社仍然我行我素，無動於衷。雖然是細節，但細節決定

成敗，細節體現制度，一滴水可以反映整個太陽。還有，全國三大書會的整合問題也反映了十年以上，直至2008年，全國出版社依然為三大書會南征北戰，疲於奔命，各方利益在體制的強大話語權下牢不可破。歲月就在等待中過去，中國出版人似乎又有太多的等待（註：本文原為本書大陸版序言）。

（2010年3月）

基礎教育改革的嶄新課題

自主和興趣、實踐和發現是提高學習效率、學習品質的最好辦法，
它可以使學生把學習不再變為負擔。

2001年以來，素質教育類圖書在圖書市場上異常熱銷，在2000年非文學類圖書全年排行榜上，《素質教育在美國》名列榜首。2001年，另一本《哈佛女孩劉亦婷》占據了全年非文學類圖書的第二名。從開卷公司的監控銷售數字推測，這兩本書的銷售總量都應在百萬冊左右。同時，在2001年的全國非文學類暢銷書排行榜上進入前一百名的有關素質教育的圖書居然還有15種之多。這些書的內容，比如某些應試教育和精英教育的內容，雖然不一定全部與生態教育的原則一致，但大部分與生態教育的傾向是一致的。市場的火熱從某一角度說明全社會對基礎教育改革的關心，對素質教育和生態教育的認同，這對出版界考慮選題思路應該也會有更多的啟示。最近，浙江教育出版社出版了一本《你的教育生態了嗎》，以散文的形式和趣味的圖形來敘述生態教育問題，讀後頗有收益，並有了很多聯想和感慨。

有媒體曾經對近二百年來所有影響人類文明的重大發明做過一次統計，結果發現，從電燈電話、汽車飛機，到免洗杯，幾乎沒有一樣屬於中國人的專利。中國人是有智慧的，中國人有四大發明，但是，到了近代，中國人的模仿力不斷強化，創造力日趨衰退，有人驚呼：中國已經成了世界的製造工廠。

做世界工廠的生產線並不是一件十分光榮的事。一等企業賣標準，二等企業賣專利，三等企業賣產品，末等企業仿名牌。儘管全世界都在用MADE IN CHINA的產品，但中國人為賺這些小錢實在過於辛苦。當中國農村都富起來了、成千上萬的廉價勞動力無處可尋的時候，世界工廠也就開不下去了。現在，中國可以做出全世界最便宜的優質DVD播放機，但微薄的利潤差一點全部用來支付別人的專利費。美國人坐在摩天大樓輕輕鬆鬆賺大錢，比爾蓋

茲敲敲鍵盤便首富世界，靠的都是知識創新。知識為什麼值錢？因為在所有被稱作商品的東西中，知識產品的複製成本最低，幾乎是零成本。一套電腦作業系統賣幾百上千，甚至幾萬、幾十萬美元，其複製成本只要用兩三元人民幣的光碟，花幾十秒時間燒錄一下。而造一輛幾十萬元的汽車，兩三個硬幣也許只夠買一顆不大的螺絲釘。

為什麼擁有四大發明的中國人後來就不善於發明了呢？有外國學者認為，中國從漢以後，百花齊放、百家爭鳴的學術傳統幾近衰絕，而高度統一的封建體制日趨成熟，並一直延續到20世紀上半葉。中國的四大發明都發生在漢至唐宋，從南宋以後，程朱理學、明清八股幾百年來一直籠罩著中國；背、套、灌、輸是多少年來中國教育的傳統模式。21世紀中期以來，中國的教育又進入全面照搬蘇聯模式時期，即歐洲幾百年來以教師和講授為中心的傳統課堂教育模式，這種模式歐美19世紀末就開始進行批判與改造。中國的學生到目前還一直被圈養著，受著灌輸式的教育；西方的孩子到了20世紀已經進入放養狀態，受著園丁式的教育。

灌輸式教育就是讓吃什麼就吃什麼，它的極端是填鴨式教育，不想吃什麼也要強迫吃什麼，除了接受餵養，自己不知道怎麼找到吃的東西。久而久之，就是千人一面，「萬眾一心」，沒有問號，只有句號，最終是個性和創造力的完全喪失。

這幾年，西方素質教育圖書在市場上持續升溫，讓國人能夠全面了解美國生態教育的許多細節。比如在美國，一個10歲的孩子透過圖書館查閱資料，可以做成20多頁題為「中國的昨天和今天」這樣相當於博士論文的作業。六年級學生的作業可以是一串關於二次大戰的應該由國會議員來回答的問題，如：「你認為誰對這場戰爭負有責任？」「你認為德國失敗的原因是什麼？」「如果你是杜魯門總統的高級顧問，你對美國投放原子彈持有什麼意見？」「你是否認為當時只有投放原子彈是唯一結束戰爭的方法？」「你認為今天避免戰爭最好的辦法是什麼？」

中國人在外國讀書，憑課堂成績拿獎學金，外國人常常不是中國人的對手，搞一些研究性的課題，中國學生就不行了。我們常常為中國學生頻頻捧回數學、物理奧林匹克獎而興奮不已。但很多人有所不知，國際上許多類似的比賽，就像最近中央電視台搞的歌手大賽，除了基本技能外，還有文化素

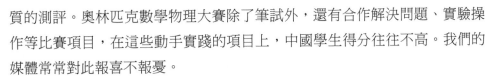

質的測評。奧林匹克數學物理大賽除了筆試外，還有合作解決問題、實驗操作等比賽項目，在這些動手實踐的項目上，中國學生得分往往不高。我們的媒體常常對此報喜不報憂。

一個美國老師說得好：對人的創造能力來說，有兩種東西比死記硬背更重要。一是知道到哪裡去找他所需要的知識，二是綜合使用這些知識的能力，從而能夠進行新的創造。這就是生態教育的精髓。

不過，園丁式教育並不等於生態式教育。園丁式教育作為西方現代教育的主要特徵，也不是十全十美，它的缺點在於過於放任。在杜威看來，學生是太陽，教師只是地球等行星，甚至只是月亮而已。杜威現代教育的理念是哥白尼式的，因此他把自己比作教育界的哥白尼。但杜威的理論實踐起來難度較大，容易造成知識稀疏，學科基礎不夠紮實等弊端。用中國家長們的話來說，美國學校上課簡直就是玩。所以，當20世紀50年代末蘇聯衛星上天後，美國人大吃一驚，於是趕緊檢討自己奉行的教育模式，基礎知識教育被提到議事日程上來。整個60年代至70年代初，布魯納（Jerome Seymour Bruner）領導的席捲整個美國的課程改革，與80年代初到現在美國出現的兩次要求提高教育品質的運動，即「恢復基礎運動」和「高品質教育運動」，應該說都是對園丁式教育的修正和發展。

因此，目前在中國人一窩蜂地崇拜美國教育模式的時候，也有很多美國人羨慕中國嚴格的知識教育。一些中國留學生在美國開辦的中國特色的社區學校，受到美國家長的歡迎。所以，教育理論界認為，科學的生態教育應該是中國式的灌輸式教育和西方的園丁式教育有機結合。生態教育學不反對灌輸。關鍵是如何灌輸，灌輸什麼，灌輸多少。講課是灌輸，布置閱讀也是一種另外意義上的灌輸。比如老師給學生一個題目，讓學生找相關的資料進行分析綜合，或開一個書單讓學生自己去看，自我灌輸。這種灌輸形式可能比在課堂上集體單向灌輸效果更好。

但是，無論是園丁式教育還是生態式教育，這不僅僅是一個理念改變問題，還有一個客觀條件是否具備的問題。根據我國目前的社會發展條件，學校教育完全脫離灌輸式教育還受到物質和師資條件的嚴重制約。從圈養到放養到生態化，需要有強大的社會財富和足夠數量的優質師資作為前提，目前我們能做的事情，只是使學校這個人工生態環境更接近於自然，逐步實現從

圈養到放養的過渡，讓學生更多地在學校教育期間就學會自己覓食，學會創新，學會發現，學會適應和改造自然。近些年出現的新概念作文、研究性課程、綜合性課程等眾多教育改革正是朝著全面推行生態教育目標進行的努力。

從師資要求上說，灌輸式教育需要的只是教師，園丁式教育則需要導師。教師面對幾十個人，每天按規定的程式講課；導師則僅僅負責一個或幾個學生，按學生的個性因材施教。誰都知道，這樣做的代價很高。因此，無論是園丁式教育、研究性課程、還是綜合課程，都面臨對高品質師資的大量需求。

十年樹木，百年樹人。人才的培養需要過程，師資品質的根本改善有待時日。就此而言，我們認為我國目前進行的很多教育改革都有點不盡務實，甚至只是為了作秀。國家應該用很大的投入來爭取在盡可能短的時間內改善中小學教師師資品質問題，這才是實施生態教育的當務之急。與其臨淵羨魚，不如回頭織網。

課程標準也是一個與生態教育關係重大的問題，課程標準直接決定學生在中小學應該掌握基礎學科知識的基本結構。我國傳統教育體系中知識結構存在著面積過小、程度過深的問題。作個比喻，中國學生的基礎知識結構是一個站著的長方形，而美國學生的知識結構是一個躺著的長方形。儘管新的課程標準已經較大幅度地降低了教材的深度，但總體來說還大有改進的餘地。

無論從創新發明、開拓思路，還是學生走出校門進入社會的實際需要來看，許多教育家都主張基礎知識面要更寬一些，程度可以更淺一些，但知識總量保持不減或略有增加。這好比家養的雞鴨每天吃一種飼料，而放養的雞鴨吃五穀雜糧、蟲草沙石。自然資訊時代的到來對這種知識結構的存在創造了條件，必須死記的細節性知識點愈來愈少，涉及的知識面會愈來愈廣，更多的知識只需要有個大致概念，知道怎麼去找即可。授人以魚不如授人以漁。比如春秋戰國大約在西元前五百年，至於是五百幾十年，秦始皇是在二千年前統一中國，具體哪一年統一的，都應該是電腦的事情，除非你是專業的歷史學家。人腦的記憶是有限的，人腦相當於記憶體，圖書館、網路就是硬碟。硬碟和網路的容量可以無限擴充，而記憶體總是有一定限制。記憶

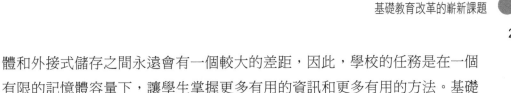

體和外接式儲存之間永遠會有一個較大的差距，因此，學校的任務是在一個有限的記憶體容量下，讓學生掌握更多有用的資訊和更多有用的方法。基礎教育改革也可以說是記憶體結構的調整。

本文不可能全面評價新課程標準，但是關於新課標、新教材有很多說法，其中比較集中的一點是準備和討論不足。蘇聯實施新課程標準時，發動了全國的教師開展討論，充分徵求了各行各業的意見，在教育部的報紙上連續刊登了三年。課程標準是關係整整一代人的工程，這個工程應該要比三峽工程、青藏鐵路、西氣東輸、京滬高速鐵路重要一些。可實際上，我們看不出國家對制訂中小學課程標準的工作比以上這些基本建設項目更慎重、更重視。三峽工程、青藏鐵路、西氣東輸、京滬高速鐵路項目都是上千億投入，論證時間都不少於十年，而新課標的頒布到底用了多少時間，投入了多少人力物力？

在討論生態教育問題的時候，還要走出生態教育不重視知識累積的誤區。生態教育不反對知識和技能的累積，反對的是不生態的教育內容與方法。生態教育強調靠學生自身的努力來獲取知識，而不是接收教師的照本宣科。創造和發明要求學生掌握豐厚的知識，而且人類的知識鏈和自然生態的食物鏈在原理上是有一致之處的。

在自然生態中，各級食物營養鏈量的遞減有一定的比例，這個遞減比例通常是10%。比如說，一塊產草1000公斤的草地只能維持100公斤食草動物的營養需要；而100公斤的食草動物，只能養活10公斤的食肉動物。而且，這個理想中的食物鏈是在完全對接的條件下完成的。在自然生態中，大約有90%的營養成分（包括植物和動物）屬於自然死亡，它們不被上一級營養者吸收，而是被自然生態中的還原者──細菌和真菌所分解。所以，對廣義範圍的生物資源而言，下一級的營養準備應該是上一級的100倍。也就是說，如果照此推理，一個成功的發明，或一本高品質的學術著作，存在於發明和專著中的知識可能只有10萬字，但科學家為得到這10萬字，必須掌握和查閱1000萬字甚至更多的資料。在這1000萬字中間，可能有900萬字這一輩子再也不會用到任何成果中去。這種概率看起來很不公平，甚至有點殘酷，但這就是規律，是生態規律。所以，做老師和做父母的必須告訴孩子，你必須學習這些東西，因為你不知道哪一天會使用它。這也就是出版賴以生存的生態環境，

是未來出版發展的潛力。生態教育給教育讀物鋪設了廣闊的天地，從生態教育的原理我們可以預測，如果生態教育的原則在中國得到貫徹，未來教育讀物出版的增長將會是幾何級數的。

生態教育還有另一個重要概念，就是教育要順乎人的身心發展的自然規律，調動學生學習的自主性和興趣。自主和興趣、實踐和發現是提高學習效率、學習品質的最好辦法，它可以使學生把學習不再變為負擔，看一本書可以像進入遊戲機房一樣高度興奮。這對教師和學者也是一樣，終身教育的理論認為，要研究某一門學科，如果是教師，就去授這門課；是學者，就去做這個課題並寫一本書。

生態教育還有很多亟需研究開發的課題。比如從幼稚園到博士後的總體結構合理化設置，各種專業課程配置的合理布局，都可以參照自然生態的規律進行研究。根據自然生態食物鏈的金字塔規律，目前中國教育格局中，就存在著底層基礎幼稚教育偏弱，金字塔塔尖——研究生博士生偏少的問題。

另外，中國高等教育入學考試（高考）也是一種最不生態的教育行為，它簡直就是灌輸式教育的根源。高考對學生個性的摧殘，對學生創造性的壓抑，與由此帶來的教育公正相比，完全是得不償失。退一步說，如果目前保證教育公正是必須的，但至少可以選擇一些信譽較好的北大、清華等單獨開考，以選拔一些真正有水準、有創造力的優秀學生。而實際上像北大、清華等重點學校給各省劃分數線的做法就是很大的教育不公正。大學在更大範圍的自主招生，對學生知識面閱讀量的要求也將會給出版業的發展帶來福音。

世界進入後工業時代，保護自然生態的呼聲此起彼伏。自然生態的許多規律也逐漸用於指導和解釋各行各業，用生態眼光來審視教育卻為時不久。但生態是必由之路，是教育的歸宿。在教育出版領域，只要素質教育還在推進，有關生態教育的理論和書刊就會層出不窮，出版業的繁榮也會指日可待。

（2002年12月）

走向書商時代

長期以來不明不白、不死不活，形成了民營書業固定資產、品牌信
譽、企業規模等方面與國有書業的差距。

俗話說，名不正則言不順，民營書業也是一樣。多少年來，有多少人呼
籲為二渠道正名。二渠道曾經是中國民營書商的簡稱。

二渠道起初只是單純的發行管道，賣書是它的本分。十年或二十年之
前，商之於工農學兵，還是一個不太光彩的職業，因它的私有和「無商不
奸」的印記在中國深入人心。不知從何時開始，二渠道除了銷售管道的本
職，還愈來愈成為出版源頭。自從開始買書號做書，二渠道便有了一個相對
雅致的稱呼：書商。

官方文件和統計口徑則比較正式地稱二渠道為個私書店或集個體書店。
從二渠道到書商，再到目前與國有書業平起平坐的民營書業，伴隨著民營書
業的地位和規模的不同發展階段，從店到商，再從商到業，表示民營書業不
再是蠅頭小利和苟且的營生，也不僅僅是流通的輔助環節，而已經成為一項
國家級的事業，並在介入出版的各個領域方面卓有成就，其中教輔和暢銷書
兩大領域甚至可以和國有書業平分秋色。

在以農為本、以糧為綱的產品社會逐步向以知識和行銷為標誌的物流社
會轉型的時期，商人和商業的地位在我們的國家也得到了前所未有的提升。
台商、外商、港商已成新貴，但是，書商這個在國外包含所有出版工作者的
概念在中國仍然顯得內涵缺乏，色調灰暗，甚至經常是從事不法圖書經銷和
買書號做書的代名詞。

商是一個很古老又很現代的概念。商還是中華民族繼夏之後的第一個國
號。美國政府沒有新聞出版總署或文化部之類的機構，所以報刊圖書影視產
業都歸商務部管理。美國出版行業最高協調組織叫美國書商協會（American
Booksellers Association），全國最大的書展叫美國書商協會書展，美國書商

協會書展即我們一度非常熟悉的ABA書展，後改為美國圖書博覽會，即BEA書展。美國最權威的業內刊物叫《出版人週刊》（*Publisher Weekly*）。英國的全國性行業刊物叫《書商》（*The Bookseller*）。中國的出版同業協會叫做中國出版工作者協會，簡稱中國版協，這個協會基本上是國有書業的同業工會。為什麼叫出版工作者協會，因為我們過去的出版只做工作，不做買賣，出版工作很少涉及效益、市場、行銷，而且政企不分，一共才幾百家出版社，全國只有一家新華書店，清一色的國有資產，都由國家行政部門管理，全國的書店和出版社似乎只有國家一個老闆，協會就只能是出版工作者的協會，而不是行業法人的協會。

中國出版工作者協會是否會改名為中國書商協會，這基本上還是國家有關部門的事。不過改名與否只是表象，重要的是中國出版工作者協會在將來能否成為全行業，包括國有、民營、外資書業，特別是民營書業的真正代表，由務虛變為務實，分流新聞出版總署現有的行業協調職能。比如全國書市、國際圖書博覽會之類的事，主辦單位根本不用掛新聞出版總署的名，全國版協出面就綽綽有餘，甚至版協都不要出面，由一個企業就可以完全搞定。如果全國書展、國際圖書博覽會沒有政治和社會成果展覽的功能，只是商業會展，又為什麼要掛政府為主辦單位呢？全國圖書訂貨會的主辦單位就只是中國書刊發行業協會、中國出版工作者協會。

出版工作的重點從生產向經營、從編輯向物流轉移，出版工作者協會也應該與時俱進，更加符合產業化和市場化的特點。市場經濟時代，各類出版法人機構可能是過去千百倍，出版商協會或書商協會則更能同時代表機構和個人兩個層面。按理說，全國出版工作者協會的經費都得由法人會員上繳，而不是從新聞出版總署撥款。最近，以個私企業為行業背景的全國工商聯旗下成立了全國書業商會，這是民營書業在中國的最高行業組織機構。這種做法，令全國版協背負了排斥民營書業的心理負擔。有人會說，中國出版的楚河漢界，公有私營依然涇渭分明。

出版在走向書商時代，做傳統意義上的出版工作者是崇高的，做現代意義上的書商也是光榮的，無論是國有的、民營的，還是合資、獨資的出版工作者，都應該有勇氣說，我是書商！

天上掉下個林妹妹，地上抱走了金娃娃

從2003年到2004年，一個春夏秋冬的輪迴，民營書業的天空多少年來從未如此的風和日麗。當浙江的宋城集團允許以5億的民間資本投向浙江新華發行集團時；當新聞出版總署的官員在桂林向外界透露，所有的國有書業，除了人民出版社都要轉制為企業的時候；當一家接著一家的民營和外資發行公司被授予全國連鎖和圖書總發權的時候，所有的國有書業的老總們都明明白白地被告知，官商時代就要過去，書商時代已經開始。

銘記在這一年中國民營書業里程碑上的大事還有許多不能忘記：2003年5月，《外商投資圖書、報紙、期刊分銷企業管理辦法》打開了外資進入中國出版物零售市場的大門。2003年9月，《出版物市場管理規定》首次給予了民營企業書刊總發行的權力。2003年12月，貝塔斯曼與21世紀錦繡圖書連鎖有限責任公司成立，世界上最大的出版集團和中國民營書業歷史性地喜結良緣。2003年12月，國務院頒發的兩個文化體制改革的文件從理論和實踐兩個層面拉近了國有和民營書業的距離。2004年1月，北京圖書訂貨會，是二渠道進入主渠道的重要標誌，做了多少年的偏房終於修成了正果，使人想起電視《新白娘子傳奇》中的一句歌詞：百年修得同船渡，千年修得共枕眠。2004年2月，全國民營書業的最高行業組織——中華全國工商聯書業商會正式掛牌，第一任會長便是民營書業的代表、21世紀錦繡的老總羅銳韌。2004年4月，山東民營書業世紀天鴻公司被授予出版物國內總發行和全國連鎖雙權。2004年5月，江蘇新華發行集團與民營英特頌公司合資組建的上海萬卷新華圖書有限公司正式成立。據新聞出版總署披露，實施《外商投資圖書、報紙、期刊分銷企業管理辦法》後不久，就已有七家外資公司申請國內書報刊的經營權，他們分別是德國貝塔斯曼集團、德國圖書中心、英國朗文培生集團、美國麥格羅希爾集團、日本白洋社、英國劍橋大學出版社和新加坡泛太平洋有限公司，這些大公司都掌握世界書業的「國計民生」。

如果說要評出2004北京圖書訂貨會的十大新聞，那排在頭條的，應該是二渠道公開參會，國有的出版社和民營的發行單位在北京國際展覽中心第一次親密接觸。然而二渠道進入主渠道並不是簡單的一個展位從豐台搬到了國展。眾所周知，進入國展三層的這幾十個展位，是中國成千上萬個民營出版機構的縮影，在這成千上萬個二渠道中，眾多機構在從事出版。參加國展

訂貨會的二渠道訂閱目錄與正規的出版社沒有兩樣，有的還更厚實，品種更多，只是每個書目的最後多了一欄，那就是出版單位，即合作的出版社，也就是通常所說的「賣書號」的出版社。但一般訂單上的合作出版單位也不多，就三五個，有的還是品牌出版社。一個叫做海豚卡通的民營書業大展位，展出的兒童卡通圖書敢說比任何一家正規的出版社都多。武漢現代外國語言文化研究所的圖書主攻英語考試，展位寫著：領軍同行，傲視群雄，好像並不把外研社這樣的國有同業放在眼裡。2004年北京圖書訂貨會至少在觀念上對民營書業鬆綁，這是否可以認為有關部門正在認真考慮民營出版的今世後生。就像外資進入中國出版實際存在的的大量案例，要嘛滅了，要嘛給他們一個存在的理由。民營渠道出書，外資步足出版，用現在這種變通的辦法，也許正是一種中國特色的出版體制，既能體現國家對出版的宏觀管理，又能彌補主渠道在體制和規模上的不足。應該給他們一定的合法地位，讓他們從地下浮出水面。

好運來了，有時擋都擋不住，就好像天上掉下個林妹妹來。民營書業受寵若驚，知恩思源，得首先感謝世貿規則。給中國成千上萬的民營書商送來林妹妹的，是隨入世而來的國民待遇的法律條文。可是，國有書業在中央領導的一聲令下，就要和五十多年的養尊處優說聲再見，自然是滿肚子委屈。革命革到了自己頭上，有點像二十年前分田到戶搞責任制時的情景，許多村幹部怎麼也想不通。國有書業的企業化轉制，國家承諾給予免五年所得稅的優惠，有點類似國企職工一次性工齡買斷。而在當前書業體制改革中，外資成了無產者和革命派，趕著馬車，牽著牛羊，做著發財夢到中國淘金，民營書業也是一樣，都要有革書業的命。真可謂天上掉下個林妹妹，地上抱走了金娃娃。國有書業能夠置之死地而後生嗎？

國有民營：手心手背都是肉

當前中國書業變革，一句話可以頂一萬句：「撿回來的如獲至寶，扔出去的沒有商量。」個體書商曾經像過街的老鼠，如今成了香餑餑[1]和座上賓。

---

[1] 餑餑是一種點心，這裡比喻非常熱門和受歡迎的人事物。

國有書業曾經居高臨下一身傲氣，馬上就要變成嫁出去的女兒潑出去的水。國有和民營書業就這樣被人民政府一碗水端平，將要在一條板凳上平起平坐。前者是實力雄厚的既得利益者，後者是早上七八點鐘的太陽。一個好比手心，一個好比手背，如果合在一起，中國書業一定可以坦然面對來勢洶洶的海外資本。

黨的十一屆三中全會以後，中國書業逐漸出現了國有、集體、個私並存的競爭局面。在這個過程中，民營書業的規模逐步擴大，到2002年，一般圖書銷售總額據稱已經超過國有書業，從業人員則是國有書業的近3倍。根據新聞出版總署2002年的統計資料，全國國有書店和出版社售書點為11215處，集個體、供銷社和其他售書點為57836處；從業人員方面，國有書店為69385人，其他248596人。由於中國書業尚未進入書商時代，目前全國民營書業的圖書銷售無官方的統計數，但將全國民營書業納入官方統計工具的文件已經公諸於世，這是中國出版管理體制的一個重大進步。有一個非官方的數據表明，目前全國圖書發行總冊數和總金額中，民營社會書店分別占50%和56%。2003年以來，在北京、長沙、南京等大城市，又有許多上萬平方的民營書業大賣場開張，有的比當地的國有書店還大。在出版領域，據有關方面統計，全國民營選題工作室有一萬家，策劃選題品種占全國的40%，其中教輔書品種占全國的85%。年出書100種以上的有100家，年銷售1000萬碼洋以上的300多家，有5家碼洋超過1億。但是，由於國家在政策上尚未承認民營出版，所以，工作室之類的圖書出版份額什麼時候能夠進入官方統計口徑，還不知道。

在期刊出版方面，民營企業其實已經在挑著大梁，在雜誌廣告份額的前十位中，有外資和民營參與的雜誌占了其中大半。今後五至十年，只要出版產業化的方針政策不變，且書號、刊號能夠放開使用，民營書業的規模無論在印刷、發行、出版等各個方面都有可能超越國有書業。因為從理論上說，民營書業的發展已經沒有根本性的障礙，唯一有些障礙的出版環節，透過合作仍然可以解決。民營書業不僅涉足一般圖書和教輔出版，還染指新課標教材。北京仁愛教育研究所已經成功申報通過了三科中小學新課標教材，並在報刊上大做廣告。近幾年來，民營書業在品牌建設上開始加大力度。建設品牌，就意味著經營的長期行為。大部分工作室都有自己的LOGO，每一本書

的封面上堂堂正正地把他們的牌子印在十分顯眼的地方，不少策劃公司還公然在封面上與出版社上下並排。

中國民營書業和國有書業兩大陣營終有一天會乾坤倒轉。眾所周知，國家對出版業的保護，對出版業外資進入的限制，不僅僅是在保護一個相對落後的民族產業，而且有很強的輿論導向和意識型態成分。作為一個產業，500億的規模僅僅是菸草、旅遊業的四分之一。在恩格爾係數還高出西方近20％的國民經濟體系中，中國出版業遠不是關係國計民生的支柱產業。從經濟學的角度，國家沒有理由保留更多的國有出版企業，而耗費沉重的國有資產管理成本。

公益出版社會在未來開放的體制中占多少份額？2003年，俄羅斯的國有新聞出版機構，包括廣播電視在內，已經減少到五十家，還計畫在幾年內壓縮到十五家。國有企業改制整體指導思想是，除了關係到國計民生的特大型國有企業如鐵路、銀行、油田等，其他的企業原則上都要民營化和股份化。隨著國民經濟總量的增加，特大型國有企業的入圍線會不斷抬高，100億可能就是起點。100億以下的國有企業都免不了被扔向社會，交給民間。如果和國計民生關係不是太大，連產值幾百億的國有汽車集團都可能被私有化。目前中國出版全行業也就500億，最大的獨立核算出版社是高教社16億而且還是碼洋，教材占了四分之三。一個16億的企業所創造的經濟效益，對整個國民經濟只是滄海一粟。

競爭沒有懸念

國有新華書店和出版社有著五十多年的發展和積累，大部分民營書業現在還不是它們的對手。但在相同的市場環境和資本積累條件下，民營書業的最後勝出不會有太大的懸念。從世界範圍看，國有企業從體制上帶來的弊端似乎仍無法逾越。

香港聯合出版集團的趙斌先生說，香港聯合出版集團是全資的中資企業，現在也能把它管理得很好，成為香港出版的中堅。但趙斌先生忽視了一個重要的前提：聯合出版集團在香港僅此一家，它的周圍都是清一色的民營企業，法律法規、市場環境、行業的遊戲規則與內地完全不同，而且，國家

對香港聯合出版集團的管理完全有別於內地的國資企業。即使是聯合出版集團的出版物，包括他的《香港商報》、《文匯報》、《大公報》也都視為外刊外報，不能在內地公開零售。筆者問過一家在北京的港資印刷企業老總，為什麼他們的品質、速度和價格怎麼也比不過深圳。他回答說：北京的工人會對老闆說，你憑什麼老讓我加班，我今天有事不想要你的加班費行不？而深圳的工人不會。改革除了政策和法制的恰到好處，還需要社會和文化背景，這就是所謂的文化衝突。

如果條件和規模相同，國有企業無法與民營企業競爭，這不應有什麼異議。如果國有企業目前還代表著中國書業先進生產力，**那只能說是在保護的前提下，還有多年的品牌、人才積累和經營規模優勢**，同時，國有企業也在一定程度上學習國外和民營企業的先進管理經驗，畢竟中國書業有一半是計劃，一半是市場。管理落後的國企，並不是愈大愈能抵抗風浪。一旦壟斷打破，規模愈大，倒下愈快。船大掉頭難。有了漏洞，補都難補，就如鐵達尼號。

也許國有書業的私有化、股份制需要一個較長的過程。但最後，大量中小型國有企業的出路似乎只有一條：被拍賣或股份化。而且，股份化後，國有控股的可能性不大。國有控股，就等於還是國企，外商和民營資本一般不幹。貝塔斯曼要在中國投資印刷廠，與許多國有書刊印刷企業談合作，談了五六年了，問題還是出在誰占51%上。在書業，目前以各種形式進入中國的外資公司，基本上都是外方控股，除非只是為了上市而做點秀的。民營和國有合作的股份制企業也差不多是這個情況。很多國有書業和外資、民營合作的項目，收刊號費、書號費、管理費是主要合作內容。

速生的中國出版業

出版是文化行為，是一個需要長期品牌積累的產業，國外的許多出版品牌，如藍燈、DK、朗文、拉魯斯、牛津、劍橋等等，都是百年老店。但是，中國的情況有所不同。在中國，且不說「書商」，一夜暴富的國有出版社也不在少數。外研社在十年前還默默無聞，如今每年以3億的速度增長。中信出版社五年前好像只出一些會計手冊，現在是中國書業的跳舞大象，經管類圖

書領先同業。北京的機工、郵電、輕工等出版社本來都是純科技類出版社，現在成為經管、電腦、外語圖書的三皇五帝，也就只是三五年的時間。據說中信要大舉進入少兒圖書，而且目標瞄準三甲。要知道中國少兒圖書的龍頭老大浙江少兒出版社也就2億碼洋，仍然是個小兒科，要趕超可能也並非不可能。據有關方面的調查，現在全國各地至少有二十至三十家年經營圖書銷售額上億元的民營書業，有的已經超過10億。中國圖書市場是非市場化的市場，非市場化的市場是不成熟的市場，非成熟的市場比成熟的市場有更多的市場機會，就像股票市場剛剛開張你買到了原始股。所以，競爭的不徹底和市場的不成熟，同樣會給民營書業的品牌建設和規模擴張帶來機會。

市場空間決定了中國出版會不斷地重新洗牌，不斷形成新的市場格局。我們不能把海外出版業百歲老人的自傳當作我們的工作日程表，資訊時代的品牌建設與一百年前不會是同樣的週期。娃哈哈十年前還是一個小小的社辦企業，十年前也沒有人知道什麼非常可樂。品牌的流失和崩潰也很可能在一朝一夕之間。只要高端人才大量外流，哪個社就將靈魂出竅，變成行屍走肉。如果哪個民營書商能讓國有出版社高端人才集體跳槽，民營書業完全有可能嫁接出一個品牌出版公司。與業外相比，目前國有出版社總體資本規模並不大，外資和民資如果接盤資本壓力並不是很大。國有書業阻擋外資、民資進入的唯一門檻也許就是「紅頭文件」[2]。但紅頭文件要再發一個新的，也是一夜之間的事情。

沒有雞照樣下蛋

當安徽鳳陽的農民20世紀70年代末偷偷摸摸地分田到戶，探索中國式社會主義道路的時候，中共三中全會的文件過了好幾年才發到那兒。中國式社會主義最大的特點是什麼，那就是鄧小平所說的「摸著石頭過河」。摸，就是實踐，就是先做著，再看著，然後給一個說法。許多國有企業都有一個毛病，這個毛病和張藝謀電影《秋菊打官司》中的秋菊差不多，死活也先要一個說法。前幾年說到改革有一個民間理論，叫做遇到綠燈趕緊走，看見紅燈

---

[2] 也就是政府機關文件的俗稱，因為紅色的標題和紅色的大印章而得名。

繞著走，也就是先摸石頭過河，後再給說法。比如期刊刊號不夠用，聰明的出版社就變出了半月刊、下半月刊、城市版、農村版，還有旬刊、週刊等各種花樣，用的還是同一個刊號，卻出了兩三個新刊，這樣的石頭就很有摸頭。民營書業透過與出版社合作，透過搞工作室、策劃、包銷等形式取得實際上的出版權，這些都沒有任何紅頭文件。工作室從起初的十惡不赦，到後來幾乎成為中國書業先進生產力代表，也是一個很有戲劇性的過程。

有人預測，至少在三五年內，二渠道涉足出版的那些做法還不可能得到正式的認可。出版登記制、出版民營化還得等一段相當長的時間。成千上萬的民營工作室、策劃公司、發行公司，已經具備了出版社從選題策劃、編輯加工到倉儲行銷的一切實質性要素，做教輔的「二渠道」無不是編印發一條龍。對此，國家有關部門不是不知道，就是看著你們在摸，一看不行，立刻叫停。既不說行，也不說不行，保留叫停的權力，這是最富中國特色的彈性管理體制，符合社會主義初級階段的中國國情和實踐檢驗真理的標準。

其實，出版對民營書業的開放已經走出了非常微妙的一步，出版體制改革並沒有像我們通常感覺的那麼滯後。現階段是發展民營書業的最佳時機，市場機會大於政策制約的負面影響。當哪一天發紅頭文件允許民營企業正式進入出版的時候，市場的空間已經所剩無幾。那麼多人已經摸著石頭過了河，過了河的，一定會拆橋、會築牆、會設置門檻。上海貝塔斯曼書友會做出版自然也沒有政策許可，連在外地吸收會員按規定都是超範圍經營，但他們透過與出版社合作，每年做幾百種書，開始是向出版社租型，現在是出版社向他們進貨。貝塔斯曼進入中國市場的時候，啟用了兩個最明白中國規則的中國人，這兩個中國人在上海灘將一個小小的亭子間，發展成擁有十多個分公司、一個巨大的物流中心和160萬會員的書業集團。德國人以理性或叫做死板著稱，偏偏在這個問題上，他們比許多國內的民營書商都懂得如何利用現有的出版政策，在許可和不許可之間遊刃有餘。中國的事情往往就是這樣，在政府不許可的時候，市場往往就存在著甚大的空間，而所有人都許可了，市場的機會就已經沒有了。在中國出版由計劃向市場轉型的關鍵的十年裡，所有失敗者也許都是一些坐等中央給說法、不會摸著石頭過河、總是想不通沒有雞怎麼會有蛋的人。在摸著石頭過河的問題上，國有出版一定要好好向民營書業學習。

成千上萬是生態

　　仰望金字塔的尖端，你也許會忽略成千上萬鋪墊在塔尖下的基石。生態學的一個重要法則，就是各級生物的食物鏈必需呈幾何級數遞增，上下級食物鏈的數量級差至少要10倍以上。如果一隻虎一年要吃掉10頭羊，那麼在它的周圍必須有100頭羊，因為不是每一頭羊都準備著讓虎吃掉。如果虎的周圍只有10頭羊，那麼，虎在這一年可能只吃到一隻羊，它可能被餓死，虎就瀕臨滅絕，這就是所謂的生態失衡。民營書業是芸芸眾生，有人嫌它太多，有人嫌它太少，更有人嫌它大多數不上品位，不上規模。可是，虎不嫌羊小，羊不說草細，缺乏下一級食物鏈，缺少成千上萬、生生死死的中小出版社，是造成中國出版老齡化的重要原因。再這樣下去，中國出版業就要成為一所寂靜的養老院。生物生生不息，沒有生死，何來生態平衡？

　　如果今後中國的民營書業能誕生100個出版品牌，成為新世紀的商務印書館，那麼，必須有一萬家甚至幾萬家中小出版企業成為他們的鋪路石，這就是出版生態規律，也是金字塔定律，也叫做千錘百煉、大浪淘沙。從成千上萬家中小出版社中間走出來的，才是強者。以這樣的心態對待目前民營書業群體的存在，才是科學發展觀，才是市場經濟。中國可能曾有幾萬家小企業做飲料，現在只有娃哈哈可以走向世界。中國也曾有幾千家鄉鎮企業生產過電視機，現在剩下的只有長虹、康佳等數得過來的五六家品牌。最後一個燒餅的誤區是無視前五個燒餅的存在，好像娃哈哈生來就是娃哈哈，長虹一出生就註定有幾百億的規模。

　　魚龍混雜才是自然的生態。現在圖書市場最不遵紀守法的是民營書業，但最講信譽的，書做得最漂亮的，也是民營書業。用生態的眼光來看，這很自然。簡而言之，當中國有成千上萬家民營出版社的時候，中國出版的市場經濟地位也從此確立，中國出版的跨躍式發展，也從此開始。如果沒有WTO帶來的外資和民營書業百蠱雲集，也不會有今天國營書業大張旗鼓地改制和出版集團化，一浪高過一浪的發行中盤和連鎖建設。

　　北京二渠道全國訂貨會從豐台自發性集會到北京市新聞出版局以民營書業發行研討會的名義入主，再到2004年第一次挺起胸膛走進國展的北京圖書訂貨會，中國出版的生態才開始有了初始鏈條。民營書業不但是目前國有書

業的下一級食物鏈，也許更是未來許多國有書業的上一級食物鏈。新生的民營書業將會吸收國有書業的營養，壯大自己，發展自己。在食物鏈與食物鏈之間，你死我活，朝夕相食。在漫長的自然和歷史進程中，每個個體都是匆匆過客，而社會和自然卻在競爭的優勝劣汰的過程中不停地發展，不停地進步。

後二渠道時代：幾多歡喜幾多愁

後二渠道時代的民營書業畢竟患有先天性的營養不良。任何一個行業的發展首先要走過的一段路便是資本的原始積累，而長期承受政策「薄愛」的民營書商先天最為不足的便是資本的原始積累。長期以來不明不白、不死不活，形成了民營書業固定資產、品牌信譽、企業規模等方面與國有書業的差距。不少民營書業的資本原始積累都有一些不太光彩的經歷，經營肯定不如國有書業正規，似乎印證了一句話：這資本來到世上，從頭到腳都充滿了銅臭和罪惡。除了賣書，中國民營書業的資本原始積累主要有兩個途徑：一是與出版社合作做市場書，二是涉足教輔出版。像《新週刊》這樣由較大規模的民營三九集團投資的模式也有不少。期刊流通領域，二渠道更是王者。但是，所有這些資本積累的途徑都存在著風險性和不穩定性。

後二渠道時代的民營書業要進入中國出版的主流社會還要付出艱苦的努力。在出版、發行和印刷三大領域中，出版的利潤率還是最高的一塊。由於政策的限制，靠買書號的民營書商在出版領域不可能有長期的規劃，短平快，打一槍換一個地方仍然是主要經營模式。圖書品牌的建設需要大量的投資，對一個飄忽不定、沒有品牌的目標進行長線投入，是任何成熟的企業家都不會做的事情。

在發行領域，民營書業面臨著更大的難題。據說，中國圖書零售的利潤率比國際平均水準還低，原因主要有兩個方面：一是**圖書市場發育不足**，人均購書與國外差距較大，圖書零售總體上蛋糕做不大；二是**國有書店低水平的分流**。由於國有書店都有課本作為基礎，有幾十年黃金地段大賣場的物業積累，即使再微利，甚至虧損狀態下也能照常運轉，這對於民營書業來說，就是不公平競爭。2004年以來，全國範圍內熱火朝天地異地開設大型書城，

發展異地連鎖零售業務，大型賣場和連鎖建設已經出現了泡沫化跡象。一窩蜂地投資大書店和發展異地連鎖，風險很大。特別是在城市中心地段的大書店，很難取得同地段其他商品的平均利潤率。對民營書業更是如此。在北京城南開張的有2萬平方公尺營業面積和20多萬個品種的民營百榮書店，許多出版社已經不敢發貨，可見缺乏品牌和積累的民營書業經營之艱難。中關村知道圖書廣場的停業，使許多出版社認識到向這些新開張的大規模民營書店供貨有相當的風險。特別是租用場地經營的大書店，一旦經營不良停業，書款的回收就是問題。發行領域藉外資進入帶來了國民待遇，但民營書業剛剛開始準備大幹一場，就遇到了投資過熱，就像剛到口的肥肉太燙嘴，吐也不是，吞也不是。

　　未來的五年，對於中國的民營書業，既是希望的五年，也是痛苦的五年。

（2004年8月）

把根留住

> 中國出版五十多年變遷，最大的問題就是缺少歷史傳承。沒有歷史，沒有傳承，就像片片浮萍，誰也不要對誰負責。

　　誰都知道，2004年的中國書業發生了外研社和商務印書館的漢語詞典規範之爭和三聯醜聞被爆料兩件大事。「三聯保衛戰」從2004年3月19日第一次媒體曝光到9月14日塵埃落定，歷時一百八十天。透過現代漢語詞典規範問題的大討論，商務的精神也得到了發揚和光大。光陰似箭，歲月如梭，日曆翻過春秋，穿越嚴冬，轉眼到了2005年。這一年，包頭發生了空難，印度洋發生了海嘯，成千上萬的民工買不到回家過年的車票，還有韓日獨島之爭，美國華人社團抵制日貨，朝日啤酒在華銷售危機四伏，全世界2200萬線民簽名反對日本「入常」（加入聯合國常任理事），與此同時，吉爾吉斯又爆發「檸檬革命」。面對愈來愈敞開的國門和愈來愈懸殊的文化貿易逆差，中國出版又一次聚焦國家的文化安全。中國出版頂得住新的「西學東漸」嗎？中國圖書何時能夠走向世界？三聯真的保住了嗎？商務可以拯救嗎？千言萬語匯成一句：把根留住！

壯士斷指

　　為了獨島的領土歸屬，韓國的壯士可以斷指焚身。日本人把商務印書館炸了，七十多年過去，中國出版人帶著這份恥辱到了21世紀，這是一個世界上人口最眾多、歷史最悠久、文化最優秀的民族的恥辱。沒有人來拯救商務，也沒有壯士為此斷指。

　　不要說中國人窩囊，也不要說中國人缺鈣，鄧小平說得好：「落後就要挨打。」日本人企望「入常」，美國大片在中國橫衝直撞，因為他們有錢；中國版權交易巨大逆差歸根結底是綜合國力敵強我弱，民族文化內外交困。

中國的綜合國力不如人家，而文化事業的發展又不能和綜合國力同步，我們拿什麼保衛國家的文化安全？我們連三聯都保護不了，商務也拯救不了，又何談文化安全，何談走向世界？

商務是什麼？是中華民族的精神，是中國文化的根基。日本人轟炸商務，焚燒涵芬（涵芬樓，商務印書館總圖書館），是為了毀滅中國文化的精神、中國文化的根基。半個多世紀過去，商務不但沒能在戰火中重建，而且規模愈來愈小，門類愈來愈窄。計劃經濟讓商務四分五裂，市場經濟又讓商務帶著鐐銬跳舞。沒人雪中送炭，卻有人伸手攤派。如果商務不是危在旦夕，為什麼外研社出一本《現代漢語規範詞典》就如臨大敵？中國的出版壯士呢？不需斷指，不必自焚，哪怕割破一點指頭，滴一點熱血，來表示一下中國幾代讀書人的願望：僅僅是為了日本人七十多年前的炸彈，我們也要不惜一切代價重建商務，拯救商務！修清史國家給了6億，重建商務也給6億，不可以嗎？

沒有人來拯救商務，商務只能自我拯救。商務人挺起胸脯說：商務不要拯救而要自救。你是壯士，你是政府，你是讀著商務的書等於喝著商務的奶水長大的，你的眼眶難道就不會為此濕潤嗎？商務要自我拯救，新的一年，商務宣布了兩個重要的決定：開拓經管和對外漢語教材兩個新的營地。

商務做經管似乎天經地義，商務本意就是經營。可即便是歷史上的商務，經管圖書也不是強項。面對已經鋪天蓋地的經管市場，商務人能憑自己的實力拼出一條生路來嗎？

商務以做課本起家，教材是商務的傳統，商務目前做不了中小學課本，也沒有多少大學教材，在對外漢語領域起一個頭，也是一件好事。可是對外漢語和基礎教育畢竟是兩塊碼洋懸殊的蛋糕，幾乎是芝麻對著西瓜。而且，即使是芝麻，也有門檻的問題。目前北京語言文化大學、北京外國語大學、北京大學等一批國家對外漢語教學基地的漢語教材已形成規模和品牌。商務以前也做過外漢課本，並且曾是中國國際圖書公司對外發行的主力教材，但後來由於各種原因，商務的對外漢語教材鏈條斷了。如今商務爐灶重起，用什麼墊高門檻，用什麼超越同行？建設教學培訓基地，創辦相關核心期刊，出版大量相關學術著作，要做強做大對外漢語教材這塊蛋糕，搶占山頭，最後稱王稱霸，這些基本建設一樣都不能少。要投資，要很大的投資，商務會

因此像外研社一樣去向銀行貸款上億嗎？畢竟，商務一年只有4億多的碼洋。

同樣的道理，辭書是商務的命脈。商務要鞏固自己漢語工具書的霸權，大幅度地墊高漢語工具書的進入門檻，也還要成千上萬地花錢。最能夠墊高門檻、拉開差距、鞏固商務發展基礎的，是辭書出版。要建設一個集研究、編寫、出版為一體的漢語工具書實體性中心；要進一步細分漢語辭書的市場，打造人有我優、人無我有的辭書霸主地位，使漢語辭書品種從目前的二三十種增加到二三百種甚至上千種；要創辦更多辭書研究學術刊物，比如《漢語詞典》、《辭書研究》（目前是上海辭書出版社的社刊）之類的月刊；要加速建設世界上規模最大的漢語語料庫；為了適應語文詞典和百科辭典圖文化的趨勢，投資巨大的圖片庫也是當務之急。可是，商務這些都沒有做，或者做得很少。《現代漢語詞典》和《現代漢語規範詞典》的官司打得塵土飛揚，難分難捨，說明兩本詞典的實力對比並不十分懸殊。進入中等漢語工具書的門檻本來就不是很高。而且，《現代漢語詞典》和《現代漢語規範詞典》這兩本詞典存在著一個共同的死穴：沒有自主版權。這是辭書出版的第一大忌。要得到《現代漢語詞典》的版權，或重起爐灶，做一本《現代漢語詞典》的替代品，商務又需要多少資金，多少歲月？

現在，《中國大百科全書》新版就要出來了，這與商務無關；上海的《大辭海》也箭在弦上，5000萬字、38卷、25萬詞條，與商務也挨不著邊；國家級的工程《漢語大詞典》、《漢語大字典》分屬於上海辭書出版社和四川、湖北兩省的人民出版社。大型語文工具書中，商務能夠不斷重印的，只有祖上留下來的四冊《辭源》。《現代漢語詞典》在經過七、八年後，才開始新一輪較大規模的修訂。一年過去，又一年過去，商務在漢語工具書上還是缺少大的動作。我們不禁還是要問，商務能夠自我拯救嗎？

世界已經進入了數字時代，辭書編寫已經脫離了手工作坊時代，開始從手工和經驗走向數理和實證，就像時下的醫生愈來愈離不開CT和化驗單一樣。現代社會，出版物的品種以幾年2倍的速度在增長，語言變化也愈來愈快，新詞、新語、新的語言現象層出不窮，網路把幾乎把全國讀者都變成了作者，每個人可以創造新詞。辭書編寫愈來愈離不開統計語言學，每個意項和詞性的確定，異體異形、同義近義的界定，都必須要有語料庫資料。比如「想像」和「想象」，哪一個是規範的，哪一個是淘汰的，要從幾億的文獻

資料中作例句檢索，最終少數服從多數。電腦將成為辭書的終審。辭書出版不但進入了電腦時代，還由微機時代進入了大型機時代。中外出版實力的差距，很大程度上就是科技和資本的差距，大型機時代的出版文化，也許才是安全的文化。國家可以不管外研社，不管機械工業出版社，也不管中信出版社，但是商務印書館的興亡國家不能不管。

最近，網上關於圓明園遺址工程爭論不休，有一篇文章的結尾是這樣寫的：圓明園遺址僅剩那麼一點斷壁殘垣，當圓明園以一個全新的公園形象展現在世人面前，歷史的記憶鏈也就慢慢地斷了。若干年後，或許會出現這樣一幕：一位媽媽帶著她的孩子來此遊玩。媽媽說：「聽說這裡好像是一個什麼『遺址』。」孩子說：「那些『斷壁殘垣』是哪裡搬來的破爛，真難看。」身邊傳來另一個孩子對爸爸說的話：「今天玩得真高興！」若干年後，我們的孩子也會驚異地問道：商務印書館居然被日本人轟炸過？其實問問現在的孩子，知道商務印書館歷史的恐怕已經沒有幾個。

讓我們再次重溫40位民營書店經理致北京三聯書店暨中國出版集團的公開信：「毀三聯者，天下之罪人也。清季以來，中華民族之復興圖強，莫不有賴商務、中華、三聯之流砥礪文明、格致良知，遭艱厄困頓而薪火不失。」

偽書作證

2005年最具「社會影響力的圖書」這一桂冠應由機械工業出版社的《沒有任何藉口》（*No Excuse*）摘得，但這部署名美國人費拉爾凱普（Ferrar Cape）「顛峰之作」、號稱「最完美的員工培訓讀本」、據說創造了200萬冊發行神話的「企業聖經」卻被指認為「偽書」，原作者是虛假的、引用的案例是虛假的、連書評也是偽造的。而且跟在後面的還有《沒有任何藉口II》（中國工人出版社）、《沒有任何藉口全集》（朝華出版社）等同類跟風書。

引進版圖書尤其是暢銷書的跟風仿冒現象引起了業內相關人士的強烈關注。中國出版要不要根？中國出版的血脈要不要世代傳承？2005年的偽書事件又是一個很好的註腳。偽書的大面積蔓延，除卻法制薄弱、管理疏鬆，中

國出版根系之脆弱、品牌之缺乏也是另一個深層原因。被查處的這麼多偽書為什麼偏偏沒有商務？誰又相信商務會去做一本冒牌的漢語詞典？中國機械工業出版社在這次偽書風波中得了頭彩。如果說機工有品牌，那它真正的品牌應該在機械工業類圖書。機工做財經類圖書屬於新秀，這也是事實，新秀畢竟是新秀，與其說是初生牛犢不怕虎，倒不如說用一張白紙什麼都可以塗寫，又不是魯本斯、林布蘭等著名畫家的作品，塗了也就塗了，換一張白紙成本不高。犯點錯誤，不小心出本偽書也情有可原。

《大宅門》裡說，與百草廳三百年的基業和聲譽相比，連生命都無足輕重。中國出版五十多年變遷，最大的問題就是缺少歷史傳承。沒有歷史，沒有傳承，就像片片浮萍，誰也不要對誰負責，如所謂萍水相逢、露水夫妻。一個出版業沒有百年的品牌像一個民族沒有根一樣可怕。中國出版有五百多家出版社，其中只有商務、三聯、中華這麼幾家數得出來的老店，大多數出版社只有十年、二十年的歷史；五百家以外還有成千上萬的「地下出版工作者」，被冠之以書商、工作室、文化公司、二渠道之類的稱號。為什麼總是說中國民營書業偷雞摸狗，正是因為民營書業的地下屬性，決定了它的短期行為，撈一把就走，打一槍換一個地方。短期行為，也就是品牌缺乏症，不但是中國民營書業、也是全中國書業的惡性腫瘤。中國出版的品牌缺乏和解放後在體制結構上對出版業的歷史割斷有直接的關係。

大學和出版社歷來是一個國家傳承文化的主渠道，是一個民族生存發展的血脈。但是，中國的高等教育和出版業在五十年的體制演變中，面臨了兩種截然不同的命運。文化事業和製造業本質的區別，就在於時間和歷史的重要性絕然不同，大學和出版尤其如此，這也是二十幾年的微軟和幾百年牛津的本質不同。舉目中國百年近代史，對中國文化和民族精神的貢獻，商務哪一點比不過北大？可是現在的北大和現在的商務是兩個什麼概念？在2004年中國百強大學中，有近三分之一是百年大學，北大、清華、浙大、南大、復旦、南開等等，舉不勝舉。中國近代史上著名的大學到目前基本都保存下來了，而且日新月異，發展迅速，規模驚人。不管輿論界、學術界如何評價，北大在2004年還進入了世界大學十七強。與大學相比，中國出版業的歷史傳承幾乎斷絕，這不能不說是新中國文化政策的一大失誤。古人云，不孝有三，無後為大。出版的絕後，也就是文化和傳統的絕後。一個出版社的品牌

積累、治社傳統、職業規範、編輯品質等等，很大程度上都是出版精神的歷史傳承。和新興資訊產業不同，編輯是一個積累型職業。我們常說新社與老社有什麼區別，區別就是這些，而我們現在偏偏很少去發現、去研究、去重視這種出版文化的傳承。商務出漢語辭典已經快一個世紀，你可以說商務經營死板，說商務體制僵化，但是編輯代代相傳的經驗、功底、嚴謹治書的態度，可能國內很少有出版社可以與之相比。「規範」和「現漢」的「兩漢」之爭，可能也就是一個文化傳承之爭，傳統的積澱也許會隨著時間的推移成為一個出版機構發展愈來愈重要的變數。中國出版從計劃走向市場，從地方走向全國，再從中國走向世界，一定會經歷一個大動盪、大分化、大組合的過程，能夠沉澱下來、並傳承於世的，肯定是經典和品牌。這一點朗文可以作證，藍燈可以作證，中國的偽書更可以作證。

拍買三聯

時間進入2005年，中國出版不但面臨發展問題，更面臨安全問題。面對文化安全這個嚴峻的新課題，中國出版在管理層面上有一個兩難的選擇。產業的發展需要對外開放、對內放開，甚至犧牲部分市場來換取外來投資和先進技術；但意識型態和文化傳統的特殊性又使我們在政策上處處表現出謹慎和穩妥。穩定和安全經常是國家文化政策中壓倒一切的前提。任何一個產業，沒有競爭就沒有活力，就沒有發展，這是常識。外來文化的進入總是依附於一種強大的物質文明和與之相適應的新的生活方式以及社會思潮，自身文化力量不強，不是說堵就能堵的。美國人為防範外來文化影響，推廣美國的價值觀念花了很多錢，有一整套文化滲透戰略，但他們的文化進入並不像打伊拉克，而讓你無怨無悔，潤物無聲。

中國出版自身發展滯後，中國文化在世界上影響微弱，由此產生的版權交易逆差在過去的十幾年中愈來愈大。2004年，中國引進版權12000種，輸出800種，進出比15：1；過去十四年引進53000種，輸出8000種，進出比7：1。一方面我們的圖書走不到西方主流社會，另一方面西方的中國熱日益升溫。據有關數據顯示，僅法國一個國家出版的有關中國的圖書就達5000多種，僅一個韓國就有300萬人學漢語，2萬人考HSK（漢語水平考試）。

　　中國文化產業特別是新聞出版產業為了國家的穩定大局失去了很多革新機會，自身的安全卻成了問題。愈限制，愈軟弱；愈軟弱，愈保護，這就是中國出版產業身陷的怪圈。中國出版要提高自身的防禦能力，要真正地走向世界，必須早日走出這個怪圈。要標本兼治，根深才能葉茂。文化產業怎麼發展，出版事業如何強大，政府資助和市場開放必須雙管齊下，兩手抓、兩手都要硬。如果政策對境外資本的進入有一百個不放心，那對國內民營資本應該有一個不同的心態。要相信人民群眾是真正的英雄。管理有難度，不能因噎廢食。以管理成本換取發展空間，是行政管理學的一個重要原則。

　　國家對民營出版的態度一直是「猶抱琵琶半遮面」，在出版社的股份制改造上如履薄冰，如臨大敵，和當年農村改革面對鳳陽農民分田承包的情景相似。其實，許多意識型態領域長期習以為常的觀念和行政許可，常常和國家的法律法規有相悖之處。改革開放的許多事實已經證明，民營企業不是洪水猛獸，不是人民公敵。普天之下，莫非皇土，皇土之上，皆為公民。民營企業不能涉足新聞出版，但大量的網路門戶網站不是遵紀守法、生機勃勃、健康向上嗎？新浪可以股份化、私有化，三聯為什麼不可以呢？把根留住，就是要讓書業根植於民間。人民群眾是真正的英雄，這是毛澤東主席說的。

　　2004年以來，三聯書店大量出版教材教輔圖書，並違規以一號兩刊形式發行《三聯財經競爭力‧人才與財富版》、《讀書‧中國公務員》兩本雜誌，在學術界、出版界引起巨大震動。北京萬聖書園、上海季風書園等全國四十二家民營書店聯名遞呈〈致三聯書店暨中國出版集團的公開信〉，要求對三聯書店總經理進行「彈劾」，引發了中國文化界的「三聯保衛戰」。

　　所以，有人提出可以拍賣三聯書店。三聯能不能拍賣？其實拍賣本身並不是貶義，用流行的話叫「盤活資產，優化結構，進行股份制改造」。一件文物，拍出個好價錢，說明文物貨真價實。浙江的許多高級旅館都是在經營頂峰時拍賣的。藍燈書屋是美國文化的標誌，但這些年被買來賣去多少次，仍然沒有蛻化變質。三聯保衛戰最動人的一個樂章，正是40位民營書店老總的集體上書。四十家民營書店銷售占了三聯圖書總銷售額的40%，民營書業成為三聯的主要分銷商，這可以從某種意義上說明究竟是誰在傳播和捍衛先進文化。而這幾年出版界發生的幾大書業要案，不都發生在頗具聲名的主流出版社嗎？中國的民營企業擺攤設點、坑矇拐騙的時代正在過去。如果三聯

書店實在不能拍賣，那也可以搞幾個許可民營出版的試點；如果還不行，也應該在試點的範圍內允許出版社在國有控股的條件下，吸引民資入股。社科類不行，可以搞自然科學或生活類的試點。內容產業已經成為許多國家的支柱產業，現在也說是文化產業、創意產業。領導也都說過，新聞出版是綜合國力的重要組成部分，但中國出版在國民經濟總量上微不足道。正如有的領導說的，在過去二十年中，各行各業透過股市向社會融取了上萬億的資金，但出版業一分也沒有得到。中國出版業保證產業的安全，目前最需要的是吸取業外資本，做強做大自己。吸取業外資本得到的不僅僅是資金，更是管理經驗和承受投資和經營風險的能力。21世紀中國出版怎麼發展，十年、二十年後中國出版的格局如何定型，民營書業的發展對國家的體制和社會環境到底有多少的負面影響，只有實踐才是檢驗真理的唯一標準。三聯可以拍賣，商務也可以拍賣，許多國寶也在拍賣。也許拍賣才可以救三聯於危難，才能把三聯的根留住。文物的所有權和使用權可以分離，三聯實行多方資產的股份制後，國家可以從保護文化遺產的責任出發對其經營和發展定下幾條規範進行制約。

如今市場經濟發展已經進入了後資本時代，出版業的跨越發展所需的巨額資本不可能由國家財政調撥，也沒有時間等待三聯、商務經年累月地進行資本原始積累。如果國家真的能給商務5億、10億，那也只能夠救一個商務。出版產業適當利用民間或境外資本，以市場換資本，並不一定會改變意識型態和文化導向。我們通常說資本主義就唯利是圖，出賣靈魂，但實際上外資和民營書業往往比一些國營企業更加遵紀守法，更注重於自身品牌的維護，更用心於企業的文化品位和百年大計。而且，外資企業本土化也是一個國際性的慣例，到了一個國家，就必須隨鄉入俗，遵守本地的法律法規，順應本土的主流意識型態。解放以前的三聯、商務、中華都是私營企業，但都是引領中國先進文化的民族精英。在本文最後，我們還是要再次重溫鄧小平說過的三句話：落後就要挨打。發展才是硬道理。要摸著石頭過河。

（2005年5月）

邊緣化中國出版

中國出版的最大問題就是，作為出版者，它基本上沒有當過考生，
一出生就注定是碩士、博士，而且長生不老。

　　網路時代，傳統紙介質媒體正在一步步走向邊緣；而社會節奏的加快，
在紙面媒體中書籍又逐步成為報刊的邊緣。年復一年的閱讀調查提供的數字
和二十多年來官方的人均購書統計，都說明國民愈來愈遠離圖書，邊緣化成
為當下中國出版的熱詞。

　　最近十年是中國文化傳播產業快速發展、文化資源重新配置的時期，也
是圖書趨向傳媒邊緣最快的十年。根據新聞出版總署的官方統計，1995年到
2003年，全國廣播電視節目製作由38萬小時增加到118萬小時，增長3.1倍；
報紙總印張從359億增長到1235億，增長了3.4倍；雜誌總印張從67億增長到
109億，增長62%；圖書總印張從361億增長到462億，僅增長46%；而圖書的
總冊數則僅從63億增長到66億，增長了4%。從1978年到2003年，全國圖書總
冊數從37.7億增長到66.7億，增長76%，扣除人口增長因素，人均購書只增
長了30%。而同期人均國內生產總值從379元增長到9101元，增長了24倍。最
近十年還是中國高等教育發展如火如荼的時期，高等院校招生人數從1995年
的92萬增加到2003年的382萬，增長了4.1倍。至於互聯網在十年中的發展，
已無需數位來說明它的速度了。也許是城門失火，殃及池魚，與圖書出版相
依為命的圖書館業也同病相憐。全國圖書館數量從1978年的1218所，增加
到2003年的2709所，僅增加了2.2倍，而同期各類博物館從349座增加到1515
所，增加4.3倍。到2003年，全國公共圖書館書刊外借僅18775萬冊次，新購
藏書量僅1406萬冊，占全年出書冊數的0.2%，購書經費5.1億元，僅占當年全
國圖書總定價的1%。2003年全國13億人口只有46萬個圖書館閱覽座位，平均
2826人爭一張椅子，每個中國人要等上7.7年才有可能到圖書館坐上一天。相
見之難，甚於牛郎織女七夕相會。

　　中國出版的邊緣化已經是黑字寫在白紙上。不知其中有多少是人為的過失，有多少是命中的註定？是三七開，還是四六開？中國出版是從邊緣中尋回失地，重建輝煌，還是繼續邊緣，最後和紙質貨幣一起被各種電腦晶片和網路徹底替換？邊緣化期待著成為中國出版研究的一個重要課題。

　　書愈來愈難出，愈來愈難賣，而人均購書並不隨著人均GDP的增長而增長，是書籍邊緣化的主要標誌。這年頭社長編輯們湊在一起，說得最多的一句話就是：這書沒法做了！人沒活路了！編輯出了書店，就不敢再進去，書店裡要什麼書有什麼書。記得前幾年有一句段子，叫做十億人民九億賭，還有一億在跳舞。時下唱歌跳舞已老得掉渣，洗頭洗腳也嫌陳腐，但九億人民仍然熱衷牌桌，或沉迷於電視，讀書看報的人愈來愈少。天下之大，已放不下幾張書桌。全國人民都不看書，這是書業不可挽回的結局嗎？

　　俗話說，讀者是上帝，消費者永遠有理。你說什麼書都出了，可買書的人還是不買，看書的人還是不看，那就要懷疑是什麼書都出了，還是讀者想要的書沒出多少，市場不需要的書卻出得太多。

　　其實，這個時代雖然沒有烽火三月，黑雲壓城，但生活並不像我們的圖書和媒體所展示的那麼平凡，那麼沒有題材，而往往是我們的媒體總是浮光掠影，有的連生活的影子都挨不著邊，比如圓明園。在很長時間裡，圓明園平靜得站在門口十幾分鐘都很難看到一個購票入園的國人。2004年冬天，圓明園開膛剖腹建設蓄水工程，可居然近半年後才驚動媒體。於是，要嘛不鳴，要嘛一鳴驚人。報紙、電視、網路一哄而上，鋪天蓋地。生活一下子變得很不平凡，很不尋常。所以，許多情況下的許多事情，往往不是生活的平凡，而是媒體的平凡。

　　還有，圓明園是國恥園，可有人在裡面搞遊樂，搞休閒，還要賣10元一張的門票。英國人尚且知道搶來的東西不能賣錢，大英博物館至今門票分文不取，難道我們的國家就窮到連國恥都要賣錢了嗎？對這些不可思議的現象，我們的媒體曾幾何時作過報導和評論？所以有人要問，到底是職業的麻木，還是體制的僵化？

　　有人說中國報紙多了，那是因為我們的報紙沒有個性，缺少獨家新聞和深度背景。香港600萬人有十多份日報，烏拉圭一個5萬人的省分有五份日報，這些報紙之所以能夠生存發展，是因為人家的媒體常去關心類似圓明園

之類的事件，讓大眾對身邊發生的事情充分知情，如果我們的記者能每天弄出一個圓明園事件，報紙的版面不就突然間多了起來嗎？有了更多的熱點和個性，報紙的發行量也會迅速增加。在國外，發行量最大的雜誌大多是時政類的，但我們卻多是休閒娛樂和文摘類。日前，在韓國首爾召開的第五十八屆世界報業大會公布了「2005年世界日報發行量前一百名排行榜」。中國居然有二十八家報紙榜上有名，成為全世界215個國家和地區上榜日報數最多的國家，《參考消息》和《人民日報》進入排行榜前十名。而查查世界經濟五百強、世界大學一百強，中國人的名次遠不如報紙輝煌。這種輝煌不知說明了中國媒體產業的前沿性還是落後性。二十年前的中國，只要出一本書，印量都是10萬、20萬的，因為那個年代一共也沒有幾本書。

首都北京綜合性日報如《人民日報》、《北京青年報》、《北京日報》、《新京報》等，也就五六家，如果北京城裡有十幾家甚至二十幾家綜合性日報，圓明園事件也許不至於半年沒有人過問。這圓明園湖底鋪塑膠布大不了揭了，報和不報其實也沒有什麼大不了的，可媒體如此麻木，說不定有一天哪段長城拆了蓋渡假村也沒人知曉。那可是殺頭也無法挽回的損失。這樣說來，北京的報紙不是多了，而是少了。報紙少了，記者就會不夠勤奮，不夠努力，就不會經常去跑新聞、做採訪。2004年，《新京報》說辦就辦起來了，幾乎一辦就火，近年來各地新辦的日報也基本上是辦一家火一家，這也說明大眾媒體市場還有空白，存在潛力，競爭並不是沒有空間。湊巧的是，圓明園事件正是創刊不久的《新京報》首先曝光的。目前一些新銳報刊記者的稿件採用率驚人的低，很多記者一天七、八小時跑新聞，平均寫三、四篇稿子，但採用的往往只有一半不到。你說，這樣辦報紙會沒有可讀性嗎？在平面媒體中，報紙已經是最活躍的份子，尚且有如此的發展潛力，那圖書呢？

其實書也是一樣。我們每年出版幾十萬種圖書，到書店一看眼花繚亂，但讓人動心、動情、眼前一亮的有多少呢？與現實和生活若即若離是中國出版的致命弱點，除了滿眼朦朧和暗示，就只有繁瑣和寫實。有人這樣形容現代文學作品：「在《廢都》的《一地雞毛》中，人們《活著》。沒有落差，沒有高潮，半把癮都過不了。」有人批評十七年的作品主題先行，有人指責瓊瑤的小說過分理想，有人還說傷痕文學功力不足，有些幼稚，可是這些作

品畢竟還有海拔落差，有心靈震撼，有社會倫理的衝擊。舉目近年文學圖書市場，不是妖魔鬼怪，就是帝王將相，占據2004年虛構類圖書排行榜前兩名的是一「夢」一「幻」，即郭敬明的《夢裡花落知多少》和《幻城》，剩下的便是虎豹豺狼。我們真的對中華書局出版的《正說清朝十二帝》欽佩之至，現代社會人咬狗是新聞，戲說瞎編無可厚非，正說歷史倒讓人驚愕。從秦始皇到乾隆爺，哪個不是光芒四射，完美無缺，歌頌得都快趕上文革中的「高大全」[1]了。文學的真實性和藝術性需要這麼天各一方嗎？

不是說沒有書好出了嗎？可是圓明園出了這麼多事，出版社至今按兵不動。這麼多年過去，在圖書館的檢索目錄裡找不出更多有關圓明園的圖書。可是有一個叫布里賽的法國人卻在2004年寫了一本叫做《洗劫圓明園》的書，600多頁，詳細記錄了英法聯軍搶劫和燒毀圓明園的過程。國外研究中國問題的圖書在許多方面都超過國內，比如牛津和劍橋的中國歷史研究系列，李約瑟的《中國科技史》在許多方面都為國內難以超越。

最近，首屆中國國際動漫節在杭州開幕。這個由廣電總局和浙江省政府聯合舉辦的動漫節，展覽面積2萬多平方公尺，國內幾乎所有的知名動漫公司都到了現場，可謂盛況空前。境外動漫界也踴躍參展。據報導，為期五天的動漫節，直接參與人數達120萬人次，有12萬人參觀了其中的動漫博覽會，展會銷售額3億多。可是在這麼大的展場中，正式參展的國內出版單位只有浙江文藝出版社一家，倒是有小學館、川下襪子、十大書坊等一批日本和港台的出版社在此間亮相。由於僧多粥少，浙江文藝出版社賣書賣得手酸。在這次動漫博覽會上，影視製作公司是第一主角，眾多的卡通公司是第二主角，第三主角便是有關的大專院校，傳媒影視以及理工科院校都派出了強大的陣容。還有一個主角便是政府，長沙市政府為這次漫博會撥下40萬元的布展費，並專門請了一個上海的策劃公司全程組織。

出版社對動漫產業的冷漠和遲緩，與業外資本的一擲千金形成明顯對比。動漫在日韓、在法國、在許多西方國家都是出版的支柱產業。在日本，動漫、雜誌、教材是出版的三大支柱。開發動漫的前期創作投入之多，風險之大，是中國出版業徘徊於中國動漫產業邊緣的重要原因，中國出版改制步

---

1 高大全是指文藝作品中的中心人物要高、大、全，形象高大、心胸寬廣、全心全意
　為人民服務的完美形象。

履艱難,以國有為主體的中國出版決定了它很難承受風險。出版社做的動漫書,經營主體多在動漫公司手上,不少社僅僅拿了點書號費而已。近年來,中國動畫出版的大製作,包括《哪吒》、《藍貓》、《小櫻桃》等基本上不屬於傳統出版的手筆,是動畫公司在出書,在經營。湖南三辰公司近年推出的動畫圖書就達61種、609本,其中「藍貓」系列達到400個品種,音像製品達到300種。在民營資本大舉進軍動漫業、各地政府大掏腰包競爭全國動漫基地的時候,全國出版界從上到下這些年來基本沒見到有什麼扶持政策,比如書號優供、稅收返回、好書獎勵、動漫出版基金等,只見打雷,不見下雨,猶如葉公好龍。

開發國產動漫的意義已經提升到國家文化安全的高度,成為關心和愛護未成年人成長的重要工作。管理部門沒有經濟實力支持,至少可以多批幾個動漫雜誌,多給一些動漫書號。再退一步,如果出版社一下子沒有能力投資原創動漫,能不能在引進方面稍微放鬆一些,透過引進,可以讓出版社在更短時間內積累經驗和資本,鋪墊一些市場,與國外同行競爭。引進多了,才會感受差距,產生動力。國產動漫這幾年稍有起色,主要還是大量的日本動畫的進入培養了作者,也催生了讀者和市場。加工和引進是中國動漫產業發展的必由之路,再痛苦、再失面子,甚至有一點負面影響,也得走過這段路程。不付學費,怎得手藝?

據報導,2003年日本動畫片及相關產品對美銷售總收入為43億美元,相當於日本出口美國鋼鐵的4倍,在43億美元的收入中,動畫形象收益達39億美元。所以,原創才是中國動漫崛起於世界的核心問題,但現在中國的傳統出版社基本上不涉足動漫原創投資。中國出版業如果不能咬咬牙付出血本進入動漫的原創核心,就只能永遠的邊緣化了。其實,做內容和做形象推廣並不矛盾。有時候致力於原創開發,還會得到更多的收益和回報。迪士尼就是潛心做動漫內容產業的典範,它基本上做形象轉讓而不涉足相關延伸產品的經營。而中國的《藍貓》則剛好相反,《藍貓》把大部分精力都用在衍生產品開發市場,三雄動畫能使全國八百家電視台播出《藍貓》,開出的形象店達二千四百家,橫跨圖書、音像、文具、玩具、童鞋、服裝、鐘錶、食品、飲料、電子用品、醫藥等十幾個行業,衍生產品達數千品種,但用於內容研究開發上的力量卻相對薄弱,以至於《藍貓》被戲稱為「濫貓」。在這次杭州

國際動漫節上風光無限的香港著名動漫圖書出版機構——玉皇朝集團，每年銷售漫畫書約1300萬冊，集團創造的漫畫人物達1000多個。黃玉郎說，他們集團就靠做動漫書賺錢，做影視產品也只是為動漫書服務。雜誌的邊緣化，動漫的邊緣化，是中國出版邊緣化的重要標誌，也是核心和致命的問題。

中國出版業的邊緣化還表現在它很少做前人沒有做過的事情。近年來，在出版改革和創新的道路上行走的多為民營和外資企業。華寶齋是浙江一家從造紙、製版、印刷、裝訂到發行一條龍生產影印線裝古籍的文化公司，公司擁有員工300多人，資產1億多元，年生產古籍宣紙300餘噸，影印出版線裝古籍3300多種、1600多萬冊。3300種古籍、1600多萬冊，代表什麼意思？《四庫全書》收書3470種，36304冊，只印了7部，總印量254380冊，而且只有皇帝等少數人才能看到，是極端的內部發行。華寶齋目前還沒有出版權，所出圖書都需要和出版社合作，它所出版的圖書也不全部是古籍整理類，但它印刷出版的大量古籍圖書對文化積累和文獻搶救的意義無可置疑，不少圖書包含了大量的編輯整理含量，如《清蒙古車王府藏曲本粹編》、《大連圖書館藏明清孤稀本小說專刊》以及它承印的國家重點文化建設工程——中華再造善本工程。古籍重印和整理出版本來是出版的邊緣產業，但現在連這樣的邊緣也屬於民營企業。國有書業成邊緣的邊緣了。

按照傳統的概念，期刊應該是屬於出版的主業，報紙則是新聞或傳媒的概念。但改革開放二十多年來出版的社辦雜誌除了《讀者》和《故事會》等傳統刊物，《時尚》、《愛樂》、《瑞麗》、《計算機世界》等新辦起來的有影響雜誌基本上都不是社辦刊物。利潤超過《讀者》、發行量450萬的《知音》，每期64頁，有編輯40多人，稿酬每千字1000元，這種多編輯、少版面、高稿費的獨特經營模式，聞所未聞，很難想像會在我們的社辦期刊中出現。

相對來說，雜誌比報紙要難做一些，畢竟進入雜誌的門檻較低，市場化程度高，競爭也就更加激烈，雜誌做虧關門的要比報紙多。雜誌總編也在說：該有的雜誌已經都有了，我們還做什麼，可是，《湖北日報》報業集團2000年開始辦的《特別關注》雜誌發行量卻突破了100萬份，創造了中國期刊界的一個奇跡，被譽為「21世紀中國期刊市場躍出的一匹黑馬」，但這份雜誌屬於報業集團也不是社辦期刊。在目前全國雜誌廣告收入前二十名中，只有《三聯生活周刊》、《讀者》等兩三家出版社的期刊。目前走紅的時尚和

財富類新潮雜誌的經營模式，同樣是傳統體制下的出版社所無法容忍的。雜誌正在成為傳統中國出版業的邊緣，怎麼才能使雜誌成為傳統出版業的核心產業呢？在刊號管理上放鬆一些不失為一條路。雜誌是不好辦，同類刊物也相當多，但中國雜誌的細分市場遠沒有完成，細分市場的雜誌需要大量創辦新刊。新辦十份雜誌能夠成功兩份就是成功。

目前，全世界的雜誌都在進入小眾時代，《讀者》、《故事會》之類書荒年代產生的輝煌一般來說不會再有。讓出版社多辦一些小眾的專業刊物，可以在總量上保持雜誌份額。細分市場的刊物可以和出版社的圖書專業優勢結合，相得益彰。這幾年國家在刊號管理上過於緊縮，違背了一個基本的事實：即期刊正在走向小眾和細分市場，而刊號管理的模式未變。這是一道小學一年級的數學題：在發行總量不變的前提下，過去期刊平均期發量是20萬份，全國需要5000種雜誌；如今平均期發量下降到5萬份或5000份，則需要2萬種或20萬種期刊。 翻開小學館、講談社、貝塔斯曼和牛津劍橋的目錄，幾十、上百種的期刊撲面而來，而我們號稱幾十億碼洋的出版集團，數來數去，全部雜誌加起來也就幾種、十幾種。當然，雜誌在計劃經濟時代也不是出版社的主業，這種歷史背景造成了目前社辦期刊的短腿。但在市場經濟到來之時，國家也沒有在政策上給社辦期刊提供更多的發展機會，出版社新辦期刊基本上是不可能的事情，倒是大量的外資和業外資本透過某種合作，獲得了大量的刊號。

關於多和少的問題，目前的新聞出版管理上存在著一個嚴重誤區。總是強調出版社多了，期刊社多了，圖書品種多了，不利於優化結構和宏觀控制，而不看多的是什麼，少的是什麼。在多和少、有和無之間存在許多生態學的道理，比如說去年來杭州考中國美院的有3萬多人，招生計畫只有1000，我們能說這3萬人多餘嗎？現在的圖書，現在的報紙，現在的雜誌，都說多，多得和美院趕考的學生一樣，但只要我們把這些看起來過多的書報刊當作趕考的學生，就不會感到他們的多了。這就是市場，就是競爭，就是優勝劣汰。中國出版的最大問題就是，作為出版者，它基本上沒有當過考生，一出生就注定是碩士、博士，而且長生不老。所以，中國的出版社不是百裡挑一的優秀學生。不是百裡挑一，就存在著邊緣化最大的可能。

（2005年7月）

傳統出版和數位出版的口水戰

其實，傳統出版只要堅守住自己的選題、策劃、編輯、行銷，特別是作者資源，把最暢銷、最權威的作者捏在自己手上，出版社還終將是出版社。

傳統出版和數位出版的口水戰相持了不下十個年頭。作為新興而又時尚的產業，數位出版口若懸河，而傳統出版像過時的老人，翻來覆去只會念叨：手持真書的感覺不可替代。

當一物替代另一物的時候，肯定是彼此的功能和價值有了足夠的落差。比如傳統唱片和MP3，數位相機和底片相機，三五年前還有人說，數位照片的精細度已經超越底片，但色彩的保真度、飽和度不能和底片相比。現在，至少在中檔相機，數位已完全替代底片，高端底片機的數位更新也在眼前。再過幾年，普通數位相機還將被手機替代。從傳統唱片到光碟，再到網路數位音樂，中間也就只有三五年。連CD和DVD的好日子眼看著也要被網路葬送，2009年以來，國內光碟複製廠已經開始不斷地關門歇業。

在蘋果的iPad發布之前，除價格以外，覺得電子閱讀器不能替代傳統圖書的理由還非常充分。目前無論是Kindle，還是漢王，單色電子墨水螢幕的精度和色彩確實還不能和日益精美的傳統圖書相比，但電子閱讀器最終取代紙質圖書只是時間問題。2009年美國的電子閱讀器銷量300萬台，中國的漢王電紙書第一年居然有50萬台的業績，亞馬遜2009年耶誕節電子書銷售首度超過紙質書，創下一天950萬本的銷售記錄。漢王公司放言，2010年電子閱讀器將給整個出版業帶來革命性的改變，年內進入大陸地區的電子閱讀器廠商將有一百多家，相關網站將有二十五家。2月5日《文匯報》「文化視點」有一篇文章的標題是：蘋果iPad將終結紙質閱讀？

如果說iPad真的能夠成為紙質書的終結者，那麼，iPad的彩色觸控螢幕、十小時的續航時間，以及其凝結的大量3G等筆記本、移動通訊功能是主

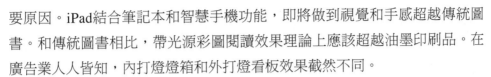

要原因。iPad結合筆記本和智慧手機功能，即將做到視覺和手感超越傳統圖書。和傳統圖書相比，帶光源彩圖閱讀效果理論上應該超越油墨印刷品。在廣告業人人皆知，內打燈燈箱和外打燈看板效果截然不同。

平板電腦甚至會成為筆記型電腦和手機的終結者，平板電腦最後會具有筆記本和手機的全部功能，或者說手機具體電腦的全部功能，筆記型電腦真的像一個筆記本。根據美國一家出版研究機構進行的調查，美國消費者在閱讀電子書時，首選的平台仍然是電腦。調查顯示，大部分電子閱讀器面臨的最大問題是相容性不夠。因此，儘早讓電子閱讀器具備電腦所具有的基本特徵，而且具有比電腦更多的書的屬性，這就是數位出版產業的明天。儘管我們不能確定iPad的精度、色彩和閱讀效果是否真的會超越傳統紙質圖書，但是，這些涉及技術和成本的問題對於未來科技發展並不是問題。

但是，傳統圖書也不會很快列入世界文化遺產，圖書的新舊載體之日還可能會有反覆的過程，電影和火車的發展軌跡也可以對我們有所啟示。電視發明後，對電影市場的影響很大，但電影始終沒有像唱片和底片相機一樣退出歷史舞台，是因為電影的環境氣氛、視聽效果和窩居小客廳的家庭影院完全不同。近年來中國電影起死回生並高速發展已經非常可以說明這點，更何況電影的特長並不僅僅在螢幕的超大和音響的超重，更還有3D、動感、環形等獨家專利。所以，一張電影票甚至可以賣到180元。在電視極度普及的時代，電影還在加速回生。美國的人口是中國的五分之一，但電影銀幕數量是中國的10倍，電影票房接近中國20倍。再比如火車發明於1822年，汽車發明比火車晚了六十多年。20世紀20、30年代，美國人以為鐵路的時代已經結束，拆除了十幾萬公里的鐵路，高速公路和汽車成為國家的主力交通工具。但是，高速鐵路發展後，汽車和火車的PK重新開始。因為無論是速度，還是環保，以及乘座舒適等各方面，汽車根本不是高鐵的對手，甚至飛機也要甘拜下風。所以，美國趕緊向中國學習高鐵技術。由此我們認為，傳統圖書在數位出版時代仍然會有特殊的生存空間。

對電子閱讀器市場的預期，不能只從書業的井底窺月，還要放在社會生活和網路影視的發展背景下研究。現代社會，閱讀已經不是生活必需品，大眾閱讀的娛樂教育功能也在迅速被影視網路替代。與娛樂、通訊等「生活必需」相比，書的地位愈來愈低，甚至接近可有可無。中國書業二十多年人均

購書為什麼6本不變，我們必須思考其中更深層的原因，是出版工作沒有做好，還是6本書足矣？至少對很多人來說，看電視劇和看小說在審美體驗上不會有十分大的差別。人們會去買幾千元的手機，1萬多元的電視，上百萬的房子，因為它每天都要用到，但為了一年讀6本書去買一台幾千元的電子閱讀器，似乎也不在情理之中。卑微的閱讀功能只有依附那些衣食住行玩樂的生活必需，至少要依附人類對網路的強大需求，才能有自己的生存空間。這就是我們為什麼說平板電腦會一統天下的理由。對此辦報的似乎比出版人更加清楚，目前全國已經有50%的報社擁有手機報，有預計說全國手機報數量將突破1500種。現代社會幾乎找不出一個成年人沒有手機。但是，面對蘋果的挑戰，亞馬遜還是口氣強硬，堅持單純的電子閱讀器功能路線，認為無論市場上出現功能如何多的產品，顧客仍然會願意購買僅供閱讀的設備，兩者並不矛盾。

圖書出版數位和傳統的決戰正酣，期刊也面臨著同樣的生死抉擇。儘管很多人也堅持紙質期刊不可替代，但在期刊界，也有所謂「國際刊業看好iPad突破性商機」之類的說法，認為「iPad的全彩顯示更像是為雜誌量身打造的」，「一大幫出版商已經準備好了把他們的內容打包提供給蘋果的無線設備」。期刊界看好iPad的理由其實很簡單，特別是近兩年，國際期刊業廣告縮水，停刊合刊日益增加，與圖書相比，大量用最不環保的銅版紙印刷的愈來愈厚的彩色雜誌不僅沒有什麼收藏價值，還面臨著低碳經濟的壓力。

不過，必須提醒的是，電子閱讀器並不是書的全部，電子閱讀器所代表的只是印刷廠和書店的功能，就像鉛字變成光電鍵盤，紙型變成菲林一樣，傳統出版大可不必為此驚慌失措。如果我們不想參與電子閱讀器的硬體開發，我們就應該儘管放心地讓生產電子閱讀器的公司去生產，去競爭，去發展，就像大多數出版社不會去擔心印刷廠更新什麼設備、創新什麼技術一樣。傳統出版對所謂的數位出版一直有一個誤區：以為數位出版來了，傳統出版就死定了。他們是把載體和內容兩者搞混了。其實，傳統出版只要堅守住自己的選題、策劃、編輯、行銷，特別是作者資源，把最暢銷、最權威的作者捏在自己手上，出版社還終將是出版社，而即使是比爾蓋茲，即使是谷歌或亞馬遜，也都不過是一家更高檔的印刷廠或書店而已。

其實Kindle和iPad的口水戰實質上在於他們與出版社版稅分成比例和電

子書的定價。電子閱讀器生產廠商的激烈競爭，只會提高傳統內容提供者的地位與價碼，除非電子閱讀器生產商也進入內容生產領域。最近亞馬遜已經宣布將作者的版稅提高到70%。比如售價9美元的電子書，從原先3.15美元提高到6.25美元。顯而易見，無論是亞馬遜，還是蘋果，他們所能做的只是賣書，賣內容，是加工廠和書店，電子書的定價應該由作為內容提供者的出版社和作者來定。出版社在決定圖書數位版交給誰去賣的同時，可以決定書的定價。面對蘋果的挑戰，亞馬遜仍然強勢挺進，不懼競爭，可能最大的信心還是來自它們先行一步，已經有取得授權的40多萬種電子書的資源。這次蘋果iPad出山不是單槍匹馬，而是以iBook線上書店為平台，攜手企鵝、哈珀柯林斯、賽門舒斯特、麥克米蘭、阿歇特五大出版巨頭。值得注意的是，與2009年Kindle的國際版推出時一樣，藍燈書屋仍然作旁觀狀，但表示願意與蘋果和亞馬遜磋商，磋商什麼，就是磋商內容和定價的掌控權。

（2010年4月）

中國出版業的數字魔方

中國人精於數學。但數字一旦用於官樣文章卻變得十分的模糊和隨意。

眾所周知，中國人的數學能力獨步天下。剛剛獲得中國科技進步獎，並受到胡錦濤主席接見的谷超豪就是一個著名的數學家，他提出的孤立子理論及應用早在十多年前就由浙江科技出版社向世界上最有名的科技出版社，德國斯普林格出版社（Springer-Verlag）轉讓了全球英語版權。中國人天生就有世界獨特的數字天賦，不僅在科學上，如今還廣泛表現在政治、社會，以及文化、風俗、民情等各個方面。而且，研究社會意義上的數學要比研究科學範疇的數學更加複雜和困難。

2010年開年，出版業有兩個阿拉伯數字特別搶眼：一個是「雙百億」，一個是「一萬億」。

根據2010年1月8日《中國新聞出版報》轉發新華社報導提供的數據：2009年全國新聞出版總產值突破1萬億元，增長20%；圖書銷售增長20%左右，產值約780億元。報刊業保持6%的增長速度，日報出版總量連續九年居世界首位；新媒體出版增長42%左右，總產值超過750億元，幾乎與圖書銷售產值相當；出版投資總額增長35%左右；印刷工業總產值達5746.2億元，同比增長24.9%。

應該說，在「一萬億」的構成裡780億圖書產值屬於核心數據，但我們不知道780億產值對應於書業哪個統計工具。是碼洋（定價）還是銷售實洋（實際銷售價格）？根據清華大學《2009中國傳媒產業發展報告》，2008年全國圖書銷售收入為548.52億元（實洋），2009年尚無圖書銷售收入的數字，如果按20%的增長率，2009年的全國圖書銷售實洋應該是640億左右。2009年全國共出版圖書301719種，其中新版圖書168296種，定價總金額848.04億元。848億的總定價，以80%的銷售率，除去平均35%的折扣，再加上總銷售、批

發和零售的統計累加因素，銷售收入為640億也應該是一個差不多的數據。

許多文章都提到了750億的新媒體總產值距離傳統圖書的銷售只差30億，並稱之為傳統書業和新媒體的轉捩點，但我們同樣也不知道750億新媒體總產值的構成。2008年發布的全國數位圖書銷售是3000萬冊和3億元，2009年就算增長2倍也只有9億元。也有數據表明， 2009年的全國網路遊戲銷售約為270億元，互聯網廣告收益2008年的數據為132億元。所以，750億新媒體的總產值和780億的圖書總產值是否可比，也仍然是一個問題。

關於「一萬億」的數據出處，一向嚴謹的《文匯報》提供了一個名稱模糊的單位：「國家科研機構」。難怪筆者查遍互聯網，想了解這「一萬億」產值更多的構成，卻一無所獲。但是，還是從相關的統計中找到了一些可資參考的數據。

2009年4月清華大學傳媒經濟與管理研究中心發布的《2009中國傳媒產業發展報告》說：「2008年中國傳媒產業的總產值為4220.82億元，比2007年增長11.36%。其中網路遊戲出版產業實際銷售收入達183.8億元，增長76.6%，並為電信業、IT業等帶來直接收入478.4億元人民幣。」此間所提及的傳媒業4220億總產值中，明確包括了網遊，但沒有提及印刷產業。2008年，新聞出版總署的官方統計年鑑表明，除書報刊和電子出版物，屬於新聞出版總署管理和統計範圍的全國6427家印刷企業的產值為828億元，但這828億應該還含有不少非書報刊的商務印刷產量。除去書報刊印刷，還有將近5000億的社會商業印務能否歸入新聞出版產業值得探討。另據《法制晚報》提供的另一組數據，2000年全國新聞出版總產值是400億，到2007年增長到1300億，2008年為8500億。如此暴漲好像是把全國印刷業的產值全部歸到新聞出版業了。在國內外印刷產業總體構成上，書報刊只占有很少的份額，經濟愈發達，非書刊的印刷比重愈大。根據中國印刷及設備器材工業協會2006年的一個統計，該年全國3100億的印刷產值中，書報刊僅為1255億元。根據2005年「國際印刷發展論壇」公布的數據，全世界2005年約7000億美元的印刷產值中，包裝印刷占37%，圖書占1.96%，雜誌2.11%，報紙1.63%，壁紙、紙袋、標籤的比重也都超過書報刊。

另外，尼爾森2009年在上海發布的「2008年中國全年廣告投放監測結果」顯示，2008年，中國的電視、報紙、雜誌三大主流傳媒拿到了5203億元

的業績，其中電視占廣告投放總量的比重高達83％，報紙和雜誌分別為15％和2％。這樣報刊的廣告收入應該是884億，電視廣告應該是4318億。但國家工商總局發布的消息稱，2008年全國廣告經營額1899億元，其中電視廣告501億元，報紙廣告342億元，廣播廣告68億元，期刊廣告31億元，網站廣告27億元。兩組數據截然不同，又是一個數字魔方。

按中央各部委的職能和行業分工，以上廣告收入只能把期刊廣告列入新聞出版總署「一萬億」的統計範圍，而電視廣告肯定不歸新聞出版總署。從道理上說，廣電的大概念上應屬於新聞出版，上千億的電視廣告作為新聞出版總署「一萬億」的囊中之物也不是不可以。不過新聞出版總署和廣電總局在國家行政序列中為並列機構，國家統計局的統計口徑還不可能把廣電的廣告業務劃歸新聞出版總署。我們也希望新聞出版加快建設大傳媒體系，儘快整合廣電傳媒、網路傳媒、手機傳媒等內容產業。但商務和包裝印刷實在不是內容產業，放到新聞出版產業裡難免有損新聞出版業的品位和形象，精美的文學名著和風景畫冊怎麼可以和紙箱包裝為伍呢？。

中國人精於數學。但數字一旦用於官樣文章卻變得十分的模糊和隨意。關於圖書出版規模的統計，就有總產值、總定價、總銷售、銷售收入等不同的概念，特別是銷售和銷售收入是許多討論「雙百億」文章中最不統一、最模糊的概念。模糊有個好處，這個好處就是我需要什麼口徑的數據，就可以給什麼口徑的數據。進入雙百億出版集團的門檻，各家用的數字究竟是銷售碼洋，還是銷售收入，實際上並不統一。

五花八門的數字讓人眼花繚亂。但不管怎麼亂，在國民經濟，甚至在大傳媒的盤子裡，傳統書報刊所占的比例其實非常有限，「雙百億」也是小兒科。所以，中國出版集團總裁聶震寧認為，打造國家級出版集團，主業銷售必須在300至500億元。我們可以看看，2009年全國彩票市場總銷量就達到1324億多元，彩民人均購彩已超過美國。菸草業的發展也非常紅火，全年實現工商稅利5131.1億元。吃喝玩樂的旅遊業更不得了，2009年旅遊總收入約為1.26萬億元，其中國內旅遊增幅超過15％。物質豐富，生活繁榮，燈紅酒綠、歌舞昇平，而書香慘澹，天下之大，真的有點容不下一張書桌。

關於「雙百億」則已經有更多的評論。1月18日《法制晚報》在題為「全國新聞出版業破萬億大關 泡沫需警惕」的文章中說：「全國在所有銷售出

去的圖書中，37.33%是中小學課本，26.63%是教育類讀物（比如課後輔導材料），7.96%是大中專教材。三者相加，超過70%。這就是說，中國圖書市場大部分都是靠課本在維持。除去課本和教育類讀物，493.2億的圖書銷售總額將只剩下138.5億」。根據新聞出版總署的官方統計，2008年大中小學課本總定價為273.65億元，還不包括總量不少的教輔。我們不知道《法制晚報》的數字的出處，但總署的統計也基本印證了全國一般圖書的實際銷售收入（不是碼洋）也就是100多億，只夠一家出版集團打造雙百億集團。有著1億多人口的河南，全省書店一般圖書的銷售還不到5億。如此說來，正應了中國的一句俗語：一棵樹上停不了兩隻「鳳凰」。實現「雙百億」，股市雖然可以幫很大的忙，比如時代出版傳媒集團2009年市值高達74億元，比2009年同期增加了1.3倍，但報告銷售收入和利潤和淨資產同期只增長了12%、10%和10%。據說現在種植業無處不用膨大劑，其實天下之大，何處不見膨大劑。

出版的主業到底能否做大做強，多元反哺主業的模式究竟是否科學，傳統出版在新媒體浪潮中能否找回自己的權力和尊嚴，新聞出版業做強做大究竟是進行簡單的產業調整，做加減法，還是直接面對深層的體制障礙，長痛不如短痛，實施真正的體制改革。面對著這幾年新聞出版業諸多發人深省的統計數字，我們的「雙百億」目標是否應該更多地考慮一些更深層的問題？如果我們的政治體制改革不能繼續向前推進，民營和外資不能真正進入新聞出版行業，新聞出版業的地域行政分割就不可能有實質性突破，真正開放完善的新聞出版市場體系也不可能建立，新聞出版業可能不斷地出現數字魔方。

（2010年4月）

中國出版的後貴族時代

進入後貴族時代的傳統出版業，一個重要特徵就是員工的平均薪資逐步下降，企業人才頻繁流失。

　　在沒有電腦、網路和電視的年代，高度壟斷的傳統出版曾經是中國的貴族職業。三十年前，全國加起來也就一百多家出版社，民營書業、方正阿帕比、漢王科技、盛大網路、新浪搜狐之類都還沒有出世。出版業名利雙全，被稱為暴利壟斷行業，能夠在此謀得一官半職，遠比現在考公務員千軍萬馬過新獨木橋光彩體面。

　　然而不知不覺，出版社已變成透風的涼亭。涼亭雖好，卻非久留之地。新媒體、新產業的重重包圍、民營書業的不斷蠶食，傳統出版業就像曾經顯赫的榮寧二府，進入了後貴族時代。出版難做了，薪酬不高了，地位下降了，未來不可捉摸，在薪水微薄、住房蝸居的年輕編輯中還出現了「七丐八娼九出版」的自嘲。出版既不是出水芙蓉，冰清玉潔，也不再國色天香、雍容華貴。出版事業義無反顧、迫不及待地「被改制」，成為追錢逐利的企業，出版的公益文化和事業屬性迅速淡出。

　　本來，蓮也可以出淤泥而不染，但當蓮藕無泥土附著的時候，連生存也會成為問題。後貴族時代的傳統出版，貧困化甚至比汙濁化更為突出，根本的原因是國家急迫地讓它走向市場，財政甚至有點甩包袱的意思，壟斷性資源眼看愈來愈少。而政策又明文規定民間資本不得介入出版的內容生產，國有出版沒有民營資本的血肉補充，這叫做上不著天，下不著地，舊的已去，新的不來，空殼化、邊緣化油然而生。與此同時，網路和數位產業新貴迅速崛起，能源、電力、金融、電訊、民航、鐵路、菸草等國有老牌貴族卻依然顯赫，在國進民退的時代，益發主流。

　　進入後貴族時代的傳統出版業，一個重要特徵就是員工的平均薪資逐步下降，企業人才頻繁流失。我們在網上找到了一大堆數據來旁證出版後貴族

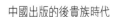

時代的邊緣地位：據《中國青年報》的一則消息，近年來職工工資增長主要流向壟斷行業，如電力、電信、石油、金融、保險、水電氣供應、菸草等行業，這些行業職工人數不到全國的8％，收入（含福利）卻占了全國職工工資總額的55％，出版業並不在這些行業之列。根據2006年的一次網路薪水測試，按職業排列，第一是航太航空4.3萬，與出版有關的語言文字列第二十一位2.5萬，圖書檔案館列二十五位2.4萬，文案編輯寫作列三十二位2.2萬，教育列三十六位2.1萬，最後是農業墊底。2009年的一個網路統計顯示，2008年十大高薪工作有地產、金融等等，也沒有新聞出版。發布於2010年5月的上海未來幾年最熱門的九類高薪職業是：網路遊戲高級程式設計師、飛行設計與工程師、高級測試工程師、高級設計師、職業諮詢顧問、建築師、銷售主管、法律顧問、審計主管。最近網上還有一個收入最高的20種職業的排行是：私營企業經營者、法律專業人員、股份制企業負責人、導遊、演員、職業股民、個體經營者、影視製作人員、大中小學教師、其他自由職業者、事業單位負責人、證券業務人員、三資企業中方高級職員、IT行業從業者、衛生專業人員、國有企業負責人、購銷人員、新聞出版文化工作者、其他專業技術人員、自由撰稿人，新聞出版業列第十八位。另外，2007年的一個出版業薪資研究問卷調查也顯示出版作為一個職業已經逐步失去對職場的品牌和魅力，在被調查的人員中，42％的表示願意繼續為出版業服務，17％表示會選擇轉換行業，39％態度不明。在職業推薦意願調查中，只有16％的受調查者表示願意推薦，29.53％表示不會推薦，53％未表明態度。

十年來中國傳統出版迅速失去壟斷地位，可以從以下四個方面得知：

第一，**國有出版單位在改制中幾乎全軍覆沒**。出版在傳統文化諸產業中是最早連「內容」一起被徹底改制的行業，全國五百多家出版社將只剩下四家公益性事業建制出版社。改制後的出版社雖然還有幾年的所得稅退稅，但實際上它在政府和社會上的影響和地位迅速下降，一個本來就很貴族和珍稀的產業，變成了某某出版社有限公司以後，雖然它實際上還是有一些壟斷資源，還有行政級別，但社會上自然把你看成一家不登大雅之堂的普通企業，連出版社自己也感覺低人一等。由體制內走向體制外，改制後出版業的社會地位和影響力的問題不能不引起關注。

第二，**出版審批制已形同虛設**。出版雖然仍是審批制，但實際上已經有

上萬家民營書商從事出版，在教輔圖書和暢銷書領域，民營書業已經占據半壁江山。最近上海譯文出版社與民營新經典公司在《1Q84》版權爭奪上的失利，似乎是國有和民營書業在市場圖書領域爭奪制空權的一個標誌性事件。據稱新經典已經發展成為中國最大的民營書業，在文學暢銷書方面逐步形成資源的壟斷，《窗邊的小豆豆》、《小團圓》、《德川家康》等超級暢銷書都出自新經典之手。自從新聞出版總署在2008年工作會議上提出為民營工作室正名以來，民營書業的發展便進入了快車道。民營工作室在短短幾年來不但浮出了水面，並迅速形成規模和品牌，共和聯動、磨鐵、湛盧、久久、漢唐、榕樹下、盛大、讀客、光明書架、光合作用、大眾書局、西西弗、風入松、春雨、天舟、世紀天鴻、金星等等民營書業的名號頻頻在媒體出現，不久的將來，這些品牌或許就會替代商務、人文、中少、三聯，成為中國出版的中堅。

相對於廣電和報業，出版的進入門檻最低，有幾萬元的資本就可以做書。民營書業的經營體制優勢很大程度上彌補了政府管理體制上的制約，使國有書業和民營書業處於不平等的競爭地位。近兩年，民營書業為了進一步獲得正統的地位和待遇，不斷地接受國有書業大規模的「捕食」和「招安」，終於可以和國有書業同枕共寢。最典型的要算江蘇鳳凰集團和共和聯動上億的資本合作。這種合作無論對於國有書業還是民營書業都是一種體制圍城下無奈的選擇。書業的國進民退，事實上是國有事業資本對民營出版先進生產力的贖買，對中國書業產業化市場化和產業進步並沒有多少好處，也是對當前轟轟烈烈出版體制改革的異化。

第三，**新興產業基本無緣傳統出版**。從網路書店到數位出版，出版新業態幾乎完全被民間和業外資本控制。數位出版和電子商務眼看著就要取代傳統出版產業型態，傳統出版幾乎沒有一點還手之力。因為國有體制下根本不能有風險投資的概念，所以，收購沃爾沃（Volvo）、IBM的只能是民營企業。而所有新興產業無不是在風險投資的土壤上生死拼搏出來的。傳統書業和新興產業的血型和基因就截然不同，體制決定了新媒體與傳統書業無緣，傳統書業應該對此無怨無悔。

第四，**傳統出版正在變成收租婆**。傳統出版確實愈來愈像靠租金和利息生活的舊貴族。依靠手頭的書號和幾十年累積的品牌和經驗，勉強維持著昔

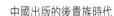

日的臉面。特別是改制以後，中國傳統出版業經營短期行為日益突顯，出版業正在由技術密集型向勞動密集型轉型，出版社的策劃和投資能力日益衰退，編輯部成了加工廠，內容和創新的優勢愈來愈少。編輯的年工作量已經從以前的60萬字，普遍增加到目前的200到300萬字，有一位還在試用期的年輕編輯一年編了500萬字，當然，做的大多數都是編輯成分極低的包銷書。一旦國有出版社沒有了書號，就像老貴族沒有了世襲的土地和房產，那麼貴族和乞丐之間也就是一步之遙。實際上，中國出版業二十年出書總印量沒有增加，足以說明這個產業已經非常的邊緣和夕陽。

當然，後貴族時代的出版所剩的壟斷資源還是可以讓傳統出版業再過上一段小康生活，但同時也形成了傳統出版深入改革的阻礙，是福是禍，是利是弊還很難說。一是行政審批壟斷，仍然給民間資本進入出版設置著門檻。這個門檻主要表現在每個書號1到2萬元，一個刊號20到30萬元／年的直接成本；同時，民營書業至今仍然在地下運營，品牌積累的無效性，直接和間接地給書商的經營發展造成了巨大的損失，期刊的情況也是如此，這也造成了許多書商經營的短期行為。行政資源壟斷主要是來自中央部委和地方行政部門的出版資源，政府和行業讀物以及中小學教材仍然有豐厚的回報。部委出版社改制不脫鉤，就是這種資源壟斷存在的最好證明，這一刀割下去很痛，所以就很難割得下去。還有最重要的是隱性壟斷。長期以來國有書業壟斷地位形成的品牌和出版資源、固定資產積累使之與民營書業處在不同的起跑線上，這也是中國民營書業，特別是圖書批發和零售業長期不能形成規模的重要原因。這種隱性壟斷也普遍存在於教育衛生領域，使教改和醫改同樣步履艱難。

出版專業化漸行漸遠

出版改制後的另一個負面影響體現在分配日益向傾向經營管理者，一線編輯收入愈來愈低。在分配體制上，企業性日益突顯，公益性日益淡薄，出版的專業化過程出現逆轉，這也是中國出版後貴族時代的重要標誌。

改制後出版社的考核愈來愈指向經濟指標，經營者的經營責任和壓力愈來愈大。根據責任和利益相稱的原則，上級主管部門自然會以經濟利益和分

配槓桿來調動經營者的積極性。有時候這種槓桿幾乎變成唯一手段，於是造成經營者和一線編輯的分配收入差距愈來愈大。行政管理人員，如辦公室、財務、發行、出版等部門，因為從事著和公司主管相同的管理工作，所以，船高水漲，固定獎金係數，旱澇保收，收入往往要超過辛辛苦苦、加班加點掙工分的小編輯，一線編輯的勞動價值普遍受到低估，這和大學裡薪水分配行政優先現象有相同之處。隨著一線編輯的收入和地位日益降低，新招編輯女性比例愈來愈高，出版業女性化、陰柔性特徵日益突出。作為一個男人，拿出版社微薄的工資，根本無法承擔男人應該承擔的家庭社會責任，尤其是在北京、上海、杭州等房價一線城市。出版社新編輯的女性化傾向和研究生、博士生女性化一樣，對出版事業的發展有深層的負面影響。而且，出版社改制後往往更喜歡公關能力和操作能力較強的大學生，很少要博士生。出版社學術著作和重點文化累積工程愈來愈少，殺雞自然不用牛刀。據2007年的一個出版業薪資問卷調查，出版社博士生和本科生的收入差距僅1萬元。

一線員工的收入與經營者差距在這幾年愈來愈大，這是國有企業改制過程中的普遍情況。根據上市公司年報，二百零八家國有企業高管與一線職工的收入差距從2006年的6.72倍，增加到2008年的17.95倍。企業職員的收入和基本權益的損害透過富士康13條人命得到了極致的體現。

富士康的員工很無奈。他們沒有權力用他們的手投票，來決定國家和個人的命運。當然他們可以用腳投票，離開富士康，但很可能轉身進入的是一個「窮士康」，所以他們也沒有用腳投票的權力。他們只能用自己的身體投票，向這個人世間棄權。出版社的編輯似乎也沒有比富士康員工有更多的選擇，由於民營書業至今未能真正的得到承認，壟斷的出版產業總體規模太小，特別是在地方出版，行政地域分隔至今牢不可破，一個省城也就這麼幾家出版社，編輯跳槽的幾乎沒有什麼選擇餘地，拖家帶口到外省畢竟有諸多不便。

國富民窮、國進民退，成為這兩年的焦點話題。我國居民勞動報酬占GDP的比重已從1983年56.5%的峰值，下降到2005年的36.7%，而房價的飛漲又把有限的工資收入大部分返還國庫。目前長三角、珠三角製造業一般工人收入普遍在1000到1500元之間，出版社新編輯的收入基本上也高不了多少，即使放在全球勞工薪資中進行比較，這樣的勞動力價格也是典型的貧窮國家

水準，甚至連許多第三世界國家都不如。中國已經是世界第二大經濟體，國家財政收入達8萬億元，僅次於美國成為世界「二富」，但按照現行美元匯率，人均國民收入還排在世界第一百二十八位，即使按照購買力評價，也在一百零七位，落後於納米比亞、伯利茲、烏克蘭等國。電視連續劇《蝸居》熱播之後，北京又驚現大量的住房「膠囊」和「櫃族」，這並非偶然。當我們的年輕編輯一年也只能拿到1000多元的時候，我們不能不為中國出版業感到悲哀。什麼叫斯文掃地，這就是斯文掃地。或許掃地的環衛工人工資也要比這高些。有專家認為，中國的經濟結構已經進入了工業化中期階段，有些指標已經達到了工業化後期的水準，而社會結構還處於工業化初期階段，社會結構滯後經濟大約十五年，以意識型態為主要特徵的文化產業結構可能滯後幾十年。

　　也許業內沒有多少人會把富士康事件和出版聯繫在一起，但中國出版業應該藉富士康認真反思自己的管理是否離人性化愈來愈遠，對知識的尊重愈來愈少，對社會精英的吸引力愈來愈少？在利潤和指標的重重壓力下，編輯們整天考慮的是獎金、包銷書、成本、回款，出版社之大，已經難以放得下一張能夠安心編輯的書桌。編輯必須做行銷、做財務、做發行，去喝酒、去K歌，隨著利潤的層層分解到人，差旅、水電甚至一張複印紙都要將成本分攤到每一個編輯，出版社的經營日益小農化、原始化，作為國際出版業發展方向的出版的專業化進程在改制過程中出現了可怕的逆轉。三十年前鳳陽的農民分田到戶，推動了中國社會經濟的改革，但這種改革的不徹底性，已經帶來了更多的社會問題，比如土地的承包和農業現代化、農用地的置換和市場流轉等都成為中國社會改革更大更難以突破的瓶頸。出版社也是一樣，小農經濟就是劃小核算單位，而劃小核算單位和工業化、專業化、產業化背道而馳。現在，業內如陳昕之類的出版精英幾十年如一日地在呼喚出版的專業化精神，但出版改革和改制所形成的分配制度，一哄而起的多元經營，離出版專業化的明天漸行漸遠。建議總署在下一次全國出版社的級別評比中，不要把利潤、銷售和資產比例加權太重，行業的人才建設、專業化水準要作為特別重要的指標。新聞出版總署和商務部最大的區別，前者管的是精神產品，是內容產業，而後者則主要負責衣食住行、吃喝玩樂。

出版文化的玻璃門現象

　　出版業很快就要退去華冠，成為布衣。出版社改制從事業走向企業，國家把出版社完全推向社會和市場，出版社文化精神和公益屬性日益淡化，不但關係到出版業自身的良性發展，更關係到國家的經濟和文化的未來。國家的經濟需要文化的支撐，而包括影視、戲劇、動漫等文化產業中，出版是內容和源頭。

　　出版是文化，文化是國家的事業，是人民的福利；文化是貴族階層，要國家養著、護著；文化是富人小姐的閨房，富養女，窮養男，要養得雍容華貴、光彩眩目，儀表萬千，不會為了一點蠅頭小利跟人翻牆私奔，甚至出賣色相，動不動就出壞書、平庸書，唬爛百姓生吃泥鰍每天喝綠豆湯可以包治百病。出版業不是製造業，出版是文化積累，是十年寒窗，是千秋萬代的功德，不能秋後算帳，當年結清。出版不是速食，經過一天的消化就成為糞便，出版的成果要受益幾十年幾百年，大多數的圖書都會代代薪火相傳。國家為什麼要養著科學院，養著作家協會？為什麼學校和醫院不能全面私有，為什麼廣電和報紙不能改制，而偏偏同樣的文化事業，同樣的意識型態，同樣的文化家園，出版改制幾乎是一網打盡，不留退路。到目前為止，廣電和報業的核心部門編輯部還沒有改制的說法。與此同時，教育、衛生等行業的改革也正在愈來愈強調公益性和事業性，產業化傾向受到強烈抨擊。

　　歐美出版市場非常發達，但也不乏公益出版。1993年，美國共有各類基金會37571家，資產總額為892億美元，當年111億美元的資助，基金的用途大部分是慈善和文化事業。美國光宗教類出版社就有幾百家，宗教讀物的市場份額是60億美元，占美國出版銷售收入的五分之一。宗教是什麼，就等同於我們的精神文明建設。出版和文化都需要講生態，生態就是物種多樣化，要有不同類型出版結構進行有機組合。出版市場要進一步放開，市場化的出版社要大力發展，公益性出版社也不能太少。即使是改革，也得有一個過渡緩衝期。部委出版社改制不脫鉤，也就是給一個緩衝期，出版的市場化根本不具備內部條件和外部環境的情況下，強行推進，就會出事，也許是出富士康，也許是張悟本。中國出版曾經的完全事業化是一種生態，在這種生態下造就了《中國大百科全書》、新《辭海》、《漢語大詞典》、《漢譯世

界學術名著叢書》、《十萬個為什麼》等等，它們至今仍然是中國出版的驕傲和本錢；而徹底的市場化也是另一種生態，這種生態就要符合市場的遊戲規劃，不能是一半市場化、一半事業化的陰陽人。比如自然生態，要嘛是農場，你得精心澆灌、除蟲草施肥；要嘛原始森林，任其生老病死，不要去打攪，更不能濫伐。市場化要深入，就是改革要徹底。民營書業已經被證明是先進的生產力，說是正名了，但仍然是二奶，連小妾也不是，不肯給他們一個書號。國家一方面改革改制叫得驚天響，像怒觸天柱的共工，似乎恨不得一夜就和美國一樣完全市場化，但管理上像三寸金蓮、小腳女人，民營書業扶正仍不肯越雷池一步，這和魯迅說的撥著自己的頭髮離開地球一模一樣。

　　既然出版是事業，是國家安全，要絕對保證，那出版改制如果有風險，就應該在試點成熟的基礎上逐步推開，並努力培育成熟的、適合市場競爭的制度和環境。在國有落後的體制內轉制改革，要實現真正的股份制和現代企業制度，並能走向世界，造出航空母艦，這種先例在中國製造業也未曾經有過。近年來，我國企業境外38起併購案中，80%是資源礦產企業，而民營企業33起海外併購案中，31起是資訊產業、互聯網、生物醫藥、清潔能源等高科技企業以及製造業、零售企業等，涉及資源礦產的只有2起。這些資料應該很能說明真正承擔「走出去」重任是民企還是國企。在一個非國有企業很難進入的行業，不但整體市場績效難以最佳，也很難形成較強的國際競爭能力。

　　出版市場化就意味著社會資本和境外資本能自由進入，管理與國際充分接軌，真正具備先進生產力，否則無論是雙百億還是一萬億，都是自欺欺人，自娛自樂。現在編輯都說中國的市場競爭已經非常激烈了，甚至已經到了極限了，我們可以再來看看台灣出版業的競爭，才知道什麼叫做市場化，什麼叫做競爭。在低水平管理的情況下，大陸已經覺得市場到了極限了，可台灣出版人並不覺得。五百七十家出版社在960萬平方公里13億人口經濟總量世界第二的中國，是多了還是少了？我們不能用30萬個品種去反推出版社多了，而要問問30萬個品種是什麼品種，為什麼五百七十家出版會有30萬個品種。搞不清數量和品質的關係是當前中國社會的通病。

　　「玻璃門現象」是目前民企熱議的一個話題。2010年民企新36條出來後，在浙江民營企業中引起爭議，認為進入壟斷行業門檻仍然過高。普遍反

映是新36條很多措施不能落地，這和新聞出版總署鼓勵民營企業進入出版一樣。一方面調子很高，一方面措施很少，就像玻璃門，看著通透，想進入就得撞頭。浙江民企老總如是說：「民營企業家需要的是看得見摸得著落在紙面上的實惠，關鍵就在於財政、稅收、人才、市場准入方面的配套措施能不能出台。」「國務院的政策有些本身就有『左手打右手』，唱對台戲的，這些限制不拆除，結果還是玻璃門、國進民退。」「2005 年非公經濟36條出台以來，國務院曾制定4個配套文件，中央各部委出了38個配套文件，而省市地方出台的配套文件數不勝數，但民營經濟發展仍然遭遇玻璃門。比如以石油行業為例，雖說老36條對非公有制經濟進入石油勘查開發進行鼓勵，但是對於開採權的苛刻限制，註冊資金不低於5000萬、擁有5萬噸碼頭等高門檻，實際上無形中將民資攔在門外。」新36條鼓勵發展文化創意產業，根據《指南》，民資除被允許投資文化旅遊業外，還被允許進入出版物印刷、廣播電視視頻節目點播及參與或控股國有文化企業改制，參股新聞出版單位的廣告、發行以及電影的製作、發行、放映等業務，但出版業民營資本進入也仍然存在著「玻璃門」，這個玻璃門就是51%和內容環節的高壓線。

相對於出版，影視業的民營資本進入要遠好於出版。一方面，影視在21世紀仍然是新傳媒，而不是沒落貴族。另一方面影視實行的是審片制，基本上已不存在出版業所謂的書號和刊號問題，文化管理體制在音像出版和影視拍攝領域已經從實踐上得到突破，民資開始大規模地進入影視產業，華誼兄弟等一大批電影製片公司已基本上代替了北影、上影、珠江、八一等老牌製片廠的地位，僅華誼兄弟一家市值現在就達100多億，據說幾年內要做到500億。與圖書相比，影視有單品種投資大，總品種較少的特點，政府在管理上容易控制，也就容易鬆綁。就企業來說，單品種製作投資大，易於操作宣傳，更利於品牌積累和做長線。浙江是全國民營企業最發達的省分，但近年來，浙江的國有書業基本上沒有民營的合作，而在影視，情況則完全兩樣。浙江省目前有民營影視企業五百多家，其中包括華誼兄弟公司等全國著名品牌，有大量的民營企業投資影視片，如《唐山大地震》、《集結號》、《非誠勿擾》、《瘋狂的石頭》、《傾城之戀》、《中國往事》、《夜宴》、《風聲》、《功夫》等等。

從富士康說到出版，說到文化，再說到教育。浙江大學教師跳樓案和抄

襲門、作假門事件也說明了當前高校教師沉重的工作和社會壓力，這種壓力非常的不利於教育的發展生態。高等教育的這種急功近利的情形，和基礎教育的應試，電視出版追求收視率、利潤率一樣，都是社會在經濟轉型期出現的不正常現象。這種現象的實質就是文化精神的消解，拜金主義的興起。縱觀中外歷史，社會文化的繁榮一般出現在兩種情況下，一是社會高度發展時期，經濟有能力支援文化的發展，比如盛唐；另一種是在災難和困苦和社會動盪下，人們的精神便會超越物質成為社會的支柱，比如元曲，比如前三十年和新文化運動時期，後者往往會比前者產生更多的精神家園。而當下的社會發展階段正好處於兩者之間，中國社會剛剛走出初級階段，社會資源還不是很富裕，人們追求的主要目標是物質社會，社會轉型時期的主要特徵就是急功近利，物質化是這個時期社會主流屬性，文化生態在這個時期往往存在很大的問題。

（2010年8月）

中國新聞出版統計數據的
另類解讀

國外出版的反映中國當代社會經濟文化的圖書大多數還是外國作者
的作品，外國人寫中國仍然是海外中國題材圖書的主流，中國問題
的話語權仍然大部分掌握在外國人手中。

2010年已經過去9個月的時候，中國ISBN中心方才「秋後算帳」，
《2009年全國新聞出版業基本情況的統計公報》（以下簡稱《統計公報》）
終於見諸報端。不過「秋後算帳」卻不是算當年的春華秋實，而是2009年的
陳年老帳。全國年度新聞出版統計數據通常在第二年的夏天公布，2010年則
又特別晚點，當正式的文本出版就已近年底，這似乎是中國統計工作者幾十
年的慣例。但上一年的統計資料要等到第二年的秋後公布，卻不知道如何能
夠及時指導全國新聞出版工作。

盤點2009年中國新聞出版業，人們最關心的當然是出版總量的升降。
總量看什麼，在數位出版還不到全國5%份額的情況下，紙質平面媒體仍然
是新聞出版業的主體，用紙量因此成為中國新聞出版第一數據。用紙量即
所謂的印張數，《統計公報》顯示2009年全國出版圖書、期刊、報紙總印
張為2701.14億印張，折合用紙量624.95萬噸，與上年相比用紙量僅僅增長
1.94%，其中：書籍（一般圖書）用紙占總的11.75%，課本用紙占總量的
9.5%，期刊用紙占總量的6.25%，報紙用紙占總量的72.48%。在新聞出版產
品結構中，報刊用紙總量占了近80%的份額，這很好地說明了圖書出版在新
聞出版平面媒體中的地位，先新聞、後出版自有道理，圖書加上課本20%的
比重在一個行業裡不能不屬於邊緣，邊緣當然要先改制，先下海，先甩包
袱。而書報刊用紙量年度僅增長1.94%，又說明新聞出版整個行業在原地踏
步，傳統媒體整體在邊緣化。

2009年新聞出版產業產值上了萬億，主要的數據支撐來自6000億的印刷工業產值。據中國造紙協會日前提供的《中國造紙工業2009年度報告》，2009年全國紙及紙板生產量8640萬噸，在社會經濟最為困難的情況下，仍較上年7980萬噸增長8.27%。在全社會8640萬噸的用紙量中，新聞出版用紙只占了7.2%。由於數位出版和網路技術的迅速發展，書報刊印刷在印刷行業中的比重還在迅速下降。可以預期，幾年內書報刊印刷占全行業印刷的總量將下降到5%以下，甚至會到3%。全國印刷行業的政府管理職能在這個時候劃歸新聞出版總署，不能不說是非常的不與時俱進。

與2008年相比，2009年全國GDP的增長率是8.7%，「保八」任務圓滿完成，但圖書出版總印量負增長0.36%，總印張增長0.78%，總定價增長5.68%，只有總品種增加10.07%。在世界性經濟危機經濟蕭條的背景下，大部分行業仍然增長迅速，而同期全年社會消費品零售總額增長15.5%，國內出遊人數比上年增長11.1%，全年完成郵電業務總量比上年增長14.6%。同樣的例子還有很多。

《統計公報》顯示，2009年全國共有出版社580家（包括副牌社[1]35家），其中中央級出版社221家（包括副牌15家），地方出版社359家（包括副牌20家）。2009年全國出版社的數量由2008年的579家增加到580家，僅增加的一家出版社是中央級出版社；副牌社減少一家，減少的也是中央級出版社。1999年全國共有出版社566家（包括副牌社36家），其中中央級出版社220家（包括副牌社16家），地方出版社346家（包括副牌社20家）。十年來，出版社總數增加了14家，平均每年增加1.4家。增加的出版社中，中央級出版社1家，地方出版社13家。年增1.4家出版社和30萬億的國民產值、世界第二的經濟總量似乎不太協調。

據全國人大副委員長成思危最近發表的《論創新型國家的建設》一文所提供的數據：依歐盟全球綜合創新指標GSII中國被列為創新落後型國家，2007年全社會研究開發占GDP比重僅為1.49%，而2005年絕大多數發達國家都在2%以上，以色列甚至超過4%；當前我國對外技術依賴度仍高達50%，一台DVD的專利費達20多美元，約占售價的一半；近年來我國外貿產值約為國

---

[1] 副牌社是大出版社底下的小出版社，通常專門經營一種類型的書籍。

內生產總值的60％，工人每小時平均工資50美分，美國是16美元，靠廉價勞動力和原材料成為世界工廠，我國國內生產總值只占世界5％左右，但消耗石油卻是世界的7％，鋼鐵是20％，水泥將近40％。

萬變而不變其量

　　2009年全國圖書品種終於登上了30萬的台階，成為世界上出書品種最多的國家。2009年全國共出版圖書301719種，其中新書168296種，重印書133423種；而1999年全國共出書141831種，其中重印58736種，總品種翻了2倍多，但總定價、總印張、總印量卻沒有和品種同步增長。2009年全國圖書定價總額848億元，比1999年436億元增長94％；總印張565億印張，比1999年391億印張增長44.5％。總定價的增長不足為奇，只要物價上漲，書價調整便可；總印張的增長幅度比總定價少了一半，說明圖書碼洋的增長有一半以上是漲價因素。最令人疑惑的是總印量十年來不增反降，2009年全國圖書70.37億冊，比1999年73.16億冊減少近3億冊。中國出版的印量到哪裡去了呢？1999年全國圖書73.16億冊印量中，書籍（一般圖書）34.6億冊，課本38.08億冊；2009年書籍37.88億冊，課本32.35億冊，十年來書籍印量增加了3億冊，課本印量減少了6億冊。由於品種的快速增加，書籍的平均印量從1999年的29000冊，減少到2009年的15800冊。平均印量的下降，就意味著圖書效益和利潤的減少。

　　中國出版的課本財政和地方政府的土地財政非常相似，國有出版社對課本財政依賴的程度在這十年裡雖然有所改善，但依賴的本質還沒有改變。根據《統計公報》，2009年全國出書品種中，一般圖書23.8萬種，課本6.2萬種，課本占21％；1999年的數據是一般圖書118584種，課本20755種，課本占17.5％。課本的品種增加了，但課本占圖書總的印張份額有所減少，一般圖書和課本的印張之比2009年為312：252，課本占總圖書印張的比重仍然有44.5％，1999年為199：190，基本上是一半對一半。課本品種的比例提高主要是大學教材的品種大量增加，大學教材成為課本的主要品種構成，中小學教材的品種十年來並沒有大的變化。2009年62024種課本中，大學課本37151種，中專4173種，中學5623種，小學5184種，各自的份額為大學59.8％，

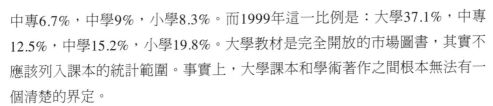

中專6.7%，中學9%，小學8.3%。而1999年這一比例是：大學37.1%，中專12.5%，中學15.2%，小學19.8%。大學教材是完全開放的市場圖書，其實不應該列入課本的統計範圍。事實上，大學課本和學術著作之間根本無法有一個清楚的界定。

大學課本的蛋糕愈來愈大，可是在大學教材興旺的同時，一般圖書印量卻在不斷地萎縮，這說明近十年來大學招生人數雖呈幾何級增長，大學生的課外閱讀量卻並沒有相應遞增。中國的大學也仍然是應試型教育。2009年有眾多的世界大學排行榜，號稱經濟總量世界第二的中國，出版總量世界第一，但北大清華在世界大學排名卻遠遠落後於香港中文大學和香港科技大學，中國內地大學能夠進入世界百強的也只有清華北大。教育和科研水準如此落後，出版會有世界一流的水準嗎？沒有世界一流的大學，就不可能產生世界一流的出版，這應該是一個常識，可是就有很多人無視這一基本的因果關係。

報刊的格局從2008到2009年基本無變化之處。在網路的影響下，報刊無論是總印量、總印張，總定價都處於維持狀態，前程有憂，頗讓人傷感。2009年全國共出版報紙1937種，平均期印量20837.15萬份，總印量439.11億份，總印張1969.4億印張，定價總金額351.72億元，折合用紙量452.96萬噸。與2008年相比，種數下降0.31%，平均期印量下降1.5%，總印量下降0.86%，總印張增長2.01%，定價總金額增長10.62%。

與1999年相比，全國報紙的品種減少86種，全國性報紙增加14種，省級增加12種，地市級增加2種，縣級報減少125種；總印量增加38%，總印張增加了300%。報紙印張的增加主要是前些年大規模的擴版，十年經濟的迅速發展也給報紙廣告增加了來源。但十年來全國經濟在飛躍發展，報紙品種卻反而減少，這實在難以給全國人民一個說法。目前全國2000多個縣區市僅剩16種縣級報紙，2000個縣人口少則幾十萬，多則上百萬，卻只有16種報紙，無論如何不能向全世界的同業有個交代。

2009年全國共出版期刊9851種，平均期印量16457萬冊，總印量31.53億冊，總印張166.24億印張，定價總金額202.35億元。與上年相比，種數增長3.16%，平均期印量下降1.85%，總印量增長1.53%，總印張增長5.23%，定價總金額增長7.96%。與1999年相比，品種增加1664種，總印量增加10%，總印

張增長71%。增加的雜誌主要集中在文教和科技類，分別增加了428種和558種。少兒類和文學藝術類只增加了5種和99種。繁榮少兒和文學事業，這應該是社會主義精神文明建設很重要的方面，理應對此網開一面。

走出去的誤區

版權交易的統計概念這幾年一直比較混亂。最新的權威數字來自新聞出版總署柳斌杰署長2010年9月中旬在倫敦中英新聞出版合作交流會上的介紹，中國圖書出版物版權交易引進與輸出比例2009年降至3.3：1，這實際上也是《統計公報》所提供的數據。根據《統計公報》，2009年全國共引進出版物版權13793種，其中圖書12914種、錄音製品262種、錄影製品124種、電子出版物86種、軟體249種、電視節目155種、其他3種；美國4533種、英國1847種、德國693種、法國414種、俄羅斯58種、加拿大73種、新加坡342種、日本1261種、韓國799種、香港地區398種、台灣地區1444種、其他地區1052種。全國共輸出出版物版權4205種，其中圖書3103種、錄音製品77種、電子出版物34種、電視節目988種、其他3種；美國267種、英國220種、德國173種、法國26種、俄羅斯54種、加拿大10種、新加坡60種、日本101種、韓國253種、香港地區219種、澳門地區10種、台灣地區682種、其他地區1028種。

一大堆眼花繚亂的統計數字能夠說明一些什麼呢？目前我們「走出去」戰略的主攻目標是歐美，版權交易的逆差之說也主要是針對歐美，因為只有歐美發達國家還看不起中國，中國人在歐美文化面前還仍然不夠自信。那麼，中國與歐美主流國家的版權交易到底有多大的逆差呢？我們選取了我國引進版權最多的5個歐美國家，加上日本、韓國兩個亞洲強國作一個對比。2009年中國從美國、英國、德國、法國、加拿大、日本、韓國合計引進版權8821種，而輸出到這些國家的數字是1050種，逆差8：1。1999年中國新聞出版統計還沒有設立版權交易專案，我們找到的是2006年的資料，以同樣的參數，引進版權5648種，輸出版權835種，引進輸出的逆差是6.7：1。由此可見，五年來，版權交易的逆差不但沒有縮小，而且還在拉大。主要原因是這幾年國內市場圖書品種的迅速擴張，引進版權圖書市場需求也水漲船高。所以，這種逆差的擴大有其內在合理性。中國面對的是全世界的先進文化，

我們不能以一個國家的科技文化去和全世界做平衡對等甚至一定要順差，逆差是正常的，並不是什麼不光彩的事情。尤其作為一個發展中國家，承認逆差就是承認差距，承認差距就有了前進的動力。中國文化和中國科技目前在國際上尚未有形成核心影響力，中國特色的社會主義也還在摸著石子過河，而國外對中國圖書的關心也仍然局限於國情、傳統文化等狹小的範圍，我們的輸出版權大多數還是中醫、氣功、歷史、民俗等中國傳統題材。講「走出去」的大道理，中國圖書的「走出去」不能僅僅局限於中國話題，還要有更多的世界話題，討論全世界所關心的話題，這是文化「走出去」和外宣的本質區別。而現在「走出去」的圖書缺少的正是「世界話題」。

世界對中國的「當下」很關注，但當下中國作品的「走出去」才剛剛開始，中國圖書的內容對西方社會的適應性和翻譯的品質仍然是「走出去」的瓶頸，國外出版的反映中國當代社會經濟文化的圖書大多數還是外國作者的作品，外國人寫中國仍然是全世界中國題材圖書的主流，中國問題的話語權仍然大部分掌握在外國人手中。所以，靠版權輸出扭轉逆差，並依靠版權交易宣傳和影響世界，並不是我們想像的那麼順理成章。

「走出去」的本土化戰略也是近年很熱門的話題。最近聽說全國出版機構在境外的機構突然間已達三百餘家，也許明後年的新聞出版統計報表會加上一項中國出版業的海外機構、海外從業人員、海外銷售等。但國外不是國內，國有企業的機制能夠擔當得起走向世界的重任嗎？「走出去」最後可能又要回到一個原點，那就是機制問題：靠誰「走出去」？中國企業的海外併購案例已經清清楚楚地說明，國有企業在海外的併購僅僅局限於資源性企業，而市場性的企業併購大多數是民營公司的作為。中國出版業在境內尚且不能市場化、產業化，國有書業愈來愈被民營書業圍追堵截，眾多新媒體已經被民營公司坐上頭把交椅，國有出版的改制也才剛剛起了個頭，單憑國有企業的資本實力就能夠在國際圖書市場上分得一杯羹嗎？在增值保值、考核指標的緊箍咒下，國有企業承受資本投資風險的能力遠遠不如民營企業。

最近，北京秋季房交會開幕，在政府頒布史上最嚴厲調控手段，打壓房價的時候，北京房產市場卻面臨著剛性需求得不到滿足的局面，可供樓盤地處北京市區的只有30%，其餘均在大興、順義、河北、海南等地。為什麼北京的房子不夠賣，還是政府不願意把手裡的土地大量地放出來。因為沒有一

個地方政府願意房地產市場走向低潮，影響本地的GDP和政績，特別是愈來愈大的土地財政。土地掌握在政府手中，土地成本是控制房地產的核心，其餘都是皮毛。現在所有商品中，除了土地是賣方市場，其餘都是買方市場。房地產市場的根本問題是，政府既要房價下來，又不肯放棄土地財政，這種撥著自己的頭髮想離開地球的矛盾做法，和出版改革改制有同樣的情況，改革大前提不成立。我們應該時時記得：魚和熊掌不能兼得，天下穩定和加大開放，精神追求和經濟繁榮就是魚和熊掌。

今秋也真是多事之秋，馬尼拉香港人質事件後，又是中國足球協會謝亞龍被帶走。中國足球走了十年走不出去，球門沒進，監獄倒是進去了。中國足球走不出去，根本不是技術問題，而是體制問題。中國出版走不出去，應該先研究的是我們的體制層面對「走出去」工作存在哪些制約因素和發展瓶頸。

（2010年9月）

後　記

　　我出生在舟山群島，祖輩以捕魚為生，住在舟山市岱山縣一個叫秀山的小島。歷史上舟山與台灣的生意往來甚密。據我的爺爺說，帆船順風順水，只要一天一夜就可以到達台灣，我大伯的船就是專門跑台灣做生意的。我已不記得他們當年運往台灣的是什麼貨物，但清楚地記得從台灣運到舟山的多是蔗糖，也許就因為是兒時的記憶，糖果之類的就特別不容易忘卻。小時候暑期回秀山，晚上躺在漁船的甲板上，聽著拍岸的海浪，看著滿天繁星，想得最多的是台灣究竟離我們多遠，台灣又是什麼樣子的呢？那時候還根本不知道台灣有阿里山，有日月潭，更不知道有鄧麗君和瓊瑤。

　　1994年，兩岸開放交流才不久，第一屆大陸圖書展在台北舉辦。那年，大陸出版代表團共有99人，代表八十多家出版社參展。當時大陸人士赴台灣的條件非同小可，大致是要求專家俊傑之類的才行，反正我是大陸赴台的第一萬多人，已經很了不起了。在我們的台灣老鄉看來，我算是在大陸混得有頭有臉的成功人士，他們自然也很有面子。那次赴台，一個在台北的遠親就帶著我到了一個由舟山老兵開的飯店吃飯，這家飯店叫做「舟山人飯店」，地址我已經記不清了，但使我終生難忘的是舟山人飯店的所有菜餚都是我兒時的口味，從原料到加工簡直一模一樣，這樣地道的菜在舟山都已經很難吃到了。帶魚的切法還是一大塊再在上面劃幾道杠，鹹菜燒倭豆（蠶豆）不放一點油，面拖黃魚，芹菜炒黃豆芽等等。

　　那是1994年，兩岸的出版交流已經很多，而再往前推到1988年，兩岸的出版人基本上互不往來。1988年第二屆北京國際圖書博覽會在北京展覽館舉行。當時有一位氣色神祕的男子來到浙江出版的展台上，幾句寒喧後我問您是哪家出版社的，他說：不問不知道，一問嚇一跳，我是台灣來的。我現在已經記不清那位先生的姓名，好像他也沒有給我們留下名片，但他說的這句話卻一直銘記在我的心底。兩岸分隔，本來一夜順風順水便可到達，常來常往的地方，現在卻要說出來嚇一跳了。每每想起，就覺得心裡發酸。好在現

今兩岸交流基本上沒有什麼大的障礙了，三通也已基本實現。從浙江飛往台北僅僅一個小時的航程，都用上了飛洲際的747大型客機，而且經常人滿為患，一票難求。進入新世紀以來，兩岸交流真的可以說是順風順水。

滄海桑田，歲月如梭，離我第一次去台灣已經快過去二十年了。二十年前，我剛剛入門出版，當二十年後再次踏上寶島時，我已經在出版業供職二十多年了。與二十年之前不同，這次是浙江省單獨去台北舉辦書展，5000多個品種，都是浙江的圖書。這時，本書的大陸版也已經出版。這次赴台，僅僅在台北停留了三天，在這三天時間裡，我幾乎沒有吃過一頓完整的飯，從早到晚不停地穿梭於台北的書店、出版社，拜訪同業，朋友。三天裡，僅誠品就去過四次，聯經的上海書店去過三次。雖然一衣帶水，近在咫尺，但台灣出版業現狀卻還是令我震驚。於是，就有了本書開頭的代序〈隔山隔水依然隔斷出版〉。而把這篇稿子作為代序，是本書的責任編輯吳韻如小姐的建議，這個建議也很令我感動，我首先覺得，台灣的同行們還是那麼地在乎大陸出版界的感覺，豈止是感覺，我想這是兩岸出版人的共鳴。兩岸出版人都在期盼著兩岸的交流可以進一步發展，兩岸出版可以合為一體，文不分繁簡，書可以直接銷售，不再需要簽一份版權轉讓的合約，從新排版，重新印刷。不要再隔山隔水隔斷出版。

兩岸再各自一方，別的不說，文字的差別會愈來愈大，這也是我出版本書編輯校對過程中一個深深的體會。原來總覺得兩岸用詞的差異不外乎管道、渠道，布西、布希，光盤、光碟，塑膠、塑料那麼幾個。但實際上這種差異要比我們想像的多得多，可以說數量驚人，多到已經會產生閱讀的困難，比如風筒、班代、冬粉、部落格、打電動、單眼、當機、筆電、網咖、古早、尾牙、風吹、唬爛等這些很常用的詞，一般的大陸讀者猜死都不知其意。而一些詞兩岸同形而不同意，望文生意，很可能誤事，如：檢討、考慮、機車、品質等。好在兩岸不斷的交流，有些詞大陸也開始接受台灣的名詞，如男生、女生在大陸就很喜歡用，也不會誤解了。有人說，中國為什麼能在秦以後兩年多年長期的統一，文字是一個重要原因。儘管中國方言萬千，隔一座山都會聽不懂，但文字始終是一樣的。但兩岸現在不但口語不同，文字也不同了，這實在很可怕。相對用詞的不同，簡繁差異可能還不是主要問題。繁簡體的電腦轉換技術日益成熟，更有近二十萬的古代文獻放在

那裡，兩岸都不會不重視，所以也不用花很大的精力去爭論正體和非正體的問題，到時真的要重視和研究兩岸日益擴大的辭彙的差異，千萬不能不當一回事。於是想起了一首婦孺皆知的古詩：「少小離家老大回，鄉音無改鬢毛衰。兒童相見不相識，笑問客從何處來。」也不知何時，這首詩要變成「鄉音有改鬢毛衰，兒童更加不相識」了。

關於本書的寫作過程，原書《千年的跨越──世紀之交的中國出版現象研究》的後記已經有所介紹。台灣版增收了2010年5月以後的一些文章，大部分也是在《出版廣角》專欄上發表的。本書的出版要特別感謝揚智出版公司的葉忠賢社長。葉社長古道熱心，樂於奉獻，幾十年來，為兩岸的出版文化交流做了很多好事，至少，由揚智引進到台灣的浙版圖書就不下十幾種。眾所周知，台灣的人口很少，市場有限，一本很專業的出版評論圖書基本印不了多少，但葉社長還是堅持要為我的這本拙作出版繁體字版，為的是讓台灣的朋友多了解一些大陸的出版的現狀。有了解才有溝通，有交流才有合作，有合作才有共贏。我堅持認為，只有兩岸的出版力量擰成一股繩，中國出版和中國文化走向世界才有希望。台灣和大陸出版的合力不是一加一等於二，而是優勢互補，資源疊加，一加一肯定大於二，而不是力量的抵消和市場的爭奪。這是我在台灣三天的穿梭後得出的堅定的信念。在此，我還要對葉社長表達我的感謝。還要特別感謝吳韻如編輯為此書出版付出的艱辛勞動，她以一個台灣讀者和台灣編輯的雙重身分，為此書台灣版的出版提出了很多寶貴的創意和意見。

本書的書名「追尋出版的未來」也是她的建議。進入新世紀以來，兩岸出版都面臨著體制和技術轉型兩大課題。技術轉型是數位出版對傳統出版的挑戰，這對再兩岸出版是共同的。而體制轉型對於大陸出版是脫胎換骨，真的非常艱難，出版的未來對大陸將是全新的但一定是美麗的。台灣出版也有體制轉型的問題。台灣人口少，市場小，出版社分散，形不成規模，國際化程度也很低，在面對出版日益國際化，數位化的今天，台灣出版資源的整合優化是否也應該提到議事日程上來。兩岸都不應該用簡單的行政手段來保護各自的出版產業，保護就意味落後。所以，追尋出版的未來，是兩岸出版人的共同任務。

畢竟兩岸分隔多年，在文化、出版、語言等方面都有不小的差異，特別

是許多出版專業術語表述不同，給本書的閱讀，特別是業外人士閱讀造成一定的困難。因此，本書在盡可能的情況下，對此作了處理，在文中作了適當的加敘和改寫，或進行了一些必要的註解。文中有關統計資料，或者敘述的事件凡是提到中國、全國、國內的概念，由於當地的寫作環境，往往僅僅指大陸，由於這種情況出現太多，所以不一一改為大陸，還請台灣的讀者見諒。

正如我在本書大陸版後記中所言，畢竟我只是一個業餘的研究者，所有文章都是業餘之作，只是工作中的一些體會，其中肯定會有不少偏頗和失誤之處。還由於寫作時間跨度較大，有些資料和事件也會有失時效，但是，作為一時一地出版現象的研究，還是保留原樣和真實。保留歷史是為了反鑑，歷史也往往會驚人的重複。所有這些，都希望求得閱讀這本書的台灣讀者的理解和原諒，並請求大家盡可能的批評指正。

2012年12月寫於杭州

原書後記

　　《千年的跨越──世紀之交的中國出版現象研究》是筆者近十年間在業內報刊所發表的各類書業評論的結集，日積月累，居然也有了這麼厚厚的一本。有人說道，人之初，性本懶。沒有壓力，可能就一事無成。這些文章能夠在平時緊張的工作中擠出時間來寫，特別要感謝《出版研究》和《出版廣角》雜誌的三位編輯：王卉、何杏華和朱璐，因為書中大部分文章是這兩個刊物的專欄文章，而且每一篇稿子都加入了她們的策劃和精心的修改。在兩刊先後開設的「書事點評」和「新觀察─狗尾巴草」專欄，使我像上了套的牛馬，身不由己。也因了太多的催稿電話，才讓我在忙碌的工作中擠出時間對這一時期的出版現象有了這麼一點思考，從中學到了很多東西，也磨礪了文筆和思路。因為要寫評論，必須占有足夠的資訊，年長月久便形成了良好的閱讀習慣。此所謂提筆有益開卷，開卷有益思考。除《出版研究》和《出版廣角》外，還有一些文章刊發於《中華讀書報》、《中國青年報》、《中國圖書商報》、《出版發行研究》、《出版人》、《新華文摘》等業內外其他報刊及網站。所有文章除了給出刊發時間外，均沒有標注發表的報刊。

　　等到出集子的時候，面臨著最大的問題就是取捨。有句成語叫做敝帚自珍，敝帚自珍也是出書的一大忌。出書必須有益社會，對讀者負責，不能誤人子弟，這是作者的職業道德。世紀之交中國出版有太多的新事新人，發展變化很快，而且畢竟十年過去，特別是早期的一些文章，當初看來似乎也很時尚、很精彩，但事過境遷，滄海桑田。所以，在編輯本書時，原則上還是將那些一時性的速食稿趕盡殺絕。但是，也有朋友認為，書有另一種責任，就是記錄歷史。前車之轍，後車之鑑，歷史可以觸類旁通，歷史還會驚人地重複，把以前的東西都刪乾淨了，就沒有千年跨越的完整性。也許這個建議正好切中了敝帚自珍的私心，所以，有幾篇計畫刪除的時評還是留了下來，希望不要給讀這本書的朋友帶來時間的浪費。好在這是一本文集，不是小說，需要的多看幾眼，不想看的，一目十行。

中國書籍出版社是業內最權威的出版專業出版社，在海外的同業中也是一個品牌。能夠在中國書籍出版社出版這本習作，確是非常榮幸。中國出版科研所郝振省所長、《出版發行研究》雜誌社的沈菊芳社長對此書出版一直十分關心和支持，責任編輯武斌老師在出書的過程中提出了很多寶貴的意見和建議，為書稿付出了很多勞動，在此一併表示特別的感謝。

還要特別感謝的是開卷圖書市場研究所的蔣晞亮先生，對本書所引用的大量數據給予了大力的支援。因為有了這些科學資料，才使分析和論證從概念趨於實證。開卷的出現也算是中國出版的一個世紀性跨越。在開卷圖書市場研究所創業不久，筆者也曾寫過一篇追捧的文章：〈論開卷有益〉，但與那時相比，「開卷」的影響對時下中國出版業已經人人皆知，所以，那篇宣傳開卷的文章也就沒有必要再收入書中。

本書所收入的文章都事關出版，也有的與出版關係不是很大，但卻是由出版行為所引起，也算是一種出版現象。如〈重建圓明園的民族文化視野——由一本書引出的圓明園重建大討論〉一文，是因為浙江古籍出版社出版了法國作家布里賽的《1860：圓明園大劫難》中文版。這本書的出版曾經引起了歷時兩年的關於浙江橫店集團重建圓明園工程全國性的大爭論，爭論的結果又出來了另一本書：《圓明園重建大爭辯》。本書中唯一與出版沒有直接關係的文章是〈慘不忍睹的廢墟，揮灑不去的惆悵——徐志摩祖居終於被拆〉，而且，我把這篇散文作為本書的代跋。徐志摩在中國現代文學史上有著無可替代的地位，在現在看來，他至少是出版社高居榜首的暢銷書作者。海寧硤石鎮保寧坊西河街的徐志摩祖居，2001年在全國媒體密集的圍追堵截下，仍然被野蠻地拆毀，似乎和現代中國出版業的歷史和興衰有某種可以聯繫之處。文化的興衰存亡，外患內憂同樣不堪。比如，百年商務印書館兩度劫難，前者是日本人的罪惡，後者是自己人的過失，50年代計劃經濟肢解商務從某種意義上甚至比戰爭帶來的危害更大。新中國出版六十年來經過多少次極左的思潮，特別是經歷文革十年的罹難，到現在仍然飽受傳統體制的束縛，出版體制改革步履艱難。造大船、走出去、雙百億集團、區域出版和發行中心建設、書號的開放、民營工作室規範入行，等等這些列入新聞出版總署新年工作規劃的振興目標，都還有很多複雜的體制和觀念的問題需要面對。俗話說，病來如山倒，病去如抽絲。中國出版遭受太多的磨難和折騰，

又一時很難找到一條適合現有政治和法律體系的出版體制，中國出版人在揮灑不去的惆悵之中，等待著中國出版振興和強盛，期望著中國出版能夠早日接軌國際，走向世界。

　　畢竟是業餘操筆，不能和專業水準相比；也儘管稿子在發表時改過多遍，出書時又改過多遍，但仍然會有很多的差錯和問題，只希望透過這本粗淺的小書能夠得到各位大家深厚的指點和嚴格的批評，我想這也許就是出版本書最大的願望。

Cultural Map

追尋出版的未來

作　　者 / 孔則吾
出 版 者 / 揚智文化事業股份有限公司
發 行 人 / 葉忠賢
總 編 輯 / 馬琦涵
編　　輯 / 吳韻如
地　　址 / 222 新北市深坑區北深路三段 260 號 8 樓
電　　話 / (02)8662-6826
傳　　真 / (02)2664-7633
網　　址 / http://www.ycrc.com.tw
　E-mail / service@ycrc.com.tw
印　　刷 / 鼎易印刷事業股份有限公司
　ISBN / 978-986-298-098-9
初版一刷 / 2013 年 6 月
定　　價 / 新台幣 500 元

＊如有缺頁、破損、裝訂錯誤，請寄回更換＊
本書由中國書籍出版社授權在台發行中文繁體字版，中文簡體字
版書名為《千年的跨越：世紀之交的中國出版現象研究》（2010）

國家圖書館出版品預行編目（CIP）資料

追尋出版的未來 / 孔則吾著. -- 初版. -- 新
　北市：揚智，2013.06
　　面；　公分 － (Cultural Map)
　ISBN　978-986-298-098-9（平裝）

　1.出版業　2.中國

487.792　　　　　　　　　　102010886